Deepen Your Mind

序

一

回望時光，從 2009 年 11 月 Go 語言第一個版本發佈時起，我就開始持續關注 Go 語言。當時是因為 Go 語言是 Google 公司開發的一門語言，所以我便格外關注。結果，從看到 Go 語言的第一天起，我就被這門語言深深吸引了。

畢業後我進入蘇寧易購 (註：中國大陸 3C 通路商) 從事軟體開發，在平時工作中，使用 Java 和 PHP 程式設計居多。後來公司的一些專案開發也陸續使用過 Python、C# 等開發語言。比較之下，Go 語言更加簡潔、高效、優雅。所以在工作之餘，我一直在學習研究 Go 語言，並嘗試開發了一些小項目。

2015 年 8 月 Go 1.5 發佈，這個版本被認為是歷史性的。完全移除 C 語言部分，實現 Go 語言自舉，這讓我真正地意識到 Go 語言在未來有可能取代 C 語言。恰好公司的專案開始嘗試用 Go 語言進行重構，從此我開始深度使用 Go 語言進行專案實戰開發。在使用 Go 語言重構之後，我們公司的開發效率獲得了極大的提升。

二

由於喜歡開放原始碼，從 2009 年至今，我研究了大量的原始程式碼，其中包括 Java、PHP、Python、Go、Rust、Docker、Vue、Spring、Flutter 等各種流行的原始程式，並將一些心得在我的個人網誌上面發表。後來我也創立了個人公眾號「原始程式巨量資料」來將好的演算法、流行的框架和程式進行分享。遺憾的是由於這幾年平時比較忙，公眾號很少打理。(之後我會花更多時間來分享精品知識和原始程式，感興趣的讀者可以關注一下。)

近幾年我在工作之餘編寫了大量 Go 語言開放原始碼專案，並發佈其中一小部分到碼雲和 GitHub 上，其中有代表性的是：(1) Go 支付合集；(2) Go 中文拼音合集包；(3) Go 驗證碼合集；(4) PHP 微信支付合集；(5) Go-WiFi 智慧插頭。讀者可以去 Gitee 或 GitHub 網站上按名稱搜索。

三

由於我的部分 Go 語言開放原始碼專案深受 Go 語言社區的歡迎，加上市場上關於 Go Web 開發的書很少，且書中很少有實戰的知識。所以我想寫一本 Go 語言實戰方面的書來反應 Go 語言社區的朋友們，也希望能幫助更多的人。於是，2019 年下半年我便在工作之餘開啟了本書的寫作之旅。

到了 2020 年，由於公司專案比較緊，寫書的事便一直擱淺。直到 2020 年 7 月，電子工業出版社的吳宏偉編輯找到我，邀請我寫書。恰好正在寫第 2 章，我想這應該是和吳宏偉編輯有緣，便欣然答應。從此我開始捨棄業餘時間，全力寫作。

特別感謝吳宏偉編輯，在我寫書過程中他提出了許多寶貴的意見和建議，並和我反覆溝通、修改。經過反覆修改打磨，咬文嚼字，本書才得以完稿。

四

特別感謝 Go 語言社區的所有的貢獻者，沒有他們的無私奉獻，就沒有 Go 語言社區的繁榮。謹以此書獻給所有喜歡 Go 語言的朋友們。

感謝我的爸爸秀剛、媽媽克平。生為農民的他們，具有中國農民最樸質的勤勞精神。他們生我養我，20 年如一日，送我讀完大學，在我心中他們很偉大。

感謝我的妻子清荷，我的知音知己。中文系的她讓我熟讀各種文學著作，也因此愛上寫作。在她的影響下，我熟讀《道德經》等經典文學著作，讓我在展翅翱翔的同時懂得保持謙卑和知進退。在我寫作期間，是她在背後默默地支持和付出，才使得這本書能夠順利完稿。

廖顯東

前言

Go 語言是 Google 於 2009 年開放原始碼的一門程式語言。它可以在不損失應用程式性能的情況下極大地降低程式的複雜性。相比於其他程式語言，簡潔、快速、安全、平行、有趣、開放原始碼、記憶體管理、陣列安全、編譯迅速是其特色。

Go 語言在設計之初就被定位為「運行在 Web 伺服器、儲存叢集或類似用途的巨型中央伺服器中的系統程式語言」，在雲端運算、Web 高併發開發領域中具有無可比擬的優勢。Go 語言在高性能分散式系統、伺服器程式設計、分散式系統開發、雲端平台開發、區塊鏈開發等領域具有廣泛使用。

近幾年，很多公司（特別是雲端運算公司）開始用 Go 重構他們的基礎架構，也有很多公司直接採用 Go 進產業務開發。Docker、Kubernetes 等重量級應用的持續火熱，更是讓 Go 語言成為當下最熱門程式語言之一。

1. 本書特色

本書聚焦 Go Web 開發領域，對 Go Web 知識進行全面深入地講解。本書有以下特色：

（1）第一線技術，突出實戰。
本書中穿插了大量的實戰內容，且所有程式採用目前的 Go 最新版本編寫。

（2）精雕細琢，閱讀性強。
全書的語言經過多次打磨，力求精確。同時注重閱讀體驗，讓沒有任何基礎的讀者也可以很輕鬆地讀懂本書。

（3）零基礎入門，循序漸進，讓讀者快速從菜鳥向實戰高手邁進。
本書以 Go 入門級程式設計師為主要物件，初級、中級、進階程式設計師都可以從書中學到乾貨。先介紹 Go 的基礎，然後介紹 Go Web 的基礎，介紹 Go Web 的進階應用，介紹 B2C 電子商務系統實戰開發，最後介紹應用的 Docker 實戰部署，真正幫助讀者從基礎入門向開發高手邁進。

(4) 極客思維，極致效率；

本書以極客思維深入 Go 語言底層進行探究，幫助讀者了解底層的原理。全書言簡意賅，以幫助讀者提升開發效率為導向，同時盡可能幫助讀者縮短閱讀本書的時間。

(5) 由易到難，重點和困難標注並重點解析。

本書編排由易到難，內容基本覆蓋 Go Web 的主流前端技術。同時對重點和困難進行重點講解，對易錯點和注意點進行了提示説明，幫助讀者克服學習過程中的困難。

(6) 突出實戰，快速突擊。

本書的實例程式絕大部分都是來自最新的企業實戰項目。購買本書的讀者可以透過網路下載書中的所有的原始程式碼，下載後即可運行，透過實踐來加深了解。

(7) 實戰方案，可直接延伸開發進行實戰部署。

本書以實戰為主，所有的範例程式拿來即可運行。特別是第 9 章，購買本書的讀者可以直接獲得 B2C 電子商務系統的全部原始程式碼。可以直接延伸開發，用於自己的項目。讀者購買本書不僅可以學習本書的各種知識，也相當於購買一個最新版的 Go 語言電子商務系統解決方案及專案原始程式。

2. 閱讀本書，您能學到什麼

- 系統學習 Go 語言基礎語法；
- 掌握 HTTP 基本原理；
- 掌握 Go Web 底層原理；
- 掌握 Go 存取 MySQL、Redis、MongoDB 的方法和技巧；
- 掌握 Gorm、Beego ORM 的使用方法和技巧；
- 掌握 Go Socket 程式設計的方法和技巧；
- 掌握用 gRPC 實現微服務呼叫；
- 掌握 Go 檔案處理的方法和技巧；

- 掌握 Go 生成與解析 JSON、XML 檔案的方法和技巧；
- 掌握 Go 正規表示法的處理方法和技巧；
- 掌握 Go 日誌處理的方法和技巧；
- 掌握從資料庫中匯出一個 CSV 檔案的實戰法；
- 掌握 Go 併發程式設計的底層原理；
- 掌握常見 Go 併發 Web 應用的實戰開發方法和技巧；
- 掌握 Go 開發併發的 Web 爬蟲的方法和技巧；
- 掌握 Gin 框架、Beego 框架的使用方法和技巧；
- 掌握流行架構風格 RESTful API 介面的開發；
- 掌握用 Go 開發 OAuth2.0 介面的技巧；
- 掌握 Elasticsearch 的使用方法；
- 掌握微信支付、支付寶支付的介面對接方法；
- 掌握用 Go 語言開發 B2C 電子商務系統的整個流程方案及原始程式；
- 掌握 Docker 實戰部署方法；
- 掌握 Docker Compose 實戰部署方法。

希望透過本書的學習，能夠讓讀者快速、系統地掌握 Go Web 開發的各種方法和技巧，幫助讀者在 Go 語言 Web 開發中，快速從基礎入門向精通級的實戰派高手邁進。

3. 適合讀者群

本書既適合 Go 語言初學者，也適合想進一步提升的中進階 Go 語言開發者。初級、中級、高級開發人員都能從本書學到好料。

本書適合讀者群如下：

- 初學程式設計的自學者；
- Go 語言初學者；
- Go 語言中進階開發人員；
- Web 開發工程師；
- 程式設計同好；
- 大專院校的老師和學生；
- 教育訓練機構的老師和學員；
- 相關專業的大學畢業學生；
- Web 前端開發人員；
- 測試工程師；
- DevOps 運行維護人員；
- Web 中進階開發人員。

目錄

第 1 篇 Go 語言入門

01 Go 基礎入門

第 2 篇 Go Web 基礎入門

02 Go Web 開發基礎

03 接收和處理 Go Web 請求

04 用 Go 存取資料庫

第 3 篇 Go Web 進階應用

05 Go 進階網路程式設計

06 Go 檔案處理

07 Go 併發程式設計

08 Go RESTful API 介面開發

第 4 篇 Go Web 專案實戰

09 【實戰】開發一個 B2C 電子商務系統

10 用 Docker 部署 Go Web 應用

第 1 篇

Go 語言入門

本篇介紹 Go 語言的語法基礎。沒有 Go 語言基礎的讀者可以從這裡開始學習，已有 Go 語言基礎的讀者可以從第 2 篇開始學習。

Chapter

01

Go 基礎入門

水之積也不厚，則其負大舟也無力。 ——莊子

就算你是特別聰明，也要學習，從頭學起！ ——屠格涅夫

旦旦而學之，久而不怠焉，迄乎成，而亦不知其昏與庸也。 ——彭端淑

本章將系統地介紹 Go 語言基礎知識，讓讀者快速入門，為進行 Web 開發做好準備。

1.1 安裝 Go

Go 語言的安裝方法非常簡單：直接造訪 Go 語言的官網，選擇對應作業系統的安裝套件檔案，然後按照提示逐步進行安裝即可。

1. 在 Windows 系統中安裝

（1）打開瀏覽器，輸入 Go 語言官方網址，點擊左下角的 Microsoft Windows 安裝套件映像檔進行下載，如圖 1-1 所示。

（2）下載完成後，進入下載檔案所在的目錄，選擇安裝套件，點擊 "Install" 按鈕，然後按照提示點擊 "Next" 按鈕即可。系統推薦安裝到預設路徑（C:\Go\），也可以自己選擇安裝目錄。這裡直接點擊 "Next" 按鈕按照系統預設路徑安裝，如圖 1-2 所示。

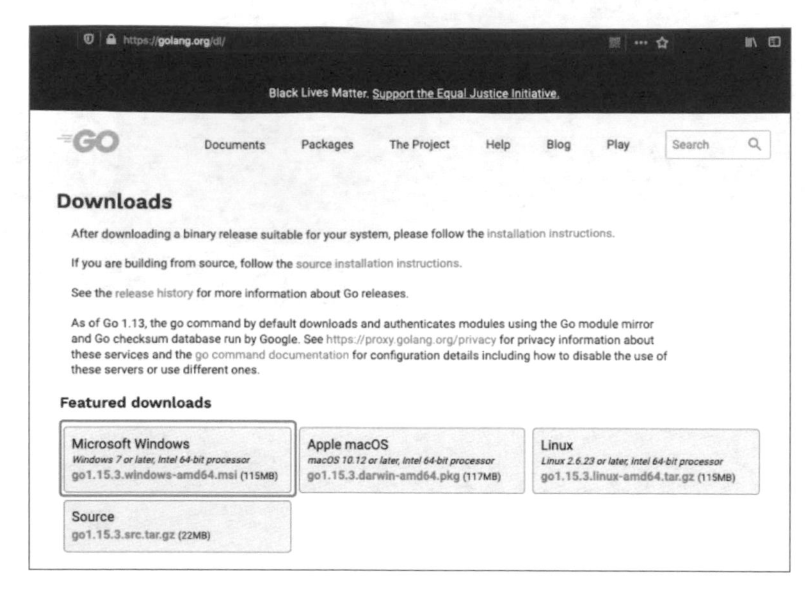

圖 1-1

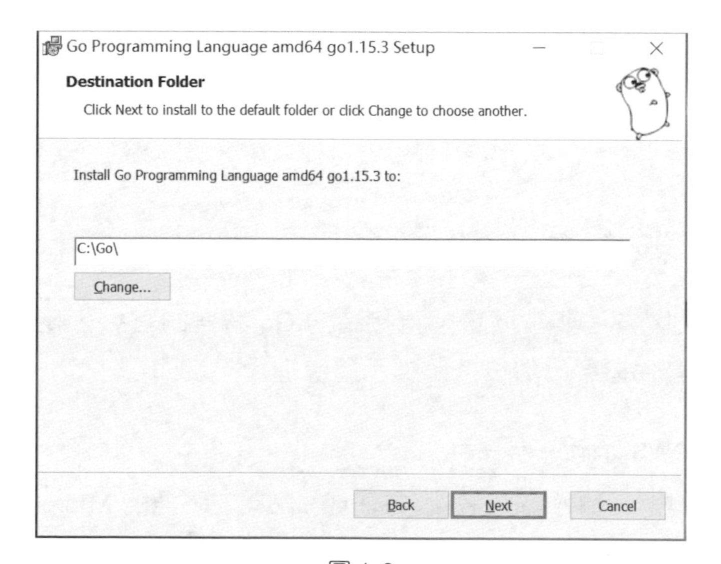

圖 1-2

（3）依次點擊 "Next" 按鈕，直到安裝完成。安裝成功後打開命令列終端，輸入 "go"，會返回 Go 語言相關提示訊息，如圖 1-3 所示。

```
选择命令提示符
C:\Users\Mac>go
Go is a tool for managing Go source code.

Usage:

        go <command> [arguments]

The commands are:

        bug         start a bug report
        build       compile packages and dependencies
        clean       remove object files and cached files
        doc         show documentation for package or symbol
        env         print Go environment information
        fix         update packages to use new APIs
        fmt         gofmt (reformat) package sources
        generate    generate Go files by processing source
        get         add dependencies to current module and install them
        install     compile and install packages and dependencies
        list        list packages or modules
        mod         module maintenance
        run         compile and run Go program
        test        test packages
        tool        run specified go tool
        version     print Go version
        vet         report likely mistakes in packages

Use "go help <command>" for more information about a command.

Additional help topics:
```

圖 1-3

> **注意** 如果想要在任意目錄打開命令列終端執行 "go" 命令，則需要設定 PATH 環境變數。由於篇幅關係，本書不做介紹，請讀者自行查閱相關的設定方法。

2. 在 Mac OS X 系統中安裝

(1) 造訪 Go 語言官方網站，點擊頁面下方的 Apple macOS 安裝套件進行下載，如圖 1-4 所示。

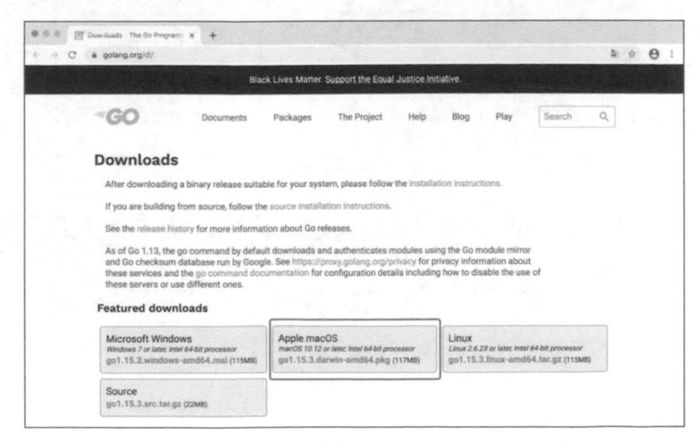

圖 1-4

（2）下載完安裝套件後，按照提示依次點擊 "Next" 按鈕直到安裝完成。

安裝完成後，在命令列終端中輸入 "go version" 來檢驗是否安裝成功。如果安裝成功，則返回 Go 語言版本資訊，如圖 1-5 所示。

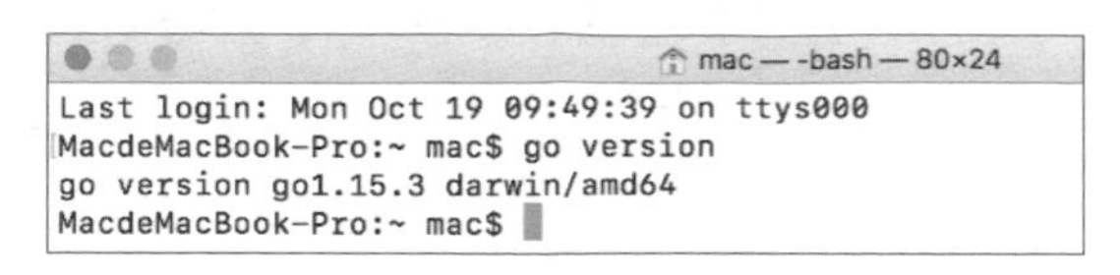

圖 1-5

3. 在 Linux 系統中安裝

（1）造訪 Go 語言官方網站，點擊頁面右下方的 Linux 安裝套件進行下載，如圖 1-6 所示。

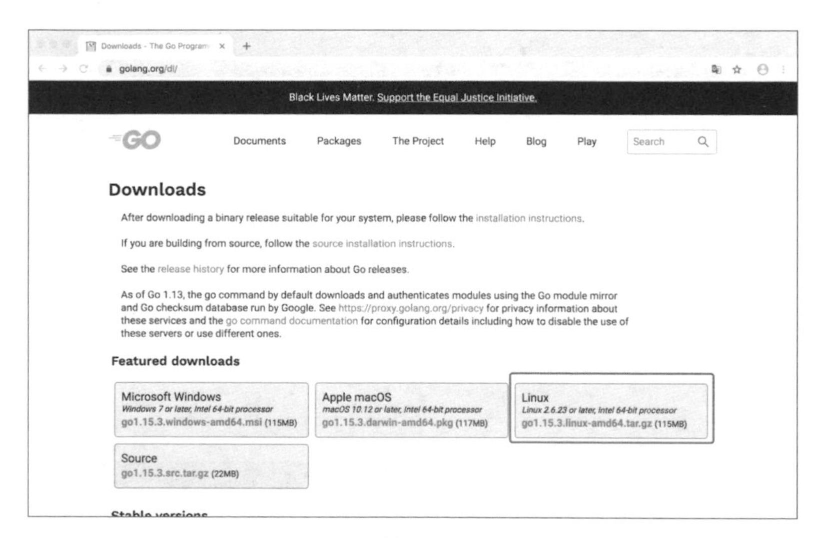

圖 1-6

當然，也可以直接用 wget 命令下載。在命令列終端中輸入以下命令：

```
$ wget https://golang.org/dl/go1.15.3.linux-amd64.tar.gz
```

（2）在目前的目錄下執行解壓命令：

```
$ tar -zvxf go1.15.3.linux-amd64.tar.gz
```

（3）解壓完成後，在目前的目錄下會有一個名為 "go" 的資料夾。行動資料夾到你常用的目錄下（比如 /usr/local），命令如下：

```
$ mv ./go /usr/local
```

（4）設定 Go 環境變數，命令如下：

```
$ sudo vim /etc/profile
```

（5）加入以下命令：

```
export GOROOT=/usr/local/go
export GOPATH=/usr/share/nginx/go
export PATH=$PATH:$GOROOT/bin:$GOPATH/bin
```

（6）執行以下命令讓環境變數生效：

```
$ source /etc/profile
```

（7）輸入 "go version" 檢測是否安裝成功，如果成功則返回以下版本資訊：

```
go version go1.15.3 linux/amd64
```

1.2【實戰】開啟 Go 的第一個程式

在安裝完 Go 語言環境後，我們從 Hello World 開啟 Go 語言的第一個程式。

程式 1.2-helloWorld.go　Go語言的第一個程式

```
package main

import "fmt"

func main() {
    fmt.Println("Hello World～")
}
```

在原始檔案所在目錄下輸入以下命令：

```
$ go run 1.2-helloWorld.go
```

輸出如下：

```
Hello World~
```

> **提示**
>
> 也可以執行 "go build" 命令編譯：
>
> ```
> $ go build 1.2-helloWorld.go
> ```
>
> 編譯成功後，執行以下命令：
>
> ```
> $ ./1.2-helloWorld
> Hello World~
> ```

透過上面 Go 語言的第一個程式可以看到，Go 語言程式的結構非常簡單，只需要短短幾行程式就能跑起來。接下來簡單分析一下上面這幾行程式的結構。

1. 套件的宣告

Go 語言以「套件」作為程式專案的管理單位。如果要正常執行 Go 語言的原始檔案，則必須先聲明它所屬的套件。每一個 Go 原始檔案的開頭都是一個 package 宣告，格式如下：

```
package xxx
```

其中，package 是宣告套件名的關鍵字，xxx 是套件的名字。

一般來說，Go 語言的套件與原始檔案所在資料夾有一一對應的關係。

Go 語言的套件具有以下幾點特性：

- 一個目錄下的同級檔案屬於同一個套件。
- 套件名可以與其目錄名稱不同。

- main 套件是 Go 語言應用程式的入口套件。一個 Go 語言應用程式必須有且僅有一個 main 套件。如果一個程式沒有 main 套件，則編譯時將顯示出錯，無法生成可執行檔。

2. 套件的匯入

在宣告了套件之後，如果需要呼叫其他套件的變數或方法，則需要使用 import 敘述。import 敘述用於匯入程式中所依賴的套件，匯入的套件名使用英文雙引號（""）包圍，格式如下：

```
import "package_name"
```

其中，import 是匯入套件的關鍵字，package_name 是所匯入套件的名字。舉例來說，程式 1.2-helloWorld.go 程式中的 import "fmt" 敘述表示匯入了 fmt 套件，這行程式會告訴 Go 編譯器──我們需要用到 fmt 套件中的變數或函數等。

> **提示**
>
> fmt 套件是 Go 語言標準函數庫為我們提供的、用於格式化輸入輸出的內容，在開發偵錯的過程中會經常用到。
>
> 在實際編碼中，為了看起來直觀，一般會在 package 和 import 之間空一行。當然這個空行不是必需的，有沒有都不影響程式執行。

在匯入套件的過程中要注意：如果匯入的套件沒有被使用，則 Go 編譯器會報編譯錯誤。在實際編碼中，整合式開發環境（Integrated Development Environment，IDE）類編輯器（比如 Goland 等）會自動提示哪些套件沒有被使用，並自動提示沒有使用的 import 敘述。

可以用一個 import 關鍵字同時匯入多個套件。此時需要用括號 "( )" 將套件的名字包圍起來，並且每個套件名佔用一行，形式如下：

```
import(
    "os"
    "fmt"
)
```

也可以給匯入的套件設定自訂別名，形式如下：

```
import(
    alias1 "os"
    alias2 "fmt"
)
```

這樣就可以用別名 "alias1" 來代替 os，用別名 "alias2" 來代替 fmt 了。

如果只想初始化某個套件，不使用匯入套件中的變數或函數，則可以直接以底線（_）代替別名：

```
import(
    _"os"
    alias2 "fmt"
)
```

提示

如果已經用底線（_）代替了別名，繼續再呼叫這個套件，則會在編譯時返回形如 "undefined: 套件名 " 的錯誤。比如上面這段程式在編譯時會返回 "undefined: os" 的錯誤。

3. main() 函數

程式 1.2-helloWorld.go 中的 func main() 就是一個 main() 函數。main() 函數是 Go 語言應用程式的入口函數。main() 函數只能宣告在 main 套件中，不能宣告在其他套件中，並且一個 main 套件中必須有且僅有一個 main() 函數。這和 C/C++ 類似，一個程式有且只能有一個 main() 函數。

main() 函數是自訂函數的一種。在 Go 語言中，所有函數都是以關鍵字 func 開頭的。定義格式如下所示：

```
func 函數名稱 (參數清單) (返回值列表){
    函數本體
}
```

具體說明如下。

- 函數名稱：由字母、數字、底線（_）組成。其中第 1 個字母不能為數字，並且在同一個套件內函數名稱不能重複。
- 參數列表：一個參數由參數變數和參數類型組成，例如 func foo(name string, age int)。
- 返回值列表：可以是返回數值型態列表，也可以是參數列表那樣的變數名稱與類型的組合清單。函數有返回值時，必須在函數本體中使用 return 敘述返回。
- 函數本體：函數本體是用大括號 "{ }" 括起來的許多敘述，它們完成了一個函數的具體功能。

> **提示**
> Go 語言函數的左大括號 "{" 必須和函數名稱在同一行，否則會顯示出錯。

下面再分析一下程式 1.2-helloWorld.go 中的 fmt.Println("Hello World ～ ") 這行程式。Println() 是 fmt 套件中的函數，用於格式化輸出資料，比如字串、整數、小數等，類似於 C 語言中的 printf() 函數。這裡使用 Println() 函數來列印字串（即 () 裡面使用雙引號 "" 包裹的部分）。

> **提示**
> Println() 函數列印完成後會自動換行。ln 是 line 的縮寫。

和 Java 類似，fmt.Println() 中的點號 "." 表示呼叫 fmt 套件中的 Println() 函數。

在函數本體中，每一行敘述的結尾處不需要英文分號 ";" 來作為結束符號，Go 編譯器會自動幫我們增加。當然，在這裡加上分號 ";" 也是可以的。

1.3 Go 基礎語法與使用

1.3.1 基礎語法

1. Go 語言標記

Go 程式由關鍵字、識別符號、常數、字串、符號等多種標記組成。舉例來說，Go 敘述 fmt.Println("Hi, Go Web ～ ") 由 6 個標記組成，如圖 1-7 所示。

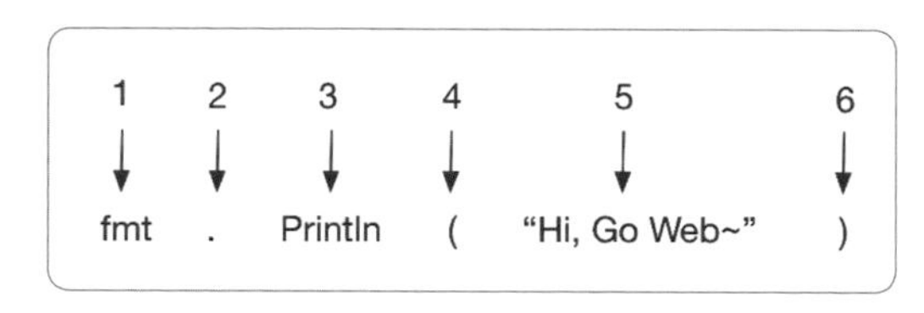

圖 1-7

2. 行分隔符號

在 Go 程式中，一般來說一行就是一個敘述，不用像 Java、PHP 等其他語言那樣需要在一行的最後用英文分號（;）結尾，因為這些工作都將由 Go 編譯器自動完成。但如果多個敘述寫在同一行，則必須使用分號（;）將它們隔開。但在實際開發中並不鼓勵這種寫法。

以下的寫法是兩個敘述：

```
fmt.Println("Hello, Let’s Go!")
fmt.Println("Go Web程式設計實戰派從入門到精通")
```

3. 註釋

在 Go 程式中，註釋分為單行註釋和多行註釋。

（1）單行註釋。單行註釋是最常見的註釋形式，以雙斜線 "//" 開頭的單行註釋，可以在任何地方使用。形如：

```
// 單行註釋
```

（2）多行註釋。也被稱為「區塊註釋」，通常以 " /* " 開頭，並以 "*/ " 結尾。形如：

```
/*
 多行註釋
 多行註釋
 */
```

4. 識別符號

識別符號通常用來對變數、類型等程式實體進行命名。一個識別符號實際上就是一個或是多個字母（A ～ Z 和 a ～ z）、數字（0 ～ 9）、底線（_）組成的字串序列。第 1 個字元不能是數字或 Go 程式的關鍵字。

以下是正確命名的識別符號：

```
product  user  add  user_name  abc_123
resultValue  name1  _tmp  k
```

以下是錯誤命名的識別符號：

```
switch  （錯誤命名：Go語言的關鍵字）
3ab     （錯誤命名：以數字開頭）
c-d     （錯誤命名：運算子是不允許的）
```

5. 字元串連接

Go 語言的字串可以透過 "+" 號實現字元串連接，範例如下。

程式 1.3-goWeb.go　字元串連接的範例

```
package main

import "fmt"

func main() {
    fmt.Println("Go Web程式設計實戰派" + "——從入門到精通")
}
```

以上程式的執行結果如下：

```
Go Web程式設計實戰派——從入門到精通
```

6. 關鍵字

在 Go 語言中有 25 個關鍵字或保留字，見表 1-1。

表 1-1

continue	for	import	return	var
const	fallthrough	if	range	type
chan	else	goto	package	switch
case	defer	go	map	struct
break	default	func	interface	select

除以上介紹的這些關鍵字外，最新版本的 Go 語言中有 30 幾個預先定義識別符號，它們可以分為以下 3 類。

（1）常數相關預先定義識別符號：true、false、iota、nil。

（2）類型相關預先定義識別符號：int、int8、int16、int32、int64、uint、uint8、uint16、uint32、uint64、uintptr、float32、float64、complex128、complex64、bool、byte、rune、string、error。

（3）函數相關預先定義識別符號：make、len、cap、new、append、copy、close、delete、complex、real、imag、panic、recover。

7. Go 語言的空格

在 Go 語言中，變數的宣告必須使用空格隔開，如：

```
var name string
```

在函數本體敘述中，適當使用空格能讓程式更易閱讀。以下敘述無空格，看起來不直觀：

```
name=shirdon+liao
```

在變數與運算子間加入空格，可以讓程式看起來更加直觀，如：

```
name = shirdon + liao
```

一般在開發過程中，我們會用編輯器的格式化命令進行快速格式化，讓程式的變數與運算子之間加入空格。例如作者使用的是 Goland 編輯器，可以使用 "Ctrl+Alt+L" 命令進行快速格式化。

> **提示**
>
> 其他編輯器一般也有相關的快速鍵，在開發的過程中，我們可以先專注開發程式的邏輯，最後透過快速鍵快速格式化，這樣可以顯著提升開發效率和程式的可閱讀性。

1.3.2 變數

1. 宣告

變數來自數學，是電腦語言中儲存計算結果或表示值的抽象概念。

在數學中，變數表示沒有固定值且可改變的數。但從電腦系統實現角度來看，變數是一段或多段用來儲存資料的記憶體。

Go 語言是靜態類型語言，因此變數（variable）是有明確類型的，編譯器也會檢查變數類型的正確性。宣告變數一般使用 var 關鍵字：

```
var name type
```

其中，var 是宣告變數的關鍵字，name 是變數名稱，type 是變數的類型。

> **提示**
>
> 和許多其他程式語言不同，Go 語言在宣告變數時需將變數的類型放在變數的名稱之後。

例如在 Go 語言中宣告整數指標類型的變數，格式如下：

```
var c, d *int
```

當一個變數被宣告後，系統自動指定它該類型的零值或空值：例如 int 類型為 0，float 類型為 0.0，bool 類型為 false，string 類型為空字串，指標類型為 nil 等。

變數的命名規則遵循「駝峰」命名法，即首個單字小寫，每個新單字的字首大寫，例如：stockCount 和 totalPrice。當然，命名規則不是強制性的，開發者可以按照自己的習慣制定自己的命名規則。

變數的宣告形式可以分為標準格式、批次格式、簡短格式這 3 種形式。

（1）標準格式。

Go 語言變數宣告的標準格式如下：

```
var 變數名稱 變數類型
```

變數宣告以關鍵字 var 開頭，中間是變數名稱，後面是變數類型，行尾無須有分號。

（2）批次格式。

Go 語言還提供了一個更加高效的批次宣告變數的方法──使用關鍵字 var 和括號將一組變數定義放在一起，如以下方程式：

```
var (
    age int
    name string
    balance float32
)
```

（3）簡短格式。

除 var 關鍵字外，還可使用更加簡短的變數定義和初始化語法，格式如下：

```
名字 := 運算式
```

需要注意的是，簡短模式（short variable declaration）有以下限制：

- 只能用來定義變數，同時會顯性初始化。
- 不能提供資料類型。
- 只能用在函數內部，即不能用來宣告全域變數。

和 var 形式宣告敘述一樣，簡短格式變數宣告敘述也可以用來宣告和初始化一組變數：

```
name ,goodAt := "Shirdon", "Programming"
```

因為具有簡潔和靈活的特點，簡短格式變數宣告被廣泛用於區域變數的宣告和初始化。var 形式的宣告敘述往往用於需要顯性指定變數類型的地方，或用於宣告在初值不太重要的變數。

2. 設定值

（1）給單一變數設定值。

給變數設定值的標準方式為：

```
var 變數名稱 [類型] = 變數值
```

這時如果不想宣告變數類型，可以省略，編譯器會自動辨識變數值的類型。例如：

```
var language string = "Go"
var language = "Go"
language := "Go"
```

以上 3 種方式都可以進行變數的宣告。

（2）給多個變數設定值。

給多個變數設定值的標準方式為：

```
var (
    變數名稱1 （變數類型1） = 變數值1
    變數名稱2 （變數類型2） = 變數值2
    //...省略多個變數
)
```

或，多個變數和變數值在同一行，中間用英文逗點 "," 隔開，形如：

```
var 變數名稱1,變數名稱2,變數名稱3 = 變數值1,變數值2,變數值2
```

舉例來說，宣告一個使用者的年齡（age）、名字（name）、餘額（balance），可以透過以下方式批次設定值：

```
var (
    age     int = 18
    name    string = "shirdon"
    balance float32 = 999999.99
)
```

或另外一種形式：

```
var age,name,balance = 18,"shirdon",999999.99
```

最簡單的形式是：

```
age,name,balance := 18,"shirdon",999999.99
```

以上三者是相等的。當交換兩個變數時，可以直接採用以下格式：

```
d, c := "D","C"
c, d = d, c
```

3. 變數的作用域

Go 語言中的變數可以分為區域變數和全域變數。

（1）區域變數。

在函數本體內宣告的變數被稱為「區域變數」，它們的作用域只在函數本體內，參數和返回值變數也是區域變數。以下範例中 main() 函數使用了區域變數 local1、local2、local3。

程式 chapter1/1.3-varScope1.go　區域變數宣告的範例

```
package main

import "fmt"

func main() {
    //宣告區域變數
    var local1, local2, local3 int
```

```
    //初始化參數
    local1 = 8
    local2 = 10
    local3 = local1 * local2

    fmt.Printf (" local1 = %d, local2 = %d and local3 = %d\n", local1,
local2, local3)
}
```

以上程式的執行結果如下：

```
local1 = 8, local2 = 10 and local3 = 80
```

（2）全域變數。

在函數本體外宣告的變數被稱為「全域變數」。全域變數可以在整個套件甚至外部套件（被匯出後）中使用，也可以在任何函數中使用。以下範例展示了如何使用全域變數。

程式 chapter1/1.3-varScope2.go　全域變數宣告及使用範例

```
package main

import "fmt"

// 宣告全域變數
var global int

func main() {

    // 宣告區域變數
    var local1, local2 int

    // 初始化參數
    local1 = 8
    local2 = 10
    global = local1 * local2

    fmt.Printf("local1 = %d, local2 = %d and g = %d\n", local1, local2,
global)
}
```

以上程式的執行結果如下：

```
local1 = 8, local2 = 10 and local3 = 80
```

在 Go 語言應用程式中，全域變數與區域變數名稱可以相同，但是函數內的區域變數會被優先考慮，範例如下。

程式 chapter1/1.3-varScope3.go　全域變數與區域變數的宣告

```
package main

import "fmt"

// 宣告全域變數
var global int = 8

func main() {
	// 宣告區域變數
	var global int = 999

	fmt.Printf ("global = %d\n",  global)
}
```

以上程式的執行結果如下：

```
global = 999
```

1.3.3 常數

1. 常數的宣告

Go 語言的常數使用關鍵字 const 宣告。常數用於儲存不會改變的資料。常數是在編譯時被創建的，即使宣告在函數內部也是如此，並且只能是布林型、數字型（整數型、浮點數和複數）和字串型。由於編譯時有限制，宣告常數的運算式必須為「能被編譯器求值的常數運算式」。

常數的宣告格式和變數的宣告格式類似，如下：

```
const 常數名 [類型] = 常數值
```

舉例來說，宣告一個常數 pi 的方法如下：

```
const pi = 3.14159
```

在 Go 語言中，可以省略類型修飾詞 "[類型]"，因為編譯器可以根據變數的值來推斷其類型。

- 顯性型態宣告：const e float32= 2.7182818
- 隱式型態宣告：const e = 2.7182818

常數的值必須是能夠在編譯時可被確定的，可以在其設定值運算式中涉及計算過程，但是所有用於計算的值必須在編譯期間就能獲得。

- 正確的做法：const c1 = 5/2
- 錯誤的做法：const url= os.GetEnv("url")

上面這個宣告會導致編譯顯示出錯，因為 os.GetEnv("url") 只有在執行期才能知道返回結果，在編譯期並不能知道結果，所以無法作為常數宣告的值。

可以批次宣告多個常數：

```
const (
    e = 2.7182818
    pi = 3.1415926
)
```

所有常數的運算是在編譯期間完成的，這樣不僅可以減少執行時期的工作量，也可以方便其他程式的編譯最佳化。當被操作的數是常數時，一些執行時期的錯誤也可以在編譯時被發現，例如整數除零、字串索引越界、任何導致無效浮點數的操作等。

常數間的所有算數運算、邏輯運算和比較運算的結果也是常數。對常數進行類型轉換，或對 len()、cap()、real()、imag()、complex() 和 unsafe.Sizeof() 等函數進行呼叫，都返回常數結果。因為它們的值在編譯期就是確定的，因此常數可以是組成類型的一部分，例如用於指定陣列類型的長度。以下範例用常數 IPv4Len 來指定陣列 p 的長度：

```
const IPv4Len = 4
// parseIPv4解析一個IP v4 位址 (addr.addr.addr.addr).
func parseIPv4(s string) IP {
    var p [IPv4Len]byte
    // ...
}
```

2. 常數生成器 iota

常數宣告可以使用常數生成器 iota 初始化。iota 用於生成一組以相似規則初始化的常數，但是不用每行都寫一遍初始設定式。

在一個 const 宣告敘述中，在第 1 個宣告的常數所在的行，iota 會被置為 0，之後的每一個有常數宣告的行會被加 1。

例如我們常用的東西南北 4 個方向，可以首先定義一個 Direction 命名類型，然後為東南西北各定義了一個常數，從北方 0 開始。在其他程式語言中，這種類型一般被稱為「枚舉類型」。

在 Go 語言中，iota 的用法如下：

```
type Direction int
const (
    North Direction = iota
    East
    South
    West
)
```

在以上宣告中，North 的值為 0、East 的值為 1，其餘依此類推。

3. 延遲明確常數的具體類型

Go 語言的常數有一個不同尋常之處：雖然一個常數可以有任意一個確定的基礎類型（例如 int 或 float64，或是類似 time.Duration 這樣的基礎類型），但是許多常數並沒有一個明確的基礎類型。編譯器為這些沒有明確的基礎類型的數字常數，提供比基礎類型更高精度的算數運算。

Go 語言有 6 種未明確類型的常數類型：無類型的布林型、無類型的整數、無類型的字元、無類型的浮點數、無類型的複數、無類型的字串。

延遲明確常數的具體類型，不僅可以提供更高的運算精度，還可以直接用於更多的運算式而不需要顯性的類型轉換。

舉例來說，無類型的浮點數常數 math.Pi，可以直接用於任何需要浮點數或複數的地方：

```
var a float32 = math.Pi
var b float64 = math.Pi
var c complex128 = math.Pi
```

如果 math.Pi 被確定為特定類型（比如 float64），則結果精度可能會不一樣。同時在需要 float32 或 complex128 類型值的地方，需要一個明確的強制類型轉換：

```
const Pi64 float64 = math.Pi
var a float32 = float32(Pi64)
var b float64 = Pi64
var c complex128 = complex128(Pi64)
```

對於常數面額，不同的寫法會對應不同的類型。例如 0、0.0、0i 和 \u0000 雖然具有相同的常數值，但是它們分別對應無類型的整數、無類型的浮點數、無類型的複數和無類型的字元等不同的常數類型。同樣，true 和 false 也是無類型的布林類型，字串面額常數是無類型的字串類型。

1.3.4 運算子

運算子是用來在程式執行時期執行數學運算或邏輯運算的符號。在 Go 語言中，一個運算式可以包含多個運算子。如果運算式中存在多個運算子，則會遇到優先順序的問題。這個就由 Go 語言運算子的優先順序來決定。

比如運算式：

```
var a, b, c int = 3, 6, 9
d := a + b*c
```

對於運算式 a + b * c，按照數學規則，應該先計算乘法，再計算加法。b * c 的結果為 54，a + 54 的結果為 57，所以 d 最終的值是 57。

實際上 Go 語言也是這樣處理的——先計算乘法再計算加法，和數學中的規則一樣，讀者可以親自驗證一下。

先計算乘法後計算加法，說明乘法運算子的優先順序比加法運算子的優先順序高。所謂優先順序是指，當多個運算子出現在同一個運算式中時，先執行哪個運算子。

Go 語言有幾十種運算子，被分成十幾個等級，有一些運算子的優先順序不同，有一些運算子的優先順序相同。Go 語言運算子優先順序和結合性見表 1-2。

表 1-2

<table>
<tr><th>優先順序</th><th>分類</th><th>運算子</th><th>結合性</th></tr>
<tr><td>1</td><td>逗點運算子</td><td>,</td><td>從左到右</td></tr>
<tr><td>2</td><td>設定運算子</td><td>=、+=、-=、*=、/=、%=、>=、<<=、&=、^=、|=</td><td>從右到左</td></tr>
<tr><td>3</td><td>邏輯「或」</td><td>||</td><td>從左到右</td></tr>
<tr><td>4</td><td>邏輯「與」</td><td>&&</td><td>從左到右</td></tr>
<tr><td>5</td><td>逐位元「或」</td><td>|</td><td>從左到右</td></tr>
<tr><td>6</td><td>逐位元「互斥」</td><td>^</td><td>從左到右</td></tr>
<tr><td>7</td><td>逐位元「與」</td><td>&</td><td>從左到右</td></tr>
<tr><td>8</td><td>相等 / 不等</td><td>==、!=</td><td>從左到右</td></tr>
<tr><td>9</td><td>關係運算子</td><td><、<=、>、>=</td><td>從左到右</td></tr>
<tr><td>10</td><td>位移運算子</td><td><<、>></td><td>從左到右</td></tr>
<tr><td>11</td><td>加法 / 減法</td><td>+、-</td><td>從左到右</td></tr>
<tr><td>12</td><td>乘法 / 除法 / 取餘數</td><td>*（乘號）、/、%</td><td>從左到右</td></tr>
<tr><td>13</td><td>一元運算子</td><td>!、*（指標）、& 、++、--、+（正號）、-（負號）</td><td>從右到左</td></tr>
<tr><td>14</td><td>尾碼運算子</td><td>( )、[ ]</td><td>從左到右</td></tr>
</table>

> 🔍 提示
>
> 在表 1-2 中，優先順序的值越大，表示優先順序越高。

以上表格初看起來內容有點多，讀者不必死記硬背，只要知道數學運算的優先順序即可。Go 語言中大部分運算子的優先順序和數學中的是一樣的，大家在以後的程式設計過程中也會逐漸熟悉。

> 🔍 提示
>
> 有一個訣竅——加括號的最優先，就像在下面的運算式中，(a +b) 最優先。
>
> d := (a +b) * c
>
> 如果有多個括號，則最內層的括號最優先。
>
> 運算子的結合性是指，當相同優先順序的運算子在同一個運算式中，且沒有括號時，運算元計算的順序通常有「從左到右」和「從右到左」兩種。舉例來說，加法運算子（+）的結合性是從左到右，那麼運算式 a + b + c 可以被瞭解為 (a + b) + c。

1.3.5 流程控制敘述

1. if-else（分支結構）

在 Go 語言中，關鍵字 if 用於判斷某個條件（布林型或邏輯型）。如果該條件成立，則會執行 if 後面由大括號（{}）括起來的程式區塊，否則就忽略該程式區塊繼續執行後續的程式。

```
if b > 10 {
    return 1
}
```

如果存在第 2 個分支，則可以在上面程式的基礎上增加 else 關鍵字及另一程式區塊，見下方程式。這個程式區塊中的程式只有在 if 條件不滿足時才會執行。if{} 和 else{} 中的兩個程式區塊是相互獨立的分支，兩者只能執行其中一個。

```
if b > 10 {
    return 1
} else {
    return 2.
}
```

如果存在第 3 個分支，則可以使用下面這種 3 個獨立分支的形式：

```
if b > 10 {
    return 1
} else if b == 10 {
    return 2
} else {
    return 3
}
```

一般來說，else-if 分支的數量是沒有限制的。但是為了程式的可讀性，最好不要在 if 後面加入太多的 else-if 結構。如果必須使用這種形式，則盡可能把先滿足的條件放在前面。

關鍵字 if 和 else 之後的左大括號 "{" 必須和關鍵字在同一行。如果使用了 else-if 結構，則前段程式區塊的右大括號 "}" 必須和 else if 敘述在同一行。這兩筆規則都是被編譯器強制規定的，如果不滿足，則編譯不能透過。

2. for 迴圈

與多數語言不同的是，Go 語言中的迴圈敘述只支援 for 關鍵字，不支援 while 和 do-while 結構。關鍵字 for 的基本使用方法與 C 語言和 C++ 語言中的非常接近：

```
product := 1
for i := 1; i < 5; i++ {
    product *= i
}
```

可以看到比較大的不同是：for 後面的條件運算式不需要用小括號（()）括起來，Go 語言還進一步考慮到無窮迴圈的場景，讓開發者不用寫

for(;;){} 和 do{}-while()，而是直接簡化為以下的寫法：

```
i := 0
for {
    i++
    if i > 50 {
        break
    }
}
```

在使用迴圈敘述時，需要注意以下幾點：

- 左大括號（{）必須與 for 處於同一行。
- Go 語言中的 for 迴圈與 C 語言一樣，都允許在迴圈條件中定義和初始化變數。唯一的區別是，Go 語言不支援以逗點為間隔的多個設定陳述式，必須使用平行設定值的方式來初始化多個變數。
- Go 語言的 for 迴圈同樣支援用 continue 和 break 來控制迴圈，但它提供了一個更進階的 break──可以選擇中斷哪一個迴圈，如下例：

```
JumpLoop:
    for j := 0; j < 5; j++ {
        for i := 0; i < 5; i++ {
            if i > 2 {
                break JumpLoop
            }
            fmt.Println(i)
        }
    }
```

在上述程式中，break 敘述終止的是 JumpLoop 標籤對應的 for 迴圈。for 中的初始敘述是在第 1 次迴圈前執行的敘述。一般使用初始敘述進行變數初始化，但如果變數在 for 迴圈中被宣告，則其作用域只是這個 for 的範圍。初始敘述可以被忽略，但是初始敘述之後的分號必須要寫，程式如下：

```
j:= 2
for ; j > 0; j-- {
```

```
    fmt.Println(j)
}
```

在上面這段程式中，將 j 放在 for 的前面進行初始化，for 中沒有初始敘述，此時 j 的作用域比在初始敘述中宣告的 j 的作用域要大。

for 中的條件運算式是控制是否迴圈的開關。在每次迴圈開始前，都會判斷條件運算式，如果運算式為 true，則迴圈繼續；否則結束迴圈。條件運算式可以被忽略，忽略條件運算式後預設形成無窮迴圈。

下面程式會忽略條件運算式，但是保留結束敘述：

```
1 var i int
2 JumpLoop:
3 for ; ; i++ {
4     if i > 10 {
5         //println(i)
6         break JumpLoop
7     }
8 }
```

在以上程式的第 3 行中，for 敘述沒有設定 i 的初值，兩個英文分號 "; ;" 之間的條件運算式也被忽略。此時迴圈會一直持續下去，for 的結束敘述為 i++，每次結束迴圈前都會呼叫。

在第 4 行中，如果判斷 i 大於 10，則透過 break 敘述跳出 JumpLoop 標籤對應的 for 迴圈。

上面的程式還可以改寫為更美觀的寫法，如下：

```
1 var i int
2 for {
3     if i > 10 {
4         break
5     }
6     i++
7 }
```

在以上程式中，第 2 行，忽略 for 後面的變數和分號，此時 for 執行無窮迴圈。

第 6 行，將 i++ 從 for 的結束敘述放置到函數本體的尾端，這兩者是等效的，這樣編寫的程式更具有可讀性。無窮迴圈在收發處理中較為常見，但無窮迴圈需要有可以控制其退出的方式。

在上面程式的基礎上進一步簡化，將 if 判斷整合到 for 中，則變為下面的程式：

```
1 var i int
2 for i <= 10 {
3     i++
4 }
```

在上面程式第 2 行中，將之前使用 if i>10{} 判斷的運算式進行反轉，變為當 i 小於或等於 10 時持續進行迴圈。

上面這段程式其實類似於其他程式語言中的 while 敘述：在 while 後增加一個條件運算式，如果滿足條件運算式，則持續迴圈，否則結束迴圈。

在 for 迴圈中，如果迴圈被 break、goto、return、panic 等敘述強制退出，則之後的敘述不會被執行。

3. for-range 迴圈

for-range 迴圈結構是 Go 語言特有的一種的疊代結構，其應用十分廣泛。for-range 可以遍歷陣列、切片、字串、map 及通道（channel）。

for-range 語法上類似於 PHP 中的 foreach 敘述，一般形式為：

```
for key, val := range 複合變數值 {
    //...邏輯敘述
}
```

需要注意的是，val 始終為集合中對應索引值的複製值。因此，它一般只具有「唯讀」屬性，對它所做的任何修改都不會影響集合中原有的值。

一個字串是 Unicode 編碼的字元（或稱之為 rune）集合，因此也可以用它來疊代字串：

```
for position, char := range str {
    //...邏輯敘述
}
```

每個 rune 字元和索引在 for-range 迴圈中的值是一一對應的，它能夠自動根據 UTF-8 規則辨識 Unicode 編碼的字元。

透過 for range 遍歷的返回值有一定的規律：

- 陣列、切片、字串返回索引和值。
- map 返回鍵和值。
- 通道（channel）只返回通道內的值。

（1）遍歷陣列、切片。

在遍歷程式中，key 和 value 分別代表切片的索引及索引對應的值。

下面的程式展示如何遍歷切片，陣列也是類似的遍歷方法：

```
for key, value := range []int{0, 1, -1, -2} {
    fmt.Printf("key:%d  value:%d\n", key, value)
}
```

以上程式的執行結果如下：

```
key:0  value:0
key:1  value:1
key:2  value:-1
key:3  value:-2
```

（2）遍歷字串。

Go 語言和其他語言類似：可以透過 for range 的組合對字串進行遍歷。在遍歷時，key 和 value 分別代表字串的索引和字串中的字元。

下面這段程式展示了如何遍歷字串：

```
var str = "hi 加油"
for key, value := range str {
    fmt.Printf("key:%d value:0x%x\n", key, value)
}
```

以上程式的執行結果如下：

```
key:0 value:0x68
key:1 value:0x69
key:2 value:0x20
key:3 value:0x52a0
key:6 value:0x6cb9
```

程式中的變數 value 的實際類型是 rune 類型，以十六進位列印出來就是字元的編碼。

（3）遍歷 map。

對於 map 類型，for-range 在遍歷時，key 和 value 分別代表 map 的索引鍵 key 和索引鍵對應的值。下面的程式展示了如何遍歷 map：

```
m := map[string]int{
    "go": 100,
    "web": 100,
}
for key, value := range m {
    fmt.Println(key, value)
}
```

以上程式的執行結果如下：

```
web 100
go 100
```

> **提示**
> 在對 map 遍歷時，輸出的鍵值是無序的，如果需要輸出有序的鍵值對，則需要對結果進行排序。

（4）遍歷通道（channel）。

通道可以透過 for range 進行遍歷。不同於 slice 和 map，在遍歷通道時只輸出一個值，即通道內的類型對應的資料。（通道會在 7.4.2 節中詳細講解。）

下面程式展示了通道的遍歷方法：

```
c := make(chan int)    //創建了一個整數類型的通道
go func() {            //啟動了一個goroutine
    c <- 7             //將資料推送進通道
    c <- 8
    c <- 9
    close(c)
}()
for v := range c {
    fmt.Println(v)
}
```

以上程式的執行結果如下：

```
7
8
9
```

以上程式的邏輯如下：

① 創建一個整數類型的通道並實例化；

② 透過關鍵字 go 啟動了一個 goroutine；

③ 將數字傳入通道，實現的功能是往通道中推送資料 7、8、9；

④ 結束並關閉通道（這段 goroutine 在宣告結束後馬上被執行）；

⑤ 用 for-range 敘述對通道 c 進行遍歷，即不斷地從通道中接收資料直到通道被關閉。

在使用 for-range 迴圈遍歷某個物件時，往往不會同時使用 key 和 value 的值，而是只需要其中一個的值。這時可以採用一些技巧讓程式變得更簡單。

將前面的例子修改一下，見下面的程式：

```
m := map[string]int{
    "shirdon": 100,
    "ronger": 98,
}
for _, value := range m {
    fmt.Println(value)
}
```

以上程式的執行結果如下：

```
100
98
```

在上面的例子中，將 key 變成了底線（_）。這個底線就是「**匿名變數**」，可以將其瞭解為一種預留位置。匿名變數本身不參與空間分配，也不會佔用一個變數的名字。

在 for-range 中，可以對 key 使用匿名變數，也可以對 value 使用匿名變數。

下面看一個匿名變數的例子：

```
for key, _ := range []int{9, 8, 7, 6} {
    fmt.Printf("key:%d \n", key)
}
```

以上程式的執行結果如下：

```
key:0
key:1
key:2
key:3
```

在該例子中，value 被設定為匿名變數，只使用了 key。而 key 本身就是切片的索引，所以例子輸出的是索引的值。

4. switch-case 敘述

Go 語言中的 switch-case 敘述要比 C 語言的 switch-case 敘述更加通用，運算式的值不必為常數，甚至不必為整數。case 按照從上往下的順序進行求值，直到找到匹配的項。可以將多個 if-else 敘述改寫成一個 switch-case 敘述。Go 語言中的 switch-case 敘述使用比較靈活，語法設計以使用方便為主。

Go 語言改進了傳統的 switch-case 敘述的語法設計：case 與 case 之間是獨立的程式區塊，不需要透過 break 敘述跳出當前 case 程式區塊，以避免執行到下一行。範例程式如下。

```
var a = "love"
switch a {
case "love":
    fmt.Println("love")
case "programming":
    fmt.Println("programming")
default:
    fmt.Println("none")
}
```

以上程式的執行結果如下：

```
love
```

在上面例子中，每一個 case 都是字串格式，且使用了 default 分支。Go 語言規定每個 switch 只能有一個 default 分支。

同時，Go 語言還支援一些新的寫法，比如一個分支多個值、分支運算式。

（1）一個分支多個值。

當需要將多個 case 放在一起時，可以寫成下面這樣：

```
var language = "golang"
switch language {
case "golang", "java":
```

```
    fmt.Println("popular languages")
}
```

以上程式的執行結果如下：

```
popular languages
```

在一個分支多個值的 case 運算式中，使用逗點分隔值。

（2）分支運算式。

case 敘述後既可以是常數，也可以和 if 一樣增加運算式。範例如下：

```
var r int = 6
switch {
case r > 1 && r < 10:
    fmt.Println(r)
}
```

在這種情況下，switch 後面不再需要加用於判斷的變數。

5. goto 敘述

在 Go 語言中，可以透過 goto 敘述跳躍到標籤，進行程式間的無條件跳躍。另外，goto 敘述在快速跳出迴圈、避免重複退出方面也有一定的幫助。使用 goto 敘述能簡化一些程式的實現過程。

在滿足條件時，如果需要連續退出兩層迴圈，則傳統的編碼方式如下：

```
func main() {
    var isBreak bool
    for x := 0; x < 20; x++ {        // 外迴圈
        for y := 0; y < 20; y++ {    // 內迴圈
            if y == 2 {              // 滿足某個條件時退出迴圈
                isBreak = true       // 設定退出標記
                break                // 退出本次迴圈
            }
        }
        if isBreak {     // 根據標記，還需要退出一次迴圈
            break
        }
```

```
    }
    fmt.Println("over")
}
```

將上面的程式使用 Go 語言的 goto 敘述進行最佳化：

```
func main() {
    for x := 0; x < 20; x++ {
        for y := 0; y < 20; y++ {
            if y == 2 {
                goto breakTag    // 跳躍到標籤
            }
        }
    }
    return
breakTag:       // 標籤
    fmt.Println("done")
}
```

在以上程式中，使用 goto 敘述 "goto breakTag" 來跳躍到指明的標籤處。breakTag 是自訂的標籤。

在以上程式中，標籤只能被 goto 使用，不影響程式執行流程。在定義 breakTag 標籤之前有一個 return 敘述，此處如果不手動返回，則在不滿足條件時也會執行 breakTag 程式。

在日常開發中，經常會遇到「多錯誤處理」問題，在「多錯誤處理」中往往存在程式重複的問題。例如：

```
func main() {
    // 省略前面程式
    err := getUserInfo()
    if err != nil {
        fmt.Println(err)
        exitProcess()
        return
    }
    err = getEmail()
    if err != nil {
```

```
        fmt.Println(err)
        exitProcess()
        return
    }
    fmt.Println("over")
}
```

在上面程式中，有一部分是重複的程式。如果後期需要在這些程式中增加更多的判斷條件，則需要在這些雷同的程式中重複修改，極易造成疏忽和錯誤。這時可以透過使用 goto 敘述來處理：

```
func main() {
    // 省略前面程式
    err := getUserInfo()
    if err != nil {
        goto doExit    //將跳躍至錯誤標籤 doExit
    }
    err = getEmail()
    if err != nil {
        goto doExit    //將跳躍至錯誤標籤doExit
    }
    fmt.Println("over")
    return
doExit:    //整理所有流程，進行錯誤列印並退出處理程序
    fmt.Println(err)
    exitProcess()
}
```

以上程式在發生錯誤時，將統一跳躍至錯誤標籤 doExit，整理所有流程，進行錯誤列印並退出處理程序。

6. break 敘述

Go 語言中的 break 敘述可以結束 for、switch 和 select 的程式區塊。另外，還可以在 break 敘述後面增加標籤，表示退出某個標籤對應的程式區塊。增加的標籤必須定義在對應的 for、switch 和 select 的程式區塊上。

透過指定標籤跳出迴圈的範例如下。

程式 chapter1/1.3-break.go　透過指定標籤跳出迴圈

```
package main

import "fmt"

func main() {
OuterLoop:   //外層迴圈的標籤
    for i := 0; i < 2; i++ {    //雙層迴圈
        for j := 0; j < 5; j++ {
            switch j {   // 用 switch 進行數值分支判斷
            case 1:
                fmt.Println(i, j)
                break OuterLoop
            case 2:
                fmt.Println(i, j)
                break OuterLoop    //退出 OuterLoop 對應的迴圈之外
            }
        }
    }
}
```

以上程式的執行結果如下：

```
0 1
```

7. continue 敘述

在 Go 語言中，continue 敘述用於結束當前迴圈，並開始下一次的迴圈疊代過程。它僅限在 for 迴圈內使用。在 continue 敘述後增加標籤，表示結束標籤對應敘述的當前迴圈，並開啟下一次的外層迴圈。continue 敘述的使用範例如下。

程式 chapter1/1.3-continue.go　continue敘述的使用範例

```
package main

import "fmt"

func main() {
```

```
OuterLoop:
    for i := 0; i < 2; i++ {
        for j := 0; j < 5; j++ {
            switch j {
            case 3:
                fmt.Println(i, j)
                continue OuterLoop    //結束當前迴圈，開啟下一次的外層迴圈
            }
        }
    }
}
```

以上程式的執行結果如下：

```
0 3
1 3
```

在以上程式中，"continue OuterLoop" 敘述將結束當前迴圈，開啟下一次的外層迴圈。

1.4 Go 資料類型

Go 語言的基底資料型態分為布林型、數字類型、字串類型、複合類型這 4 種。其中複合類型又分為：陣列類型、切片類型、Map 類型、結構類型。Go 語言常見基底資料型態見表 1-3。

表 1-3

類型	說明
布林型	布林型的值只可以是常數 true 或 false。一個簡單的例子：var b bool = true
數字類型	包含以下類型。 uint8：無號 8 位元整數（0 ～ 255)。 uint16：無號 16 位元整數（0 ～ 65535)。 uint32：無號 32 位元整數（0 ～ 4294967295)。 uint64：無號 64 位元整數（0 ～ 18446744073709551615)。 int8：有號 8 位元整數（-128 ～ 127)。 int16：有號 16 位元整數（-32768 ～ 32767)。

類型	說明
	int32：有號 32 位元整數（-2147483648 ～ 2147483647)。 int64：有號 64 位元整數 (-9223372036854775808 ～ 9223372036854775807)。 float32：IEEE-754 32 位元浮點數。 float64：IEEE-754 64 位元浮點數。 complex64：32 位元實數和虛數。 complex128：64 位元實數和虛數。 byte：和 uint8 相等，另外一種名稱。 rune：和 int32 相等，另外一種名稱。 uint：32 或 64 位元的無號整數。 int：32 或 64 位元的有號整數。 uintptr：無號整數，用於存放一個指標
字串類型	字串就是一串固定長度的字元連接起來的字元序列。Go 的字串是由單一位元組連接起來的。 Go 語言的字串的位元組使用 UTF-8 編碼標識 Unicode 文字
複合類型	包含陣列類型、切片類型、Map 類型、結構類型

1.4.1 布林型

布林型的值只可以是常數 true 或 false。一個簡單的例子：var b bool = true。if 和 for 敘述的條件部分都是布林類型的值，並且 == 和 < 等比較操作也會產生布林型的值。

一元運算符號（!）對應邏輯「非」操作，因此 !true 的值為 false。更複雜一些的寫法是 (!true==false) ==true。在實際開發中，應儘量採用比較簡潔的布林運算式。

```
var aVar = 100
fmt.Println(aVar == 50)  //false
fmt.Println(aVar == 100)  //true
fmt.Println(aVar != 50)  //true
fmt.Println(aVar != 100)  //false
```

提示

Go 語言對於值之間的比較有非常嚴格的限制，只有兩個相同類型的值才可以進行比較。

- 如果值的類型是介面（interface），則它們必須都實現了相同的介面。
- 如果其中一個值是常數，則另外一個值可以不是常數，但是類型必須和該常數類型相同。
- 如果以上條件都不滿足，則必須在將其中一個值的類型轉為和另外一個值的類型相同時，之後才可以進行比較。

布林值可以和 &&（AND）和 ||（OR）運算符號結合。如果運算子左邊的值已經可以確定整個布林運算式的值，則運算子右邊的值將不再被求值，因此下面的運算式總是安全的：

```
str1 == "java" && str2 =="golang"
```

因為 && 的優先順序比 || 高（ && 對應邏輯「且」，|| 對應邏輯「或」，「且」比「或」優先順序要高），所以下面的布林運算式可以不加小括號：

```
var c int
if 1 <= c && c <= 9 ||
    10 <= c && c <= 19 ||
    20 <= c && c <= 30 {
    //...
}
```

布林值並不會自動轉型為數字值 0 或 1，反之亦然，必須使用 if 敘述顯性地進行轉換：

```
i := 0
b := true
if b {
    i = 1
}
```

如果需要經常做類似的轉換，則可以將轉換的程式封裝成一個函數，如下所示：

```
// 如果b為真，則boolToInt()函數返回1；如果為假，則boolToInt()函數返回0
// 將布林型轉為整數
func boolToInt(b bool) int {
    if b {
        return 1
    }
    return 0
}
```

數字到布林型的逆轉換非常簡單，不過為了保持對稱，也可將轉換過程封裝成一個函數：

```
// intToBool()函數用於報告是否為非零。
func intToBool(i int) bool { return i != 0 }
```

Go 語言中不允許將布林型強制轉為整數，程式如下：

```
var d bool
fmt.Println(int(d) * 5)
```

編譯錯誤，輸出如下：

```
cannot convert d (type bool) to type int
```

布林型無法參與數值運算，也無法與其他類型進行轉換。

1.4.2 數字類型

Go 語言支援整數和浮點數字，並且原生支援複數，其中位元的運算採用補數。

Go 語言也有基於架構的類型，例如：int、uint 和 uintptr。這些類型的長度都是根據執行程式所在的作業系統類型所決定的。在 32 位元作業系統上，int 和 uint 均使用 32 位元（4 個位元組）；在 64 位元作業系統上，它們均使用 64 位元（8 個位元組）。

Go 語言數字類型的符號和描述見表 1-4。

表 1-4

符　號	類型和描述
uint8	無號 8 位元整數（0 ～ 255）
uint16	無號 16 位元整數（0 ～ 65535）
uint32	無號 32 位元整數（0 ～ 4294967295）
uint64	無號 64 位元整數（0 ～ 18446744073709551615）
int8	有號 8 位元整數（-128 ～ 127）
int16	有號 16 位元整數（-32768 ～ 32767）
int32	有號 32 位元整數（-2147483648 ～ 2147483647）
int64	有號 64 位元整數（-9223372036854775808 ～ 9223372036854775807）
float32	IEEE-754 32 位元浮點數
float64	IEEE-754 64 位元浮點數
complex64	32 位元實數和虛數
complex128	64 位元實數和虛數
byte	和 uint8 相等，另外一種名稱
rune	和 int32 相等，另外一種名稱
uint	32 或 64 位元的無號整數
int	32 或 64 位元的有號整數
uintptr	無號整數，用於存放一個指標

1.4.3 字串類型

字串是由一串固定長度的字元連接起來的字元序列。Go 語言中的字串是由單一位元組連接起來的。Go 語言中的字串的位元組使用 UTF-8 編碼來表示 Unicode 文字。UTF-8 是一種被廣泛使用的編碼格式，是文字檔的標準編碼。包括 XML 和 JSON 在內都使用該編碼。

由於該編碼佔用位元組長度的不定性，所以在 Go 語言中，字串也可能根據需要佔用 1 ～ 4 byte，這與其他程式語言如 C++、Java 或 Python 不同（Java 始終使用 2 byte）。Go 語言這樣做，不僅減少了記憶體和硬碟空間佔用，而且也不用像其他語言那樣需要對使用 UTF-8 字元集的文字進行編碼和解碼。

字串是一種數值型態。更深入地講，字串是位元組的定長陣列。

1. 字串的宣告和初始化

宣告和初始化字串非常容易：

```
str := "hello string!"
```

上面的程式宣告了字串變數 str，其內容為 "hello string!"。

2. 字串的逸出

在 Go 語言中，字串字面量使用英文雙引號（"）或反引號（`）來創建。

- 雙引號用來創建可解析的字串，支援逸出，但不能用來引用多行；
- 反引號用來創建原生的字串字面量，可能由多行組成，但不支援逸出，並且可以包含除反引號外的其他所有字元。

用雙引號來創建可解析的字串應用很廣泛，用反引號來創建原生的字串則多用於書寫多行訊息、HTML 及正規表示法。

使用範例如下。

```
str1 := "\"Go Web\",I love you \n"      //支持逸出，但不能用來引用多行
str2 :=`"Go Web",
I love you \n`       //支持多行組成，但不支持逸出
println(str1)
println(str2)
```

以上程式的執行結果如下：

```
"Go Web",I love you

"Go Web",
I love you \n
```

3. 字串的連接

雖然 Go 語言中的字串是不可變的，但是字串支援串聯操作（+）和追加操作（+=），比如下面這個例子：

```
str := "I love" + " Go Web"
str += " programming"
fmt.Println(str) // I love Go Web programming
```

4. 字串的運算符號

字串的內容（純位元組）可以透過標準索引法來獲取：在中括號 [] 內寫入索引，索引從 0 開始計數。

假設我們定義了一個字串 str := "programming"，則可以透過 str[0] 來獲取字串 str 的第 1 個位元組，透過 str[i - 1] 來獲取第 i 個位元組，透過 str[len(str)-1] 來獲取最後 1 個位元組。

透過下面具體的範例，可以瞭解字串的常用方法：

```
str := "programming"
fmt.Println(str[1])       //獲取字串索引位置為1的原始位元組，比如r為114
fmt.Println(str[1:3])     //截取字串索引位置為1和2的字串（不包含最後一個）
fmt.Println(str[1:])      //截取字串索引位置為1到len(s)-1的字串
fmt.Println(str[:3])      //截取字串索引位置為0到2的字串（不包含3）
fmt.Println(len(str))     //獲取字串的位元組數
fmt.Println(utf8.RuneCountInString(str)) //獲取字串字元的個數
fmt.Println([]rune(str))       // 將字串的每一個位元組轉為碼點值
fmt.Println(string(str[1])) // 獲取字串索引位置為1的字元值
```

以上程式的執行結果如下：

```
114
ro
rogramming
pro
11
11
[112 114 111 103 114 97 109 109 105 110 103]
r
```

5. 字串的比較

Go 語言中的字串支援正常的比較操作（<，>，==，!=，<=，>=），這些運算符號會在記憶體中一個位元組一個位元組地進行比較，因此比較的結果是字串自然編碼的順序。

但是在執行比較操作時，需要注意以下兩個方面：

（1）有些 Unicode 編碼的字元可以用兩個或多個不同的位元組序列來表示。如果執行比較操作只是 ASCII 字元，則這個問題將不會存在；如果執行比較操作有多種字元，則可以透過自訂標準化函數來隔離接受這些字串。

（2）如果使用者希望將不同的字元看作是相同的，則可以透過自訂標準化函數來解決。

比如字元 " 三 "、"3"、" Ⅲ "、" ③ " 都可以看作相同的意思，那麼當使用者輸入 3 時，就得匹配這些相同意思的字元。這個可以透過自訂標準化函數來解決。

6. 字串的遍歷

大部分的情況下，可以透過索引提取其字元，比如：

```
str := "go web"
fmt.Println(string(str[0])) //獲取索引為0的字元
```

以上的字串是單位元組的，透過索引可以直接提取字元。但是對於任意字串來講，上面並不一定可靠，因為有些字元可能有多個位元組。這時就需要使用字串切片，這樣返回的將是一個字元，而非一個位元組：

```
str := "i love go web"
chars := []rune(str)                //把字串轉為rune切片
for _,char := range chars {
    fmt.Println(string(char))
}
```

在 Go 語言中，可以用 rune 或 int32 來表示一個字元。

字元可以透過 += 運算符號在一個迴圈中往字串尾端追加字元。但這並不是最有效的方式，還可以使用類似 Java 中的 StringBuilder 來實現：

```
var buffer bytes.Buffer  //創建一個空的bytes.Buffer
for  {
    if piece,ok := getNextString();ok {
        //透過 WriteString()方法，將需要串聯的字串寫入buffer中
        buffer.WriteString(piece)
    } else {
        break
    }
}
fmt.Println(buffer.String())  //用於取回整個串聯的字串
```

使用 bytes.Buffer 進行字串的累加比使用 += 要高效得多，尤其是在面對大數量的字串時。

如果要將字串一個字元一個字元地疊代出來，則可以透過 for-range 迴圈：

```
str := "love go web"
for index, char := range str {
    fmt.Printf("%d %U %c \n", index, char, char)
}
```

7. 字串的修改

在 Go 語言中，不能直接修改字串的內容，即不能透過 str[i] 這種方式修改字串中的字元。如果要修改字串的內容，則需要先將字串的內容複製到一個寫入的變數中（一般是 [ ]byte 或 [ ]rune 類型的變數），然後再進行修改。在轉換類型的過程中會自動複製資料。

（1）修改位元組（用 [ ]byte)。

對於單位元組字元，可以透過這種方式進行修改：

```
str := "Hi 世界！"
by := []byte(str)          // 轉為[]byte，資料被自動複製
by[2] = ','                // 把空格改為半形逗點
```

```
fmt.Printf("%s\n", str)
fmt.Printf("%s\n", by)
```

以上程式的執行結果如下：

```
Hi 世界！
Hi,世界！
```

（2）修改字元（用 [ ]rune)。

```
str := "Hi 世界"
by := []rune(str)     // 轉為[]rune，資料被自動複製
by[3] = '中'
by[4] = '國'
fmt.Println(str)
fmt.Println(string(by))
```

以上程式的執行結果如下：

```
Hi 世界
Hi 中國
```

> **提示**
>
> 與 C/C++ 不同，Go 語言中的字串是根據長度（而非特殊的字元 \0）限定的。string 類型的 0 值是長度為 0 的字串，即空字串（""）。

1.4.4 指標類型

1. 指標類型介紹

指標類型是指變數儲存的是一個記憶體位址的變數類型。指標類型的使用範例如下：

```
var b int = 66      //定義一個普通類型
var p * int = &b    //定義一個指標類型
```

2. 指標的使用

可用 fmt.Printf() 函數的動詞 "%p"，輸出對 score 和 name 變數取位址後的指標值。程式如下：

程式 chapter1/1.4-pointer-use.go　指標的使用範例

```
package main

import (
    "fmt"
)

func main() {
    var score int = 100
    var name string = "Barry"
    // 用fmt.Printf()函數的動詞"%p"，輸出對score和name 變數取位址後的指標值
    fmt.Printf("%p %p", &score, &name)
}
```

以上程式的執行結果如下：

```
0xc000016080 0xc000010200
```

在對普通變數使用（&）運算符號取記憶體位址獲得這個變數的指標後，可以對指標使用（*）操作，即獲取指標的值：

程式 chapter1/1.4-pointer-use2.go　指標的使用範例

```
package main

import (
    "fmt"
)

func main() {
    var address = "Chengdu, China"        // 宣告一個字串類型
    ptr := &address                       // 對字串取位址，ptr類型為*string
    fmt.Printf("ptr type: %T\n", ptr)     // 列印ptr的類型
    fmt.Printf("address: %p\n", ptr)      // 列印ptr的指標位址
    value := *ptr                         // 對指標進行設定值操作
```

```
    fmt.Printf("value type: %T\n", value)  // 設定值後的類型
    fmt.Printf("value: %s\n", value)       // 指標設定值後就是指向變數的值
}
```

以上程式的執行結果如下：

```
ptr type: *string
address: 0xc00008e1e0
value type: string
value: Chengdu, China
```

由上例可以看出，變數取記憶體位址運算符號（&）和指標變數設定值運算符號（*）是一對互逆的運算符號：對於變數，可以用（&）運算符號取出變數的記憶體位址；對於指標變數，可以用（*）運算符號取出指標變數指向的原變數的值。變數和指標變數相互關係和特性如下：

- 對變數進行取記憶體位址（&）操作，可以獲得這個變數的記憶體位址的值。
- 指標變數的值是變數的記憶體位址。
- 對指標變數進行設定值（*）操作，可以獲得指標變數指向的原變數的值。

3. 用指標修改值

使用指標修改值的範例如下。

程式 chapter1/1.4-pointer-use3.go　使用指標修改值的範例

```
package main

import "fmt"

// 交換函數
func exchange(c, d *int) {
    t := *c        // 取c指標的值，指定給臨時變數t
    *c = *d        // 取d指標的值，指定給c指標指向的變數
    *d = t         // 將臨時變數t的值指定給d指標指向的變數
}
```

```
func main() {
    a, b := 6, 8          // 準備兩個變數，設定值6和8
    exchange(&a, &b)      // 交換變數值
    fmt.Println(a, b)     // 輸出變數值
}
```

以上程式的執行結果如下：

```
8 6
```

在以下範例中，exchange2() 函數執行的是指標的交換操作。

程式 chapter1/1.4-pointer-use3.go　使用指標修改值的範例

```
package main

import "fmt"

func exchange2(c, d *int) {
    d, c = c, d
}
func main() {
    x, y := 6, 8
    exchange2(&x, &y)
    fmt.Println(x, y)
}
```

以上程式的執行結果如下：

```
6 8
```

結果表明，交換是不成功的。上面程式中的 exchange2() 函數交換的是 c 和 d 的位址。在交換完畢後，c 和 d 的變數值確實被交換了，但和 c、d 連結的兩個變數並沒有實際連結。

這就像有兩張卡片放在桌上一字攤開，卡片上印有 6 和 8 兩個數字。交換兩張卡片在桌子上的位置後，兩張卡片上的數字 6 和 8 並沒有改變，只是卡片在桌子上的位置改變而已，如圖 1-8 所示。

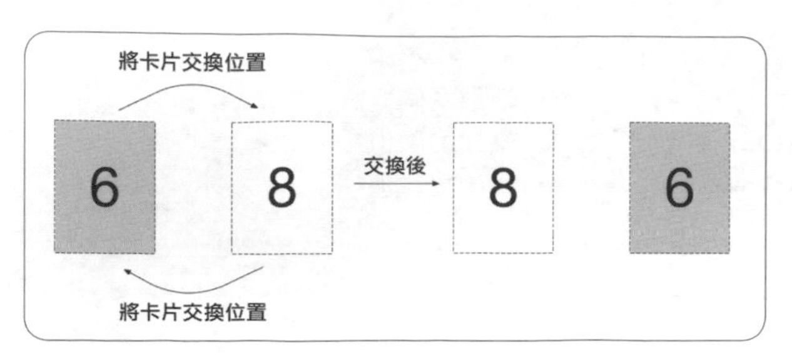

圖 1-8

1.4.5 複合類型

1. 陣列類型

Go 語言提供了陣列類型的資料結構。陣列是具有相同唯一類型的一組已編號且長度固定的資料項目的序列，這種類型可以是任意的原始類型，例如整數、字串或自訂類型。

舉例來說，要保存 10 個整數，相對於去宣告 "number0, number1, ..., number9"10 個變數，使用陣列，則只需要宣告一個變數：

```
var array[10] int
```

在宣告了以上形式的變數後，就可以存 10 個整數了。可以看到，使用陣列更加方便且易於擴充。陣列元素可以透過索引（位置）來讀取（或修改），索引從 0 開始，第 1 個元素索引為 0，第 2 個索引為 1，依此類推，如圖 1-9 所示。

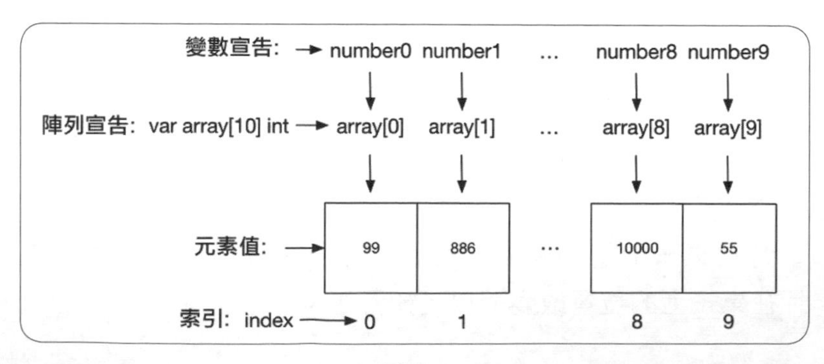

圖 1-9

（1）宣告陣列。

宣告 Go 語言陣列，需要指定元素類型及元素個數，語法格式如下：

```
var name[SIZE] type
```

其中，name 為陣列的名字，SIZE 為宣告的陣列元素個數，type 為元素類型。

例如宣告一個陣列名稱為 numbers、元素個數為 6、元素類型為 float32 的陣列，形式如下：

```
var numbers[6] float32
```

（2）初始化陣列。

初始化陣列的範例如下：

```
var numbers = [5]float32{100.0, 8.0, 9.4, 6.8, 30.1}
```

在經過初始化的陣列中，{} 中的元素個數不能大於 [ ] 中的數字。預設情況下，如果不設定陣列大小，則可以使用 "[...]" 替代陣列長度，Go 語言會根據元素的個數來設定陣列的大小：

```
var numbers = [...]float32{100.0, 8.0, 9.4, 6.8, 30.1}
```

以上兩個範例是一樣的，雖然下面一個沒有設定陣列的大小。

（3）存取陣列元素。

陣列元素可以透過索引（位置）來讀取。索引從 0 開始，第 1 個元素索引為 0，第 2 個索引為 1，依此類推。格式為「陣列名稱後加中括號，中括號中為索引的值」。

例如讀取第 3 個元素的形式如下：

```
var salary float32 = numbers[2]
```

以上範例讀取了陣列 numbers 中第 3 個元素的值。

以下範例展示了陣列的完整操作（宣告、設定值、存取）：

程式 chapter1/1.4-array.go 存取陣列元素的範例

```
package main

import "fmt"

func main() {
    var arr [6]int                   // 宣告一個長度為6 的陣列
    var i, j int
    for i = 0; i < 6; i++ {
        arr[i] = i + 66              // 設定元素為i + 66
    }
    for j = 0; j < 6; j++ {          // 輸出每個陣列元素的值
        fmt.Printf("Array[%d] = %d\n", j, arr[j])
    }
}
```

以上程式的執行結果如下：

```
Array[0] = 66
Array[1] = 67
Array[2] = 68
Array[3] = 69
Array[4] = 70
Array[5] = 71
```

2. 結構類型（struct）

（1）結構介紹。

結構是由一系列具有相同類型或不同類型的資料組成的資料集合。結構是由 0 個或多個任意類型的值聚合成的實體，每個值都可以被稱為「結構的成員」。

結構成員也可以被稱為「欄位」，這些欄位有以下特性：

- 欄位擁有自己的類型和值；
- 欄位名稱必須唯一；
- 欄位的類型也可以是結構，甚至是欄位所在結構的類型。

使用關鍵字 type，可以將各種基本類型定義為自訂類型。基本類型包括整數、字串、布林等。結構是一種複合的基本類型，透過 type 定義自訂類型，可以使結構更便於使用。

（2）結構的定義。

結構的定義格式如下：

```
type 類型名稱 struct {
    欄位1 類型1
    欄位2 類型2
    //…
}
```

以上各個部分的說明如下。

- 類型名稱：標識自訂結構的名稱。在同一個套件內不能包含重複的類型名稱。
- struct{}：表示結構類型。type 類型名稱 struct{} 可以被瞭解為將 struct{} 結構定義為類型名稱的類型。
- 欄位 1、欄位 2……：表示結構欄位名稱。結構中的欄位名稱必須唯一。
- 類型 1、類型 2……：表示結構各個欄位的類型。

舉例來說，定義一個結構來表示一個包含 A 和 B 浮點數的點結構，程式如下：

```
type Pointer struct {
    A float32
    B float32
}
```

同類型的變數也可以寫在一行，顏色的紅、綠、藍 3 個分量可以使用 byte 類型表示。定義顏色的結構如下：

```
type Colors struct {
    Red, Green, Blue byte
}
```

一旦定義了結構類型，則它就能用於變數的宣告，語法格式如下：

```
variable_name := struct_variable_type {value1, value2,...}
```

或：

```
variable_name := struct_variable_type { key1: value1, key2: value2,...}
```

舉例來說，定義一個名為 Book 的圖書結構，並列印出結構的欄位值的範例如下。

程式 chapter1/1.4-struct.go　定義一個圖書結構並列印出結構的欄位值

```
package main

import "fmt"

type Book struct {
    title string
    author string
    subject string
    press string
}

func main() {
    // 創建一個新的結構
    fmt.Println(Book{"Go Web程式設計實戰派——從入門到精通", "廖顯東",
"Go語言教學", "電子工業出版社"})
    // 也可以使用 key => value 格式
    fmt.Println(Book{title: "Go Web程式設計實戰派——從入門到精通", author:
"廖顯東", subject: "Go語言教學", press: "電子工業出版社"})
    // 忽略的欄位為0 或 空
    fmt.Println(Book{title: "Go Web程式設計實戰派——從入門到精通", author:
"廖顯東"})
}
```

以上程式的執行結果如下：

```
{Go Web程式設計實戰派——從入門到精通 廖顯東 Go語言教學 電子工業出版社}
{Go Web程式設計實戰派——從入門到精通 廖顯東 Go語言教學 電子工業出版社}
{Go Web程式設計實戰派——從入門到精通 廖顯東  }
```

（3）存取結構成員。

如果要存取結構成員，則需要使用英文句點號 "." 運算符號，格式如下：

```
結構.成員名
```

存取結構成員範例如下。

程式 chapter1/1.4-struct2.go　存取結構成員的範例

```
package main

import "fmt"

type Books struct {
    title string
    author string
    subject string
    press string
}

func main() {
    var bookGo Books                //宣告bookGo為Books類型
    var bookPython Books            //宣告bookPython為Books類型

    // bookGo描述
    bookGo.title = "Go Web程式設計實戰派——從入門到精通"
    bookGo.author = "廖顯東"
    bookGo.subject = "Go語言教學"
    bookGo.press = "電子工業出版社"

    // bookPython描述
    bookPython.title = "Python教學xxx"
    bookPython.author = "張三"
    bookPython.subject = "Python語言教學"
    bookPython.press = "xxx出版社"

    //列印 bookGo 資訊
    fmt.Printf( "bookGo title : %s\n", bookGo.title)
    fmt.Printf( "bookGo author : %s\n", bookGo.author)
    fmt.Printf( "bookGo subject : %s\n", bookGo.subject)
```

```
    fmt.Printf( "bookGo press : %s\n", bookGo.press)

    //列印 bookPython 資訊
    fmt.Printf( "bookPython title : %s\n", bookPython.title)
    fmt.Printf( "bookPython author : %s\n", bookPython.author)
    fmt.Printf( "bookPython subject : %s\n", bookPython.subject)
    fmt.Printf( "bookPython press : %s\n", bookPython.press)
}
```

以上程式的執行結果如下：

```
bookGo title : Go Web程式設計實戰派──從入門到精通
bookGo author : 廖顯東
bookGo subject : Go語言教學
bookGo press : 電子工業出版社
bookPython title : Python教學xxx
bookPython author : 張三
bookPython subject : Python語言教學
bookPython press : xxx出版社
```

（4）將結構作為函數參數。

可以像其他資料類型那樣將結構類型作為參數傳遞給函數，並以上面範例的方式存取結構變數：

程式 chapter1/1.4-struct3.go　將結構作為函數參數的範例

```
package main

import "fmt"

type Books struct {
    title   string
    author  string
    subject string
    press   string
}

func main() {
    var bookGo Books          /* 宣告bookGo為Books類型 */
```

```
    var bookPython Books     /* 宣告bookPython為Books類型 */

    /* bookGo描述 */
    bookGo.title = "Go Web程式設計實戰派——從入門到精通"
    bookGo.author = "廖顯東"
    bookGo.subject = "Go語言教學"
    bookGo.press = "電子工業出版社"

    /* bookPython描述 */
    bookPython.title = "Python教學xxx"
    bookPython.author = "張三"
    bookPython.subject = "Python語言教學"
    bookPython.press = "xxx出版社"

    /* 列印 bookPython 資訊 */
    printBook(bookGo)

    /* 列印 bookPython 資訊 */
    printBook(bookPython)
}

func printBook(book Books) {
    fmt.Printf("Book title : %s\n", book.title)
    fmt.Printf("Book author : %s\n", book.author)
    fmt.Printf("Book subject : %s\n", book.subject)
    fmt.Printf("Book press : %s\n", book.press)
}
```

以上程式的執行結果如下：

```
Book title : Go Web程式設計實戰派——從入門到精通
Book author : 廖顯東
Book subject : Go語言教學
Book press : 電子工業出版社
Book title : Python教學xxx
Book author : 張三
Book subject : Python語言教學
Book press : xxx出版社
```

（5）結構指標。

可以定義指向結構的指標，類似於定義其他指標變數，格式如下：

```
var structPointer *Books
```

以上定義的指標變數可以儲存結構變數的記憶體位址。

如果要查看結構變數的記憶體位址，則可以將 & 符號放置於結構變數前：

```
structPointer = &Books
```

如果要使用結構指標存取結構成員，則使用 "." 運算符號：

```
structPointer.title
```

接下來使用結構指標重新定義以上範例，程式如下。

程式 chapter1/1.4-struct-pointer.go　使用結構指標的範例

```
package main

import "fmt"

type Books struct {
    title   string
    author  string
    subject string
    press   string
}

func main() {
    var bookGo Books         /* 宣告bookGo為Books類型 */
    var bookPython Books     /* 宣告bookPython為Books類型 */

    /* bookGo描述 */
    bookGo.title = "Go Web程式設計實戰派——從入門到精通"
    bookGo.author = "廖顯東"
    bookGo.subject = "Go語言教學"
    bookGo.press = "電子工業出版社"
```

```
    /* bookPython描述 */
    bookPython.title = "Python教學xxx"
    bookPython.author = "張三"
    bookPython.subject = "Python語言教學"
    bookPython.press = "xxx出版社"

    /* 列印 bookPython 資訊 */
    printBook(&bookGo)

    /* 列印 bookPython 資訊 */
    printBook(&bookPython)
}

func printBook(book *Books) {
    fmt.Printf("Book title : %s\n", book.title)
    fmt.Printf("Book author : %s\n", book.author)
    fmt.Printf("Book subject : %s\n", book.subject)
    fmt.Printf("Book press : %s\n", book.press)
}
```

以上程式的執行結果如下：

```
Book title : Go Web程式設計實戰派——從入門到精通
Book author : 廖顯東
Book subject : Go語言教學
Book press : 電子工業出版社
Book title : Python教學xxx
Book author : 張三
Book subject : Python語言教學
Book press : xxx出版社
```

3. 切片類型

切片（slice）是對陣列的連續「片段」的引用，所以切片是一個參考類型（因此更類似於 C/C++ 中的陣列類型，或 Python 中的 list 類型）。

這個「片段」可以是整個陣列，也可以是由起始和終止索引標識的一些項的子集。

提示

終止索引標識的項不包括在切片內。

切片的內部結構包含記憶體位址、大小和容量。切片一般用於快速地操作一區塊資料集合。

切片的結構由 3 部分組成（如圖 1-10 所示）：① pointer 是指向一個陣列的指標，② len 代表當前切片的長度，③ cap 是當前切片的容量。cap 總是大於或等於 len。

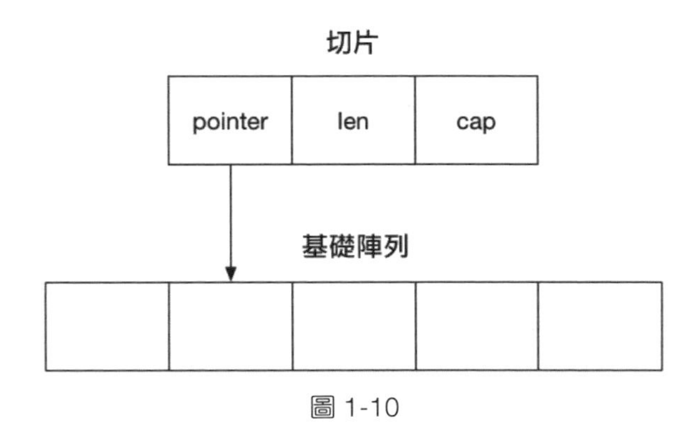

圖 1-10

切片預設指向一段連續記憶體區域，可以是陣列，也可以是切片本身。從連續記憶體區域生成切片是常見的操作，格式如下：

```
slice [開始位置 : 結束位置]
```

語法說明如下。

- slice：目標切片物件；
- 開始位置：對應目標切片物件的起始索引；
- 結束位置：對應目標切片的結束索引。

從陣列生成切片，程式如下：

```
var a = [3]int{1, 2, 3}
fmt.Println(a, a[1:2])
```

其中，a 是一個擁有 3 個整數元素的陣列。使用 a[1:2] 可以生成一個新的切片。以上程式的執行結果如下：

```
[1 2 3]  [2]
```

其中 [2] 就是 a[1:2] 切片操作的結果。

從陣列或切片生成新的切片擁有以下特性。

- 取出的元素數量為「結束位置 - 開始位置」；
- 取出元素不包含結束位置對應的索引，切片最後一個元素使用 slice[len(slice)] 獲取；
- 如果預設開始位置，則表示從連續區域開頭到結束位置；
- 如果預設結束位置，則表示從開始位置到整個連續區域尾端；
- 如果兩者同時預設，則新生成的切片與原切片等效；
- 如果兩者同時為 0，則同等於空切片，一般用於切片重置。

在根據索引位置取切片 slice 元素值時，設定值範圍是（0～len(slice)-1）。如果超界，則會報執行時錯誤。在生成切片時，結束位置可以填寫 len(slice)，不會顯示出錯。

下面透過具體範例來熟悉切片的特性。

（1）從指定範圍中生成切片。

切片和陣列密不可分。如果將陣列瞭解為一棟辦公樓，那麼切片就是把不同的連續樓層出租給使用者。在出租過程中需要選擇開始樓層和結束樓層，這個過程就會生成切片。範例程式如下。

```
var sliceBuilder [20]int
for i := 0; i < 20; i++ {
    sliceBuilder[i] = i + 1
}
fmt.Println(sliceBuilder[5:15]) // 區間元素
fmt.Println(sliceBuilder[15:])  // 從中間到尾部的所有元素
fmt.Println(sliceBuilder[:2])   // 從開頭到中間指定位置的所有元素
```

以上程式的執行結果如下：

```
[6 7 8 9 10 11 12 13 14 15]
[16 17 18 19 20]
[1 2]
```

以上程式可以視為：建構了一個 20 層的高層建築；陣列的元素值為 1 ～ 20，分別代表不同的獨立樓層；輸出的結果是不同的租售方案。

切片有點像 C 語言裡的指標。指標可以做運算，但代價是記憶體操作越界。切片在指標的基礎上增加了大小，約束了切片對應的記憶體區域。在切片使用過程中，無法對切片內部的位址和大小進行手動調整，因此切片比指標更安全、強大。

（2）表示原有的切片。

如果開始位置和結束位置都被忽略，則新生成的切片和原切片的結構一模一樣，並且生成的切片與原切片在資料內容上也是一致的，程式如下：

```
b := []int{6, 7, 8}
fmt.Println(b[:])
```

b 是一個擁有 3 個元素的切片。將 b 切片使用 b[:] 操作後，得到的切片與 b 切片一致，輸出如下：

```
[6 7 8]
```

（3）重置切片，清空擁有的元素。

如果把切片的開始和結束位置都設為 0，則生成的切片將變空，程式如下：

```
b := []int{6, 7, 8}
fmt.Println(b[0:0])
```

以上程式的執行結果如下：

```
[]
```

（4）直接宣告新的切片。

除可以從原有的陣列或切片中生成切片外，也可以宣告一個新的切片。其他類型也可以宣告為切片類型，用來表示多個相同類型元素的連續集合。因此，切片類型也可以被宣告。切片類型的宣告格式如下：

```
var name []Type
```

其中，name 表示切片的變數名稱，Type 表示切片對應的元素類型。

下面程式展示了切片宣告的使用過程：

```
var sliceStr []string              // 宣告字串切片
var sliceNum []int                 // 宣告整數切片
var emptySliceNum = []int{}        // 宣告一個空切片
fmt.Println(sliceStr, sliceNum, emptySliceNum)          // 輸出3個切片
fmt.Println(len(sliceStr), len(sliceNum), len(emptySliceNum))
                                                        // 輸出3個切片大小
fmt.Println(sliceStr == nil)       // 切片判定空的結果
fmt.Println(sliceNum == nil)
fmt.Println(emptySliceNum == nil)
```

以上程式的執行結果如下：

```
[] [] []
0 0 0
true
true
false
```

切片是動態結構，只能與 nil 判定相等，不能互相判定相等。在宣告了新的切片後，可以使用 append() 函數在切片中增加元素。如果需要創建一個指定長度的切片，則可以使用 make() 函數，格式如下：

```
make( []Type, size, cap )
```

其中，Type 是指切片的元素類型，size 是指為這個類型分配多少個元素，cap 是指預分配的元素數量（設定這個值不影響 size，只是能提前分配空間，可以降低多次分配空間造成的性能問題）。

範例如下。

```
slice1 := make([]int, 6)
slice2 := make([]int, 6, 10)
fmt.Println(slice1, slice2)
fmt.Println(len(slice1), len(slice2))
```

輸出如下：

```
[0 0 0 0 0 0] [0 0 0 0 0 0]
6 6
```

其中 slice1 和 slice2 均是預分配 2 個元素的切片。只是 slice2 的內部儲存空間已經分配了 10 個元素，但實際使用了 2 個元素。

容量不會影響當前的元素個數，因此對 slice1 和 slice2 取 len 都是 2。

用 make() 函數生成切片會發生記憶體分配操作。但如果指定了開始與結束位置（包括切片重置）的切片，則只是將新的切片結構指向已經分配好的記憶體區域。設定開始與結束位置，不會發生記憶體分配操作。

4. map 類型

（1）map 定義。

Go 語言中 map 是一種特殊的資料類型──一種「元素對」（pair）的無序集合。元素對包含一個 key（索引）和一個 value（值），所以這個結構也被稱為「連結陣列」或「字典」。這是一種能夠快速尋找值的理想結構：指定了 key，就可以迅速找到對應的 value。

map 是參考類型，可以使用以下方式宣告：

```
var name map[key_type]value_type
```

其中，name 為 map 的變數名稱，key_type 為鍵類型，value_type 為鍵對應的數值型態。注意，在 [key_type] 和 value_type 之間允許有空格。

在宣告時不需要知道 map 的長度，因為 map 是可以動態增長的。未初始化的 map 的值是 nil。使用函數 len() 可以獲取 map 中元素對的數目。

透過以下的例子來說明：

```
var literalMap map[string]string
var assignedMap map[string]string
literalMap = map[string]string{"first": "go", "second": "web"}
createdMap := make(map[string]float32)
assignedMap = literalMap
createdMap["k1"] = 99
createdMap["k2"] = 199
assignedMap["second"] = "program"
fmt.Printf("Map literal at \"first\" is: %s\n", literalMap["first"])
fmt.Printf("Map created at \"k2\" is: %f\n", createdMap["k2"])
fmt.Printf("Map assigned at \"second\" is: %s\n", literalMap["second"])
fmt.Printf("Map literal at \"third\" is: %s\n", literalMap["third"])
```

執行以上程式，輸出如下：

```
Map literal at "first" is: go
Map created at "k2" is: 199.000000
Map assigned at "second" is: program
Map literal at "third" is:
```

範例中 literalMap 展示了使用 {"first": "go", "second": "web"} 的格式來初始化 map。在上面程式中，createdMap 的創建方式 createdMap := make(map[string]float32) 相等於 createdMap := map[string]float32{}。

assignedMap 是 literalMap 的引用，對 assignedMap 的修改也會影響 literalMap 的值。

提示

可以使用 make() 函數來構造 map，但不能使用 new() 函數來構造 map。如果錯誤地使用 new() 函數分配了一個引用物件，則會獲得一個空引用的指標，相當於宣告了一個未初始化的變數並取了它的位址。以下程式在編譯時會顯示出錯：

```
createdMap:= new(map[string]float32)
createdMap["k1"] = 4.5
$ go run 1.4-map.go
# command-line-arguments
./1.4-map.go:25:12: invalid operation: createdMap["k1"] (type
*map[string]float32 does not support indexing)
```

（2）map 容量。

和陣列不同，map 可以根據新增的元素對來動態地伸縮，因此它不存在固定長度或最大限制。但也可以選擇標明 map 的初始容量 capacity，格式如下：

```
make(map[key_type]value_type, cap)
```

例如：

```
map := make(map[string]float32, 100)
```

當 map 增長到容量上限時，如果再增加新的元素對，則 map 的大小會自動加 1。所以，出於性能的考慮，對於大的 map 或會快速擴張的 map，即使只是大概知道容量，也最好先標明。

下面是一個 map 的具體例子，即將學生名字和成績映射起來：

```
achievement := map[string]float32{
    "zhangsan": 99.5, "xiaoli": 88,
    "wangwu": 96, "lidong": 100,
}
```

（3）用切片作為 map 的值。

既然一個 Key 只能對應一個 Value，而 Key 又是一個原始類型，那麼如果一個 Key 要對應多個值怎麼辦？

舉例來說，要處理 UNIX 機器上的所有處理程序，以父處理程序（pid 為整數）作為 Key，以所有的子處理程序（以所有子處理程序的 pid 組成的切片）作為 Value。

透過將 Value 定義為 []int 類型或其他類型的切片，就可以優雅地解決這個問題，範例程式如下。

```
map1 := make(map[int][]int)
map2 := make(map[int]*[]int)
```

1.5 函數

在 1.2 節中我們簡單地介紹了函數。本節進一步講解函數的常用技巧。

1.5.1 宣告函數

在 Go 語言中，宣告函數的格式如下：

```
func function_name( [parameter list] ) [return_types] {
    //函數本體
}
```

可以把函數看成是一台機器：如果將參數「材料」輸入函數機器中，則將返回「產品」出來，如圖 1-11 所示。

```
                    輸入↓          輸出↑
func function_name( [parameter list] ) [return_types] {
    函數本體
}
```

圖 1-11

圖 1-11 的說明如下。

- func：函數宣告關鍵字。
- function_name：函數名稱。函數名稱和參數清單一起組成了函數名稱。
- parameter list：參數清單，是可選項。參數就像一個預留位置。當函數被呼叫時，可以將值傳遞給參數，這個值被稱為「實際參數」。參數清單指定的是參數類型、順序及參數個數。參數是可選的，即函數可以不包含參數。

- return_types：包含返回類型的返回值，是可選項。如果函數需要返回一列值，則該項值的資料類型是返回值。如果有些功能不需要返回值，則 return_types 可以為空。
- **函數本體**：函數定義的程式集合。

以下為 min() 函數的範例。向該函數傳入整數陣列參數 arr，返回陣列參數的最小值：

```
//獲取整數陣列中的最小值
func min(arr []int) (m int) {
    m = arr[0]
    for _, v := range arr {
        if v < m {
            m = v
        }
    }
    return
}
```

在以上程式中，"min" 為函數名稱，"arr []int" 為參數，"m int" 為 int 類型的返回值。

在創建函數時，定義了函數有什麼功能。透過呼叫函數向函數傳遞參數，可以獲取函數的返回值。函數的使用範例如下。

程式 chapter1/1.5-func2.go 函數返回值範例

```
package main

import "fmt"

func main() {
    array := []int{6, 8, 10} //定義區域變數
    var ret int
    ret = min(array)          //呼叫函數並返回最小值
    fmt.Printf("最小值是 : %d\n", ret)
}
```

```
func min(arr []int) (min int) { //獲取整數陣列中的最小值
    min = arr[0]
    for _, v := range arr {
        if v < min {
            min = v
        }
    }
    return
}
```

以上程式的執行結果如下：

```
最小值是: 6
```

Go 語言函數還可以返回多個值，例如下面範例。

程式 chapter1/1.5-func3.go　函數返回多個值的範例

```
package main

import "fmt"

func compute(x, y int) (int, int) {
    return x+y, x*y
}

func main() {
    a, b := compute(6, 8)
    fmt.Println(a, b)
}
```

以上範例的執行結果為：

```
14 48
```

如果要按函數頭宣告的順序返回值，則 return 敘述後面的運算式可以為空。如果 return 敘述後面不為空，則按 return 敘述後面的運算式的順序返回值，而非按函數頭宣告的順序，見下面範例。

程式 chapter1/1.5-func-return.go　return敘述的返回範例

```
package main

func change(a, b int) (x, y int) {
    x = a + 100
    y = b + 100

    return   //返回：101, 102
    //return x, y  //返回：101, 102
    //return y, x  //返回：102, 101
}

func main(){
    a := 1
    b := 2
    c, d := change(a, b)
    println(c, d)
}
```

1.5.2 函數參數

1. 參數的使用

函數可以有 1 個或多個參數。如果函數使用參數，則該參數被稱為函數的形式參數。形式參數就像定義在函數本體內的區域變數。

- **形式參數**：在定義函數時，用於接收外部傳入的資料被稱為形式參數，簡稱形式參數。
- **實際參數**：在呼叫函數時，傳給形式參數的實際的資料被稱為實際參數，簡稱實際參數。

函數參數呼叫需遵守以下形式：

- 函數名稱必須匹配；
- 實際參數與形式參數必須一一對應：順序、個數、類型。

2. 可變參數

Go 函數支援可變參數（簡稱「變參」)。接受變參的函數具有不定數量的參數。定義可接收變參的函數形式如下：

```
func myFunc(arg ...string) {
    //...
}
```

"arg ...string" 告訴 Go 這個函數可接受不定數量的參數。注意，這些參數的類型全部是 string。在對應的函數本體中，變數 arg 是一個 string 的 slice，可透過 for-range 敘述遍歷：

```
for _, v:= range arg {
    fmt.Printf("And the string is: %s\n", v)
}
```

3. 參數傳遞

呼叫函數，可以透過以下兩種方式來傳遞參數。

（1）值傳遞。

值傳遞是指，在呼叫函數時將實際參數複製一份傳遞到函數中。這樣在函數中，對參數進行修改，不會影響實際參數的值。

預設情況下，Go 語言使用的是值傳遞，即在呼叫過程中不會影響實際參數的值。

以下程式定義了 exchange() 函數：

```
/* 定義相互交換值的函數 */
func exchange(x, y int) int {
    var tmp int
    tmp = x        /* 將 x 值指定給 tmp */
    x = y          /* 將 y 值指定給 x */
    y = tmp        /* 將 tmp 值指定給 y*/
    return tmp
}
```

接下來用值傳遞來呼叫 exchange() 函數。

程式 chapter1/1.5-func5.go　值傳遞範例

```
package main

import "fmt"

func main() {
    /* 定義區域變數 */
    num1 := 6
    num2 := 8
    fmt.Printf("交換前num1的值為: %d\n", num1)
    fmt.Printf("交換前num2的值為: %d\n", num2)
    /* 透過呼叫函數來交換值 */
    exchange(num1, num2)
    fmt.Printf("交換後num1的值 : %d\n", num1)
    fmt.Printf("交換後num2的值 : %d\n", num2)
}

/* 定義相互交換值的函數 */
func exchange(x, y int) int {
    var tmp int
    tmp = x              /* 將 x 值指定給 tmp */
    x = y                /* 將 y 值指定給 x */
    y = tmp              /* 將 tmp 值指定給 y*/
    return tmp
}
```

以上程式的執行結果如下：

```
交換前num1的值為: 6
交換前num2的值為: 8
交換後num1的值 : 6
交換後num2的值 : 8
```

因為上述程式中使用的是值傳遞，所以兩個值並沒有實現交換，可以使用引用傳遞來實現交換。

(2) 引用傳遞。

引用傳遞是指，在呼叫函數時，將參數的位址傳遞到函數中。那麼，在函數中對參數所進行的修改，將修改實際參數的值。

以下是交換函數 **exchange()** 使用了引用傳遞：

```
//定義相互交換值的函數
func exchange(x *int, y *int) int {
    var tmp int
    tmp = *x          /* 將 *x 值指定給 tmp */
    *x = *y           /* 將 *y 值指定給 *x */
    *y = tmp          /* 將 tmp 值指定給 *y*/
    return tmp
}
```

下面透過使用引用傳遞來呼叫 **exchange()** 函數。

程式 chapter1/1.5-func5-pointer.go　用引用傳遞來呼叫exchange()函數的範例

```
package main

import "fmt"

func main() {
    /* 定義區域變數 */
    num1 := 6
    num2 := 8
    fmt.Printf("交換前num1的值為: %d\n", num1)
    fmt.Printf("交換前num2的值為: %d\n", num2)
    /* 透過呼叫函數來交換值 */
    exchange(&num1, &num2)
    fmt.Printf("交換後num1的值 : %d\n", num1)
    fmt.Printf("交換後num2的值 : %d\n", num2)
}

/* 定義相互交換值的函數 */
func exchange(x *int, y *int) int {
    var tmp int
    tmp = *x              /* 將 *x 值指定給 tmp */
```

```
    *x = *y              /* 將 *y 值指定給 *x */
    *y = tmp             /* 將 tmp 值指定給 *y*/
    return tmp
}
```

以上程式的執行結果如下：

```
交換前num1的值為: 6
交換前num2的值為: 8
交換後num1的值 : 8
交換後num2的值 : 6
```

預設情況下，Go 語言使用的是值傳遞，即在呼叫過程中不會影響實際參數的值。

1.5.3 匿名函數

匿名函數也被稱為「閉包」，是指一類無須定義識別符號（函數名稱）的函數或副程式。匿名函數沒有函數名稱，只有函數本體。函數可以身為被設定值給函數類型的變數；匿名函數往往以變數方式被傳遞。

1. 匿名函數的定義

匿名函數可以被瞭解為沒有名字的普通函數，其定義如下：

```
func (參數列表) (返回值列表) {
    //函數本體
}
```

匿名函數是一個「內聯」敘述或運算式。匿名函數的優越性在於：可以直接使用函數內的變數，不必宣告。

在以下範例中創建了匿名函數 func(a int)。

程式 chapter1/1.5-func7.go　匿名函數的使用範例

```
package main

import "fmt"
```

```go
func main() {
    x, y := 6, 8
    defer func(a int) {
        fmt.Println("defer x, y = ", a, y)      //y為閉包引用
    }(x)
    x += 10
    y += 100
    fmt.Println(x, y)
}
```

以上程式的執行結果為：

```
16 108
defer x, y =  6 108
```

2. 匿名函數的呼叫

（1）在定義時呼叫匿名函數。

匿名函數可以在宣告後直接呼叫，也可直接宣告並呼叫，見下方範例。

程式 1.5-func-closure1.go　匿名函數的使用範例

```go
package main

import "fmt"

func main() {
    // 定義匿名函數並設定值給f變數
    f := func(data int) {
        fmt.Println("hi, this is a closure", data)
    }
    // 此時f變數的類型是func()，可以直接呼叫
    f(6)

    //直接宣告並呼叫
    func(data int) {
        fmt.Println("hi, this is a closure, directly", data)
    }(8)
}
```

```
//hi, this is a closure 6
//hi, this is a closure, directly 8
```

匿名函數的用途非常廣泛。匿名函數本身是一種值，可以方便地保存在各種容器中實現回呼函數和操作封裝。

（2）用匿名函數作為回呼函數。

回呼函數簡稱「回呼」（Callback 即 call then back，被主函數呼叫運算後會返回主函數），是指透過函數參數傳遞到其他程式的某一塊可執行程式的引用。

匿名函數作為回呼函數來使用，在 Go 語言的系統套件中是很常見的。在 strings 套件中就有這種實現：

```
func TrimFunc(s string, f func(rune) bool) string {
    return TrimRightFunc(TrimLeftFunc(s, f), f)
}
```

可以使用匿名函數本體作為參數，來實現對切片中的元素的遍歷操作。範例如下。

程式 1.5-func-closure2.go　用匿名函數作為回呼函數的範例

```
package main

import "fmt"

// 遍歷切片中每個元素，透過指定的函數存取元素
func visitPrint(list []int, f func(int)) {
    for _, value := range list {
        f(value)
    }
}

func main() {
    sli := []int{1, 6, 8}
    // 使用匿名函數列印切片的內容
```

```
    visitPrint(sli, func(value int) {
        fmt.Println(value)
    })
}
```

以上程式的執行結果如下：

```
1
6
8
```

1.5.4 defer 延遲敘述

1. 什麼是 defer 延遲敘述

在函數中，經常需要創建資源（比如資料庫連接、檔案控制代碼、鎖等）。為了在函數執行完畢後及時地釋放資源，Go 的設計者提供 defer 延遲敘述。

defer 敘述主要用在函數當中，用來在函數結束（return 或 panic 異常導致結束）之前執行某個動作，是一個函數結束前最後執行的動作。

在 Go 語言一個函數中，defer 敘述的執行邏輯如下。

（1）當程式執行到一個 defer 時，不會立即執行 defer 後的敘述，而是將 defer 後的敘述存入一個專門儲存 defer 敘述的堆疊中，然後繼續執行函數下一個敘述。

（2）當函數執行完畢後，再從 defer 堆疊中依次從堆疊頂取出敘述執行（註：先進去的最後執行，最後進去的最先執行）。

（3）在 defer 將敘述放存入堆疊時，也會將相關的值複製進存入堆疊中，如圖 1-12 所示。

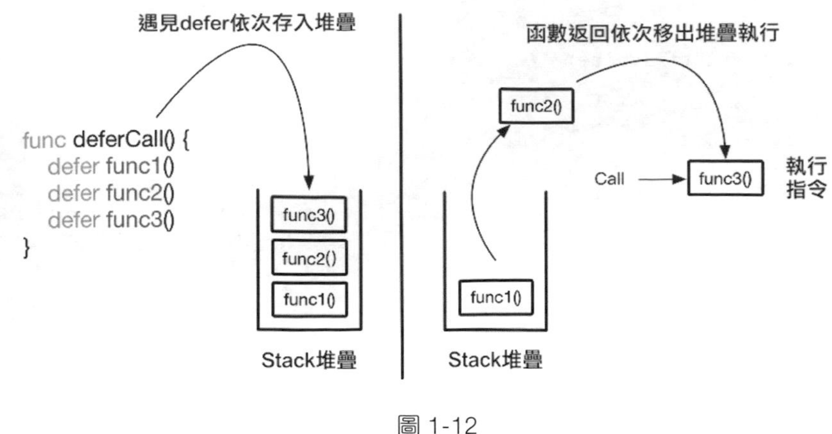

圖 1-12

使用範例程式如下。

程式 chapter1/1.5-func-defer.go　多個defer反序的範例

```
package main

import "fmt"

func main() {
    deferCall()
}
func deferCall(){
defer func1()
    defer func2()
    defer func3()
}

func func1() {
    fmt.Println("A")
}

func func2() {
    fmt.Println("B")
}

func func3() {
```

```
    fmt.Println("C")
}
```

以上程式的執行結果如下：

```
C
B
A
```

2. defer 與 return 的執行順序

在一個函數本體中，defer 和 return 的呼叫順序是怎樣的呢？透過下面這段程式可以很容易地觀察到。

程式 chapter1/1.5-func-defer-return.go　defer與return的執行順序範例

```
package main

import "fmt"

var name string = "go"
func myfunc() string {
    defer func() {
        name = "python"
    }()

    fmt.Printf("myfunc()函數裡的name：%s\n", name)
    return name
}

func main() {
    myname := myfunc()
    fmt.Printf("main()函數裡的name: %s\n", name)
    fmt.Println("main()函數裡的myname: ", myname)
}
```

以上程式的執行結果如下：

```
myfunc()函數裡的name：go
main()函數裡的name: python
main()函數裡的myname:  go
```

來分析一下執行結果：

- 執行結果的第 1 行很直觀，name 此時還是全域變數，值還是 "go"。
- 執行結果的第 2 行，在 defer 裡改變了這個全域變數，此時 name 的值已經變成了 "python"。
- 執行結果的第 3 行是重點，為什麼輸出的是 "go"？解釋只有一個——defer 是在 return 後才呼叫的。所以在執行 defer 前，myname 已經被設定值成 "go" 了。

3. defer 常用應用場景

（1）關閉資源。

在創建資源（比如資料庫連接、檔案控制代碼、鎖等）後，需要釋放掉資源記憶體，避免佔用記憶體、系統資源。可以在打開資源的敘述的下一行，直接用 defer 敘述提前把關閉資源的操作註冊了，這樣就會減少程式設計師忘寫關閉資源的情況。

（2）和 recover() 函數一起使用。

當程式出現當機或遇到 panic 錯誤時，recover() 函數可以恢復執行，而且不會報告當機錯誤。之前說過，defer 不但可以在 return 返回前呼叫，也可以在程式當機顯示 panic 錯誤時，在程式出現當機之前被執行，依次來恢復程式。

1.6 Go 物件導向程式設計

Go 語言中沒有類別（Class）的概念，但這並不表示 Go 語言不支援物件導向程式設計，畢竟物件導向只是一種程式設計思想。物件導向有三大基本特徵。

- 封裝：隱藏物件的屬性和實現細節，僅對外提供公共存取方式。

- 繼承：使得子類別具有父類別的屬性和方法或重新定義、追加屬性和方法等。
- 多形：不同物件中同種行為的不同實現方式。

下面來看看 Go 語言是如何在沒有類別（Class）的情況下實現這三大特徵的。

1.6.1 封裝

1. 屬性

Go 語言中可以使用結構對屬性進行封裝。結構就像是類別的一種簡化形式。舉例來説，我們要定義一個三角形，每個三角形都有底和高。可以這樣進行封裝：

```
type Triangle struct {
    Bottom float32
    Height float32
}
```

2. 方法

既然有了「類別」，那「類別」的方法在哪呢？ Go 語言中也有方法（Methods）。方法是作用在接收者（receiver）上的函數，接收者是某種類型的變數。因此，方法是一種特殊類型的函數。

定義方法的格式如下：

```
func (recv recv_type) methodName(parameter_list) (return_value_list) {
... }
```

上面已經定義了一個三角形 Triangle 類別，下面為三角形類定義一個方法 Area() 來計算其面積。

程式 chapter1/1.6-object1.go　Go語言方法的範例

```
package main

import (
    "fmt"
)

// 三角形結構
type Triangle struct {
    Bottom float32
    Height float32
}

// 計算三角形面積
func (t *Triangle) Area() float32 {
    return (t.Bottom * t.Height) / 2
}

func main() {
    r := Triangle{6, 8}
    // 呼叫 Area()方法計算面積
    fmt.Println(r.Area())
}
```

以上程式的執行結果是：24。

3. 存取權限

在物件導向程式設計中，常會說一個類別的屬性是公共的還是私有的，這就是存取權限的範圍。在其他程式語言中，常用 public 與 private 關鍵字來表達這種存取權限。

在 Go 語言中，沒有 public、private、protected 這樣的存取控制修飾符號，而是透過字母大小寫來控制可見性的。

如果定義的常數、變數、類型、介面、結構、函數等的名稱是大寫字母開頭，則表示它們能被其他套件存取或呼叫（相當於 public）；非大寫開頭就只能在套件內使用（相當於 private）。

舉例來說，定義一個學生結構來描述名字和分數：

```
type Student struct {
    name  string
    score float32
    Age int
}
```

在以上結構中，Age 屬性是大寫字母開頭，其他套件可以直接透過存取。而 name 是小寫字母開頭，不能直接存取：

```
s := new(person.Student)
s.name = "shirdon"
s.Age = 22
fmt.Println(s.Age)
```

以上程式中，可以透過 s.Age 來存取，不能透過 s.name 存取。所以在執行時期會報以下錯：

```
$ ./1.6-object3.go:10:3: s.name undefined (cannot refer to unexported
field or method name)
```

和其他物件導向語言一樣，Go 語言也有實現獲取和設定屬性的方式：

- 對於設定方法使用 Set 字首。
- 對於獲取方法只使用成員名。

舉例來說，現在有一個定義在 person 套件中的 Student 結構，見下方範例。

程式 chapter1/person/1.6-student.go　定義在person套件中的Student結構

```
package person

type Student struct {
    name string
    score float32
}

// 獲取 name
```

```
func (s *Student) GetName() string {
    return s.name
}

// 設定 name
func (s *Student) SetName(newName string) {
    s.name = newName
}
```

這樣一來，就可以在 main 套件裡設定和獲取 name 的值了，見下方範例。

程式 chapter1/1.6-object2.go　設定和獲取物件的值

```
package main

import (
    "fmt"
    "gitee.com/shirdonl/goWebActualCombat/chapter1/person"
)

func main() {
    s := new(person.Student)
    s.SetName("Shirdon")
    fmt.Println(s.GetName())
}
```

以上程式的執行結果如下：

```
Shirdon
```

1.6.2 繼承

Go 語言中沒有 extends 關鍵字，而是使用在結構中內嵌匿名類型的方法來實現繼承。舉例來說，定義一個 Engine 介面類型和一個 Bus 結構，讓 Bus 結構包含一個 Engine 介面的匿名欄位：

```
type Engine interface {
    Run()
    Stop()
```

```
}

type Bus struct {
    Engine // 包含Engine類型的匿名欄位
}
```

此時，匿名欄位 Engine 上的方法「晉升」為外層類型 Bus 的方法。可以建構出以下程式：

```
func (c *Bus) Working() {
    c.Run() //開車
    c.Stop() //停車
}
```

1.6.3 多形

在物件導向中，多形的特徵是不同物件中同種行為的不同實現方式。在 Go 語言中可以使用介面實現這個特徵。介面會在 1.7 中詳細講解，這裡先不做講解。

先定義一個正方形 Square 和一個三角形 Triangle：

```
// 正方形結構
type Square struct {
    sideLen float32
}

// 三角形結構
type Triangle struct {
    Bottom float32
    Height float32
}
```

然後，希望可以計算出這兩個幾何圖形的面積。但由於它們的面積計算方式不同，所以需要定義兩個不同的 Area() 方法。

於是定義一個包含 Area() 方法的介面 Shape，讓 Square 和 Triangle 都實現這個介面裡的 Area()：

```
// 計算三角形的面積
func (t *Triangle) Area() float32 {
    return (t.Bottom * t.Height)/2
}

// 介面 Shape
type Shape interface {
    Area() float32
}

// 計算正方形的面積
func (sq *Square) Area() float32 {
    return sq.sideLen * sq.sideLen
}

func main() {
    t := &Triangle{6, 8}
    s := &Square{8}
    shapes := []Shape{t, s}       // 創建一個Shape類型的陣列
    for n, _ := range shapes {    // 疊代陣列上的每一個元素並呼叫 Area()方法
        fmt.Println("圖形資料: ", shapes[n])
        fmt.Println("它的面積是: ", shapes[n].Area())
    }
}
```

以上程式的執行結果如下：

```
圖形資料:  &{6 8}
它的面積是:  24
圖形資料:  &{8}
它的面積是:  64
```

由以上程式輸出結果可知：不同物件呼叫 Area() 方法產生了不同的結果，展現了多形的特徵。

1.7 介面

1.7.1 介面的定義

介面（interface）類型是對其他類型行為的概括與抽象。介面是 Go 語言最重要的特性之一。介面類型定義了一組方法，但是不包含這些方法的具體實現。

介面本質上是一種類型，確切地說，是指標類型。介面可以實現多形功能。如果一個類型實現了某個介面，則所有使用這個介面的地方都支援這種類型的值。介面的定義格式如下：

```
type 介面名稱 interface {
    method1(參數列表) 返回值列表
    method2(參數列表) 返回值列表
    //...
    methodn(參數列表) 返回值列表
}
```

如果介面沒有任何方法宣告，則它就是一個空介面（interface{}）。它的用途類似物件導向裡的根類型，可被設定值為任何類型的物件。介面變數預設值是 nil。如果實現介面的類型支援相等運算，則可做相等運算，否則會顯示出錯。範例如下。

```
var var1, var2 interface{}
println(var1 == nil, var1 == var2)
var1, var2 = 66, 88
println(var1 == var2)
var1, var2 = map[string]string{}, map[string]string{}
println(var1 == var2)
```

以上程式的執行結果如下：

```
true true
false
panic: runtime error: comparing uncomparable type map[string]string
```

1.7.2 介面的設定值

Go 語言的介面不支援直接實例化，但支持設定值操作，從而快速實現介面與實現類別的映射。

介面設定值在 Go 語言中分為以下兩種情況：

- 將實現介面的物件實例設定值給介面。
- 將一個介面設定值給另一個介面。

1. 將實現介面的物件實例設定值給介面

將指定類型的物件實例設定值給介面，要求該物件對應的類別實現了介面要求的所有方法，否則就不能算作實現了該介面。舉例來說，先定義一個 Num 類型及相關方法：

```
type Num int

func (x Num) Equal(i Num) bool {
    return x == i
}

func (x Num) LessThan(i Num) bool {
    return x < i
}

func (x Num) MoreThan(i Num) bool {
    return x > i
}

func (x *Num) Multiple(i Num) {
    *x = *x * i
}

func (x *Num) Divide(i Num) {
    *x = *x / i
}
```

然後，對應地定義一個介面 NumI：

```
type NumI interface {
    Equal(i Num) bool
    LessThan(i Num) bool
    BiggerThan(i Num) bool
    Multiple(i Num)
    Divide(i Num)
}
```

按照 Go 語言的約定，Num 類型實現了 NumI 介面。

接下可以將 Num 類型對應的物件實例設定值給 NumI 介面：

```
var x Num = 8
var y NumI = &x
```

在上述設定陳述式中，將物件實例 x 的指標設定值給了介面變數，為什麼要這麼做呢？因為 Go 語言會根據下面這樣的非指標成員方法：

```
func (x Num) Equal(i Num) bool
```

自動生成一個新的與之對應的指標成員方法：

```
func (x*Num) Equal(i Num) bool {
    return (*x).Equal(i)
}
```

這樣一來，類型 *Num 就存在所有 NumI 介面中宣告的方法了。

2. 將介面設定值給介面

在 Go 語言中，只要兩個介面擁有相同的方法清單（與順序無關），則它們就是等同的，可以相互設定值。下面編寫對應的範例程式。

首先新建一個名為 oop1 的套件，創建第 1 個介面 NumInterface1：

```
package oop1

type NumInterface1 interface {
    Equal(i int) bool
```

```
    LessThan(i int) bool
    BiggerThan(i int) bool
}
```

然後，新建一個名為 oop2 的套件，以及第 2 個介面 NumInterface2。程式如下：

```
package oop2

type NumInterface2 interface {
    Equal(i int) bool
    BiggerThan(i int) bool
    LessThan(i int) bool
}
```

上面兩步，我們定義了兩個介面：一個叫 oop1.NumInterface1，另一個叫 oop2.NumInterface2。兩者都定義 3 個相同的方法，只是順序不同而已。在 Go 語言中，以上這兩個介面實際上並無區別，因為：

- 任何實現了 oop1.NumInterface1 介面的類別，也實現了 oop2.NumInterface2；
- 任何實現了 oop1.NumInterface1 介面的物件實例都可以設定值給 oop2.NumInterface2，反之亦然。
- 在任何地方使用 oop1.NumInterface1 介面與使用 oop2.NumInterface2 並無差異。

接下來定義一個實現了這兩個介面的類別 Num：

```
type Num int

func (x Num) Equal(i int) bool {
    return int(x) == i
}

func (x Num) LessThan(i int) bool {
    return int(x) < i
```

```
}

func (x Num) BiggerThan(i int) bool {
    return int(x) > i
}
```

下面這些設定值程式都是合法的，會成功編譯：

```
var f1 Num = 6
var f2 oop1.NumInterface1 = f1
var f3 oop2.NumInterface2 = f2
```

此外，介面設定值並不要求兩個介面完全相等（方法完全相同）。如果介面 A 的方法清單是介面 B 的方法清單的子集，則介面 B 可以設定值給介面 A。

舉例來說，假設 NumInterface2 介面定義如下：

```
type NumInterface2 interface {
    Equal(i int) bool
    BiggerThan(i int) bool
    LessThan(i int) bool
    Sum(i int)
}
```

要讓 Num 類別繼續保持實現以上兩個介面，就要在 Num 類別定義中新增一個 Sum() 方法來實現：

```
func (n *Num) Sum(i int) {
    *n = *n + Num(i)
}
```

接下來，將上面的介面設定陳述式改寫如下：

```
    var f1 Num = 6
    var f2 oop2.NumInterface2 = f1
    var f3 oop1.NumInterface1 = f2
```

1.7.3 介面的查詢

介面查詢是在程式執行時期進行的。查詢是否成功，也要在執行期才能夠確定。它不像介面的設定值，編譯器只需要透過靜態類型檢查即可判斷設定值是否可行。在 Go 語言中，可以詢問它指向的物件是否是某個類型，例如：

```
var filewriter Writer = ...
if filew,ok := filewriter .(*File);ok {
    //...
}
```

上面程式中的 if 敘述用於判斷 filewriter 介面指向的物件實例是否為 *File 類型，如果是則執行特定的程式。介面的查詢範例如下：

```
slice := make([]int, 0)
slice = append(slice, 6, 7, 8)
var I interface{} = slice
if res, ok := I.([]int); ok {
    fmt.Println(res) //[6 7 8]
    fmt.Println(ok)
}
```

上面程式中的 if 敘述會判斷介面 I 所指向的物件是否是 [ ]int 類型，如果是，則輸出切片中的元素。

透過使用「介面類型 .(type)」形式，加上 switch-case 敘述，可以判斷介面儲存的類型。範例如下：

```
func Len(array interface{}) int {
    var length int       //陣列的長度
    if array == nil {
        length = 0
    }
    switch array.(type) {
    case []int:
        length = len(array.([]int))
    case []string:
```

```
        length = len(array.([]string))
    case []float32:
        length = len(array.([]float32))

    default:
        length = 0
    }
    fmt.Println(length)

    return length
}
```

1.7.4 介面的組合

在 Go 語言中，不僅結構與結構之間可以巢狀結構，介面與介面間也可以透過巢狀結構創造出新的介面。一個介面可以包含一個或多個其他的介面，這相當於直接將這些內嵌介面的方法列舉在外層介面中一樣。如果介面的所有方法被實現，則這個介面中的所有巢狀結構介面的方法均可以被呼叫。

介面的組合很簡單，直接將介面名稱寫入介面內部即可。另外，還可以在介面內再定義自己的介面方法。介面的組合範例如下：

```
//介面1
type Interface1 interface {
    Write(p []byte) (n int, err error)
}

//介面2
type Interface2 interface {
    Close() error
}

//介面組合
type InterfaceCombine interface {
    Interface1
    Interface2
}
```

以上程式定義了 3 個介面，分別是 Interface1、Interface2 和 InterfaceCombine。

InterfaceCombine 這個介面由 Interface1 和 Interface2 兩個介面嵌入，即 InterfaceCombine 同時擁有了 Interface1 和 Interface2 的特性。

1.7.5 介面的常見應用

1. 類型推斷

類型推斷可將介面變數還原為原始類型，或用來判斷是否實現了某個更具體的介面類型。還可用 switch-case 敘述在多種類型間做出推斷匹配，這樣空介面就有更多的發揮空間。

程式 chapter1/1.7.5-interface3.go　類型推斷的範例

```
package main

import "fmt"

func main() {
    var a interface{} = func(a int) string {
        return fmt.Sprintf("d:%d", a)
    }
    switch b := a.(type) {        // 區域變數b是類型轉換後的結果
    case nil:
        println("nil")
    case *int:
        println(*b)
    case func(int) string:
        println(b(66))
    case fmt.Stringer:
        fmt.Println(b)
    default:
        println("unknown")
    }
}
```

輸出為：

```
d:66
```

2. 實現多形功能

多形功能是介面實現的重要功能，也是 Go 語言中的一大行為特色。多形功能一般要結合 Go 語言的方法實現，作為函數參數可以很容易地實現多台功能。

程式 chapter1/1.7.5-interface4.go　實現多形功能的範例

```
package main

import "fmt"

// Message是一個定義了通知類行為的介面
type Message interface{
    sending()
}

// 定義User結構
type User struct {
    name string
    phone string
}
//定義sending()方法
func (u *User) sending() {
    fmt.Printf("Sending user phone to %s<%s>\n", u.name, u.phone)
}

// 定義admin結構
type admin struct {
    name string
    phone string
}

//定義sending()方法
func (a *admin) sending() {
    fmt.Printf("Sending admin phone to %s<%s>\n", a.name, a.phone)
```

```
}

func main() {
    // 創建一個user值並傳給sendMessage
    bill := User{"Barry", "barry@gmail.com"}
    sendMessage(&bill)

    // 創建一個admin值並傳給sendMessage
    lisa := admin{"Jim", "jim@gmail.com"}
    sendMessage(&lisa)
}

// sendMessage接受一個實現了message介面的值，並發送通知
func sendMessage(n Message) {
    n.sending()
}
```

以上程式的執行結果如下：

```
Sending user phone to Barry<barry@gmail.com>
Sending admin phone to Jim<jim@gmail.com>
```

上述程式中實現了一個多形的例子，函數 sendMessage() 接受一個實現了 Message 介面的值作為參數。

既然任意一個實體類型都能實現該介面，那麼這個函數可以針對任意實體類型的值來執行 sending() 方法，在呼叫 sending 時會根據物件的實際定義來實現不同的行為，從而實現多形行為。

1.8 反射

1.8.1 反射的定義

反射是指，電腦程式在執行時期（Run time），可以存取、檢測和修改它本身狀態或行為的一種能力。用比喻來說，反射就是程式在執行時期能夠「觀察」並且修改自己的行為。

Go 語言提供了一種機制在執行時期更新變數和檢查它們的值、呼叫它們的方法。但是在編譯時並不知道這些變數的具體類型，這稱為「反射機制」。

在 reflect 套件裡定義了一個介面和一個結構，即 reflect.Type 介面和 reflect.Value 結構，它們提供很多函數來獲取儲存在介面裡的類型資訊。

- reflect.Type 介面主要提供關於類型相關的資訊；
- reflect.Value 結構主要提供關於值相關的資訊，可以獲取甚至改變類型的值。

reflect 套件中提供了兩個基礎的關於反射的函數來獲取上述的介面和結構：

```
func TypeOf(i interface{}) Type
func ValueOf(i interface{}) Value
```

TypeOf() 函數用來提取一個介面中值的類型資訊。由於它的輸入參數是一個空的 interface{}，所以在呼叫此函數時，實際參數會先被轉化為 interface{} 類型。這樣，實際參數的類型資訊、方法集、值資訊都儲存到 interface{} 變數裡了。ValueOf() 函數返回一個結構變數，包含類型資訊及實際值。

Go 反射的原理如圖 1-13 所示。

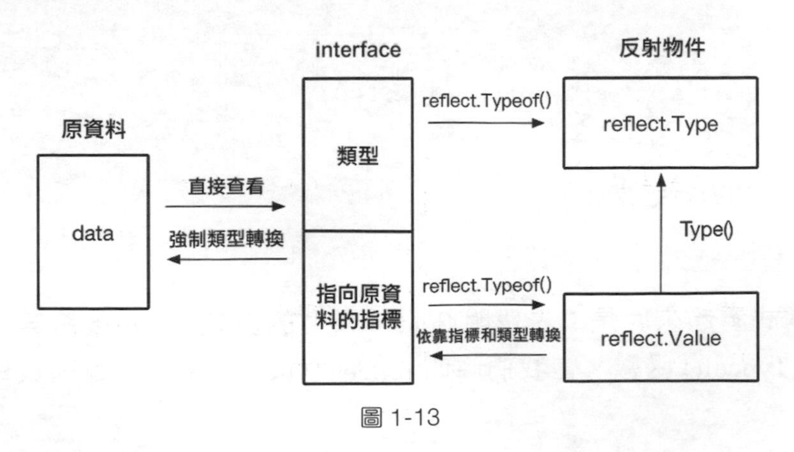

圖 1-13

1.8.2 反射的三大法則

Go 語言中，關於反射有三大法則：

- 反射可以將「介面類型變數」轉為「反射類型物件」；
- 反射可以將「反射類型物件」轉為「介面類型變數」；
- 如果要修改「反射類型物件」，則其值必須是「寫入的」（settable）。

1. 反射可以將「介面類型變數」轉為「反射類型物件」

反射是一種檢查儲存在介面變數中的（類型，值）對的機制。reflect 套件中的兩個類型：Type 和 Value。這兩種類型給了我們存取一個介面變數中所包含的內容的途徑。

另外，兩個簡單的函數 reflect.TypeOf() 和 reflect.ValueOf() 可以檢索一個介面值的 reflect.Type 和 reflect.Value 部分。

reflect.TypeOf() 的使用方法如下：

```
package main

import (
    "fmt"
    "reflect"
)

func main() {
    var x float64 = 3.4
    fmt.Println("type:", reflect.TypeOf(x))
}
```

以上程式的執行結果如下：

```
type: float64
```

這個程式看起來就是：先聲明 float64 類型的變數 x，然後將其傳遞給 reflect.Typeof() 函數。當我們呼叫 reflect.Typeof(x) 時，x 首先被保存到一個空介面中，然後這個空介面被作為參數傳遞。reflect.Typeof 會把這個空介面拆包（unpack）恢復出類型資訊。

當然，reflect.Valueof 可以把值恢復出來，範例如下。

```
var x float64 = 6.8
fmt.Println("value:", reflect.ValueOf(x))
//Valueof()函數會返回一個Value類型的物件
```

以上程式的執行結果如下：

```
value: 6.8
```

Value 類型中提供了 Int()、Float() 等方法，可以讓我們獲取存在裡面的值（比如 int64 和 float64）：

```
var x float64 = 6.8
v := reflect.ValueOf(x)
fmt.Println("type:", v.Type())
fmt.Println("kind is float64:", v.Kind() == reflect.Float64)
fmt.Println("value:", v.Float())
```

以上程式的執行結果如下：

```
type: float64
kind is float64: true
value: 6.8
```

2. 反射可以將「反射類型物件」轉為「介面類型變數」

和第一法則剛好相反，第二法則描述的是：從反射物件到介面變數的轉換。

和物理學中的反射類似，Go 語言中的反射也能創造自己反面類型的物件。根據一個 reflect.Value 類型的變數，可以使用 Interface() 方法恢復其介面類型的值。事實上，該方法會把 type 和 value 資訊打包並填充到一個介面變數中，然後返回。其方法宣告如下：

```
func (v Value) Interface() interface{}
```

然後可以透過斷言恢復底層的具體值：

```
y := v.Interface().(float64) // y will have type float64.
fmt.Println(y)
```

Interface() 方法就是用來實現將反射物件轉換成介面變數的橋樑。範例如下。

程式 chapter1/1.8-reflection2.go　Interface()方法的使用範例

```
package main

import (
    "fmt"
    "reflect"
)

func main() {
    var name interface{} = "shirdon"

    fmt.Printf("原始介面變數的類型為%T，值為%v \n", name, name)

    t := reflect.TypeOf(name)
    v := reflect.ValueOf(name)

    // 從介面變數到反射物件
    fmt.Printf("從介面變數到反射物件：Type物件的類型為%T \n", t)
    fmt.Printf("從介面變數到反射物件：Value物件的類型為%T \n", v)

    // 從反射物件到介面變數
    i := v.Interface()
    fmt.Printf("從反射物件到介面變數：新物件的類型為%T 值為%v \n", i, i)
}
```

以上程式的執行結果如下：

```
原始介面變數的類型為 string，值為 shirdon
從介面變數到反射物件：Type物件的類型為 *reflect.rtype
從介面變數到反射物件：Value物件的類型為 reflect.Value
從反射物件到介面變數：新物件的類型為 string 值為 shirdon
```

3. 如果要修改「反射類型物件」，則其值必須是「寫入的」(settable)

在使用 reflect.Typeof() 函數和 reflect.Valueof() 函數時，如果傳遞的不是介面變數的指標，則反射世界裡的變數值始終將只是真實世界裡的複製：對該反射物件進行修改，並不能反映到真實世界裡。

在反射的規則裡，需要注意以下幾點：

- 不是接收變數指標創建的反射物件，是不具備「寫入性」的；
- 是否具備「寫入性」可使用 CanSet() 方法來得知；
- 對不具備「寫入性」的物件進行修改，是沒有意義的，也認為是非法的，因此會顯示出錯。

要讓反射物件具備寫入性，需要注意兩點：

- 創建反射物件時傳入變數的是指標；
- 使用 Elem() 方法返回指標指向的資料。

判斷寫入性的範例如下。

程式 chapter1/1.8-reflection4.go　判斷寫入性的範例

```
package main

import (
    "fmt"
    "reflect"
)

func main() {
    var name string = "Go Web Program"

    v := reflect.ValueOf(name)
    fmt.Println("寫入性為:", v.CanSet())
}
```

以上程式的執行結果如下：

```
寫入性為: false
寫入性為: true
```

知道了如何使反射的世界裡的物件具有寫入性後，接下來是時候了解一下如何對修改更新物件了。在反射的 Value 物件中，有多個以單字 Set 開頭的方法用於重新設定對應類型的值。下面羅列了一些常用的方法的定義：

```
func (v Value) SetBool(x bool)
func (v Value) SetBytes(x []byte)
func (v Value) SetFloat(x float64)
func (v Value) SetInt(x int64)
func (v Value) SetString(x string)
```

以上這些方法就是修改值的入口。透過反射物件 SetString() 方法進行更新值的範例如下。

程式 chapter1/1.8-reflection3.go　透過SetString()方法更新值的範例

```
package main

import (
    "fmt"
    "reflect"
)

func main() {
    var name string = "Go Web Program"
    fmt.Println("真實 name 的原始值為：", name)

    v1 := reflect.ValueOf(&name)
    v2 := v1.Elem()

    v2.SetString("Go Web Program2")
    fmt.Println("透過反射物件進行更新後，真實 name 變為：", name)
}
```

以上程式的執行結果如下：

```
真實 name 的原始值為： Go Web Program
透過反射物件進行更新後，真實 name 變為： Go Web Program2
```

1.9 goroutine 簡介

在 Go 語言中，每一個併發執行的活動被稱為 goroutine。使用 go 關鍵字可以創建 goroutine，形式如下：

```
go func_name()
```

說明如下。

- go：關鍵字宣告，放在一個需呼叫的函數之前；
- func_name()：定義好的函數或閉包。

先將 go 關鍵字宣告放到一個需呼叫的函數之前，然後在相同位址空間呼叫執行這個函數，這樣該函數執行時便會作為一個獨立的併發執行緒。這種執行緒在 Go 語言中則被稱為 goroutine。

goroutine 的使用範例如下。

程式 chapter1/1.9-goroutine.go　goroutine的使用範例

```
package main

import (
    "fmt"
    "time"
)

func HelloWorld() {
    fmt.Println("this is a goroutine msg")
}

func main() {
    go HelloWorld()
    time.Sleep(1 * time.Second)
    fmt.Println("end")
}
```

以上程式的執行結果如下：

```
this is a goroutine msg
end
```

goroutine 在多核心 CPU 環境下是平行的。如果程式區塊在多個 goroutine 中執行，則實現了程式的平行。goroutine 是 Go 語言最重要的特性之一，同時也是一個困難。關於 goroutine、併發及平行的深層原理，會在第 7 章中進行詳解，這裡不做詳細說明。

1.10 單元測試

Go 語言在設計之初就考慮到了程式的可測試性。Go 語言提供了 testing 函數庫用於單元測試，go test 是 Go 語言的程式測試工具。在目錄下，它以 *_test.go 的檔案形式存在，且 go build 不會將其編譯成為建構的一部分。

1. 編寫主程式

編寫主程式，檔案名稱為 1.10-sum.go，其程式如下。

程式 chapter1/testexample/1.10-sum.go　主程式的程式

```go
package testexample

func Min(arr []int) (min int) { //獲取整數陣列中的最小值
    min = arr[0]
    for _, v := range arr {
        if v < min {
            min = v
        }
    }
    return
}
```

創建名為 1.10-sum_test.go 的測試檔案，程式如下。

程式 chapter1/testexample/1.10-sum_test.go　測試檔案的程式

```
package testexample

import (
    "fmt"
    "testing"
)

func TestMin(t *testing.T) {
    array := []int{6, 8, 10}
    ret := Min(array)
    fmt.Println(ret)
}
```

注意，檔案名稱必須是 name_test.go 格式，測試函數名稱必須以 Test 開頭，傳入參數必須是 *testing.T。格式如下：

```
func TestName(t *testing.T) {
    // ...
}
```

2. 執行測試程式

在創建完專案檔案和測試檔案後，直接在檔案所在目錄下執行以下命令：

```
$ go test
```

返回值如下：

```
6
PASS
ok      gitee.com/shirdonl/goWebActualCombat/chapter1/testexample  0.011s
```

執行以上命令，Go 程式預設執行整個專案測試檔案。同樣，加 -v 可以得到詳細的執行結果：

```
$ go test -v
```

返回值如下：

```
=== RUN   TestMin
6
--- PASS: TestMin (0.00s)
PASS
ok      gitee.com/shirdonl/goWebActualCombat/chapter1/testexample  0.012s
```

3. "go test" 命令參數

"go test" 命令可以帶有參數，例如參數 -run 對應一個正規表示法，只有測試函數名稱被它正確匹配的測試函數才會被 "go test" 命令執行：

```
$ go test -v -run="Test"
```

得到執行結果：

```
=== RUN   TestMin
6
--- PASS: TestMin (0.00s)
PASS
ok      gitee.com/shirdonl/goWebActualCombat/chapter1/testexample  0.011s
```

"go test" 命令還可以從主體中分離出來生成獨立的測試二進位檔案，因為 "go test" 命令中包含了編譯動作，所以它可以接受可用於 "go build" 命令的所有參數。"go test" 命令常見參數的作用見表 1-5。

表 1-5

參數	作　用
-v	列印每個測試函數的名字和執行時間
-c	生成用於測試的二進位可執行檔，但不執行它。這個可執行檔會被命名為 "pkg.test"，其中的 "pkg" 為被測試程式套件的匯入路徑的最後一個元素的名稱
-i	安裝 / 重新安裝執行測試所需的依賴套件，但不編譯和執行測試程式
-o	指定用於執行測試的可執行檔的名稱。追加該標記不會影響測試程式的執行，除非同時追加了標記 –c 或 -i

舉例來說，生成用於測試的二進位可執行檔：

```
$ go test -c
```

執行 "go test" 命令生成指定名字的二進位可執行檔的範例如下。

```
$ go test -v -o testexample.test
```

執行命令後，會在專案所在目錄生成一個名為 testexample.test 的檔案。

1.11 Go 編譯與工具

1.11.1 編譯（go build）

Go 語言中 "go build" 命令主要用於編譯程式。在套件的編譯過程中，若有必要，則會同時編譯與之相連結的套件。"go build" 命令有很多種編譯方法，如無參數編譯、檔案列表編譯、指定套件編譯等。使用這些方法都可以輸出可執行檔。

> **提示**
> 這些可執行檔在 Windows 系統中尾碼為 .exe。本書預設是在 Linux 環境中編寫，所以可執行檔沒有副檔名。

1. "go build" 命令無參數編譯

程式相對於專案的根目錄關係如下：

```
└── chapter1
    └── build
        ├── main.go
        └── utils.go
```

在以上專案中，main.go 的程式如下：

程式 chapter1/build/main.go　main.go的程式

```
package main

import (
    "fmt"
)

func main() {
    printString()
    fmt.Println("I love go build!")
}
```

以上專案中 utils.go 的程式如下：

程式 chapter1/build/utils.go　utils.go的程式

```
package main

import "fmt"

func printString() {
    fmt.Println("this is a go build test call!")
}
```

如果原始程式中沒有依賴 GOPATH 的套件引用，則這些原始程式可以使用無參數 "go build" 命令。格式如下：

```
go build
```

在程式所在根目錄（.chapter1/build）下使用 "go build" 命令，如下所示：

```
$ go build
```

執行以上命令後，可以看到資料夾下生成了一個名為 build 的檔案，Windows 中為 build.exe。

執行 build 檔案：

```
$ ./build
this is a go build test call!
I love go build!
```

2. 檔案列表編譯

在編譯同一個目錄下的多個原始程式檔案時，可以在 "go build" 命令的後面加上多個檔案名稱。"go build" 命令會編譯這些原始程式，輸出可執行檔。「go build+ 檔案列表」的格式如下：

```
go build file1.go file2.go ……
```

舉例來說，在程式所在根目錄（chapter1/build）中執行 "go build" 命令，在 "go build" 命令後增加要編譯的原始程式的檔案名稱，程式如下：

```
$ go build main.go utils.go
```

在 Linux 中執行以上命令後，該目錄下有以下檔案：build、utils.go、main、main.go。

在使用「go build+ 檔案清單」方式編譯時，可執行檔預設選擇檔案列表中第 1 個原始程式檔案將作為可執行檔名輸出。

如果需要指定輸出可執行檔名，則需要使用 -o 參數，範例如下：

```
$ go build -o exefile1 main.go utils.go
```

執行以上命令後，會生成一個檔案 exefile1。執行該檔案：

```
$ ./exefile1
```

得到結果：

```
this is a go build test call!
I love go build!
```

在上面的範例中，在 "go build" 和檔案列表之間插入了 -o exefile1 參數，表示指定輸出檔案名稱為 exefile1。

> **提示**
>
> 使在用「go build+ 檔案清單」編譯方式編譯時，檔案清單中的每個檔案必須是同一個套件的 Go 原始程式。即不能像 C++ 那樣將所有專案的 Go 原始程式使用檔案清單方式進行編譯。
>
> 在編譯複雜專案時需要採用「指定套件編譯」的方式。

3. 指定套件編譯

「go build+ 檔案清單」方式更適合使用 Go 語言編譯只有少量檔案的情景。而「go build+ 套件」在設定 GOPATH 後，可以直接根據套件名進行編譯，即使套件內檔案被增加或刪除也不影響編譯指令。

同樣新建一個專案，程式相對於專案的根目錄的層級關係如下：

```
└── chapter1
    └── build
        ├── pkg
            ├── mainpkg.go
            └── buildpkg.go
```

Go 檔案 mainpkg.go 的程式如下。

程式 chapter1/build/pkg/mainpkg.go　mainpkg.go的程式

```
package main

import (
    "fmt"
    "gitee.com/shirdonl/goWebActualCombat/chapter1/build/pkg"
)

func main() {
    pkg.CallFunc()
    fmt.Println("I love go build!")
}
```

buildpkg.go 的程式如下。

程式 chapter1/build/pkg/buildpkg.go　buildpkg.go的程式

```
package pkg

import "fmt"

func CallFunc() {
    fmt.Println("this is a package build test func!")
}
```

進入 pkg 套件所在目錄下，打開命令列終端，輸入命令如下：

```
$ go build gitee.com/shirdonl/goWebActualCombat/chapter1/build/pkg
```

執行成功後，會生成一個名為 pkg 的檔案（Windows 系統中是 pkg.exe 檔案）。執行該檔案：

```
$ ./pkg
this is a package build test func!
I love go build!
```

4. 交換編譯

Go 語言如何在一個平台上編譯另外一個平台的可以執行檔案呢？比如在 Mac OS X 上編譯 Windows 和 Linux 系統中都可以執行的檔案。那麼我們的問題就設定成：如何在 Mac OS X 上編譯 64 位元 Linux 系統中可執行的檔案。

交換編譯的範例如下。

> **提示**
> Go 的交換編譯要保證 Go 版本在 1.5 以上。

（1）創建一個名為 compile.go 的檔案：

```
package main
```

```
import "fmt"

func main() {
    fmt.Printf("hello, world\n")
}
```

（2）如果在 Mac OS X 系統中編譯 64 位元的可執行檔，為了讓它能夠在 Linux 系統中也可執行，則編譯命令如下：

```
$ GOOS=linux GOARCH=amd64 go build hello.go
```

透過上面這段程式就可以生成 64 位元的、能夠在 Linux 系統中可執行的檔案。這裡用到了兩個變數。

- GOOS：目標作業系統。
- GOARCH：目標作業系統的架構。

常見系統編譯參數見表 1-6。

表 1-6

系統編譯參數	架構（ARCH）	系統版本（OS version）
linux	386 / amd64 / arm	≥ Linux 2.6
darwin	386 / amd64	OS X（Snow Leopard + Lion）
freebsd	386 / amd64	≥ FreeBSD 7
windows	386 / amd64	≥ Windows 2000

如果要編譯在其他平台中可執行的檔案，則根據表 1-6 中參數（系統和架構）執行編譯即可。

透過下面的編譯命令，可以生成能夠在 Windows 系統中可執行的檔案：

```
$ CGO_ENABLED=0 GOOS=windows GOARCH=amd64 go build hello.go
```

其中，CGO_ENABLED=0 的意思是否使用 C 語言版本的 Go 編譯器，如果參數設定為 0 則關閉 C 語言版本的編譯器。

> **提示**
> 1.5 版本之後，Go 語言就開始使用「用 Go 語言編寫的編譯器」進行編譯。在 Go 語言 1.9 及以後的版本中，如果不使用 CGO_ENABLED 參數，依然可以正常編譯。當然使用了也可以正常編譯。比如把 CGO_ENABLED 參數設定成 1（即在編譯的過程當中使用 CGO 編譯器），依然是可以正常編譯的。

實際上，如果在 Go 中使用了 C 語言的函數庫，則預設在使用 "go build" 命令時就會啟動 CGO 編譯器。當然，也可以使用 CGO_ENABLED 來控制 "go build" 命令是否使用 CGO 編譯器。

5. 編譯時的附加參數

"go build" 命令還有一些附加參數，可以顯示更多的編譯資訊和更多的操作。常見附加參數與作用見表 1-7。

表 1-7

附加參數	作　用
-v	編譯時顯示套件名
-p n	開啟併發編譯，預設情況下該值為 CPU 邏輯核心數
-a	強制重新建構
-n	列印編譯時會用到的所有命令，但不真正執行
-x	列印編譯時會用到的所有命令
-race	開啟競爭狀態檢測

1.11.2 編譯後執行（go run）

Go 語言雖然不使用虛擬機器，但可使用 "go run" 命令達到同樣的效果。"go run" 命令會編譯原始程式，並且直接執行原始程式的 main() 函數，不會在目前的目錄留下可執行檔。

可以使用 "go run" 命令執行原始程式。下面的程式是程式 1.2-helloWorld.go 檔案的程式：

```
package main

import "fmt"

func main() {
    fmt.Println("Hello World～")
}
```

使用 "go run" 命令執行這個原始程式檔案，具體如下：

```
$ go run 1.2-helloWorld.go
```

"go run" 命令不會在執行目錄下生成任何檔案，可執行檔被放在暫存檔案中被執行，工作目錄被設定為目前的目錄。在 "go run" 命令的後邊可以增加參數，這部分參數會作為程式可以接受的命令列輸入提供給程式。

"go run" 命令不能採用「go run+ 套件」的方式進行編譯。如果需快速編譯執行套件，則應採用以下步驟來代替：

（1）使用 "go build" 命令生成可執行檔。

（2）執行可執行檔。

1.11.3 編譯並安裝（go install）

"go install" 命令的功能和 1.11.1 節中介紹的 "go build" 命令類似，附加參數絕大多數都可以與 "go build" 命令通用。"go install" 命令只是將編譯的中間檔案放在 $GOPATH 的 pkg 目錄下，並固定地將編譯結果放在 $GOPATH 的 bin 目錄下。

這個命令在內部實際上分成了兩步操作：①生成結果檔案（可執行檔或 .a 套件）；②把編譯好的結果移到 $GOPATH/pkg 或 $GOPATH/bin 中。

下面透過程式來展示 "go install" 命令的使用方法。專案程式相對於專案的根目錄的層級關係如下：

```
└── chapter1
    └── install
        ├── main.go
        └── pkg
            └── installpkg.go
```

專案中 main.go 檔案的程式如下：

程式 chapter1/install/main.go　main.go檔案的程式

```
package main

import (
    "fmt"
    "gitee.com/shirdonl/goWebActualCombat/chapter1/install/pkg"
)

func main() {
    pkg.CallFunc()
    fmt.Println("I love go build!")
}
```

專案中 installpkg.go 檔案的程式如下：

程式 chapter1/install/pkg/installpkg.go　installpkg.go檔案的程式

```
package pkg

import "fmt"

func CallFunc() {
    fmt.Println("this is a install package test func!")
}
```

在上述專案中，在 main.go 所在的目錄下打開命令列終端，執行以下命令執行編譯：

```
$ go install
```

編譯完成後，在 $GOPATH/bin 所在的目錄裡會多一個名為 install 的檔案，在 Windows 中是名為 install.exe 檔案。$GOPATH 下的 bin 目錄裡放置的是使用 "go install" 命令生成的可執行檔，可執行檔的名稱來自編譯時的套件名。"go install" 命令的輸出目錄始終為 $GOPATH 下的 bin 目錄，無法使用 -o 附加參數進行自訂。$GOPATH 下的 pkg 目錄放置的是編譯期間的中間檔案。

1.11.4 獲取程式（go get）

"go get" 命令可以借助程式管理工具，透過遠端拉取或更新程式套件及其依賴套件，自動完成編譯和安裝。整個過程就像在手機中安裝一個 App 一樣簡單。

這個命令可以動態獲取遠端程式套件，目前支援的有 GitHub、碼雲（gitee.com）等。在使用 "go get" 命令前，需要安裝與遠端套件匹配的程式管理工具，如 Git、SVN、HG 等，參數中需要提供一個套件名。

"go get" 命令可以接受所有可用於 "go build" 命令和 "go install" 命令的參數標記。這是因為 "go get" 命令的內部步驟中包含了編譯和安裝這兩個動作。"go get" 命令還有一些特有的標記，見表 1-8。

表 1-8

標記名稱	標記描述
-d	讓命令程式只執行下載動作，而不執行安裝動作
-f	僅在使用 -u 標記時才有效。該標記會讓命令程式忽略掉對已下載程式套件的匯入路徑的檢查。如果下載並安裝的程式套件所屬的專案是你從別人那裡 Fork 過來的，則這樣做就尤為重要了
-fix	讓命令程式在下載程式套件後先執行修正動作，然後再進行編譯和安裝
-insecure	允許命令程式使用非安全的 scheme（如 HTTP）去下載指定的程式套件。如果用的程式倉庫（如公司內部的 Gitlab）沒有 HTTPS 支持，則可以增加此標記。請在確定安全的情況下使用它

標記名稱	標記描述
-t	讓命令程式同時下載並安裝指定的程式套件中的測試原始程式檔案中的依賴程式套件
-u	讓命令利用網路來更新已有程式套件及其依賴套件

"go get" 命令的使用方法如下：

```
$ go get -u github.com/shirdonl/TP-Link-HS110
```

執行完成後即可下載並進行編譯和安裝。

1.12 小結

本章的內容比較廣泛，從 Go 語言安裝到 Go 語言基礎知識的介紹，再到單元測試、Go 編譯與工具，逐步深入。本章可以讓讀者能夠快速了解 Go 語言的各方面基礎知識，為後面的章節學習做好基礎準備。

後面的章節，我們會對 Go 語言的 Web 開發的各方面知識進行詳解。第 2 章我們會介紹 Go 語言 Web 開發的基礎知識。

第 2 篇

Go Web 基礎入門

Go 語言的特點是：入門簡單，但越到後面對基礎要求就越高。因此，本篇的編寫也是從易到難，幫助讀者快速掌握 Go Web 開發的基礎知識。

Chapter

02

Go Web 開發基礎

不積跬步，無以至千里；不積小流，無以成江海。 ——荀況

立身以力學為先，力學以讀書為本。 ——歐陽修

本章將循序漸進地介紹 Go Web 開發的基礎理論知識。

2.1【實戰】開啟 Go Web 的第 1 個程式

本章也同樣從 "Hello World" 開始。Go Web 的第 1 個程式如下。

程式 2.1-helloWorldWeb.go　Go Web的第1個程式

```
package main

import (
    "fmt"
    "net/http"
)

func hello(w http.ResponseWriter, r *http.Request) {
    fmt.Fprintf(w, "Hello World")
}
func main() {
```

```
    server := &http.Server{
        Addr: "0.0.0.0:80",
    }
    http.HandleFunc("/", hello)
    server.ListenAndServe()
}
```

在檔案所在目錄下打開命令列終端，輸入以下命令：

```
$ go run 2.1-helloWorldWeb.go
```

第 1 個 Go 伺服器端程式就跑起來了。打開瀏覽器，輸入網址 127.0.0.1，"Hello World" 就在網頁上顯示出來了，如圖 2-1 所示。

圖 2-1

2.2 Web 程式執行原理簡介

2.2.1 Web 基本原理

透過程式 2.1-helloWorldWeb.go 可以看到，要編寫一個 Web 伺服器端程式是很簡單的：只要呼叫 net/HTTP 套件中的 HandleFunc() 處理器函數和 ListenAndServe() 函數即可。

Go 透過簡單的幾行程式，就可以執行一個 Web 伺服器端程式，而且這個 Web 伺服器端程式有支援高併發的特性。現在第 1 個 Web 伺服器端程式已經編寫完成了，接下來先了解一下 Web 伺服器端程式是怎麼執行起來的。

1. 執行原理

使用者打開瀏覽器，輸入網址後按 Enter 鍵，瀏覽中就器會顯示出使用者想要瀏覽的內容。在這個看似簡單的使用者行為背後到底隱藏了些什麼呢？

使用者瀏覽網頁的原理如圖 2-2 所示。簡要流程如下：

（1）使用者打開用戶端瀏覽器，輸入 URL 位址。

（2）用戶端瀏覽器透過 HTTP 協定向伺服器端發送瀏覽請求。

（3）伺服器端透過 CGI 程式接收請求，如果在用戶端瀏覽器請求的資源封包中不含動態語言的內容，則伺服器端 CGI 程式直接透過 HTTP 協定向用戶端瀏覽器發送回應封包；如果在用戶端瀏覽器請求的資源封包中含有動態語言的內容，則伺服器會先呼叫動態語言的解釋引擎處理「動態內容」，用 CGI 程式存取資料庫並處理資料，然後透過 HTTP 協定將處理得到的資料返給用戶端瀏覽器。

（4）用戶端瀏覽器解釋並顯示 HTML 頁面。

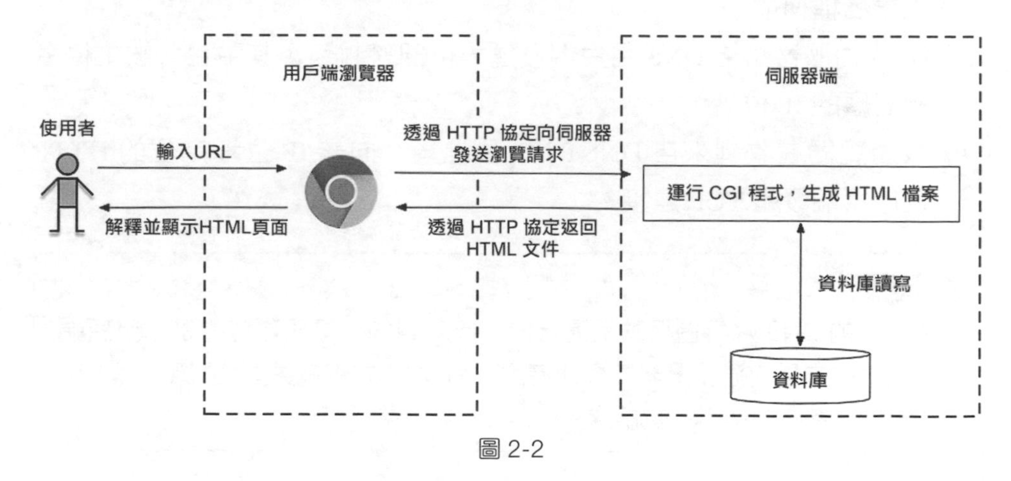

圖 2-2

2. DNS 的概念

DNS（Domain Name System，網域名稱系統）提供的服務是：將主機名稱和域名轉為 IP 位址。其基本工作原理如圖 2-3 所示。

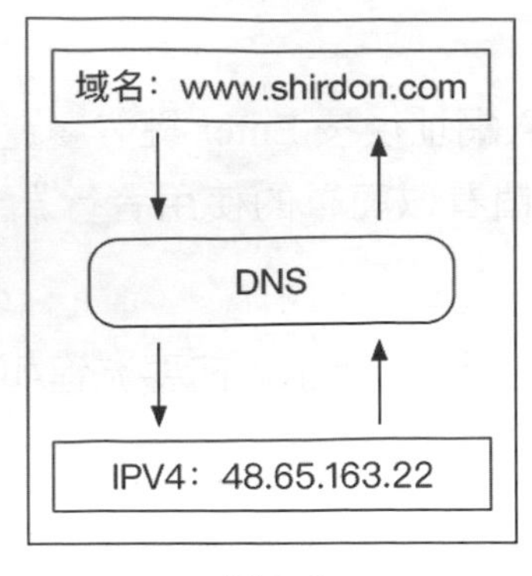

圖 2-3

DNS 解析的簡要過程如下：

（1）使用者打開瀏覽器，輸入 URL 位址。瀏覽器從接收到的 URL 中取出出「域名」欄位（即要造訪的主機名稱），並將這個主機名稱傳送給 DNS 應用程式的用戶端。

（2）DNS 用戶端向 DNS 伺服器端發送一份查詢封包，其中包含要造訪的主機名稱欄位。

（3）DNS 伺服器端給 DNS 用戶端發送一份回答封包，其中包含該主機名稱對應的 IP 位址。

（4）該瀏覽器在收到來自 DNS 的 IP 位址後，向該 IP 位址定位的 HTTP 伺服器端發起 TCP 連接。

> **提示**
>
> 一個簡單的 DNS 解析過程就是這樣的，挺簡單的。需要注意的是，用戶端與伺服器端之間的通訊是非持久連接的，即伺服器端在發送了回應後就與用戶端斷開連接，等待下一次請求。

2.2.2 HTTP 簡介

HTTP（Hyper Text Transfer Protocol，超文字傳輸協定），是一個簡單的請求 - 回應協定，通常執行在 TCP 協定之上。它指定了用戶端可能發送給伺服器端什麼樣的訊息，以及得到什麼樣的回應。請求和回應訊息的頭是以 ASCII 碼形式列出的；而訊息內容則是以類似 MIME 的格式列出的。

在 HTTP 傳輸過程中，用戶端總是透過建立一個連接與發送一個 HTTP 請求來發起一個交易。伺服器端不能主動與用戶端聯繫，也不能給用戶端發出一個回呼連接。用戶端與伺服器端都可以提前中斷一個連接。

> **提示**
> HTTP 協定是無狀態的：同一個用戶端的這次請求和上次請求是沒有對應關係的，HTTP 伺服器端並不知道這兩個請求是否來自同一個用戶端。
> 為了解決這個問題，Web 程式引入了 cookie 機制來維護連接的可持續狀態。關於 cookie，會在 3.4 節中詳細介紹。

2.2.3 HTTP 請求

用戶端發送到伺服器端的請求訊息由請求行（Request Line）、請求標頭（Request Header）、請求本體（Request Body）組成。

1. 請求行

請求行由請求方法、URI、HTTP 協定 / 協定版本這 3 部分組成。例如在造訪百度首頁時，透過 F12 鍵查看請求行，可以看到請求採用的是 HTTP 1.1 協定。本節主要介紹請求方法，URI 會在 2.2.5 節中介紹。

在日常網路存取中，最常用的請求方法有兩種：GET 和 POST。

在瀏覽器中輸入 URL 並按 Enter 鍵，便發起了一個 GET 請求，請求的參數直接包含在 URL 裡。舉例來說，在百度中搜索關鍵字 "golang" 後點擊

「搜索」按鈕，會發送一個 URL 為 https://www.baidu.com/s?wd=golang 的 GET 請求，其中包含請求的參數資訊，參數 "wd" 表示要搜尋的關鍵字。

> **提示**
> POST 請求大都在提交表單時發送。比如，對於一個登入表單，在輸入用戶名和密碼後點擊「登入」按鈕，這通常會發起一個 POST 請求。其資料通常以表單的形式傳輸，而不會出現在 URL 中。

GET 和 POST 請求的主要區別如下：

- GET 請求中的參數包含在 URL 中，資料可以在 URL 中看到；而 POST 請求的 URL 不包含這些參數，參數都是透過表單形式傳輸的（包含在請求本體中）。
- 一個 GET 請求提交的資料最多只有 1024 byte，而 POST 請求沒有這方面的限制。

一般來說，登入時需要提交用戶名和密碼，其中包含敏感資訊。如果使用 GET 方式發送請求，則密碼會曝露在 URL 中，容易造成密碼洩露。

> **提示**
> 最好以 POST 方式發送請求。在上傳檔案時，一般也選用 POST 方式。

我們平常所使用的絕大部分請求方法都是 GET 或 POST。除此之外還有一些請求方法，如 HEAD、PUT、DELETE、OPTIONS、CONNECT、TRACE 等。在 HTTP 協定中定義了很多與伺服器互動的請求方法，常用的方法見表 2-1。

表 2-1

請求方法	方法描述
GET	請求頁面，並返回頁面內容
HEAD	類似於 GET 請求，只不過返回的回應中沒有具體的內容，用於獲取表頭
POST	大多用於提交表單或上傳檔案，資料封包含在請求本體中

請求方法	方法描述
PUT	從用戶端向伺服器傳送的資料取代指定文件中的內容
DELETE	請求伺服器刪除指定的資源
OPTIONS	允許用戶端查看伺服器的性能
CONNECT	把伺服器當作跳板，讓伺服器代替用戶端存取其他網頁
TRACE	回應伺服器收到的請求，主要用於測試或診斷

2. 請求標頭

可以透過瀏覽器查看請求標頭資訊：舉例來說，打開瀏覽器，輸入 www.baidu.com 造訪百度首頁，按 F12 鍵，依次點擊 "Network"、"www.baidu.com"、"Headers"、"Request Headers" 選項，如圖 2-4 所示。

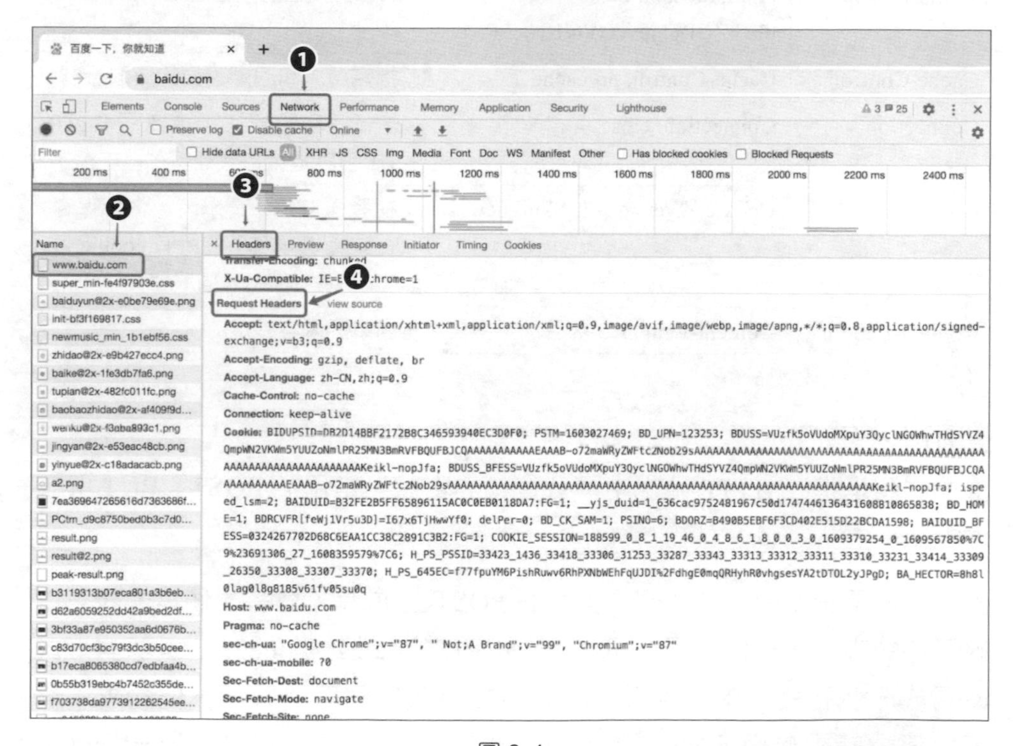

圖 2-4

請求標頭包含伺服器要使用的附加資訊，比較重要的資訊有 Cookie、Referer、User-Agent 等。HTTP 常用的請求標頭資訊見表 2-2。

表 2-2

請求標頭	範例	說 明
Accept	Accept: text/plain，text/html	指定用戶端能夠接收的內容類型
Accept-Charset	Accept-Charset: iso-8859-5	瀏覽器可以接受的字元編碼集
Accept-Encoding	Accept-Encoding: compress，gzip	指定瀏覽器可以支援的 Web 伺服器返回內容壓縮編碼類型
Accept-Language	Accept-Language: en,zh	瀏覽器可接受的語言
Accept-Ranges	Accept-Ranges: bytes	可以請求網頁實體的或多個子範圍欄位
Authorization	Authorization: Basic dbxhZGRpbjpvcGVuIHNlc2Ftyd==	HTTP 授權的授權證書
Cache-Control	Cache-Control: no-cache	指定請求和回應遵循的快取機制
Connection	Connection: close	表示是否需要持久連接。（HTTP 1.1 預設進行持久連接）
Cookie	Cookie: $Version=1; Skin=new;	在發送 HTTP 請求時，會把保存在該請求域名下的所有 cookie 值一起發送給 Web 伺服器
Content-Length	Content-Length: 348	請求的內容長度

3. 請求本體

請求本體是指在 HTTP 請求中傳遞資料的實體，常用於 POST、PUT 等請求中。

例如在表單請求中，當我們提交一個 POST 請求時，會將一個頁面表單中的元件的表單資料值透過 "param1=value1¶m2=value2" 的鍵值對形式編碼成一個格式化串，並透過請求將其傳遞給伺服器端。不但請求本體可以傳遞請求參數，GET 請求 URL 也可以透過類似於 "/chapter1/index.html? param1=value1¶m2=value2" 的方式傳遞請求參數。

2.2.4 HTTP 回應

HTTP 回應由伺服器端返回給用戶端，可以分為 3 部分：回應狀態碼（Response Status Code）、回應標頭（Response Headers）和回應體（Response Body）。

1. 回應狀態碼

在 Linux 系統的命令列終端中，透過 curl 命令造訪百度首頁，HTTP 回應如下：

```
$ curl -i baidu.com
HTTP/1.1 200 OK
Date: Thu, 10 Dec 2020 09:01:47 GMT
Server: Apache
Last-Modified: Tue, 12 Jan 2010 13:48:00 GMT
ETag: "51-47cf7e6ee8400"
Accept-Ranges: bytes
Content-Length: 81
Cache-Control: max-age=86400
Expires: Fri, 11 Dec 2020 09:01:47 GMT
Connection: Keep-Alive
Content-Type: text/html

<html>
<meta http-equiv="refresh" content="0;url=http://www.baidu.com/">
</html>
```

提示

curl 是一個非常實用的、用來與伺服器之間傳輸資料的工具，它支援 DICT、FILE、FTP、FTPS、HTTP、HTTPS、IMAP、IMAPS、LDAP、LDAPS、POP3、POP3S、RTMP、RTSP、SCP、SFTP、SMTP、SMTPS、TELNET、TFTP 等常用協定。

在以上 "curl -i baidu.com" 命令返回的 HTTP 回應中，第 1 行 "HTTP/1.1 200 OK" 中的 "200" 就是回應狀態碼。回應狀態碼表示伺服器的回應狀態，例如 200 代表伺服器正常回應，404 代表頁面未找到，500 代表伺服器內部發生錯誤。

表 2-3 中列出了常見的狀態碼及其說明。

表 2-3

狀態碼	說　明	詳　情
100	繼續	請求者應當繼續提出請求。伺服器已收到請求的一部分，正在等待其餘部分
101	切換協定	請求者已要求伺服器切換協定，伺服器已確認並準備切換
200	成功	伺服器已成功處理了請求
201	已創建	請求成功並且伺服器創建了新的資源
202	已接受	伺服器已接收請求，但尚未處理
203	非授權資訊	伺服器已成功處理了請求，但返回的資訊可能來自另一個源
204	無內容	伺服器成功處理了請求，但沒有返回任何內容
205	重置內容	伺服器成功處理了請求，內容被重置
206	部分內容	伺服器成功處理了部分請求
300	多種選擇	針對請求，伺服器可執行多種操作
301	永久移動	請求的網頁已永久移動到新位置，即永久重新導向
302	臨時移動	請求的網頁暫時跳躍到其他頁面，即暫時重新導向
303	查看其他位置	如果原來的請求是 POST，則重新導向目的文件應該透過 GET 提取
304	未修改	此次請求返回的網頁未修改，繼續使用上次的資源
305	使用代理	請求者應該使用代理存取該網頁
307	臨時重新導向	請求的資源臨時從其他位置回應
400	錯誤請求	伺服器無法解析該請求
401	未授權	請求沒有進行身份驗證或驗證未透過
403	禁止存取	伺服器拒絕此請求
404	未找到	伺服器找不到請求的網頁
405	方法禁用	伺服器禁用了請求中指定的方法

狀態碼	說　明	詳　情
406	不接受	用無法使用請求的內容回應請求的網頁
407	需要代理授權	請求者需要使用代理授權
408	請求逾時	伺服器請求逾時
409	衝突	伺服器在完成請求時發生衝突
410	已刪除	請求的資源已被永久刪除
411	需要有效長度	伺服器不接受不含有效內容長度標頭欄位的請求
412	未滿足前提條件	伺服器未滿足請求者在請求中設定的某個前提條件
413	請求實體過大	請求實體過大，超出伺服器的處理能力
414	請求 URI 過長	請求網址過長，伺服器無法處理
415	不支援類型	請求格式不被請求頁面支援
416	請求範圍不符	頁面無法提供請求的範圍
417	未滿足期望值	伺服器未滿足期望請求標頭欄位的要求
500	伺服器內部發生錯誤	伺服器遇到錯誤，無法完成請求
501	未實現	伺服器不具備完成請求的功能
502	錯誤閘道	伺服器作為閘道或代理，從上游伺服器收到無效響應
503	服務不可用	伺服器目前無法使用
504	閘道逾時	伺服器作為閘道或代理，但是沒有及時從上游伺服器收到請求
505	HTTP版本不支援	伺服器不支援請求中所用的 HTTP 協定版本

2. 回應標頭

打開瀏覽器，輸入 "www.baidu.com" 造訪百度首頁。按 F12 鍵，依次點擊 "Network"、"www.baidu.com"、"Headers"、"Response Headers" 選項，即可查看回應標頭資訊，如圖 2-5 所示。

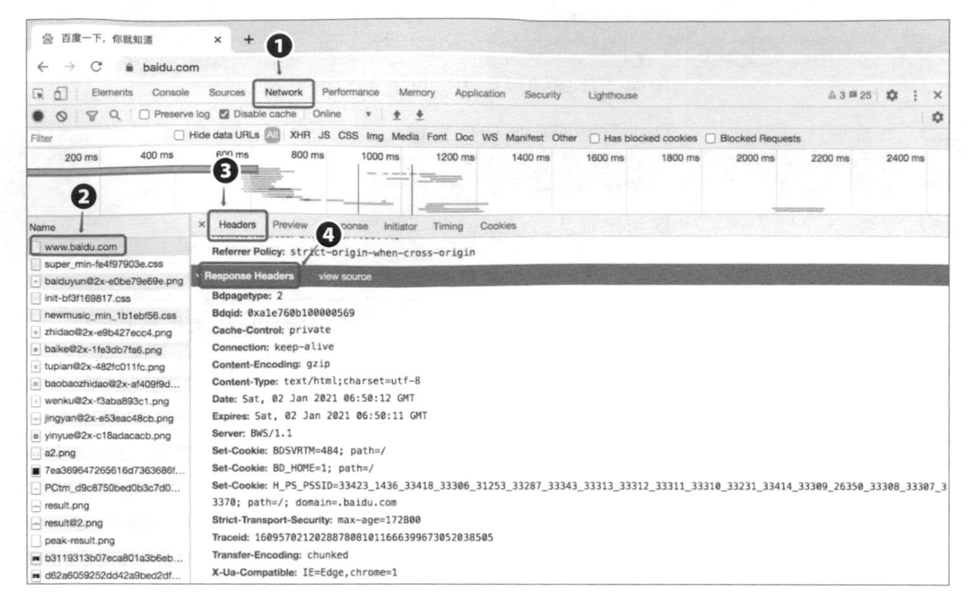

圖 2-5

回應標頭包含伺服器對請求的回應資訊，如 Content-Type、Server、Set-Cookie 等。表 2-4 中列出了一些常用的回應標頭資訊。

表 2-4

回應標頭	說　明
Allow	伺服器支援哪些請求方法（如 GET、POST 等）
Content-Encoding	文件的編碼（Encode）方法。只有在解碼之後才可以得到用 Content-Type 標頭指定的內容類型。利用 gzip 壓縮文件能夠顯著地減少 HTML 檔案的下載時間
Content-Length	表示內容長度。只有當瀏覽器使用持久 HTTP 連接時才需要這個資料
Content-Type	表示後面的文件屬於什麼 MIME 類型
Date	當前的 GMT 時間
Expires	應該在什麼時候認為文件已經過期，從而不再快取它
Last-Modified	文件的最後改動時間。客戶可以透過 If-Modified-Since 請求標頭提供一個日期，該請求將被視為一個有條件的 GET 請求。只有改動時間遲於指定時間的文件才會返回，否則返回一個 304（Not Modified）狀態。Last-Modified 也可用 setDateHeader() 方法來設定

回應標頭	說　明
Location	表示用戶端應該當到哪裡去提取文件，通常不是直接設定的
Refresh	表示瀏覽器應該在多少時間之後刷新文件，以秒計
Server	伺服器的名字
Set-Cookie	設定和頁面連結的 Cookie
WWW-Authenticate	客戶應該在 Authorization 標頭中提供的授權資訊。在包含 401（Unauthorized）狀態行的回應中這個資訊是必需的

3. 回應體

回應體是 HTTP 請求返回的內容。回應的正文資料都在回應體中。比如，在請求網頁時，回應體就是網頁的 HTML 程式；在請求一張圖片時，回應體就是圖片的二進位資料。在我們請求網頁後，瀏覽器要解析的內容就是回應體。

打開瀏覽器，按 F12 鍵；點擊 "Network" 選單，選擇一個資源並點擊該資源名稱，然後點擊 "Preview" 選單，即可看到網頁的原始程式碼或圖片的縮圖（即響應體的內容，它是解析的目標）。在圖 2-6 中，回應體是一張 png 格式的圖片。

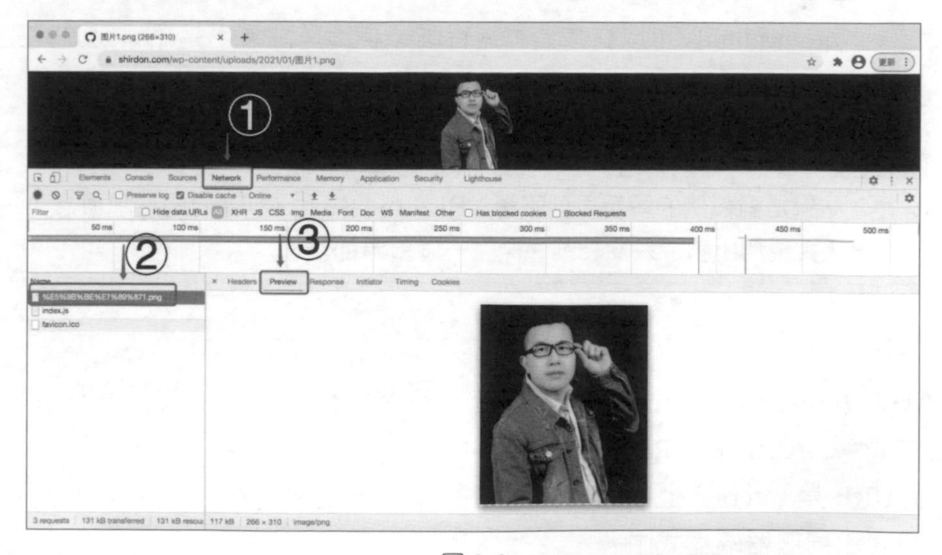

圖 2-6

響應體也可能是一個 JSON 文件或 XML 檔案。JSON 文件或 XML 檔案通常用於 App 介面開發中。關於 JSON 文件或 XML 檔案的回應體，會在後面的章節中詳細講解。

2.2.5 URI 與 URL

1. URI

URI（Uniform Resource Identifier，統一資源標示符號），用來標識 Web 上每一種可用資源。例如 HTML 檔案、圖型、視訊片段、程式等都由一個 URI 進行標識的。URI 通常由 3 部分組成：

- 資源的命名機制；
- 存放資源的主機名稱；
- 資源自身的名稱。

例如 https://www.baidu.com/go/uri.html，我們可以這樣解釋它：

- 這是一個可以透過 HTTPS 協定存取的資源；
- 位於主機 www.baidu.com 上；
- 透過 "/go/uri.html" 可以對該資源進行唯一標識（注意，這不一定是完整的路徑）。

> **提示**
> 以上 3 點只是對實例的解釋，並不是 URI 的必要條件。URI 只是一種概念，具體怎樣實現無所謂，只要它唯一標識一個資源即可。

2. URL

URL（Uniform Resource Locator，統一資源定位器）用於描述一個網路上的資源。URL 是 URI 的子集，是 URI 概念的一種實現方式。通俗地說，URL 是 Internet 上描述資訊資源的字串，主要用在各種 WWW 用戶端程式和伺服器端程式中。

URL 用一種統一的格式來描述各種資訊資源，包括檔案、伺服器的位址和目錄等。URL 的一般格式如下，其中帶中括號 [] 的為可選項：

```
scheme://host[:port#]/path/.../[?query-string][#anchor]
```

URL 的格式由 3 部分組成：

（1）協定（或稱為服務方式）。

（2）存有該資源的主機 IP 位址（有時也包括通訊埠編號）。

（3）主機資源的具體位址，如目錄和檔案名稱等。

第（1）部分和第（2）部分用 "://" 符號隔開，第（2）部分和第（3）部分用 "/" 符號隔開。第（1）部分和第（2）部分是不可缺少的。

3. URN

URN（Uniform Resource Name，統一資源名稱）是帶有名字的網際網路資源。URN 是 URL 的一種更新形式，URN 不依賴位置，並且有可能減少故障連結的個數。但是其流行還需假以時日，因為它需要更精密軟體的支援。

4. URI、URL、URN 三者之間的關係

通俗地說，URL 和 URN 是 URI 的子集；URI 屬於 URL 更高層次的抽象，是一種字串文字標準。三者關係如圖 2-7 所示。

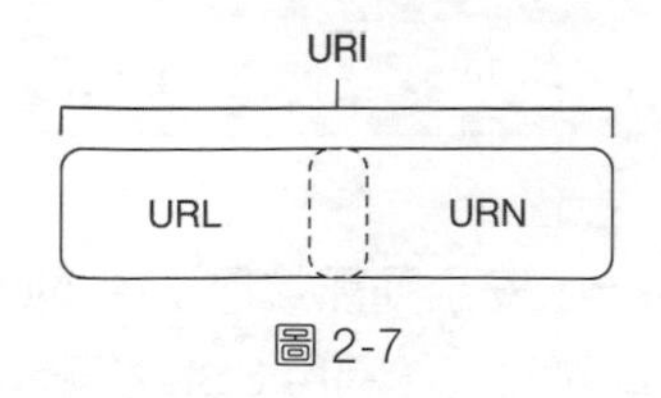

圖 2-7

URI 和 URL 都只定義了資源是什麼，但 URL 還定義了該如何存取資源。URL 是一種具體的 URI，它不僅唯一標識資源，而且還提供了定位該資源的資訊。URI 是一種語義上的抽象概念，可以是絕對的，也可以是相對的；而 URL 則必須提供足夠的資訊來定位，是絕對的。

2.2.6 HTTPS 簡介

HTTPS（Hyper Text Transfer Protocol over SecureSocket Layer），是以安全為目標的 HTTP 通道。它在 HTTP 的基礎上，透過傳輸加密和身份認證保證了傳輸過程的安全性。

TLS（Transport Layer Security，傳輸層安全性協定），及其前身 SSL（Secure Socket Layer，安全通訊端層）是一種安全協定，目的是為網際網路通訊提供安全及資料完整性保證。

在採用 SSL/TLS 後，HTTP 就擁有了 HTTPS 的加密、證書和完整性保護這些功能。即 HTTP 在加上加密處理、認證和完整性保護功能後即是 HTTPS。

HTTP 與 HTTPS 的區別如圖 2-8 所示。

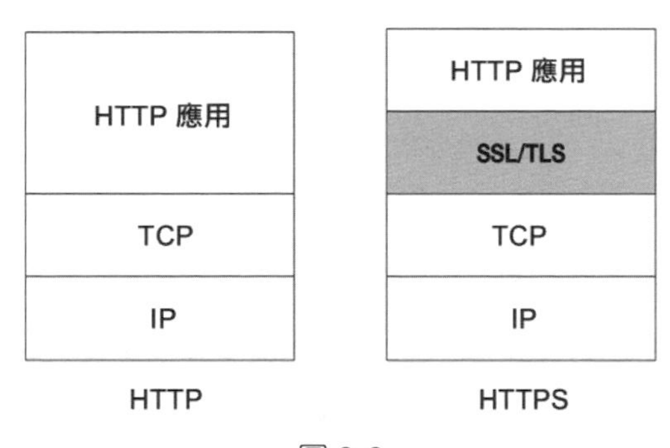

圖 2-8

> **提示**
>
> SSL（Secure Socket Layer，安全通訊端層）為 Netscape 公司所研發，用以確保 Internet 上資料傳輸的安全。利用 SSL 技術，可確保資料在網路傳輸過程中不會被截取。其當前版本為 3.0。它已被廣泛地用於 Web 瀏覽器與伺服器之間的身份認證和加密資料傳輸。

2.2.7 HTTP 2 簡介

1. HTTP 協定歷史

HTTP 協定經歷了 HTTP 0.9、HTTP 1.0、HTTP 1.1、HTTP 2 這 4 個階段，如圖 2-9 所示。

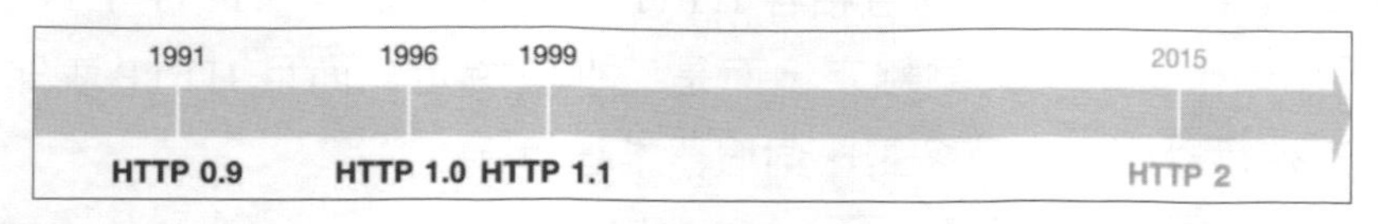

圖 2-9

（1）HTTP 0.9。

HTTP 0.9 於 1991 年發佈。該版本極其簡單，只支持 GET 方法，不支持 MIME 類型和各種 HTTP 標頭資訊等。

（2）HTTP 1.0。

HTTP 1.0 於 1996 年發佈。HTTP 1.0 在 HTTP 0.9 的基礎之上增加了很多方法、各種 HTTP 標頭資訊，以及對多媒體物件的處理。

（3）HTTP 1.1。

HTTP 1.1 於 1999 年正式發佈。HTTP 1.1 是當前主流的 HTTP 協定。它改善了之前 HTTP 設計中的結構性缺陷，明確了語義，增加 / 刪除了一些特性，支持更加複雜的 Web 應用程式。

雖然 HTTP 1.1 並不像 HTTP 1.0 對於 HTTP 0.9 那樣的革命性，但是也有很多增強，目前主流瀏覽器均預設採用 HTTP 1.1。

（4）HTTP 2。

HTTP 2 是最新的 HTTP 協定，於 2015 年 5 月份正式發佈，Chrome、IE11、Safari 及 Firefox 等主流瀏覽器已經支持 HTTP 2 協定。

> **提示**
> 這裡是 HTTP 2 而非 HTTP 2.0，這是因為 IETF（Internet Engineering Task Force，網際網路工程任務組）認為 HTTP 2 已經很成熟了，沒有必要再發佈其子版本了，以後要是有重大改動就直接發佈 HTTP 3。

HTTP 2 最佳化了性能，而且相容 HTTP 1.1 的語義，與 HTTP 1.1 有巨大區別。比如，它不是文字協定，而是二進位協定，而且 HTTP 表頭採用 HPACK 進行壓縮，支持多工、伺服器推送等。

2. HTTP 1.1 與 HTTP 2 的比較

相比 HTTP 1.1，HTTP 2 新增了標頭資訊壓縮及推送等功能，提高了傳輸效率。

（1）表頭資訊壓縮。在 HTTP 1.1 中，每一次發送請求和返回請求，HTTP 表頭資訊都必須進行完整的發送和返回，這一部分標頭資訊中有很多的內容（比如：Headers、Content-Type、Accept 等欄位）是以字串形式保存的，佔用了較大的頻寬量。HTTP 2 則對表頭資訊進行了壓縮，可以有效地減少頻寬。

（2）推送功能。在 HTTP 2 之前，只能由用戶端發送資料，伺服器端返回資料。用戶端是主動方，伺服器端永遠是被動方。而在 HTTP 2 中有了「推送」的概念，即伺服器端可以主動向用戶端發起一些資料傳輸，如圖 2-10 所示。

當用戶端請求一個包含 index.html、style.css、1.png 檔案的 Web 網頁時，style.css 檔案是以連結的形式在 HTML 檔案中顯示的。只有在透過瀏覽器解析了 HTML 檔案中的內容之後，才能根據連結中包含的 URL 位址去請求對應的 CSS 檔案。

在 HTTP 2 中有了推送功能之後，不僅用戶端可以請求 HTML 檔案，伺服器端也可以主動把 HTML 檔案中所引用到的 CSS 和 JS 等檔案主動推送給用戶端。這樣 HTML、CSS 和 JS 檔案的發送就是平行的，而非串列的。這樣就顯著地提升了整體的傳輸效率和性能。

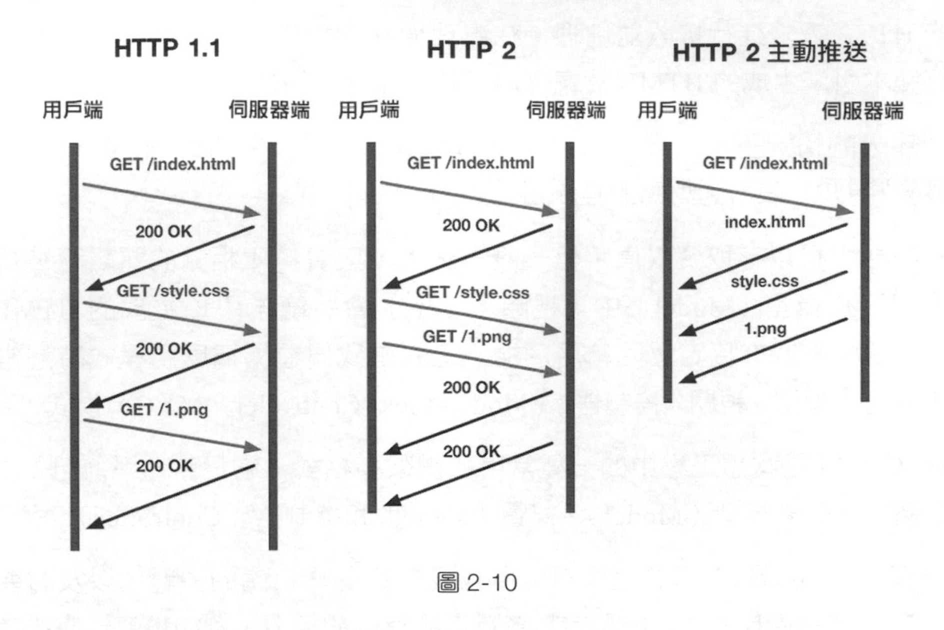

圖 2-10

2.2.8 Web 應用程式的組成

Web 應用程式負責呼叫動態語言的解釋引擎負責處理「動態內容」，一般由處理器（handler）和範本引擎（template engine）組成，如圖 2-11 所示。

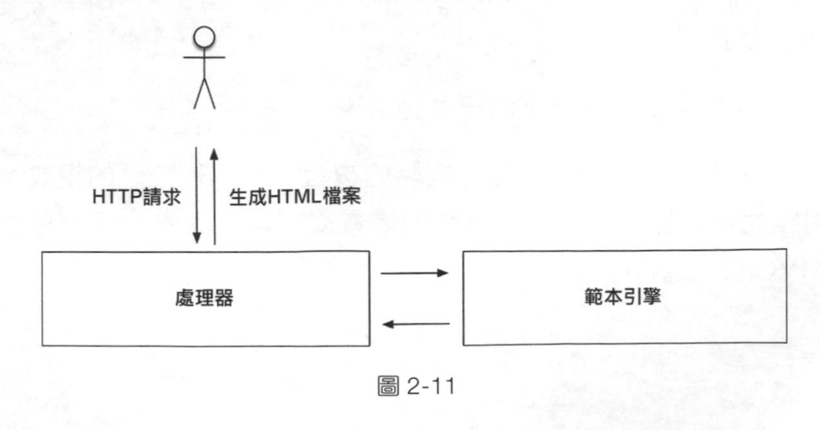

圖 2-11

1. 處理器

在 Web 應用程式中，處理器是最核心的部分，它負責把用戶端發送過來的 HTTP 請求進行接收並處理。在處理過程中會先呼叫範本引擎，然後將範本引擎生成的 HTML 檔案透過 HTTP 協定返給用戶端。

大部分的情況下，處理器會接收 HTTP 請求，然後解析路由（Route），最後將 URL 映射到對應的控制器（Controller）中。

控制器也可以存取資料庫。但一般情況下，與資料庫相關的邏輯會被單獨定義在模型（Model）中。視圖（View）會將範本引擎生成的 HTML 檔案透過 HTTP 協定返回給用戶端。這就是我們在編寫應用程式時經常使用的「模型 - 視圖 - 控制器」（Model-View-Controller，MVC）模式。

MVC 模式是軟體工程中的一種常用軟體架構模式，它把軟體系統分為 3 個基本部分：模型（Model）、視圖（View）和控制器（Controller）。

- 模型（Model）：用於處理與應用程式業務邏輯相關的資料，以及封裝對資料的處理方法。模型有對資料直接存取的權力，例如對資料庫的存取。
- 視圖（View）：能夠實現資料有目的的顯示（理論上這不是必需的）。在視圖中一般沒有程式的邏輯。
- 控制器（Controller）：造成組織不同層面間的作用，用於控制應用程式的流程。它處理事件並做出回應。「事件」包括使用者的請求處理和與模型的互動。

MVC 模式中三者之間的關係如圖 2-12 所示。

MVC 模式只是一種長期程式設計經驗的複習，並不是唯一的模式，具體的應用程式該怎麼辦需要根據具體的場景來架構。本書的應用程式主要採用 MVC 模式進行架設。

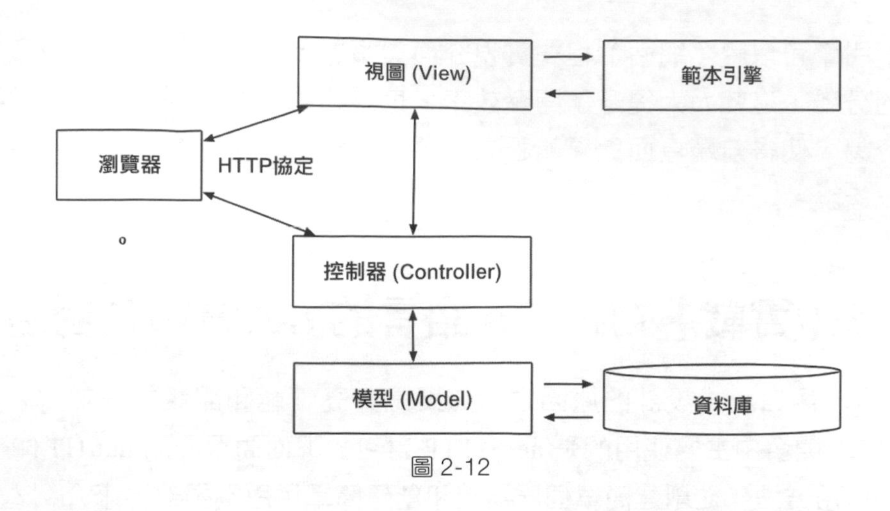

圖 2-12

2. 範本引擎

範本引擎是為了讓使用者介面與業務資料（內容）分離而產生的，它可以生成特定格式的文件，用於將範本（template）和資料（data）組合在一起，最終生成 HTML 檔案。

HTML 檔案會透過 HTTP 回應封包發送給用戶端，如圖 2-13 所示。

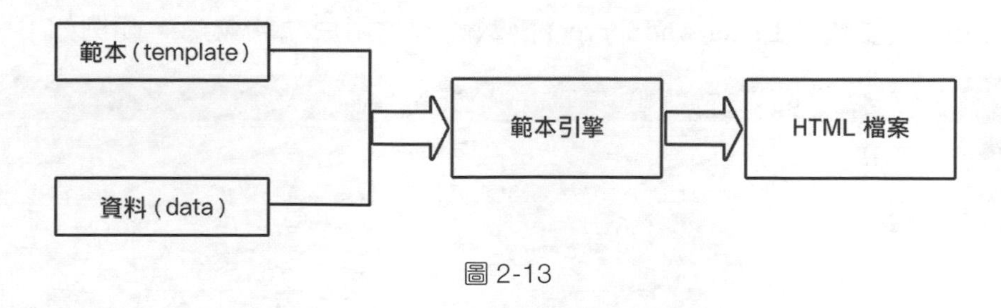

圖 2-13

範本引擎的實現方式有很多，最簡單的是「置換型」範本引擎。這類別樣板引擎只是將指定範本內容（字串）中的特定標記（子字串）替換一下，便生成最終需要的業務資料（比如網頁）。

「置換型」範本引擎實現簡單，但其效率低下，無法滿足高負載的應用程式需求（比如有巨量造訪的網站）。因此，還出現了「直譯型」範本引擎和「編譯型」範本引擎等。

範本引擎可以讓（網站）程式實現介面與資料分離，業務程式與邏輯程式的分離，這就大大提升了開發效率。良好的設計使得程式重用變得更加容易，使得前端頁面與邏輯程式（業務資料）不再混合，便於閱讀和修改錯誤。

2.3【實戰】初探 Go 語言的 net/HTTP 封包

使用 Go 語言程式設計的原因之一無疑是其高性能和開發的高效率。在 Go Web 開發中主要使用的是 net/HTTP 封包。下面簡單介紹 net/HTTP 封包的使用方法，從創建簡單伺服器端和創建簡單用戶端兩部分來介紹。

2.3.1 創建簡單的伺服器端

1. 創建和簡析 HTTP 伺服器端

（1）創建一個簡單的 Go HTTP 伺服器端。

要創建一個 Go 語言的 HTTP 伺服器端，需首先使用 HandleFunc() 函數註冊路由，然後透過 ListenAndServe() 函數開啟對用戶端的監聽。範例如下。

程式 2.2.3-sayHelloWeb.go　創建一個簡單的Go HTTP伺服器端

```
package main

import (
    "net/http"
)

func SayHello(w http.ResponseWriter, req *http.Request) {
    w.Write([]byte("Hello"))
}

func main() {
    http.HandleFunc("/hello", SayHello)
    http.ListenAndServe(":8080", nil)
}
```

（2）內部呼叫邏輯分析。

這裡簡要分析一下 Go 語言 net/HTTP 封包的內部呼叫邏輯。如果要創建一個 Web 伺服器端，則需要：①呼叫 http.HandleFunc() 函數；②呼叫 http.ListenAndServe() 函數。

ListenAndServe() 函數有兩個參數：當前監聽的通訊埠編號和事件處理器 handler。

在 Go 語言中，Handler 介面的定義如下：

```
type Handler interface {
    ServeHTTP(ResponseWriter, *Request)
}
```

只需要實現了這個介面，就可以實現自己的 handler 處理器。Go 語言在 net/HTTP 封包中已經提供了實現這個介面的公共方法：

```
type HandlerFunc func(ResponseWriter, *Request)

func (f HandlerFunc) ServeHTTP(w ResponseWriter, r *Request) {
    f(w, r)
}
```

handler 處理器的機制類似於 Java SpringMVC 框架中的 Interceptor，是一個攔截器。它發生在 http.HandleFunc() 函數處理邏輯之前。

（3）ServeHTTP() 方法的使用範例。

例如要實現一個功能：在發送 HTTP 請求時，只有帶上指定的 refer 參數，該請求才能呼叫成功，否則返回 403 狀態。範例如下。

①定義一個結構 Refer，如下：

```
type Refer struct {
    handler     http.Handler
    refer string
}
```

可以看到，Refer 結構包含兩個物件：handler 和自訂的 referer。

②因為需要將這個 Refer 實例化並傳遞給 ListenAndServe() 函數，因此它必須實現 ServeHTTP() 方法。在 ServeHTTP() 方法中，可以直接編寫用來實現中介軟體的邏輯。範例如下：

```
func (this *Refer) ServeHTTP(w http.ResponseWriter, r *http.Request) {
    if r.Referer() == this.referer {
        this.handler.ServeHTTP(w, r)
    } else {
        w.WriteHeader(403)
    }
}
```

取出當前請求標頭中的 refer 資訊，如果與約定的不同，則攔截請求。完整程式如下：

程式 2.2.3-refer.go　創建跳躍Web伺服器端

```
package main

import (
    "net/http"
)

type Refer struct {
    handler http.Handler
    refer   string
}

func (this *Refer) ServeHTTP(w http.ResponseWriter, r *http.Request) {
    if r.Referer() == this.refer {
        this.handler.ServeHTTP(w, r)
    } else {
        w.WriteHeader(403)
    }
}
func myHandler(w http.ResponseWriter, r *http.Request) {
    w.Write([]byte("this is handler"))
}
func hello(w http.ResponseWriter, r *http.Request) {
```

```
    w.Write([]byte("hello"))
}
func main() {
    referer := &Refer{
        handler: http.HandlerFunc(myHandler),
        refer:   "www.shirdon.com",
    }
    http.HandleFunc("/hello", hello)
    http.ListenAndServe(":8080", referer)
}
```

關於 net/HTTP 封包的內部機制就介紹到這裡，在 3.2 節會進一步詳細講解。

2. 創建和簡析 HTTPS 伺服器端

在 Go 語言中使用 HTTPS 的方法很簡單，net/HTTP 封包中提供了啟動 HTTPS 服務的方法，其定義如下：

```
func (srv *Server) ListenAndServeTLS(certFile, keyFile string) error
```

透過方法可知，只需要兩個參數就可以實現 HTTPS 服務。這兩個參數分別是證書檔案的路徑和私密金鑰檔案的路徑。要獲取這兩個檔案，通常需要從憑證授權獲取。雖然有免費的，但還是比較麻煩，通常還需要購買域名及申請流程。

為了簡單起見，我們直接使用自己創建的簽章憑證。注意，這樣的證書是不會被瀏覽器信任的。

Go 語言的 net/HTTP 封包預設支援 HTTP 2。在 1.6 以上的版本中，如果使用 HTTPS 模式啟動伺服器，則伺服器預設使用 HTTP 2。使用方法如下。

（1）創建一個私密金鑰和一個證書：在 Linux 系統中，打開命令列終端輸入下面的命令：

```
$ openssl req -newkey rsa:2048 -nodes -keyout server.key -x509 -days 365
-out server.crt
```

該命令將生成兩個檔案：server.key 和 server.crt。

（2）創建 Go 檔案。

程式 chapter2/2.1-http2.go　創建一個簡單的HTTPS 伺服器端

```
package main

import (
    "log"
    "net/http"
)

func main() {
    // 啟動伺服器
    srv := &http.Server{Addr: ":8088", Handler: http.HandlerFunc(handle)}
    // 用TLS啟動伺服器，因為我們執行的是HTTP 2，所以它必須與TLS一起執行
    log.Printf("Serving on https://0.0.0.0:8088")
    log.Fatal(srv.ListenAndServeTLS("server.crt", "server.key"))
}

//處理器函數
func handle(w http.ResponseWriter, r *http.Request) {
    // 記錄請求協定
    log.Printf("Got connection: %s", r.Proto)
    // 向客戶發送一筆訊息
    w.Write([]byte("Hello this is a HTTP 2 message!"))
}
```

（3）執行上面這段程式，瀏覽器會返回如圖 2-14 所示的結果。

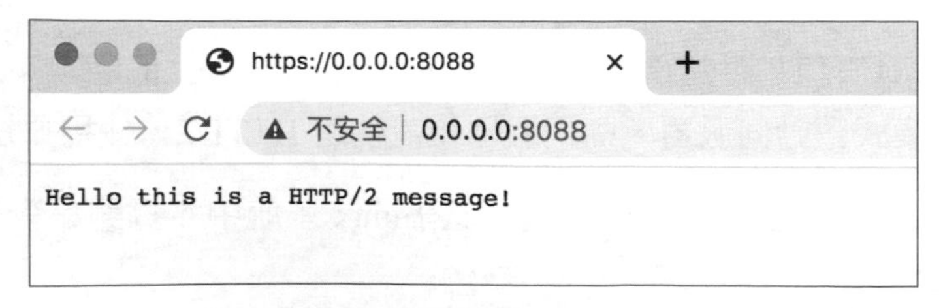

圖 2-14

透過上面的範例我們知道，Go 執行 HTTP 2 非常簡單——直接呼叫 net/HTTP 封包即可。net/HTTP 封包的基本實現原理會在第 3 章中進行進一步詳細地講解。

2.3.2 創建簡單的用戶端

在 net/HTTP 封包中還提供了一個被稱為 Client 的結構。該結構位於函數庫檔案 src/net/http/ client.go 中，並且還提供了一個預設的變數可直接使用：

```
var DefaultClient = &Client{}
```

Client 結構實現了 Get()、Post() 兩個請求函數。這兩個函數的定義如下：

```
func Get(url string) (resp *Response, err error)
func Post(url, contentType string, body io.Reader)
```

我們透過分析原始程式來探尋其內部機制。查看原始程式可以發現，net/HTTP 封包的 Get() 函數實現如下：

```
func Get(url string) (resp *Response, err error) {
    return DefaultClient.Get(url)
}
```

在上面的 Get() 函數中，使用了 DefaultClient 物件的 Get() 方法。該 Get() 方法的具體實現程式如下：

```
func (c *Client) Get(url string) (resp *Response, err error) {
    req, err := NewRequest("GET", url, nil)
    if err != nil {
        return nil, err
    }
    return c.Do(req)
}
```

同樣，net/HTTP 封包的 Post() 函數的具體實現程式如下：

```
func Post(url, contentType string, body io.Reader) (resp *Response, err
error) {
    return DefaultClient.Post(url, contentType, body)
}
```

Post() 函數則使用了 DefaultClient 物件的 Post() 方法，該方法的具體實現程式如下：

```
func (c *Client) Post(url, contentType string, body io.Reader) (resp
*Response, err error) {
    req, err := NewRequest("POST", url, body)
    if err != nil {
        return nil, err
    }
    req.Header.Set("Content-Type", contentType)
    return c.Do(req)
}
```

從上面程式可以看出，Client 結構的 Get() 和 Post() 函數直接使用了 NewRequest() 函數。NewRequest() 是一個通用函數，其定義如下：

```
func NewRequest(method, url string, body io.Reader) (*Request, error)
```

其中第 1 個參數為請求類型，比如 "GET"、"POST"、"PUT"、"DELETE" 等。第 2 個參數為請求位址。如果 body 參數實現了 io.Closer 介面，則 Request 返回值的 Body 欄位會被設定為 body 參數的值，並會被 Client 結構的 Do()、Post() 和 PostForm() 方法關閉。

Get()、Post() 函數的本質是，Go 程式在底層傳遞對應的參數去呼叫 NewRequest() 函數。所以，在 Go 語言中創建用戶端，最核心的 HTTP 請求方法就是 NewRequest() 函數。因為 PUT、DELETE 方法在 Go 語言中沒有被單獨封裝，所以只能透過直接呼叫 NewRequest() 函數來實現。

接下來我們透過 Go 語言來創建 HTTP 的 GET、POST、PUT、DELETE 這 4 種類型的用戶端請求，來初步了解用戶端的創建方法。

1. 創建 GET 請求

以下範例運用 http.Get() 函數創建一個 GET 請求。

程式 2.3.1-get.go　創建一個GET請求

```
package main

import (
    "fmt"
    "io/ioutil"
    "net/http"
)

func main() {
    resp, err := http.Get("https://www.baidu.com")
    if err != nil {
        fmt.Print("err", err)
    }
    closer := resp.Body
    bytes, err := ioutil.ReadAll(closer)
    fmt.Println(string(bytes))
}
```

透過上面的程式可以輕鬆獲取百度首頁的 HTML 檔案。

2. 創建 POST 請求

以下範例運用 http.Post() 函數創建一個 POST 請求。

程式 2.3-post.go　創建一個POST請求

```
package main

import (
    "bytes"
    "fmt"
    "io/ioutil"
    "net/http"
)

func main() {
```

```
    url := "https://www.shirdon.com/comment/add"
    body := "{\"userId\":1,\"articleId\":1,\"comment\":\"這是一筆評論\"}"
    response, err := http.Post(url, "•application/x-www-form-urlencoded",
bytes.NewBuffer([]byte(body)))
    if err != nil {
        fmt.Println("err", err)
    }
    b, err := ioutil.ReadAll(response.Body)
    fmt.Println(string(b))
}
```

3. 創建 PUT 請求

以下範例運用 http.NewRequest() 函數創建一個 PUT 請求。

程式 2.3-put.go　創建一個PUT請求

```
package main

import (
    "fmt"
    "io/ioutil"
    "net/http"
    "strings"
)

func main() {
    url := "https://www.shirdon.com/comment/update"
    payload := strings.
NewReader("{\"userId\":1,\"articleId\":1,\"comment\":\"這是一筆評論\"}")
    req, _ := http.NewRequest("PUT", url, payload)
    req.Header.Add("Content-Type", "application/json")
    res, _ := http.DefaultClient.Do(req)

    defer res.Body.Close()
    body, _ := ioutil.ReadAll(res.Body)

    fmt.Println(res)
    fmt.Println(string(body))
}
```

PUT 方法在 Go 語言中沒有被單獨封裝，只能直接呼叫 http.NewRequest() 函數來實現。

4. 創建 DELETE 請求

以下範例運用 http.NewRequest() 函數創建一個 DELETE 請求。

程式 2.3-delete.go　創建一個DELETE請求

```
package main

import (
    "fmt"
    "io/ioutil"
    "net/http"
    "strings"
)

func main() {
    url := "https://www.shirdon.com/comment/delete"
    payload := strings.
NewReader("{\"userId\":1,\"articleId\":1,\"comment\":\"這是一筆評論\"}")
    req, _ := http.NewRequest("DELETE", url, payload)
    req.Header.Add("Content-Type", "application/json")
    res, _ := http.DefaultClient.Do(req)

    defer res.Body.Close()
    body, _ := ioutil.ReadAll(res.Body)

    fmt.Println(res)
    fmt.Println(string(body))
}
```

DELETE 方法在 Go 語言中沒有被單獨封裝，只能直接呼叫 http.NewRequest() 函數來實現。

5. 請求標頭設定

net/HTTP 封包提供了 Header 類型，用於請求標頭資訊的獲取和填充，其定義如下：

```
type Header map[string][]string
```

也可以透過 http.Header 物件自己定義 Header：

```
headers := http.Header{"token": {"fsfsdfaeg6634fwr324brfh3urhf839hf349h"}}
headers.Add("Accept-Charset","UTF-8")
headers.Set("Host","www.shirdon.com")
headers.Set("Location","www.baidu.com")
```

提示

Header 是 map[string][]string 類型的，value 為字元或數字。

2.4 使用 Go 語言的 html/template 套件

Go 語言通用範本引擎函數庫 text/template 用於處理任意格式的文字。另外，Go 語言還單獨提供了 html/template 套件，用於生成可對抗程式注入的安全 HTML 檔案。

本節主要講解 Go 語言中輸出 HTML 檔案的場景，所以主要介紹 html/template 套件的原理及使用方法。

2.4.1 了解範本原理

1. 範本和範本引擎

在基於 MVC 模型的 Web 架構中，我們常將不變的部分提出成為範本，而可變部分由後端程式提供資料，借助範本引擎繪製來生成動態網頁。

範本可以被瞭解為事先定義好的 HTML 檔案。範本繪製可以被簡單瞭解為文字替換操作——使用對應的資料去替換 HTML 檔案中事先準備好的標記。

範本的誕生是為了將顯示與資料分離（即前後端分離）。範本技術多種多樣，但其本質是將範本檔案和資料透過範本引擎生成最終的 HTML 檔案。範本引擎很多，PHP 的 Smarty、Node.js 的 jade 等都很好使用。

2. Go 語言範本引擎

Go 語言內建了文字範本引擎 text/template 套件，以及用於生成 HTML 檔案的 html/template 套件。它們的使用方法類似，可以簡單歸納如下：

- 範本檔案的副檔名通常是 .tmpl 和 .tpl（也可以使用其他的尾碼），必須使用 UTF-8 編碼。
- 範本檔案中使用 {{ 和 }} 來包裹和標識需要傳入的資料。
- 傳給範本的資料可以透過點號（.）來存取。如果是複合類型的資料，則可以透過 {{ .FieldName }} 來存取它的欄位。
- 除 {{ 和 }} 包裹的內容外，其他內容均不做修改原樣輸出。

Go 語言範本引擎的使用分為：定義範本檔案、解析範本檔案和繪製範本檔案。

（1）定義範本檔案。

定義範本檔案是指，按照對應的語法規則去定義範本檔案。

（2）解析範本檔案。

html/template 套件提供了以下方法來解析範本檔案，獲得範本物件。可以透過 New() 函數創建範本物件，並為其增加一個範本名稱。New() 函數的定義如下：

```
func New(name string) *Template
```

可以使用 Parse() 方法來創建範本物件，並完成解析範本內容。Parse() 方法的定義如下：

```
func (t *Template) Parse(src string) (*Template, error)
```

如果要解析範本檔案，則使用 ParseFiles() 函數，該函數會返回範本物件。該函數的定義如下：

```
func ParseFiles(filenames ...string) (*Template, error)
```

如果要批次解析檔案，則使用 ParseGlob() 函數。該函數的定義如下：

```
func ParseGlob(pattern string) (*Template, error)
```

可以使用 ParseGlob() 函數來進行正則匹配，比如在當前解析目錄下有以 a 開頭的範本檔案，則使用 template.ParseGlob("a*") 即可。

（3）繪製範本檔案。

html/template 套件提供了 Execute() 和 ExecuteTemplate() 方法來繪製範本。這兩個方法的定義如下：

```
func (t *Template) Execute(wr io.Writer, data interface{}) error {}
func (t *Template) ExecuteTemplate(wr io.Writer, name string, data
interface{}) error {}
```

在創建 New() 函數時就為範本物件增加了一個範本名稱，執行 Execute() 方法後會預設去尋找該名稱進行資料融合。

使用 ParseFiles() 函數可以一次載入多個範本，此時不可以使用 Execute() 來執行資料融合，可以透過 ExecuteTemplate() 方法指定範本名稱來執行資料融合。

2.4.2 使用 html/template 套件

1. Go 語言的第 1 個範本

在 Go 語言中，可以透過將範本應用於一個資料結構（即把該資料結構作為範本的參數）來執行並輸出 HTML 檔案。

範本在執行時會遍歷資料結構，並將指標指向執行中的資料結構中的 "." 的當前位置。

用作範本的輸入文字必須是 UTF-8 編碼的文字。"Action" 是資料運算和控制單位，"Action" 由 "{{" 和 "}}" 界定；在 Action 之外的所有文字都會不做修改地複製到輸出中。Action 內部不能有換行，但註釋可以有換行。

接下來我們透過創建第 1 個範本來學習範本。

（1）定義一個名為 template_example.tmpl 的範本檔案，程式如下。

程式 chapter2/template_example.tmpl　範本檔案的範例程式

```
<!DOCTYPE html>
<html lang="en">
<head>
    <meta charset="UTF-8">
    <meta name="viewport" content="width=device-width, initial-scale=1.0">
    <title>範本使用範例</title>
</head>
<body>
   <p>加油，朋友，{{ . }} </p>
</body>
</html>
```

（2）創建 Go 語言檔案用於解析和繪製範本，範例程式如下。

程式 chapter2/2.4-template-example.go　Go語言解析和繪製範本的範例程式

```
package main

import (
    "fmt"
    "html/template"
    "net/http"
)

func helloHandleFunc(w http.ResponseWriter, r *http.Request) {
    // 1.解析範本
    t, err := template.ParseFiles("./template_example.tmpl")
    if err != nil {
        fmt.Println("template parsefile failed, err:", err)
        return
    }
```

```
    // 2.繪製範本
    name := "我愛Go語言"
    t.Execute(w, name)
}

func main() {
    http.HandleFunc("/", helloHandleFunc)
    http.ListenAndServe(":8086", nil)
}
```

（3）在檔案所在命令列終端中輸入啟動命令：

```
$ go run 2.4-template-example.go
```

（4）在瀏覽器中造訪 "127.0.0.1:8086"，返回的頁面如圖 2-15 所示。

圖 2-15

2. Go 語言範本語法

範本語法都包含在 "{{" 和 "}}" 中間，其中 "{{.}}" 中的點表示當前物件。在傳入一個結構物件時，可以根據 "." 來存取結構的對應欄位。例如：

```
type UserInfo struct {
    Name   string
    Gender string
    Age    int
}
func sayHello(w http.ResponseWriter, r *http.Request) {
    // 解析指定檔案生成範本物件
    tmpl, err := template.ParseFiles("./hello.html")
    if err != nil {
        fmt.Println("create template failed, err:", err)
```

```
        return
    }
    // 利用指定資料繪製範本，並將結果寫入w
    user := UserInfo{
        Name:   "李四",
        Gender: "男",
        Age:    28,
    }
    tmpl.Execute(w, user)
}
```

HTML 檔案的程式如下：

```
<!DOCTYPE html><html lang="en">
<head>
    <meta charset="UTF-8">
    <meta name="viewport" content="width=device-width, initial-scale=1.0">
    <meta http-equiv="X-UA-Compatible" content="ie=edge">
<title>Hello</title>
</head>
<body>
    <p>Hello {{.Name}}</p>
    <p>性別：{{.Gender}}</p>
<p>年齡：{{.Age}}</p>
</body>
</html>
```

同理，在傳入的變數是 map 時，也可以在範本檔案中透過 "{{.}}" 的鍵值來設定值。

接下來介紹常用的範本語法。

（1）註釋。

在 Go 語言中，HTML 範本的註釋結構如下：

```
{{/* 這是一個註釋，不會解析 */}}
```

註釋在執行時會被忽略。可以有多行註釋。註釋不能巢狀結構，並且必須接近分段符號終止。

(2) 管道(pipeline)。

管道是指產生資料的操作。比如 "{{.}}"、"{{.Name}}" 等。Go 的範本語法中支援使用管道符號 "|" 連結多個命令，用法和 UNIX 下的管道類似："|" 前面的命令會將運算結果(或返回值)傳遞給後一個命令的最後一個位置。

> **提示**
> 並不是只有使用了 "|" 才是 pipeline。在 Go 的範本語法中，pipeline 的概念是傳遞資料，只要能產生資料的結構，都是 pipeline。

(3) 變數。

在 Action 裡可以初始化一個變數來捕捉管道的執行結果。初始化語法如下：

```
$variable := pipeline
```

其中 $variable 是變數的名字。宣告變數的 Action 不會產生任何輸出。

(4) 條件判斷。

Go 範本語法中的條件判斷有以下幾種：

```
{{if pipeline}} T1 {{end}}
{{if pipeline}} T1 {{else}} T0 {{end}}
{{if pipeline}} T1 {{else if pipeline}} T0 {{end}}
```

(5) range 關鍵字。

在 Go 的範本語法中，使用 range 關鍵字進行遍歷，其中 pipeline 的值必須是陣列、切片、字典或通道。其語法以 "{{range pipeline}}" 開頭，以 "{{end}}" 結尾，形式如下：

```
{{range pipeline}} T1 {{end}}
```

如果 pipeline 的值其長度為 0，則不會有任何輸出。中間也可以有 "{{else}}"，形如：

```
{{range pipeline}} T1 {{else}} T0 {{end}}
```

如果 pipeline 的值其長度為 0，則會執行 T0。

range 關鍵字的使用範例如下。

程式 chapter2/2.4-template-range.go　range關鍵字的使用範例

```
package main

import (
    "log"
    "os"
    "text/template"
)

func main() {
    //創建一個範本
    rangeTemplate := `
{{if .Kind}}
{{range $i, $v := .MapContent}}
{{$i}} => {{$v}} , {{$.OutsideContent}}
{{end}}
{{else}}
{{range .MapContent}}
{{.}} , {{$.OutsideContent}}
{{end}}
{{end}}`

    str1 := []string{"第一次 range", "用 index 和 value"}
    str2 := []string{"第二次 range", "沒有用 index 和 value"}

    type Content struct {
        MapContent     []string
        OutsideContent string
        Kind           bool
    }
    var contents = []Content{
        {str1, "第一次外面的內容", true},
        {str2, "第二次外面的內容", false},
    }
```

```
    // 創建範本並將字元解析進去
    t := template.Must(template.New("range").Parse(rangeTemplate))

    // 接收並執行範本
    for _, c := range contents {
        err := t.Execute(os.Stdout, c)
        if err != nil {
            log.Println("executing template:", err)
        }
    }
}
```

在檔案所在目錄打開終端輸入啟動命令，返回結果如圖 2-16 所示。

```
$ go run 2.4-template-range.go
```

```
shirdon:chapter2 mac$ go run 2.4-template-range.go



0 => 第一次 range ，第一次外面的內容

1 => 用 index 和 value ，第一次外面的內容



第二次 range ，第二次外面的內容

沒有用 index 和 value ，第二次外面的內容

shirdon:chapter2 mac$
```

圖 2-16

（6）with 關鍵字。

在 Go 的範本語法中，with 關鍵字和 if 關鍵字有點類似，"{{with}}" 操作僅在傳遞的管道不為空時有條件地執行其主體。形式如下：

```
{{with pipeline}} T1 {{end}}
```

如果 pipeline 為空，則不產生輸出。中間也可以加入 "{{else}}"，形如：

```
{{with pipeline}} T1 {{else}} T0 {{end}}
```

如果 pipeline 為空，則不改變 "." 並執行 T0，否則將 "." 設為 pipeline 的值並執行 T1。

（7）比較函數。

布林函數會將任何類型的零值視為假，將其餘視為真。下面是常用的二元比較運算子：

```
eq       //如果arg1 == arg2，則返回真
ne       //如果arg1 != arg2，則返回真
lt       //如果arg1 < arg2，則返回真
le       //如果arg1 <= arg2，則返回真
gt       //如果arg1 > arg2，則返回真
ge       //如果arg1 >= arg2，則返回真
```

為了簡化多參數相等檢測，eq（只有 eq）可以接受 2 個或更多個參數，它會將第 1 個參數和其餘參數依次比較，形式如下：

```
{{eq arg1 arg2 arg3}}
```

即只能做以下比較：

```
arg1==arg2 || arg1==arg3
```

比較函數只適用於基本類型（或重定義的基本類型，如 "type Balance float32"）。但整數和浮點數不能互相比較。

（8）預先定義函數。

預先定義函數是範本函數庫中定義好的函數，可以直接在 {{ }} 中使用。預先定義函數名稱及其功能見表 2-5。

表 2-5

函數名稱	功　能
and	函數返回其第 1 個空參數或最後一個參數，即 "and x y" 相等於 "if x then y else x"。所有參數都會執行
or	返回第一個不可為空參數或最後一個參數，即 "or x y" 相等於 "if x then x else y"。所有參數都會執行

函數名稱	功　能
not	返回其單一參數的布林值「不是」
len	返回其參數的整數類型長度
index	執行結果為 index() 函數後第 1 個參數以第 1 個參數後面剩下的參數為索引指向的值，例如 "index y 1 2 3" 返回 y[1][2][3] 的值。每個被索引的主體必須是陣列、切片或字典
print	即 fmt.Sprint
printf	即 fmt.Sprintf
println	即 fmt.Sprintln
html	返回其參數文字表示的 HTML 逸出程式碼相等表示
urlquery	返回其參數文字表示的可嵌入 URL 查詢的逸出程式碼相等表示
js	返回其參數文字表示的 JavaScript 逸出程式碼相等表示
call	執行結果是呼叫第 1 個參數的返回值，該參數必須是函數類型，其餘參數作為呼叫該函數的參數； 如 "call .X.Y 1 2" 相等於 Go 語言裡的 dot.X.Y(1, 2)； 其中 Y 是函數類型的欄位或字典的值，或其他類似情況； call 的第 1 個參數的執行結果必須是函數類型的值，和預先定義函數（如 print()）明顯不同； 該函數類型值必須有 1 個或 2 個返回值。如果有 2 個返回值，則後一個必須是 error 介面類型； 如果有 2 個返回值的方法返回的 error 非 nil，則範本執行會中斷並返回給呼叫範本執行者該錯誤

（9）自訂函數。

Go 語言的範本支援自訂函數。自訂函數透過呼叫 Funcs() 方法實現，其定義如下：

```
func (t *Template) Funcs(funcMap FuncMap) *Template
```

Funcs() 方法向範本物件的函數字典裡加入參數 funcMap 內的鍵值對。如果 funcMap 的某個鍵值對的值不是函數類型，或返回值不符合要求，則會報 panic 錯誤，但可以對範本物件的函數清單的成員進行重新定義。方法返回範本物件以便進行鏈式呼叫。FuncMap 類型的定義如下：

```
type FuncMap map[string]interface{}
```

FuncMap 類型定義了函數名稱串到函數的映射，每個函數都必須有 1 個或 2 個返回值。如果有 2 個返回值，則後一個必須是 error 介面類型；如果有 2 個返回值的方法返回 error 非 nil，則範本執行會中斷並返回該錯誤給呼叫者。

在執行範本時，函數從兩個函數字典中尋找：首先是範本函數字典，然後是全域函數字典。一般不在範本內定義函數，而是使用 Funcs() 方法增加函數到範本裡。其使用範例如下。

程式 chapter2/2.4-template-funcs.go　自訂函數的使用範例

```
package main

import (
    "fmt"
    "html/template"
    "io/ioutil"
    "net/http"
)

func Welcome() string { //無參數函數
    return "Welcome"
}

func Doing(name string) string { //有參數函數
    return name + ", Learning Go Web template "
}

func sayHello(w http.ResponseWriter, r *http.Request) {
    htmlByte, err := ioutil.ReadFile("./funcs.html")
    if err != nil {
        fmt.Println("read html failed, err:", err)
        return
    }
    // 自訂一個匿名範本函數
    loveGo := func() (string) {
```

```
        return "歡迎一起學習《Go Web程式設計實戰派——從入門到精通》"
    }
    // 鏈式操作在Parse()方法之前呼叫Funcs()函數，用來增加自訂的loveGo函數
    tmpl1, err := template.New("funcs").Funcs(template.FuncMap{"loveGo":
loveGo}).Parse(string(htmlByte))
    if err != nil {
        fmt.Println("create template failed, err:", err)
        return
    }
    funcMap := template.FuncMap{
        //在FuncMap中宣告要使用的函數，然後就能夠在範本的字串中使用該函數
        "Welcome": Welcome,
        "Doing":   Doing,
    }
    name := "Shirdon"
    tmpl2, err := template.New("test").Funcs(funcMap).
Parse("{{Welcome}}\n{{Doing .}}\n")
    if err != nil {
        panic(err)
    }

    // 使用user繪製範本，並將結果寫入w
    tmpl1.Execute(w, name)
    tmpl2.Execute(w, name)
}

func main() {
    http.HandleFunc("/", sayHello)
    http.ListenAndServe(":8087", nil)
}
```

還需要創建一個名為 funcs.html 的範本檔案，在該檔案中就可以使用自訂的 loveGo() 函數了。

程式 chapter2/funcs.html　範本檔案呼叫Go語言自訂函數的範例

```
<!DOCTYPE html><html lang="en"><head>
    <meta charset="UTF-8">
    <meta name="viewport" content="width=device-width, initial-scale=1.0">
    <meta http-equiv="X-UA-Compatible" content="ie=edge">
```

```
    <title>tmpl test</title></head><body>
<h1>{{loveGo}}</h1>
```

在檔案所在目錄下打開命令列終端，輸入啟動服務命令：

```
$ go run 2.4-template-funcs.go
```

在瀏覽器裡輸入 "http://127.0.0.1:8087"，返回值如圖 2-17 所示。

圖 2-17

（10）使用巢狀結構範本。

html/template 套件支援在一個範本中巢狀結構其他範本。被巢狀結構的範本可以是單獨的檔案，也可以是透過 "define" 關鍵字定義的範本。透過 "define" 關鍵字可以直接在待解析內容中定義一個範本。例如定義一個名稱為 name 的範本的形式如下：

```
{{ define "name" }} T {{ end }}
```

透過 "template" 關鍵字來執行範本。舉例來說，執行名為 "name" 的範本的形式如下：

```
{{ template "name" }}
{{ template "name"  pipeline }}
```

"block" 關鍵字相等於 "define" 關鍵字。"block" 關鍵字用於定義一個範本，並在有需要的地方執行這個範本。其形式如下：

```
{{ block "name" pipeline }} T {{ end }}
```

相等於：先執行 {{ define "name" }} T {{ end }}，再執行 {{ template "name" pipeline }}。

接下來透過具體例子來加深瞭解。

（1）創建用於範本巢狀結構的程式如下：

程式 chapter2/t.html 用於範本的巢狀結構的程式

```
<!DOCTYPE html><html lang="en"><head>
    <meta charset="UTF-8">
    <meta name="viewport" content="width=device-width, initial-scale=1.0">
    <meta http-equiv="X-UA-Compatible" content="ie=edge">
    <title>tmpl test</title></head><body>
    <h1>測試巢狀結構template語法</h1>
    <hr>
    {{template "ul.html"}}
    <hr>
    {{template "ol.html"}}</body></html>
{{ define "ol.html"}}<h1>這是ol.html</h1><ol>
    <li>I love Go</li>
    <li>I love java</li>
    <li>I love c</li></ol>
{{end}}
```

（2）用於測試巢狀結構的 HTML 程式如下：

程式 chapter2/ul.html 用於測試巢狀結構的HTML程式

```
<ul>
    <li>註釋</li>
    <li>日誌</li>
<li>測試</li>
</ul>
```

（3）在 Go 程式檔案中，透過 HandleFunc() 函數註冊一個名為 tmplSample 的處理器函數：

```
http.HandleFunc("/", tmplSample)
```

（4）定義一個名為 tmplSample() 的處理器函數。tmplSample() 處理器函數透過呼叫 template.ParseFiles("./t.html", "./ul.html") 函數，將名為 t.html 和 ul.html 的兩個檔案組合起來，從而實現了範本巢狀結構。其內容如下：

```
func tmplSample(w http.ResponseWriter, r *http.Request) {
    tmpl, err := template.ParseFiles("./t.html", "./ul.html")
    if err != nil {
        fmt.Println("create template failed, err:", err)
        return
    }
    user := UserInfo{
        Name:   "張三",
        Gender: "男",
        Age:    28,
    }
    tmpl.Execute(w, user)
}
```

（5）完整的程式如下：

程式 chapter2/2.4-template-multi.go　範本巢狀結構的完整程式

```
package main

import (
    "fmt"
    "html/template"
    "net/http"
)

//定義一個UserInfo結構
type UserInfo struct {
    Name string
    Gender string
    Age int
}

func tmplSample(w http.ResponseWriter, r *http.Request) {
    tmpl, err := template.ParseFiles("./t.html", "./ul.html")
    if err != nil {
        fmt.Println("create template failed, err:", err)
        return
```

```
    }
    user := UserInfo{
        Name:   "張三",
        Gender: "男",
        Age:    28,
    }
    tmpl.Execute(w, user)
}

func main() {
    http.HandleFunc("/", tmplSample)
    http.ListenAndServe(":8087", nil)
}
```

（6）在檔案所在目錄下打開命令列終端，輸入啟動命令：

```
$ go run 2.4-template-multi.go
```

（7）在瀏覽器中，輸入 "http://127.0.0.1:8087"，返回的結果如圖 2-18 所示。

圖 2-18

2.5 小結

本章首先介紹了 Web 程式執行原理，然後介紹了 Go 語言 net/HTTP 封包的基本用法，最後介紹了 Go 語言的 html/template 套件的基本用法，逐步深入。本章能讓讀者對 Go Web 開發有一些初步的認識。

Chapter

03

接收和處理 Go Web 請求

即使慢，馳而不息，縱會落後，縱會失敗，但一定可以達到他所向的目標。

——魯迅

勇敢寓於靈魂之中，而不單憑一個強壯的軀體。 ——卡山札基

在第 2 章中，我們對 Go Web 應用有了初步的認識。但是 Go Web 伺服器到底是如何執行的呢？本章將深入地探究 Go Web 伺服器內部的執行機制。閱讀本章後，讀者可以進一步加深對 Go Web 伺服器的瞭解。

3.1【實戰】創建一個簡單的 Go Web 伺服器

在第 2 章，我們初步介紹了 net/http 套件的使用，透過 http.HandleFunc() 和 http.Listen AndServe() 兩個函數即可輕鬆地建構一個簡單的 Go Web 伺服器。範例程式如下。

程式 chapter3/3.1-helloweb.go 創建一個簡單的Go Web伺服器

```
package main

import (
    "fmt"
    "log"
```

```
    "net/http"
)

func helloWorld(w http.ResponseWriter, r *http.Request) {
    mt.Fprintf(w, "Hello Go Web!")
}

func main() {
    http.HandleFunc("/hello", helloWorld)
    if err := http.ListenAndServe(":8081", nil); err != nil {
        log.Fatal(err)
    }
}
```

在上面的程式中，main() 函數透過程式 http.ListenAndServe(":8081", nil) 啟動一個 8081 通訊埠的伺服器。如果這個函數傳入的第 1 個參數（網路位址）為空，則伺服器在啟動後預設使用 http://127.0.0.1:8081 位址進行造訪；如果這個函數傳入的第 2 個參數為 nil，則伺服器在啟動後將使用預設的多工器（DefaultServeMux）。

在專案所在目錄下打開命令列終端，輸入啟動命令：

```
$ go run 3.1-helloweb.go
```

在瀏覽器中輸入 "127.0.0.1:8081/hello"，預設會顯示 "Hello Go Web!" 字串，這表明伺服器創建成功，如圖 3-1 所示。

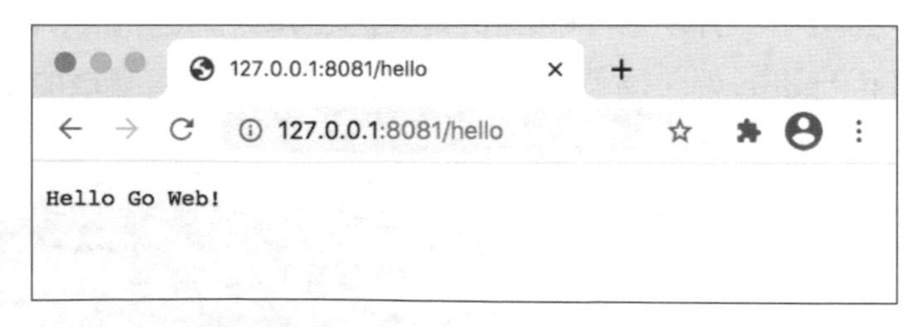

圖 3-1

使用者可以透過 Server 結構對伺服器進行更詳細的設定，包括為請求讀取操作設定逾時等。Go Web 伺服器的請求和回應流程如圖 3-2 所示。

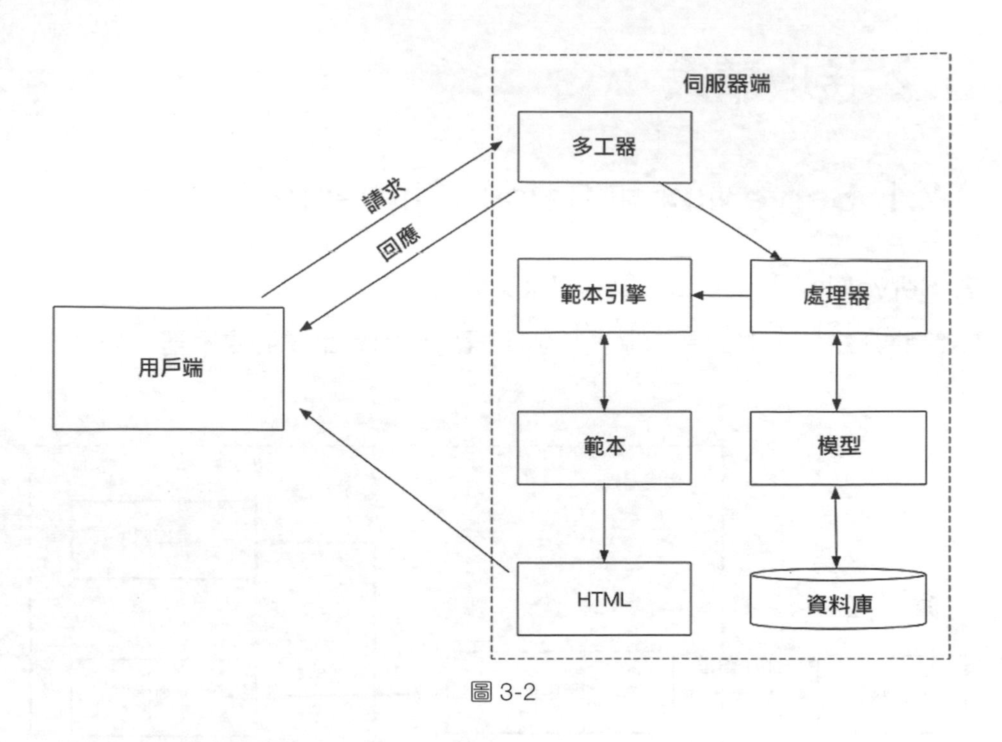

圖 3-2

Go Web 伺服器請求和回應的流程如下：

（1）用戶端發送請求；

（2）伺服器端的多工器收到請求；

（3）多工器根據請求的 URL 找到註冊的處理器，將請求交由處理器處理；

（4）處理器執行程式邏輯，如果必要，則與資料庫進行互動，得到處理結果；

（5）處理器呼叫範本引擎將指定的範本和上一步得到的結果繪製成用戶端可辨識的資料格式（通常是 HTML 格式）；

（6）伺服器端將資料透過 HTTP 回應返回給用戶端；

（7）用戶端拿到資料，執行對應的操作（例如繪製出來呈現給使用者）。

接下來將逐步對 Go Web 伺服器請求和回應背後的原理進行學習和探索。

3.2 接收請求

3.2.1 ServeMux 和 DefaultServeMux

1. ServeMux 和 DefaultServeMux 簡介

本節將介紹多工器的基本原理。多工器用於轉發請求到處理器，如圖 3-3 所示。

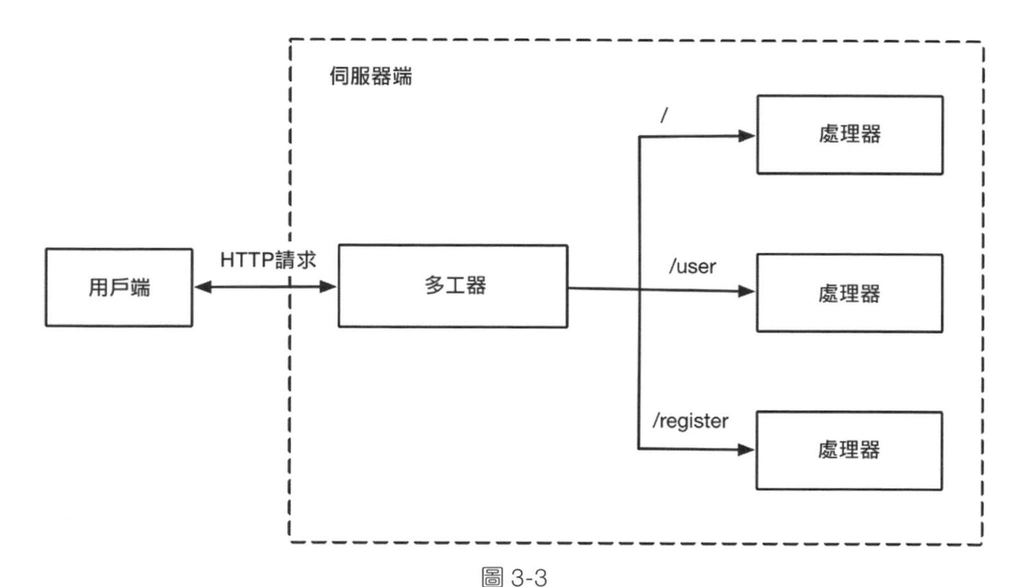

圖 3-3

ServeMux 是一個結構，其中包含一個映射，這個映射會將 URL 映射至對應的處理器。它會在映射中找出與被請求 URL 最為匹配的 URL，然後呼叫與之相對應的處理器的 ServeHTTP() 方法來處理請求。

DefaultServeMux 是 net/HTTP 封包中預設提供的多工器，其實質是 ServeMux 的實例。多工器的任務是——根據請求的 URL 將請求重新導向到不同的處理器。如果使用者沒有為 Server 物件指定處理器，則伺服器預設使用 DefaultServeMux 作為 ServeMux 結構的實例。

ServeMux 也是一個處理器，可以在需要時對其實例實施處理器串聯。預設的多工器 DefaultServeMux 位於函數庫檔案 src/net/http/server.go 中，其宣告敘述如下：

```
var DefaultServeMux = &defaultServeMux
var defaultServeMux ServeMux
```

HandleFunc() 函數用於為指定的 URL 註冊一個處理器。HandleFunc() 處理器函數會在內部呼叫 DefaultServeMux 物件的對應方法，其內部實現如下：

```
func HandleFunc(pattern string, handler func(ResponseWriter, *Request)) {
    DefaultServeMux.HandleFunc(pattern, handler)
}
```

透過上面的方法區塊可以看出，http.HandleFunc() 函數將處理器註冊到多工器中。用預設多工器還可以指定多個處理器，其使用方法如下。

程式 chapter3/3.2-handler1.go　用預設多工器指定多個處理器

```
package main

import (
    "fmt"
    "net/http"
)

//定義多個處理器
type handle1 struct{}

func (h1 *handle1) ServeHTTP(w http.ResponseWriter, r *http.Request) {
    fmt.Fprintf(w, "hi,handle1")
}

type handle2 struct{}

func (h2 *handle2) ServeHTTP(w http.ResponseWriter, r *http.Request) {
    fmt.Fprintf(w, "hi,handle2")
}
```

```
func main() {
    handle1 := handle1{}
    handle2 := handle2{}
    //nil表明伺服器使用預設的多工器DefaultServeMux
    server := http.Server{
        Addr:    "0.0.0.0:8085",
        Handler: nil,
    }
    //handle()函數呼叫的是多工器的DefaultServeMux.Handle()方法
    http.Handle("/handle1", &handle1)
    http.Handle("/handle2", &handle2)
    server.ListenAndServe()
}
```

在上面的程式中，直接用 http.Handle() 函數來指定多個處理器。Handle() 函數的程式如下：

```
func Handle(pattern string, handler Handler) { DefaultServeMux.Handle
(pattern, handler) }
```

透過程式可以看到，在 http.Handle() 函數中呼叫了 DefaultServeMux.Handle() 方法來處理請求。伺服器收到的每個請求都會呼叫對應多工器的 ServeHTTP() 方法。該方法的程式詳情如下：

```
func (sh serverHandler) ServeHTTP(rw ResponseWriter, req *Request) {
    handler := sh.srv.Handler
    if handler == nil {
        handler = DefaultServeMux
    }
    handler.ServeHTTP(rw, req)
}
```

在 ServeMux 物件的 ServeHTTP() 方法中，會根據 URL 尋找我們註冊的處理器，然後將請求交由它處理。

雖然預設的多工器使用起來很方便，但是在生產環境中不建議使用。這是因為：DefaultServeMux 是一個全域變數，所有程式（包括第三方程式）都可以修改它。有些第三方程式會在 DefaultServeMux 中註冊一些處理器，這可能與我們註冊的處理器衝突。比較推薦的做法是自訂多工器。

自訂多工器也比較簡單，直接呼叫 http.NewServeMux() 函數即可。然後，在新創建的多工器上註冊處理器：

```
mux := http.NewServeMux()
mux.HandleFunc("/", hi)
```

自訂多工器的完整範例程式如下。

程式 chapter3/3.2-handfunc2.go　自訂多工器

```
package main

import (
    "fmt"
    "log"
    "net/http"
)

func hi(w http.ResponseWriter, r *http.Request) {
    fmt.Fprintf(w, "Hi Web")
}

func main() {
    mux := http.NewServeMux()
    mux.HandleFunc("/", hi)

    server := &http.Server{
        Addr:    ":8081",
        Handler: mux,
    }

    if err := server.ListenAndServe(); err != nil {
        log.Fatal(err)
    }
}
```

上面程式的功能與 3.2.1 節中的預設多工器程式的功能相同，都是啟動一個 HTTP 伺服器端。這裡還創建了伺服器物件 Server。透過指定伺服器的參數，可以創建訂製化的伺服器：

```
server := &http.Server{
    Addr:            ":8081",
    Handler:         mux,
    ReadTimeout:     5 * time.Second,
    WriteTimeout:    5 * time.Second,
}
```

在上面程式中，創建了一 個讀取逾時 和寫入逾時均為 5 s 的伺服器。

簡 單 複 習 一 下，ServerMux 實 現 了 http.Handler 介 面 的 ServeHTTP (ResponseWriter, *Request) 方法。在創建 Server 時，如果設定 Handler 為空，則使用 DefaultServeMux 作為預設的處理器，而 DefaultServeMux 是 ServerMux 的全域變數。

2. ServeMux 的 URL 路由匹配

在實際應用中，一個 Web 伺服器往往有很多的 URL 綁定，不同的 URL 對應不同的處理器。伺服器是如何決定使用哪個處理器的呢？

假如我們現在綁定了 3 個 URL，分別是 / 、/hi 和 /hi/web。顯然：

- 如果請求的 URL 為 /，則呼叫 / 對應的處理器。
- 如果請求的 URL 為 /hi，則呼叫 /hi 對應的處理器。
- 如果請求的 URL 為 /hi/web，則呼叫 /hi/web 對應的處理器。

> **提示**
> 如果註冊的 URL 不是以 / 結尾的，則它只能精確匹配請求的 URL。反之，即使請求的 URL 只有字首與被綁定的 URL 相同，則 ServeMux 也認為它們是匹配的。舉例來說，如果請求的 URL 為 /hi/，則不能匹配到 /hi。因為 /hi 不以 / 結尾，必須精確匹配。如果我們綁定的 URL 為 /hi/，當伺服器找不到與 /hi/others 完全匹配的處理器時，就會退而求其次，開始尋找能夠與 /hi/ 匹配的處理器。

可以透過下面的範例程式加深對 ServeMux 的 URL 路由匹配的瞭解。

程式 chapter3/3.2-handlerfunc3.go　自訂多工器

```
package main

import (
    "fmt"
    "log"
    "net/http"
)

func indexHandler(w http.ResponseWriter, r *http.Request) {
    fmt.Fprintf(w, "歡迎來到Go Web首頁！處理器為：indexHandler！")
}

func hiHandler(w http.ResponseWriter, r *http.Request) {
    fmt.Fprintf(w, "歡迎來到Go Web歡迎頁！處理器為：hiHandler！")
}

func webHandler(w http.ResponseWriter, r *http.Request) {
    fmt.Fprintf(w, "歡迎來到Go Web歡迎頁！處理器為：webHandler！")
}

func main() {
    mux := http.NewServeMux()
    mux.HandleFunc("/", indexHandler)
    mux.HandleFunc("/hi", hiHandler)
    mux.HandleFunc("/hi/web", webHandler)

    server := &http.Server{
        Addr:    ":8083",
        Handler: mux,
    }

    if err := server.ListenAndServe(); err != nil {
        log.Fatal(err)
    }
}
```

在檔案作者目錄打開終端，輸入 "go run 3.2-handlerfunc3.go" 執行以上程式，然後分別執行以下操作。

（1）在瀏覽器中輸入 "localhost:8083/"，則返回「歡迎來到 Go Web 首頁！處理器為：indexHandler!」文字，如圖 3-4 所示。

圖 3-4

（2）在瀏覽器中輸入 "localhost:8083/hi"，則返回「歡迎來到 Go Web 歡迎頁！處理器為：hiHandler!」文字，如圖 3-5 所示。

圖 3-5

（3）在瀏覽器中輸入 "localhost:8083/hi/"，將返回「歡迎來到 Go Web 首頁！處理器為：indexHandler!」文字，如圖 3-6 所示。

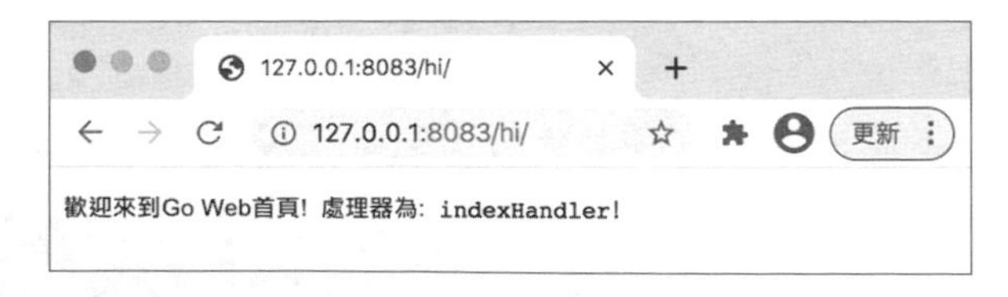

圖 3-6

提示

這裡的處理器是 indexHandler，因為綁定的 /hi 需要精確匹配，而請求的 /hi/ 不能與之精確匹配，所以向上尋找到 /。

（4）在瀏覽器中輸入 "localhost:8083/hi/web"，將返回「歡迎來到 Go Web 歡迎頁！處理器為：webHandler!」文字，如圖 3-7 所示。

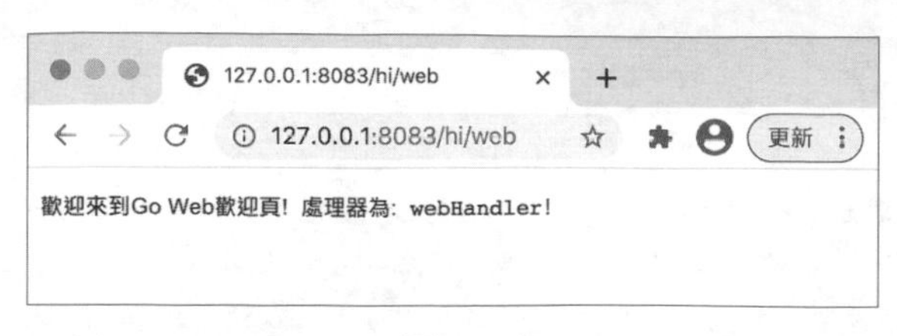

圖 3-7

處理器和處理器函數都可以進行 URL 路由匹配。大部分的情況下，可以使用處理器和處理器函數中的一種或同時使用兩者。同時使用兩者的範例程式如下。

程式 chapter3/3.2-handlerfunc4.go　同時使用處理器和處理器函數

```
package main

import (
    "fmt"
    "log"
    "net/http"
)

func hiHandler(w http.ResponseWriter, r *http.Request) {
    fmt.Fprintf(w, "Hi, Go HandleFunc")
}

type welcomeHandler struct {
    Name string
}

func (h welcomeHandler) ServeHTTP(w http.ResponseWriter, r *http.Request) {
    fmt.Fprintf(w, "hi, %s", h.Name)
}

func main() {
    mux := http.NewServeMux()
```

```
    // 註冊處理器函數
    mux.HandleFunc("/hi", hiHandler)

    // 註冊處理器
    mux.Handle("/welcome/goweb", welcomeHandler{Name: "Hi, Go Handle"})


    server := &http.Server {
        Addr:        ":8085",
        Handler:     mux,
    }
    if err := server.ListenAndServe(); err != nil {
        log.Fatal(err)
    }
}
```

3. HttpRouter 簡介

ServeMux 的缺陷是：無法使用變數實現 URL 模式匹配。而 HttpRouter 則可以。HttpRouter 是一個高性能、可擴充的第三方 HTTP 路由套件。HttpRouter 套件彌補了 net/HTTP 套件中預設路由不足的問題。

下面用一個例子認識一下 HttpRouter 這個強大的 HTTP 路由套件。

（1）打開命令列終端，輸入以下命令即可完成 HttpRouter 安裝：

```
$ go get -u github.com/julienschmidt/httprouter
```

（2）HttpRouter 的使用方法如下：首先使用 httprouter.New() 函數生成了一個 *Router 路由物件，然後使用 GET() 方法註冊一個轉換 / 路徑的 Index 函數，最後將 *Router 物件作為參數傳給 ListenAndServe() 函數即可啟動 HTTP 服務。

HttpRouter 套件的使用範例如下。

程式 chapter3/3.2-httprouter.go　HttpRouter套件的使用範例

```
package main

import (
```

```
    "log"
    "net/http"
    "github.com/julienschmidt/httprouter"
)

func Index(w http.ResponseWriter, r *http.Request, _ httprouter.Params) {
    w.Write([]byte("Index"))
}

func main() {
    router := httprouter.New()
    router.GET("/", Index)
    log.Fatal(http.ListenAndServe(":8082", router))
}
```

HttpRouter 套件為常用的 HTTP 方法提供了快捷的使用方式。GET()、POST() 方法的定義如下：

```
func (r *Router) GET(path string, handle Handle) {
    r.Handle("GET", path, handle)
}
func (r *Router) POST(path string, handle Handle) {
    r.Handle("POST", path, handle)
}
```

PUT()、DELETE() 等方法的定義類似，這裡不再介紹。

> **提示**
> 在當前 Web 開發中，大量的開發者都使用 Restful API 進行介面開發。關於 Restful API，我們會在第 8 章中進行詳細介紹。

HttpRouter 套件提供了對具名引數的支援，可以讓我們很方便地開發 Restful API。比如，我們設計 example/user/shirdon 這樣一個 URL，則可以查看 shirdon 這個使用者的資訊。如果要查看其他使用者（比如 wangwu）的資訊，則只需要存取 example/user/wangwu。

在 HttpRouter 套件中對 URL 使用兩種匹配模式：

① 形如 /user/:name 的精確匹配；

② 形如 /user/*name 的匹配所有的模式。

兩種匹配的使用範例如下。

程式 chapter3/3.2-httprouter1.go　用HttpRouter套件對URL使用兩種匹配模式

```
package main

import (
    "github.com/julienschmidt/httprouter"
    "net/http"
)

func main() {
    router := httprouter.New()
    router.GET("/default", func(w http.ResponseWriter, r *http.Request,
_ httprouter.Params) {
        w.Write([]byte("default get"))
    })
    router.POST("/default", func(w http.ResponseWriter, r *http.Request,
_ httprouter.Params) {
        w.Write([]byte("default post"))
    })
    //精確匹配
    router.GET("/user/name", func(w http.ResponseWriter, r *http.Request,
p httprouter.Params) {
        w.Write([]byte("user name:" + p.ByName("name")))
    })
    //匹配所有
    router.GET("/user/*name", func(w http.ResponseWriter, r *http.Request,
p httprouter.Params){
        w.Write([]byte("user name:" + p.ByName("name")))
    })
    http.ListenAndServe(":8083", router)
}
```

Handler 套件可以處理不同的二級域名。它先根據域名獲取對應的 Handler 路由，然後呼叫處理（分發機制）。範例程式如下。

程式 chapter3/3.2-httprouter2.go　用Handler套件處理不同的二級域名

```
package main

import (
    "log"
    "net/http"
    "github.com/julienschmidt/httprouter"
)

type HostMap map[string]http.Handler

func (hs HostMap) ServeHTTP(w http.ResponseWriter, r *http.Request) {
    //先根據域名獲取對應的Handler路由，然後呼叫處理（分發機制）
    if handler := hs[r.Host]; handler != nil {
        handler.ServeHTTP(w, r)
    } else {
        http.Error(w, "Forbidden", 403)
    }
}

func main() {
    userRouter := httprouter.New()
    userRouter.GET("/", func(w http.ResponseWriter, r *http.Request,
p httprouter.Params) {
        w.Write([]byte("sub1"))
    })

    dataRouter := httprouter.New()
    dataRouter.GET("/", func(w http.ResponseWriter, r *http.Request,
_ httprouter.Params) {
        w.Write([]byte("sub2"))
    })

    //分別處理不同的二級域名
    hs := make(HostMap)
```

```
    hs["sub1.localhost:8888"] = userRouter
    hs["sub2.localhost:8888"] = dataRouter

    log.Fatal(http.ListenAndServe(":8888", hs))
}
```

在程式檔案所在目錄下打開命令列終端，輸入以下命令：

```
$ go run 3.2-httprouter2.go
```

在瀏覽器中輸入 "sub1.localhost:8888"，返回結果如圖 3-8 所示。

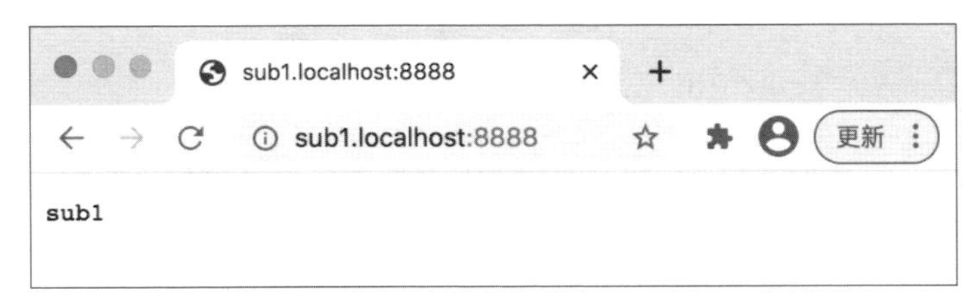

圖 3-8

HttpRouter 套件提供了很方便的靜態檔案服務。如果要把一個目錄託管在伺服器上以供存取，則只需要呼叫 ServeFiles() 方法。該方法的定義如下：

```
func (r *Router) ServeFiles(path string, root http.FileSystem)
```

在使用 ServeFiles() 方法時需要注意：第 1 個參數路徑必須是 /*filepath 形式，第 2 個參數為檔案目錄。範例程式如下。

程式 chapter3/3.2-httprouter3.go　Handler套件ServeFiles()方法的使用範例

```
package main

import (
    "log"
    "net/http"
    "github.com/julienschmidt/httprouter"
)

func main() {
```

```
    router := httprouter.New()
    //存取靜態檔案
    router.ServeFiles("/static/*filepath", http.Dir("./files"))
    log.Fatal(http.ListenAndServe(":8086", router))
}
```

HttpRouter 套件允許使用者設定 PanicHandler，以處理在 HTTP 請求中發生的 panic 異常。Handler 套件透過 PanicHandler 處理異常的範例程式如下。

程式 chapter3/3.2-httprouter4.go　Handler套件透過PanicHandler處理異常的範例

```
package main

import (
    "fmt"
    "github.com/julienschmidt/httprouter"
    "log"
    "net/http"
)

func Index(w http.ResponseWriter, r *http.Request, _ httprouter.Params) {
    panic("error")
}

func main() {
    router := httprouter.New()
    router.GET("/", Index)
    //捕捉異常
    router.PanicHandler = func(w http.ResponseWriter, r *http.Request,
v interface{}) {
        w.WriteHeader(http.StatusInternalServerError)
        fmt.Fprintf(w, "error:%s", v)
    }
    log.Fatal(http.ListenAndServe(":8085", router))
}
```

HttpRouter 套件的 Router 結構還有其他設定，比如是否透過重新導向、是否檢測當前請求的方法被允許等設定。Router 結構裡的程式如下：

```
type Router struct {
    //是否透過重新導向給路徑自動去掉斜線（/）
    //舉例來說，如果請求了/foo/，但路由只存在/foo
    //則對於GET請求，用戶端被重新導向到/foo，HTTP狀態碼為301
    RedirectTrailingSlash bool
    //是否透過重新導向自動修復路徑，比如雙斜線（//）被自動修復為單斜線（/）
    RedirectFixedPath bool
    //是否檢測當前請求的方法被允許
    HandleMethodNotAllowed bool
    //是否自動答覆OPTION請求
    HandleOPTIONS bool
    //404錯誤的預設處理
    NotFound http.Handler
    //不被允許的方法的預設處理
    MethodNotAllowed http.Handler
    //異常統一處理
    PanicHandler func(http.ResponseWriter, *http.Request, interface{})
}
```

透過 Router 結構的設定可以發現，HttpRouter 套件還有不少有用的小功能。比如可以透過設定 Router.NotFound 欄位來實現對 404 錯誤的處理。對於其他設定，請讀者自己在實際開發中探索，這裡不再介紹。

3.2.2 處理器和處理器函數

1. 處理器

伺服器在收到請求後，會根據其 URL 將請求交給對應的多工器；然後，多工器將請求轉發給處理器處理。處理器是實現了 Handler 介面的結構。Handler 介面被定義在 net/HTTP 封包中：

```
type Handler interface {
    func ServeHTTP(w Response.Writer, r *Request)
}
```

可以看到，Handler 介面中只有一個 ServeHTTP() 處理器方法。任何實現了 Handler 介面的物件，都可以被註冊到多工器中。

可以定義一個結構來實現該介面的方法，以註冊這個結構類型的物件到多工器中，見下方範例程式。

程式 chapter3/3.2-handler2.go　Handler介面的使用範例

```
package main

import (
    "fmt"
    "log"
    "net/http"
)

type WelcomeHandler struct {
    Language string
}

//定義一個ServeHTTP()方法，以實現Handler介面
func (h WelcomeHandler) ServeHTTP(w http.ResponseWriter, r *http.Request) {
    fmt.Fprintf(w, "%s", h.Language)
}

func main() {
    mux := http.NewServeMux()
    mux.Handle("/cn", WelcomeHandler{Language: "歡迎一起來學Go Web!"})
    mux.Handle("/en", WelcomeHandler{Language: "Welcome you, let's learn
Go Web!"})

    server := &http.Server {
        Addr:    ":8082",
        Handler: mux,
    }

    if err := server.ListenAndServe(); err != nil {
        log.Fatal(err)
    }
}
```

在上述程式中，先定義了一個實現 Handler 介面的結構 WelcomeHandler，實現了 Handler 介面的 ServeHTTP() 方法；然後，創建該結構的兩個物件，分別將它註冊到多工器的 /cn 和 /en 路徑上。

> **提示**
> 這裡註冊使用的是 Handle() 函數，注意其與 HandleFunc() 函數的區別。

在啟動伺服器後，在瀏覽器的網址列中輸入 "localhost:8080/cn"，則瀏覽器顯示以下內容：

```
Welcome you, let's learn Go Web!
```

2. 處理器函數

下面以預設的處理器函數 HandleFunc() 為例介紹處理器的使用方法。

（1）註冊一個處理器函數：

```
http.HandleFunc("/", func_name)
```

這個處理器函數的第 1 個參數表示匹配的路由位址，第 2 個參數表示一個名為 func_name 的方法，用於處理具體業務邏輯。舉例來說，註冊一個處理器函數，並將處理器的路由匹配到 hi 函數：

```
http.HandleFunc("/", hi)
```

（2）定義一個名為 hi 的函數，用來列印一個字串到瀏覽器：

```
func hi(w http.ResponseWriter, r *http.Request) {
    fmt.Fprintf(w, "Hi Web!")
}
```

完整的範例程式如下。

程式 chapter3/3.2-handfunc1.go　HandleFunc()函數的完整使用範例

```
package main

import (
```

```
    "fmt"
    "log"
    "net/http"
)

func hi(w http.ResponseWriter, r *http.Request) {
    fmt.Fprintf(w, "Hi Web!")
}

func main() {
    http.HandleFunc("/", hi)
    if err := http.ListenAndServe(":8081", nil); err != nil {
        log.Fatal(err)
    }
}
```

在以上程式的 main() 函數中，http.HandleFunc("/", hi) 處理器函數表示將網站的首頁處理轉交給 hi 函數進行處理。啟動服務後，造訪首頁，將列印 "Hi Web!" 字串到瀏覽器。接下來我們進一步探尋這背後的奧秘。

雖然，自訂處理器這種方式比較靈活和強大，但是它需要定義一個新的結構來實現 ServeHTTP() 方法，還是比較煩瑣的。

為了方便使用，net/HTTP 封包提供了以函數的方式註冊處理器，即用 HandleFunc() 函數來註冊處理器。如果一個函數實現了匿名函數 func (w http.ResponseWriter, r *http.Request)，則這個函數被稱為「處理器函數」。HandleFunc() 函數內部呼叫了 ServeMux 物件的 HandleFunc() 方法。ServeMux 物件的 HandleFunc() 方法的具體程式如下：

```
func (mux *ServeMux) HandleFunc(pattern string, handler
func(ResponseWriter, *Request)) {
    if handler == nil {
        panic("http: nil handler")
    }
    mux.Handle(pattern, HandlerFunc(handler))
}
```

繼續查看內部程式可以發現，HandlerFunc() 函數最終也實現了 Handler 介面的 ServeHTTP() 方法。其實現程式如下：

```
type HandlerFunc func(w *ResponseWriter, r *Request)

func (f HandlerFunc) ServeHTTP(w ResponseWriter, r *Request) {
    f(w, r)
}
```

以上這幾個函數或方法名稱很容易混淆，它們的呼叫關係如圖 3-9 所示。

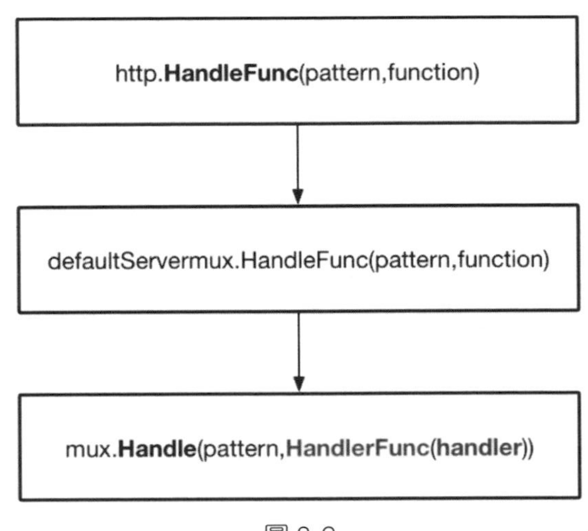

圖 3-9

- Handler：處理器介面。定義在 net/HTTP 封包中，實現了 Handler 介面的物件，可以被註冊到多工器中。
- Handle()：註冊處理器過程中的呼叫函數。
- HandleFunc()：處理器函數。
- HandlerFunc：底層為 func (w ResponseWriter, r *Request) 匿名函數，實現了 Handler 處理器介面。它用來連接處理器函數與處理器。

簡而言之，HandlerFunc() 是一個處理器函數，其內部透過對 ServeMux 中一系列方法的呼叫，最終在底層實現了 Handler 處理器介面的 ServeHTTP() 方法，從而實現處理器的功能。

3.2.3 串聯多個處理器和處理器函數

在第 1 章中已經學習過函數和匿名函數的一些基礎知識。函數可以被當作參數傳遞給另一個函數，即可以串聯多個函數來對某些方法進行重複使用，從而解決程式的重複和強依賴問題。

而實際上，處理器也是一個函數。所以在處理諸如日誌記錄、安全檢查和錯誤處理這樣的操作時，我們往往會把這些通用的方法進行重複使用，這時就需要串聯呼叫這些函數。可以使用串聯技術來分隔程式中需要重複使用的程式。串聯多個函數的範例程式如下。

程式 chapter3/3.2-handfunc3.go　串聯多個函數的範例

```
package main

import (
    "fmt"
    "net/http"
    "reflect"
    "runtime"
    "time"
)

func main() {
    http.HandleFunc("/", log(index))
    http.ListenAndServe(":8087", nil)
}

func log2(h http.Handler) http.Handler {
    return http.HandlerFunc(func(w http.ResponseWriter, r *http.Request) {
        //...
        h.ServeHTTP(w, r)
    })
}

func index(w http.ResponseWriter, r *http.Request)  {
    fmt.Fprintf(w, "hello index!!")
}
```

```
func log(h http.HandlerFunc) http.HandlerFunc {
    return func(w http.ResponseWriter, r *http.Request) {
    fmt.Printf(" time: %s| handlerfunc:%s\n", time.Now().String(),
runtime.FuncForPC(reflect.ValueOf(h).Pointer()).Name())
        h(w, r)
    }
}
```

透過範例程式可以看到，串聯多個處理器和處理器函數的多重呼叫，和普通函數或匿名函數的多重呼叫相似，只是函數會帶上參數 (w http.ResponseWriter, r *http.Request)。

3.2.4 建構模型

在 3.2.3 節已經介紹過，多工器用於將用戶端請求的 URL 路由匹配到處理器。本節將講解如何建構模型對資料庫進行增加、刪除、修改和查詢。

一個完整的 Web 專案包含「處理器處理請求」、「用模型操作資料庫」、「透過範本引擎（或處理器）將模型從資料庫中返回的資料和範本拼合在一起，並生成 HTML 或其他格式的文件」，以及「透過 HTTP 封包傳輸給用戶端」這 4 步。

伺服器端透過模型連接處理器和資料庫的流程如圖 3-10 所示。

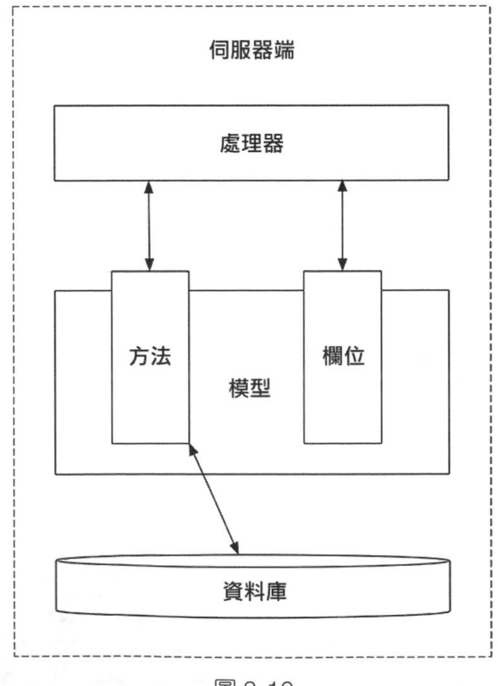

圖 3-10

下面創建一個獲取使用者資訊的模型。

（1）新建一個保存使用者模型的套件 model：

```
package model
```

（2）創建一個名為 User 的結構：

```
type User struct {
    Uid   int
    Name  string
    Phone string
}
```

（3）在模型結構中定義 3 個欄位 Uid、Name、Phone，分別為 int、string、string 類型。為了存取資料庫，還需要匯入 "database/sql" 套件及 "github.com/go-sql-driver/mysql" 套件，並定義一個 db 的全域變數：

```
import (
    "database/sql"
    "fmt"
    _ "github.com/go-sql-driver/mysql"
)

var db *sql.DB
```

> **提示**
> 關於 database/sql 套件的詳細使用方法，會在第 4 章中進行講解，這裡只是一個簡單的使用範例。

（4）透過 init() 函數初始化資料庫連接：

```
//初始化資料庫連接
func init()  {
    db, _ = sql.Open("mysql",
            "root:123456@tcp(127.0.0.1:3306)/chapter3")
}
```

（5）定義用來獲取使用者資訊的函數：

```
func GetUser(uid int) (u User) {
    //確保在QueryRow()方法之後呼叫Scan()方法，否則持有的資料庫連結不會被釋放
    err := DB.QueryRow("select uid,name,phone from `user` where uid=?",
uid).Scan(&u.Uid, &u.Name, &u.Phone)
    if err != nil {
        fmt.Printf("scan failed, err:%v\n", err)
        return
    }
    return u
}
```

這樣獲取使用者資訊的模型已經創建完畢。完整程式見本書配套資源中的 "chapter3/model/3- 2-model-user.go"。

關於模型，本章只介紹一些基礎知識，更深入的內容會在第 4 章進行詳細講解。

3.2.5 生成 HTML 表單

（1）創建 HTML 範本檔案。

如果要將資料庫中返回的資料透過範本引擎生成 HTML 檔案，則需要先創建一個 HTML 範本。範例程式如下。

```
<!DOCTYPE html>
<html>
  <head>
    <meta http-equiv="Content-Type" content="text/html; charset=utf-8">
    <title>Welcome to my page</title>
  </head>
  <body>
    <ul>
    {{ range . }}
        <h1 style="text-align:center">{{ . }}</h1>
    {{ end}}
        <h1 style="text-align:center">Welcome to my page</h1>
        <p style="text-align:center">this is the user info page</p>
```

```
    </ul>
  </body>
</html>
```

（2）創建控制器檔案。

新建一個名為 UserController 的結構，然後為結構新建一個名為 GetUser() 的方法：

```
func (c Controller) GetUser(w http.ResponseWriter, r *http.Request)  {
    query := r.URL.Query()
    uid, _ := strconv.Atoi(query["uid"][0])

    //此處呼叫模型從資料庫中獲取資料
    user := model.GetUser(uid)
    fmt.Println(user)

    t, _ := template.ParseFiles("view/t3.html")
    userInfo := []string{user.Name, user.Phone}
    t.Execute(w, userInfo)
}
```

UserController 控制器的完整程式如下。

程式 chapter3/controller/UserController.go　UserController控制器的完整程式

```
package controller

import (
    "fmt"
    "gitee.com/shirdonl/goWebActualCombat/chapter3/model"
    "html/template"
    "net/http"
    "strconv"
)

type UserController struct {
}

func (c UserController) GetUser(w http.ResponseWriter, r *http.Request)  {
    query := r.URL.Query()
```

```
    uid, _ := strconv.Atoi(query["uid"][0])

    //此處呼叫模型從資料庫中獲取資料
    user := model.GetUser(uid)
    fmt.Println(user)

    t, _ := template.ParseFiles("view/t3.html")
    userInfo := []string{user.Name, user.Phone}
    t.Execute(w, userInfo)
}
```

（3）新建 main 套件，編寫 main() 函數，註冊處理器函數。

在創建好控制器後，再編寫 main() 函數。然後透過處理器函數 HandleFunc() 註冊路由 getUser，處理器函數將綁定路由 getUser 與控制器的 controller.UserController{}.GetUser 方法：

```
http.HandleFunc("/getUser", controller.UserController{}.GetUser)
```

伺服器入口 main 套件的完整程式如下。

程式 chapter3/3.2-server4.go　伺服器入口main套件的完整程式

```
package main

import (
    "gitee.com/shirdonl/goWebActualCombat/chapter3/controller"
    "log"
    "net/http"
)

func main() {
    http.HandleFunc("/getUser", controller.UserController{}.GetUser)
    if err := http.ListenAndServe(":8088", nil); err != nil {
        log.Fatal(err)
    }
}
```

（4）在 main 類別檔案所在的目錄下輸入以下執行命令：

```
$ go run 3-2-server4.go
```

（5）打開瀏覽器輸入網址 "127.0.0.1:8088/getUser?uid=1"，執行結果如圖 3-11 所示。

圖 3-11

3.3 處理請求

3.3.1 了解 Request 結構

本節將介紹 Go 語言如何處理請求。net/HTTP 封包中的 Request 結構用於返回 HTTP 請求的封包。結構中除了有基本的 HTTP 請求封包資訊，還有 Form 欄位等資訊的定義。

以下是 Request 結構的定義：

```
type Request struct {
    Method string           // 請求的方法
    URL *url.URL            // 請求封包中的URL位址，是指標類型
    Proto      string       // 形如："HTTP/1.0"
    ProtoMajor int          // 1
    ProtoMinor int          // 0
    Header Header           // 請求標頭欄位
    Body io.ReadCloser      // 請求本體
    GetBody func() (io.ReadCloser, error)
    ContentLength int64
```

```
    TransferEncoding []string
    Close bool
    Host string
    // 請求封包中的一些參數，包括表單欄位等
    Form url.Values
    PostForm url.Values
    MultipartForm *multipart.Form
    Trailer Header
    RemoteAddr string
    RequestURI string
    TLS *tls.ConnectionState
    Cancel <-chan struct{}
    Response *Response
    ctx context.Context
}
```

Request 結構主要用於返回 HTTP 請求的回應，是 HTTP 處理請求中非常重要的一部分。只有正確地解析請求資料，才能向用戶端返回回應。接下來透過簡單範例來測試一下。

下方是 Go 伺服器端的程式，用於解析 Request 結構中各成員（或說是屬性）。

程式 chapter3/request.go　Request結構解析返回範例的程式

```
package main

import (
    "fmt"
    "log"
    "net/http"
    "strings"
)

func request(w http.ResponseWriter, r *http.Request) {
    //這些資訊是輸出到伺服器端的列印資訊
    fmt.Println("Request解析")
    //HTTP方法
    fmt.Println("method", r.Method)
```

```
//RequestURI是被用戶端發送到伺服器端的請求行中未修改的請求URI
fmt.Println("RequestURI:", r.RequestURI)
//URL類型，下方分別列出URL的各成員
fmt.Println("URL_path", r.URL.Path)
fmt.Println("URL_RawQuery", r.URL.RawQuery)
fmt.Println("URL_Fragment", r.URL.Fragment)
//協定版本
fmt.Println("proto", r.Proto)
fmt.Println("protomajor", r.ProtoMajor)
fmt.Println("protominor", r.ProtoMinor)
//HTTP請求標頭
for k, v := range r.Header {
    for _, vv := range v {
        fmt.Println("header key:" + k + "  value:" + vv)
    }
}
//判斷是否為multipart方式
isMultipart := false
for _, v := range r.Header["Content-Type"] {
    if strings.Index(v, "multipart/form-data") != -1 {
        isMultipart = true
    }
}
//解析Form表單
if isMultipart == true {
    r.ParseMultipartForm(128)
    fmt.Println("解析方式:ParseMultipartForm")
} else {
    r.ParseForm()
    fmt.Println("解析方式:ParseForm")
}
//HTTP Body內容長度
fmt.Println("ContentLength", r.ContentLength)
//是否在回覆請求後關閉連接
fmt.Println("Close", r.Close)
//HOST
fmt.Println("host", r.Host)
//該請求的來源位址
fmt.Println("RemoteAddr", r.RemoteAddr)
```

```
    fmt.Fprintf(w, "hello, let's go!") //這個是輸出到用戶端的
}
func main() {
    http.HandleFunc("/hello", request)
    err := http.ListenAndServe(":8081", nil)
    if err != nil {
        log.Fatal("ListenAndServe:", err)
    }
}
```

以上程式執行結果如圖 3-12 所示。

```
chapter3 — request ‹ go run request.go — 111×31
shirdon:chapter3 mac$ go run request.go
Request解析
method GET
RequestURI: /hello
URL_path /hello
URL_RawQuery
URL_Fragment
proto HTTP/1.1
protomajor 1
protominor 1
header key:Sec-Ch-Ua-Mobile  value:?0
header key:Accept-Language  value:zh-CN,zh;q=0.9
header key:User-Agent  value:Mozilla/5.0 (Macintosh; Intel Mac OS X 10_13_6) AppleWebKit/537.36 (KHTML, like Ge
cko) Chrome/87.0.4280.141 Safari/537.36
header key:Accept  value:text/html,application/xhtml+xml,application/xml;q=0.9,image/avif,image/webp,image/apng
,*/*;q=0.8,application/signed-exchange;v=b3;q=0.9
header key:Sec-Fetch-Mode  value:navigate
header key:Cookie  value:beegosessionID=b5744bd9715ab7f895462c005b4c5b15
header key:Sec-Ch-Ua  value:"Google Chrome";v="87", " Not;A Brand";v="99", "Chromium";v="87"
header key:Sec-Fetch-User  value:?1
header key:Sec-Fetch-Dest  value:document
header key:Connection  value:keep-alive
header key:Upgrade-Insecure-Requests  value:1
header key:Sec-Fetch-Site  value:none
header key:Accept-Encoding  value:gzip, deflate, br
解析方式:ParseForm
ContentLength 0
Close false
host 127.0.0.1:8081
RemoteAddr 127.0.0.1:56369
```

圖 3-12

3.3.2 請求 URL

在第 2 章我們介紹過，一個 URL 是由以下幾部分組成的：

```
scheme://[userinfo@]host/path[?query][#fragment]
```

在 Go 語言中，URL 結構的定義如下：

```
type URL struct {
    Scheme      string    // 方案
    Opaque      string    // 編碼後的不透明資料
    User        *Userinfo // 基本驗證方式中的username和password資訊
    Host        string    // 主機欄位
    Path        string    // 路徑
    RawPath     string
    ForceQuery bool
    RawQuery    string    // 查詢欄位
    Fragment    string    // 分片欄位
}
```

該結構主要用來儲存 URL 各部分的值。net/url 套件中的很多方法都是對 URL 結構進行相關操作，其中 Parse() 函數的定義如下：

```
func Parse(rawurl string) (*URL, error)
```

該方法的返回值是一個 URL 結構。透過 Parse() 函數來查看 URL 結構的範例程式如下。

程式 chapter3/request1.go　透過Parse()函數查看URL結構

```
package main

import "net/url"

func main() {
    path := "http://lcoalhost:8082/article?id=1"
    p, _ := url.Parse(path) // 解析URL
    println(p.Host)
    println(p.User)
    println(p.RawQuery)
    println(p.RequestURI())
}
```

在程式所在目錄下打開命令列終端，輸入執行命令：

```
$ go run request1.go
```

返回值如下：

```
lcoalhost:8082
0x0
id=1
/article?id=1
```

3.3.3 請求標頭

請求標頭和回應標頭使用 Header 類型表示。Header 類型是一個映射（map）類型，表示 HTTP 請求標頭中的多個鍵值對。其定義如下：

```
type Header map[string][]string
```

透過請求物件的 Header 屬性可以存取到請求標頭資訊。Header 屬性是映射結構，提供了 Get() 方法以獲取 key 對應的第一個值。Get() 方法的定義如下：

```
func (h Header) Get(key string)
```

Header 結構的其他常用方法的定義如下：

```
func (h Header) Set(key, value string)      //設定標頭資訊
func (h Header) Add(key, value string)      //增加標頭資訊
func (h Header) Del(key string)             //刪除標頭資訊
func (h Header) Write(w io.Writer) error    //使用線模式（in wire format)
                                            //寫入標頭資訊
```

舉例來説，要返回一個 JSON 格式的資料，則需要使用 Set() 方法設定 "Content-Type" 為 "application/json" 類型。範例程式如下。

```
type Greeting struct {
    Message string `json:"message"`
}
func Hello(w http.ResponseWriter, r *http.Request)  {
    // 返回 JSON 格式資料
    greeting := Greeting{
        "歡迎一起學習《Go Web程式設計實戰派——從入門到精通》",
    }
```

```
    message, _ := json.Marshal(greeting)
    //透過Set()方法設定Content-Type為application/json類型
    w.Header().Set("Content-Type", "application/json")
    w.Write(message)
}

func main() {
    http.HandleFunc("/", Hello)
    err := http.ListenAndServe(":8086", nil)
    if err != nil {
        fmt.Println(err)
    }
}
```

3.3.4 請求本體

請求本體和回應體都由 Request 結構中的 Body 欄位表示。Body 欄位是一個 io.ReadCloser 介面。ReadCloser 介面的定義如下：

```
type ReadCloser interface {
    Reader
    Closer
}
```

Body 欄位是 Reader 介面和 Closer 介面的結合。Reader 介面的定義如下：

```
type Reader interface {
    Read(p []byte) (n int, err error)
}
```

透過 Reader 介面可以看到，Read() 方法實現了 ReadCloser 介面。所以，可以透過 Body.Read() 方法來讀取請求本體資訊。接下來透過範例來加深對 Body.Read() 方法的瞭解。

程式 chapter3/request-body.go　Body.Read()方法的使用範例

```
package main

import (
```

```
    "fmt"
    "net/http"
)

func getBody(w http.ResponseWriter, r *http.Request) {
    // 獲取請求封包的內容長度
    len := r.ContentLength
    // 新建一個位元組切片，長度與請求封包的內容長度相同
    body := make([]byte, len)
    // 讀取 r 的請求本體，並將具體內容寫入 Body 中
    r.Body.Read(body)
    // 將獲取的參數內容寫入對應封包中
    fmt.Fprintln(w, string(body))
}
func main() {
    http.HandleFunc("/getBody", getBody)
    err := http.ListenAndServe(":8082", nil)
    if err != nil {
        fmt.Println(err)
    }
}
```

在檔案所在的目錄下打開命令列終端，執行以下命令啟動伺服器端：

```
$ go run request-body.go
```

另外打開一個命令列終端，透過 curl 命令模擬帶有參數的 POST 請求，終端會返回我們輸入的參數，如圖 3-13 所示。

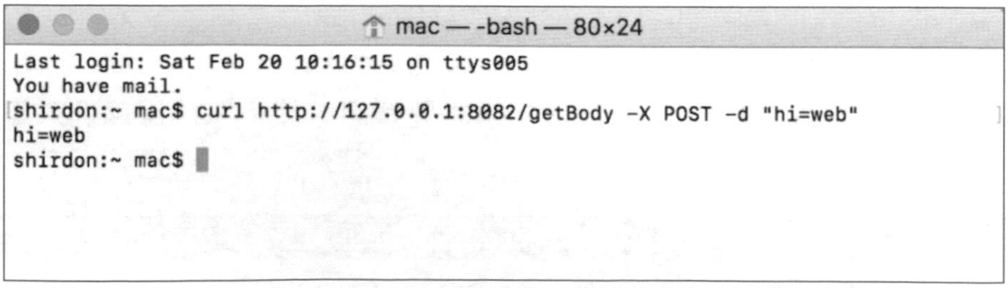

```
mac — -bash — 80×24
Last login: Sat Feb 20 10:16:15 on ttys005
You have mail.
shirdon:~ mac$ curl http://127.0.0.1:8082/getBody -X POST -d "hi=web"
hi=web
shirdon:~ mac$
```

圖 3-13

3.3.5 處理 HTML 表單

POST 和 GET 請求都可以傳遞表單，但 GET 請求會曝露參數給使用者，所以一般用 POST 請求傳遞表單。

在用 GET 請求傳遞表單時，表單資料以鍵值對的形式包含在請求的 URL 裡。伺服器在接收到瀏覽器發送的表單資料後，需要先對這些資料進行語法分析，才能提取資料中記錄的鍵值對。

1. 表單的 enctype 屬性

HTML 表單的內容類型（content type）決定了 POST 請求在發送鍵值對時將使用何種格式。HTML 表單的內容類型是由表單的 enctype 屬性指定的。enctype 屬性有以下 3 種：

（1）application/x-www-form-urlencoded。

這是表單預設的編碼類型。該類型會把表單中的資料編碼為鍵值對，且所有字元會被編碼（空格被轉為 "+" 號，特殊符號被轉為 ASCII HEX 值）。

- 當 method 屬性為 GET 時，表單中的資料會被轉為 "name1=value1&name2= value2&..." 形式，並拼接到請求的 URL 後面，以 "?" 分隔。queryString 的 URL 加密採用的編碼字元集取決於瀏覽器。例如表單中有 "age:28"，採用 UTF-8 編碼，則請求的 URL 為 "...?age=28"。
- 當 method 屬性為 POST 時，在資料被增加到 HTTP Body（請求本體）中後，瀏覽器會根據在網頁的 ContentType("text/html; charset=UTF-8") 中指定的編碼對表單中的資料進行編碼，請求資料同上為 "age=28"。

（2）multipart/form-data。

如果不對字元編碼，則此時表單通常採用 POST 方式提交。該類型對表單以控制項為單位進行分隔，為每個部分加上 Content-Disposition（form-data | file）、Content-Type（預設 text/plain）、name（控制項 name）等資訊，並加上分隔符號（邊界 boundary）。該類型一般用於將二進位檔案上傳到伺服器。

（3）text/plain。

text/plain 類型用於發送純文字內容，常用於向伺服器傳遞大量文字資料。該類型會將空格轉為加號（+），不對特殊字元進行編碼，一般用於發送 E-mail 之類的資料資訊。

2. Go 語言的 Form 與 PostForm 欄位

Form 欄位支援 URL 編碼，鍵值的來源是 URL 和表單。

PostForm 欄位支援 URL 編碼，鍵值的來源是表單。如果一個鍵同時擁有表單鍵值和 URL 鍵值，同時使用者只想獲取表單鍵值，則可使用 PostForm 欄位，範例程式如下：

```
func process(w http.ResponseWriter, r *http.Request) {
    r.ParseForm()
    fmt.Fprintln(w, "表單鍵值對和URL鍵值對：", r.Form)
    fmt.Fprintln(w, "表單鍵值對：", r.PostForm)
}
```

對應的 HTML 程式如下：

```
<!DOCTYPE html>
<html lang="en">
<head>
    <meta http-equiv="Content-Type" content="text/html" charset="UTF-8">
    <title>Form提交</title>
</head>
<body>
<form action="http://127.0.0.1:8089?name=go&color=green" method="post"
enctype="application/x-www-form-urlencoded">
    <input type="text" name="name" value="shirdon"/>
    <input type="text" name="color" value="green"/>
    <input type="submit"/>
</form>
</body>
</html>
```

3. Go 語言的 MultipartForm 欄位

Go 語言的 MultipartForm 欄位支援 mutipart/form-data 編碼，鍵值來源是表單，常用於檔案的上傳。

MultipartForm 欄位的使用範例如下：

```
func dataProcess(w http.ResponseWriter, r *http.Request) {
    r.ParseMultipartForm(1024)  //從表單裡提取多少位元組的資料
    //multipartform是包含2個映射的結構
    fmt.Fprintln(w,"表單鍵值對:", r.MultipartForm)
}
```

multpart/form-data 編碼通常用於實現檔案上傳，需要 File 類型的 Input 標籤。其 HTML 範例程式如下：

```
<!DOCTYPE html>
<html lang="en">
<head>
    <meta http-equiv="Content-Type" content="text/html" charset="UTF-8">
    <title>upload上傳檔案</title>
</head>
<body>
<form action="http://localhost:8089/file" method="post" enctype=
"multipart/form-data">
    <input type="file" name="uploaded">
    <input type="submit">
</form>
</body>
</html>
```

Form 表單上傳的 Go 語言範例程式如下：

```
func upload(w http.ResponseWriter, r *http.Request) {
    if r.Method == "GET" {
        t, _ := template.ParseFiles("upload.html")
        t.Execute(w, nil)
    } else {
        r.ParseMultipartForm(4096)
        //獲取名為"uploaded"的第1個檔案表頭
```

```
        fileHeader := r.MultipartForm.File["uploaded"][0]
        file, err := fileHeader.Open()  //獲取檔案
        if err != nil {
            fmt.Println("error")
            return
        }
        data, err := ioutil.ReadAll(file)  //讀取檔案
        if err != nil {
            fmt.Println("error!")
            return
        }
        fmt.Fprintln(w, string(data))
    }
}
```

上述方法可實現檔案的上傳。

3.3.6 了解 ResponseWriter 原理

Go 語言對介面的實現，不需要顯示的宣告，只要實現了介面定義的方法，那就實現了對應的介面。

io.Writer 是一個介面類型。如果要使用 io.Writer 介面的 Write() 方法，則需要實現 Write(p []byte) (n int, err error) 方法。

在 Go 語言中，用戶端請求資訊都被封裝在 Request 物件中。但是發送給用戶端的響應並不是 Response 物件，而是 ResponseWriter 介面。ResponseWriter 介面是處理器用來創建 HTTP 回應的介面的。ResponseWriter 介面的定義如下：

```
type ResponseWriter interface {
    // 用於設定或獲取所有回應標頭資訊
    Header() Header
    // 用於寫入資料到回應體中
    Write([]byte) (int, error)
    // 用於設定回應狀態碼
    WriteHeader(statusCode int)
}
```

實際上，在底層支撐 ResponseWriter 介面的是 http.response 結構。在呼叫處理器處理 HTTP 請求時，會呼叫 readRequest() 方法。readRequest() 方法會宣告 response 結構，並且其返回值是 response 指標。這也是在處理器方法宣告時，Request 是指標類型，而 ResponseWriter 不是指標類型的原因。實際上，回應物件也是指標類型。readRequest() 方法的核心程式如下：

```
func (c *conn) readRequest(ctx context.Context) (w *response, err error) {
    //此處省略許多程式
    w = &response{
        conn:          c,
        cancelCtx:     cancelCtx,
        req:           req,
        reqBody:       req.Body,
        handlerHeader: make(Header),
        contentLength: -1,
        closeNotifyCh: make(chan bool, 1),
        wants10KeepAlive: req.wantsHttp10KeepAlive(),
        wantsClose:       req.wantsClose(),
    }
    if isH2Upgrade {
        w.closeAfterReply = true
    }
    w.cw.res = w
    w.w = newBufioWriterSize(&w.cw, bufferBeforeChunkingSize)
    return w, nil
}
```

response 結構的定義和 ResponseWriter 介面都位於 server.go 檔案中。不過由於 response 結構是私有的，對外不可見，所以只能透過 ResponseWriter 介面存取它。兩者之間的關係是：ResponseWriter 是一個介面，而 response 結構實現了它。我們引用 ResponseWriter 介面，實際上引用的是 response 結構的實例。

ResponseWriter 介面包含 WriteHeader()、Header()、Write() 三個方法來設定回應狀態碼。

1. WriteHeader() 方法

WriteHeader() 方法支持傳入一個整類型資料來表示回應狀態碼。如果不呼叫該方法，則預設回應狀態碼是 200。WriteHeader() 方法的主要作用是在 API 介面中返回錯誤碼。舉例來說，可以自訂一個處理器方法 noAuth()，並透過 w.WriteHeader() 方法返回一個 401 未認證狀態碼（注意，在執行時期，w 代表的是對應的 response 物件實例，而非介面）。

程式 chapter3/3.4-request-WriteHeader.go　用WriteHeader()方法返回401未認證狀態

```
package main

import (
    "fmt"
    "net/http"
)

func noAuth(w http.ResponseWriter, r *http.Request) {
    w.WriteHeader(401)
    fmt.Fprintln(w, "未授權，認證後才能存取該介面！")
}

func main() {
    http.HandleFunc("/noAuth", noAuth)
    err := http.ListenAndServe(":8086", nil)
    if err != nil {
        fmt.Println(err)
    }
}
```

打開一個終端執行 "go run 3.4-request-WriteHeader.go" 啟動 HTTP 伺服器，另外打開一個命令列終端，透過 curl 命令造訪 "http://127.0.0.1:8086/noAuth"，返回的完整回應資訊如圖 3-14 所示。

圖 3-14 中的回應狀態碼是 "401 Unauthorized"，表示該介面需要認證後才能存取。我們在執行 curl 命令時帶上 -i 選項，便可以看到完整的回應封包。回應封包中第 1 行是回應狀態行，第 2 行是回應標頭資訊。回應封包的每一行是一個鍵值對映射，透過冒號分隔。左側是欄位名稱，右側

是欄位值。最後返回的是響應體，即我們在程式中寫入的響應資料。響應體和響應標頭之間透過一個空行分隔（兩個分行符號）。

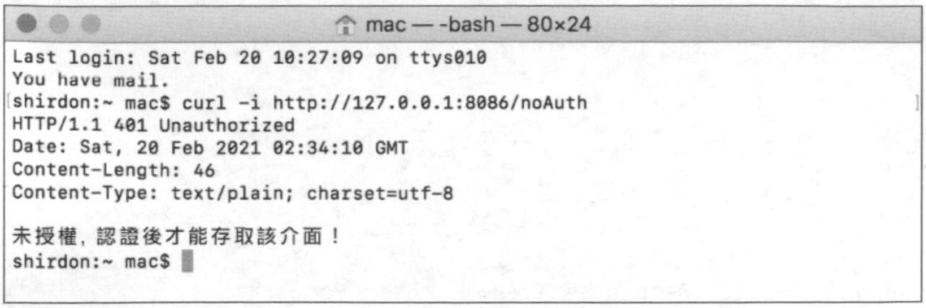

```
mac — -bash — 80×24
Last login: Sat Feb 20 10:27:09 on ttys010
You have mail.
shirdon:~ mac$ curl -i http://127.0.0.1:8086/noAuth
HTTP/1.1 401 Unauthorized
Date: Sat, 20 Feb 2021 02:34:10 GMT
Content-Length: 46
Content-Type: text/plain; charset=utf-8

未授權，認證後才能存取該介面！
shirdon:~ mac$
```

圖 3-14

2. Header() 方法

Header() 方法用於設定回應標頭。可以透過 w.Header().Set() 方法設定回應標頭。w.Header() 方法返回的是 Header 響應標頭物件，它和請求標頭共用一個結構。因此在請求標頭中支援的方法這裡都支援，比如可以透過 w.Header().Add() 方法新增回應標頭。

舉例來說，如果要設定一個 301 重新導向響應，則只需要透過 w.WriteHeader() 方法將回應狀態碼設定為 301，再透過 w.Header().Set() 方法將 "Location" 設定為一個可存取域名即可。

新建一個處理器方法 Redirect()，在其中編寫重新導向實現程式，如下：

```
func Redirect(w http.ResponseWriter, r *http.Request)  {
    // 設定一個301重新導向
    w.Header().Set("Location", "https://www.shirdon.com")
    w.WriteHeader(301)
}
```

對於重新導向請求，則無須設定回應體。

> **提示**
> w.Header().Set() 方法應在 w.WriteHeader() 方法之前被呼叫，因為一旦呼叫了 w.WriteHeader() 方法，就不能對回應標頭進行設定了。

範例程式如下。

程式 chapter3/3.4-request-Header.go　用w.Header().Set()方法設定301重新導向的範例

```
package main

import (
    "fmt"
    "net/http"
)

func Redirect(w http.ResponseWriter, r *http.Request)  {
    // 設定一個301重新導向
    w.Header().Set("Location", "https://www.shirdon.com")
    w.WriteHeader(301)
}

func main() {
    http.HandleFunc("/redirect", Redirect)
    err := http.ListenAndServe(":8086", nil)
    if err != nil {
        fmt.Println(err)
    }
}
```

在檔案所在目錄打開命令終端輸入 "go run 3.4-request-Header.g" 啟動 HTTP 伺服器，透過 "curl -i" 命令存取該路由便可以清楚地看到回應被重新導向，並且回應體為空，如圖 3-15 所示。

```
mac — -bash — 80×24
Last login: Sat Feb 20 10:40:01 on ttys012
You have mail.
shirdon:~ mac$ curl -i http://127.0.0.1:8086/redirect
HTTP/1.1 301 Moved Permanently
Location: https://www.shirdon.com
Date: Sat, 20 Feb 2021 02:44:29 GMT
Content-Length: 0

shirdon:~ mac$
```

圖 3-15

如果是在瀏覽器中存取，則頁面就會跳躍到 https://www.shirdon.com。

3. Write() 方法

Write() 方法用於將資料寫入 HTTP 回應體中。如果在呼叫 Write() 方法時還不知道 Content-Type 類型，則可以透過資料的前 512 個 byte 進行判斷。用 Write() 方法可以返回字串資料，也可以返回 HTML 檔案和 JSON 等常見的文字格式。

（1）返回文字字串資料。

我們定義一個名為 Welcome() 的處理器方法，透過 w.Write() 方法返回一段歡迎文字到回應體中：

```
func Welcome(w http.ResponseWriter, r *http.Request)  {
    w.Write([]byte("你好～，歡迎一起學習《Go Web程式設計實戰派——從入門到
精通》！"));
}
```

由於 Write() 方法接受的參數類型是 []byte 切片，所以需要將字串轉為位元組切片類型。範例程式如下。

程式 chapter3/3.4-request-Write.go　用Write()方法返回字串資料

```
package main

import (
    "fmt"
    "net/http"
)

func Welcome(w http.ResponseWriter, r *http.Request)  {
    w.Write([]byte("你好～，歡迎一起學習《Go Web程式設計實戰派——從入門到
精通》！"))
}

func main() {
    http.HandleFunc("/welcome", Welcome)
    err := http.ListenAndServe(":8086", nil)
    if err != nil {
        fmt.Println(err)
    }
}
```

啟動伺服器，在瀏覽器中輸入 "127.0.0.1:8086/welcome"，返回值如圖 3-16 所示。

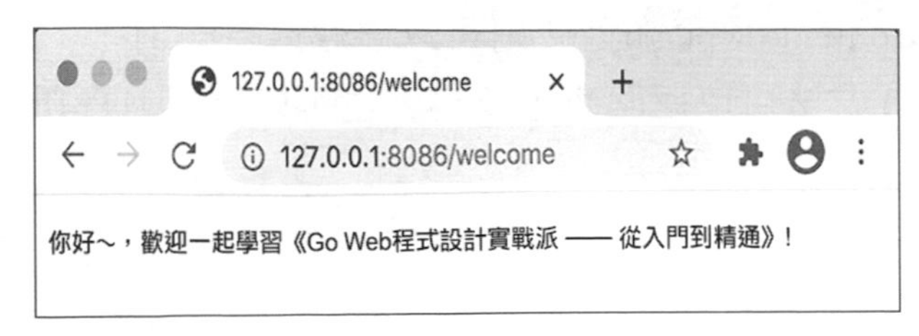

圖 3-16

（2）返回 HTML 檔案。

如果要返回 HTML 檔案，則可以採用以下範例中的方法。

程式 chapter3/3.4-request-Write2.go　用Write()方法返回HTML檔案

```
package main

import (
    "fmt"
    "net/http"
)

func Home(w http.ResponseWriter, r *http.Request)  {
    html := `<html>
    <head>
        <title> 用Write()方法返回HTML檔案</title>
    </head>
    <body>
        <h1>你好，歡迎一起學習《Go Web程式設計實戰派——從入門到精通》
    </body>
    </html>`
    w.Write([]byte(html))
}

func main() {
    http.HandleFunc("/", Home)
    err := http.ListenAndServe(":8086", nil)
    if err != nil {
```

```
        fmt.Println(err)
    }
}
```

這裡使用 Write() 方法將 HTML 字串返回給回應體。在檔案所在目錄打開命令列終端，輸入 "go run 3.4-request-Write2.go" 命令啟動伺服器。然後透過瀏覽器就可以看到對應的 HTML 視圖了，如圖 3-17 所示。

圖 3-17

此外，由於響應資料的內容類型變成了 HTML。在回應標頭中可以看到，Content-Type 也自動調整成了 text/html，不再是純文字格式。這裡的 Content-Type 是根據傳入的資料自行判斷出來的。

（3）返回 JSON 格式資料。

當然，也可以返回 JSON 格式資料。範例程式如下。

程式 chapter3/3.4-request-Write3.go　用Write()方法返回JSON格式資料

```
package main

import (
    "encoding/json"
    "fmt"
    "net/http"
)

type Greeting struct {
    Message string `json:"message"`
}
func Hello(w http.ResponseWriter, r *http.Request)  {
```

```
    // 返回 JSON 格式資料
    greeting := Greeting{
        "歡迎一起學習《Go Web程式設計實戰派——從入門到精通》",
    }
    message, _ := json.Marshal(greeting)
    w.Header().Set("Content-Type", "application/json")
    w.Write(message)
}

func main() {
    http.HandleFunc("/", Hello)
    err := http.ListenAndServe(":8086", nil)
    if err != nil {
        fmt.Println(err)
    }
}
```

啟動服務，在瀏覽器中輸入 "127.0.0.1:8086"，會返回 JSON 格式的文字，如圖 3-18 所示。

圖 3-18

3.4 了解 session 和 cookie

3.4.1 session 和 cookie 簡介

1. session 和 cookie

HTTP 協定是一種無狀態協定，即伺服器端每次接收到用戶端的請求都是一個全新的請求，伺服器端並不知道用戶端的歷史請求記錄。session 和 cookie 的主要目的就是為了彌補 HTTP 的無狀態特性。

（1）session 是什麼。

用戶端請求伺服器端，伺服器端會為這次請求開闢一塊記憶體空間，這個物件便是 session 物件，儲存結構為 ConcurrentHashMap。

session 彌補了 HTTP 的無狀態特性，伺服器端可以利用 session 儲存用戶端在同一個階段期間的一些操作記錄。

（2）session 如何判斷是否為同一個階段。

伺服器端在第一次接收到請求時，會開闢一塊 session 空間（創建了 session 物件），同時生成一個 sessionId，並透過響應標頭的 "Set-Cookie：JSESSIONID=XXXXXXX" 命令，向用戶端發送要求設定 cookie 的回應。

用戶端在收到響應後，在本機用戶端設定了一個 "JSESSIONID=XXXXXXX" 的 cookie 資訊，該 cookie 的過期時間為瀏覽器階段結束，如圖 3-19 所示。

圖 3-19

接下來，在用戶端每次向同一個伺服器端發送請求時，請求標頭中都會有該 cookie 資訊（包含 sessionId）。伺服器端透過讀取請求標頭中的 cookie 資訊，獲取名稱為 JSESSIONID 的值，得到此次請求的 sessionId。

（3）session 的缺點。

session 機制有一個缺點：如果 A 伺服器儲存了 session（即做了負載平衡），假如一段時間內 A 的存取量激增，則存取會被轉發到 B 伺服器，但是 B 伺服器並沒有儲存 A 伺服器的 session，從而導致 session 故障。

（4）cookie 是什麼。

HTTP 協定中的 cookie 是伺服器端發送到用戶端 Web 瀏覽器的一小區區塊資料，包括 Web cookie 和瀏覽器 cookie。伺服器端發送到用戶端瀏覽器的 cookie，瀏覽器會進行儲存，並與下一個請求一起發送到伺服器端。一般來說它用於判斷兩個請求是否來自同一個用戶端瀏覽器，例如使用者保持登入狀態。

cookie 主要用於以下 3 個方面。

① 階段管理：在登入、購物車、遊戲得分或伺服器裡常需要用階段管理來記住其內容。

② 實現個性化：個性化是指使用者偏好、主題或其他設定。

③ 追蹤：記錄和分析使用者行為。

cookie 曾經用作一般的用戶端儲存，那時這是合法的，因為它們是在用戶端上儲存資料的唯一方法。但如今建議使用現代儲存 API。cookie 隨每個請求一起被發送，因此它們可能會降低性能（尤其是對於行動資料連接而言）。

（5）session 和 cookie 的區別。

首先，無論用戶端瀏覽器做怎麼樣的設定，session 都應該能正常執行。用戶端可以選擇禁用 cookie，但 session 仍然是能夠工作的，因為用戶端無法禁用伺服器端的 session。

其次，在儲存的資料量方面，session 和 cookie 也是不一樣的。session 能夠儲存任意類型的物件，cookie 只能儲存 String 類型的物件。

2. 創建 cookie

當接收到用戶端發出的 HTTP 請求時，伺服器端可以發送帶有回應的 Set-Cookie 標頭。cookie 通常由瀏覽器儲存，瀏覽器將 cookie 與 HTTP 標頭組合在一起向伺服器端發送請求。

（1）Set-Cookie 標頭和 cookie。

Set-Cookie HTTP 回應標頭的作用是將 cookie 從伺服器端發送到使用者代理。

（2）階段 cookie。

階段 cookie 有一個特徵——用戶端關閉時 cookie 會被刪除，因為它沒有指定 Expires 或 Max-Age 指令。但是，Web 瀏覽器可能會使用階段還原，這會使得大多數階段 cookie 保持「永久」狀態，就像從未關閉過瀏覽器。

（3）永久性 cookie。

永久性 cookie 不會在用戶端關閉時過期，而是在到達特定日期（Expires）或特定時間長度（Max-Age）後過期。例如 "Set-Cookie: id=b8gNc; Expires=Sun, 21 Dec 2020 07:28:00 GMT; " 表示設定一個 id 為 b8gNc、過期時間為 2020 年 12 月 21 日 07:28:00、格林威治時間的 cookie。

（4）安全的 cookie。

安全的 cookie 需要 HTTPS 協定透過加密的方式發送到伺服器。即使是安全的，也不應該將敏感資訊儲存在 cookie 中，因為它們本質上是不安全的，並且此標示不能提供真正的保護。

3. cookie 的作用域

Domain 和 Path 標識定義了 cookie 的作用域，即 cookie 應該被發送給哪些 URL。Domain 標識指定了哪些主機可以接受 cookie。如果不指定 Domain，則預設為當前主機（不包含子域名）；如果指定了 Domain，則一般包含子域名。舉例來說，如果設定 Domain=baidu.com，則 cookie 也包含在子域名中（如 news.baidu.com/）。

舉例來說，設定 Path=/test，則以下位址都會匹配：

- /test
- /test/news/
- /test/news/id

3.4.2 Go 與 cookie

在 Go 標準函數庫的 net/HTTP 封包中定義了名為 Cookie 的結構。Cookie 結構代表一個出現在 HTTP 響應標頭中的 Set-Cookie 的值，或 HTTP 請求標頭中的 cookie 的值。

Cookie 結構的定義如下：

```
type Cookie struct {
    Name       string
    Value      string
    Path       string
    Domain     string
    Expires    time.Time
    RawExpires string
    // MaxAge=0表示未設定Max-Age屬性
    // MaxAge<0表示立刻刪除該cookie，相等於Max-Age: 0
    // MaxAge>0表示存在Max-Age屬性，單位是s
    MaxAge   int
    Secure   bool
    HttpOnly bool
    Raw      string
    Unparsed []string // 未解析的「屬性-值」對的原始文字
}
```

1. 設定 cookie

在 Go 語言的 net/HTTP 封包中提供了 SetCookie() 函數來設定 cookie。

SetCookie() 函數的定義如下：

```
func SetCookie(w ResponseWriter, cookie *Cookie)
```

SetCookie() 函數的使用範例如下。

程式 chapter3/3.2-httprouter4.go　SetCookie()函數的使用範例

```
package main

import (
    "fmt"
```

```
    "net/http"
)

func testHandle(w http.ResponseWriter, r *http.Request) {
    c, err := r.Cookie("test_cookie")
    fmt.Printf("cookie:%#v, err:%v\n", c, err)

    cookie := &http.Cookie{
        Name:   "test_cookie",
        Value:  "krrsklHhefUUUFSSKLAkaLlJGGQEXZLJP",
        MaxAge: 3600,
        Domain: "localhost",
        Path:   "/",
    }

    http.SetCookie(w, cookie)

    //應在具體資料返回之前設定cookie，否則cookie設定不成功
    w.Write([]byte("hello"))
}

func main() {
    http.HandleFunc("/", testHandle)
    http.ListenAndServe(":8085", nil)
}
```

2. 獲取 cookie

Go 語言 net/HTTP 封包中的 Request 物件一共擁有 3 個處理 cookie 的方法：2 個獲取 cookie 的方法和 1 個增加 cookie 的方法。獲取 cookie，使用 Cookies() 或 Cookie() 方法。

（1）Cookies() 方法。Cookies() 方法的定義如下：

```
func (r *Request) Cookies() []*Cookie
```

Cookies() 方法用於解析並返回該請求的所有 cookie。

（2）Cookie() 方法。Cookie() 方法的定義如下：

```
func (r *Request) Cookie(name string) (*Cookie, error)
```

Cookie() 方法用於返回請求中名為 name 的 cookie，如果未找到該 cookie，則返回 "nil, ErrNoCookie"。

（3）AddCookie() 方法。AddCookie() 方法用於在請求中增加一個 cookie。

AddCookie() 方法的定義如下：

```
func (r *Request) AddCookie(c *Cookie)
```

Cookie() 方法和 AddCookie() 方法的使用範例如下。

程式 chapter3/3.4-cookie2.go　Cookie()方法和AddCookie()方法的使用範例

```
package main

import (
    "fmt"
    "io/ioutil"
    "net/http"
    "net/url"
    "strings"
)

func main()  {
    CopeHandle("GET","https://www.baidu.com","")
}

//HTTP請求處理
func CopeHandle(method, urlVal,data string)  {
    client := &http.Client{}
    var req *http.Request

    if data == "" {
        urlArr := strings.Split(urlVal,"?")
        if len(urlArr)  == 2 {
            urlVal = urlArr[0] + "?" + getParseParam(urlArr[1])
        }
        req, _ = http.NewRequest(method, urlVal, nil)
    }else {
        req, _ = http.NewRequest(method, urlVal, strings.NewReader(data))
    }
```

```
    cookie := &http.Cookie{Name: "X-Xsrftoken",
Value: "abccadf41ba5fasfasjijalkjaqezgbea3ga", HttpOnly: true}
    req.AddCookie(cookie)

    //增加header
    req.Header.Add("X-Xsrftoken","aaab6d695bbdcd111e8b681002324e63af81")

    resp, err := client.Do(req)

    if err != nil {
        fmt.Println(err)
    }
    defer resp.Body.Close()
    b, _ := ioutil.ReadAll(resp.Body)
    fmt.Println(string(b))
}

//將GET請求的參數進行逸出
func getParseParam(param string) string  {
    return url.PathEscape(param)
}
```

3.4.3 Go 使用 session

在 Go 的標準函數庫中並沒有提供實現 session 的方法，但很多 Web 框架都提供了。下面透過 Go 語言的具體範例來簡單介紹如何自行實現一個 session 的功能，給讀者提供一個設計想法。

1. 定義一個名為 Session 的介面

Session 結構只有 4 種操作：設定值、獲設定值、刪除值和獲取當前的 sessionId。因此 Session 介面應該有 4 種方法來執行這種操作：

```
type Session interface {
    Set(key, value interface{}) error    //設定session
    Get(key interface{}) interface{}     //獲取session
    Delete(key interface{}) error        //刪除session
```

```
    SessionID() string                      //返回sessionId
}
```

2. 創建 session 管理器

由於 session 是被保存在伺服器端資料中的，因此可以抽象出一個 Provider 介面來表示 session 管理器的底層結構。Provider 介面將透過 sessionId 來存取和管理 session：

```
type Provider interface {
    SessionInit(sessionId string) (Session, error)
    SessionRead(sessionId string) (Session, error)
    SessionDestroy(sessionId string) error
    GarbageCollector(maxLifeTime int64)
}
```

其中共有 4 種方法：

- SessionInit() 方法用於實現 session 的初始化。如果成功，則返回新的 session 物件。
- SessionRead() 方法用於返回由對應 sessionId 表示的 session 物件。如果不存在，則以 sessionId 為參數呼叫 SessionInit() 方法，創建並返回一個新的 session 變數。
- SessionDestroy() 方法用於根據指定的 sessionId 刪除對應的 session。
- GarbageCollector() 方法用於根據 maxLifeTime 刪除過期的 session 變數。

在定義好 Provider 介面後，我們再寫一個註冊方法，以便可以根據 provider 管理器的名稱來找到其對應的 provider 管理器：

```
var providers = make(map[string]Provider)
//註冊一個能透過名稱來獲取的session provider 管理器
func RegisterProvider(name string, provider Provider) {
    if provider == nil {
        panic("session: Register provider is nil")
    }

    if _, p := providers[name]; p {
```

```
        panic("session: Register provider is existed")
    }

    providers[name] = provider
}
```

接著把 provider 管理器封裝一下，定義一個全域的 session 管理器：

```
type SessionManager struct {
    cookieName string    //cookie的名稱
    lock sync.Mutex      //鎖，保證併發時資料的安全性和一致性
    provider Provider    //管理session
    maxLifeTime int64    //逾時
}
func NewSessionManager(providerName, cookieName string, maxLifetime int64)
(*SessionManager, error){
    provider, ok := providers[providerName]
    if !ok {
        return nil, fmt.Errorf("session: unknown provide %q (forgotten
import?)", providerName)
    }

    //返回一個SessionManager物件
    return &SessionManager{
        cookieName: cookieName,
        maxLifeTime: maxLifetime,
        provider: provider,
    }, nil
}
```

然後在 main 套件中創建一個全域的 session 管理器：

```
var globalSession *SessionManager
func init() {
    globalSession, _ = NewSessionManager("memory", "sessionId", 3600)
}
```

3. 創建獲取 sessionId 的方法 GetSessionId()

sessionId 是用來辨識存取 Web 應用的每一個使用者的，因此需要保證它是全域唯一的。範例程式如下：

```
func (manager *SessionManager) GetSessionId() string {
    b := make([]byte, 32)
    if _, err := io.ReadFull(rand.Reader, b); err != nil {
        return ""
    }
    return base64.URLEncoding.EncodeToString(b)
}
```

4. 創建 SessionBegin() 方法來創建 session

需要為每個來訪的使用者分配或獲取與它相關連的 session，以便後面能根據 session 資訊來進行驗證操作。SessionBegin() 函數就是用來檢測是否已經有某個 session 與當前來訪使用者發生了連結，如果沒有則創建它。

```
//根據當前請求的cookie來判斷是否存在有效的session，如果不存在則創建它
func (manager *SessionManager) SessionBegin(w http.ResponseWriter,
r *http.Request) (session Session) {
    manager.lock.Lock()
    defer manager.lock.Unlock()
    cookie, err := r.Cookie(manager.cookieName)
    if err != nil || cookie.Value == "" {
    sessionId := manager.GetSessionId()
    session, _ = manager.provider.SessionInit(sessionId)
    cookie := http.Cookie{
        Name:     manager.cookieName,
        Value:    url.QueryEscape(sessionId),
        Path:     "/",
        HttpOnly: true,
        MaxAge:   int(manager.maxLifeTime),
    }
    http.SetCookie(w, &cookie)
    } else {
        sessionId, _ := url.QueryUnescape(cookie.Value)
        session, _ = manager.provider.SessionRead(sessionId)
    }
    return session
}
```

現在已經可以透過 SessionBegin() 方法返回一個滿足 Session 介面的變數了。

下面透過一個例子來展示一下 session 的讀寫操作：

```
//根據用戶名判斷是否存在該使用者的session，如果不存在則創建它
func login(w http.ResponseWriter, r *http.Request){
    session := globalSession.SessionBegin(w, r)
    r.ParseForm()
    name := sess.Get("username")
    if name != nil {
        //將表單提交的username值設定到session中
        session .Set("username", r.Form["username"])
    }
}
```

5. 創建 SessionDestroy() 方法來登出 session

在 Web 應用中，通常有使用者退出登入的操作。當使用者退出應用時，我們就可以對該使用者的 session 資料進行登出。下面創建一個名為 SessionDestroy() 的方法來登出 session：

```
// 創建SessionDestroy()方法來登出session
func (manager *SessionManager) SessionDestroy(w http.ResponseWriter,
r *http.Request) {
    cookie, err := r.Cookie(manager.cookieName)
    if err != nil || cookie.Value == "" {
        return
    }

    manager.lock.Lock()
    defer manager.lock.Unlock()

    manager.provider.SessionDestroy(cookie.Value)
    expiredTime := time.Now()
    newCookie := http.Cookie{
        Name: manager.cookieName,
        Path: "/", HttpOnly: true,
        Expires: expiredTime,
        MaxAge: -1,
    }
    http.SetCookie(w, &newCookie)
}
```

提示

登出 session 的實質是把 session 的過期時間設定為 -1，並沒有真正刪除 session。

6. 創建 GarbageCollector() 方法來刪除 session

接下來看看如何讓 session 管理器刪除 session，範例程式如下：

```
//在啟動函數中開啟垃圾回收
func init() {
    go globalSession.GarbageCollector()
}
func (manager *SessionManager) GarbageCollector() {
    manager.lock.Lock()
    defer manager.lock.Unlock()
    manager.provider.GarbageCollector(manager.maxLifeTime)
    //使用time套件中的計時器功能，它會在session逾時後自動呼叫
GarbageCollector()方法
    time.AfterFunc(time.Duration(manager.maxLifeTime), func() {
        manager.GarbageCollector()
    })
}
```

至此，我們實現了一個用來在 Web 應用中全域管理 session 的簡單 session 管理器。在實戰專案中，推薦使用 Web 框架的中的 session 方案。當然，讀者也可以根據實際情況來建立自己的 session 方案。

3.5 小結

本章透過對 Go 語言的建構 Go Web 服務、接收請求、處理請求、session 與 cookie 處理幾個方面進行探究，讓讀者進一步了解 net/HTTP 封包的內部執行機制。簡而言之，net/HTTP 封包所做的工作就是接收和處理 HTTP 請求，最終生成 HTTP 回應。

Chapter

04

用 Go 存取資料庫

古今之成大事業、大學問者，必經過三種之境界：「昨夜西風凋碧樹，獨上高樓，望盡天涯路」，此第一境界也；「衣帶漸寬終不悔，為伊消得人憔悴」，此第二境界也；「眾裡尋他千百度，驀然回首，那人卻在燈火闌珊處」，此第三境界也。

——王國維

能贏得普遍親愛的人，並不是由於他顯赫的地位，而是由於始終如一的言行和不屈不撓的精神。

——列夫·托爾斯泰

第 3 章系統地講解了接收和處理 Go Web 請求的方法。本章將講解透過 Go 語言存取常用資料庫的方法。

4.1 MySQL 的安裝及使用

4.1.1 MySQL 簡介

MySQL 是一個關聯式資料庫管理系統，由瑞典 MySQL AB 公司開發，屬於 Oracle 旗下的產品。在 Web 應用方面，MySQL 是一個非常優秀的 RDBMS（Relational Database Management System，關聯式資料庫管理系統）。

關聯式資料庫將資料保存在不同的表中，而非將所有資料放在一個大倉庫中，這樣就提高了速度和靈活性。

目前 MySQL 被廣泛應用在網際網路公司的各種大中小專案中（特別是中小型公司）。由於其體積小、速度快、整體擁有成本低，尤其是開放原始程式碼這個特點，所以很多公司都採用 MySQL 資料庫以降低成本。

MySQL 資料庫可以稱得上是目前執行速度最快的 SQL 語言資料庫之一。除具有許多其他資料庫所不具備的功能外，MySQL 資料庫還是一款完全免費的產品，使用者可以直接透過網路下載它，而不必支付任何費用。

4.1.2 MySQL 的安裝

MySQL 的安裝很簡單，直接進入 MySQL 官網，選擇作業系統對應的安裝套件進行下載，如圖 4-1 所示。下載完成後，打開下載的安裝套件，按照提示進行安裝即可。

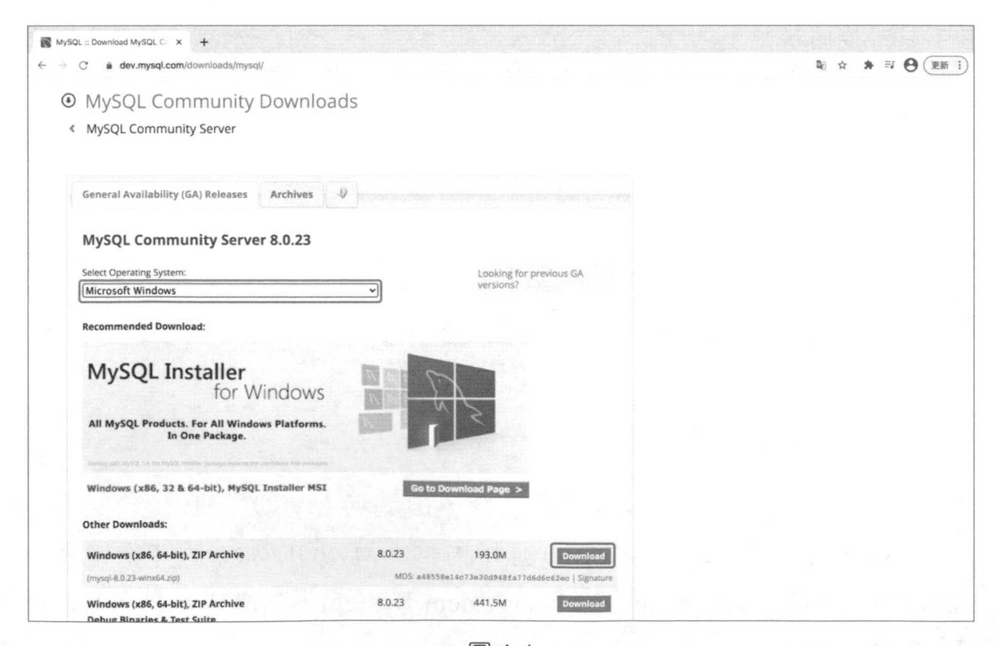

圖 4-1

4.1.3 MySQL 基礎入門

1. 資料庫管理

（1）創建資料庫。

在 MySQL 中，創建資料庫的實質是在系統磁碟中劃分一塊區域用於儲存和管理資料。

管理員可以為使用者創建資料庫，被分配了許可權的使用者也可以自己創建資料庫。在 MySQL 中創建資料庫的基本語法格式如下：

```
CREAT DATABASE database_name;
```

其中，"database_name" 是將要創建的資料庫名稱，該名稱不能與已經存在的資料庫名稱重複。舉例來說，要創建資料庫 mysql_db_test，可以打開命令列終端，登入資料庫，然後輸入以下敘述：

```
mysql> CREATE DATABASE mysql_db_test;
```

按 Enter 鍵執行敘述，將創建一個名為 mysql_db_test 的資料庫。創建完成後，如果要查看已創建好的資料庫資訊，則可以輸入以下敘述：

```
mysql> SHOW DATABASES;
```

這樣即可在資料庫清單中看到剛剛創建的資料庫 mysql_db_test，以及其他原有的資料庫。

（2）選擇資料庫。

在 MySQL 中，用 USE 敘述來完成一個資料庫到另一個資料庫的跳躍。在用 CREATE DATABASE 敘述創建資料庫後，該資料庫不會自動成為當前資料庫，需要用 USE 敘述來指定當前資料庫。其語法格式如下：

```
USE <資料庫名稱>
```

該敘述可以通知 MySQL 把 < 資料庫名稱 > 所指示的資料庫作為當前資料庫。該資料庫會保持為預設資料庫，直到語段的結尾，或直到遇見一個不同的 USE 敘述。只有在使用 USE 敘述指定某個資料庫作為當前資料庫後，才能對該資料庫及其儲存的資料物件執行相關操作。

舉例來說，使用命令列將資料庫 mysql_db_test 設定為預設資料庫，輸入的 SQL 敘述與執行結果如下所示：

```
mysql> USE mysql_db_test;
Database changed
```

在執行 USE 敘述時，如果出現 "Database changed" 提示，則表示選擇資料庫成功。

（3）查看資料庫。

在 MySQL 中，可使用 SHOW DATABASES 敘述來查看或顯示當前使用者許可權範圍內的資料庫。查看資料庫的語法格式如下：

```
SHOW DATABASES [LIKE '資料庫名稱'];
```

其語法說明如下：

- LIKE 從句是可選項，用於匹配指定的資料庫名稱。LIKE 從句可以部分匹配，也可以完全匹配。
- 資料庫名稱由單引號（'）包圍。

舉例來說，要查看所有資料庫，則命令如下：

```
mysql> SHOW DATABASES;
+--------------------+
| Database           |
+--------------------+
| information_schema |
| mysql              |
| performance_schema |
| mysql_db_test      |
| test01             |
| test02             |
+--------------------+
6 rows in set (0.00 sec)
```

（4）修改資料庫。

在 MySQL 中，可以使用 ALTER DATABASE 敘述來修改已經被創建或存在的資料庫的相關參數。修改資料庫的語法格式如下：

```
ALTER DATABASE [資料庫名稱]
```

舉例來說，用 ALTER 命令修改資料庫對應的字元集：

```
mysql> ALTER DATABASES test default character SET UTF-8 collate UTF-8_
chinese_ci;
```

（5）刪除資料庫。

在 MySQL 中，當需要刪除已創建的資料庫時，可以使用 DROP DATABASE 敘述。其語法格式如下：

```
DROP DATABASE [ IF EXISTS ] <資料庫名稱>
```

使用命令列將資料庫 mysql_db_test 從資料庫清單中刪除，輸入的 SQL 敘述與執行結果如下所示：

```
mysql> DROP DATABASE mysql_db_test;
Query OK, 0 rows affected (0.57 sec)
```

2. 資料表操作

下面學習資料表的常用操作。

（1）創建資料表。

在 MySQL 中，可以使用 CREATE TABLE 敘述創建表。其語法格式如下：

```
CREATE TABLE <表名> ([表定義選項])[表選項][分區選項];
```

其中，[表定義選項] 的格式如下：

```
<列名稱1> <類型1> [,…] <列名稱n> <類型n>
```

CREATE TABLE 命令語法比較多，其主要是由表創建定義（create-definition）、表選項（table-options）和分區選項（partition-options）所組成的。其中表選項和分區選項是可選項，本書不過多說明。

CREATE TABLE 敘述的語法如下。

- CREATE TABLE：用於創建指定名稱的表，必須擁有表的 CREATE 許可權。
- <表名>：指定要創建表的名稱，在 CREATE TABLE 之後列出，必須符合識別符號命名規則。表名稱應被指定為 db_name.table_name，以便在特定的資料庫中創建表。無論是否有當前資料庫，都可以透過這種方式創建。在當前資料庫中創建表時，可以省略 db_name。如果使用加引號的辨識名，則應對資料庫和表名稱分別加單引號（'）。舉例來說，'my_db'.'my_table' 是合法的，但 'my_db.my_table' 是非法的。
- <表定義選項>：由列名稱（col_name）、列的定義（column_definition），以及可能的空值說明、完整性約束或表索引組成。

預設情況是，表被創建到當前的資料庫中。若表已存在、沒有當前資料庫或資料庫不存在，則會出現錯誤。

> **提示**
> 在使用 CREATE TABLE 創建表時，要創建的表的名稱不區分大小寫。不能使用 SQL 語言中的關鍵字，如 DROP、ALTER、INSERT 等。

資料表中每個列（欄位）的名稱和資料類型中間要用空格隔開。如果在創建表時要創建多個列，則要用逗點隔開。例如創建一張名為 user 的表的 SQL 敘述如下：

```
CREATE TABLE `user` (
  `id` int(11) NOT NULL AUTO_INCREMENT,
  `phone` varchar(30) DEFAULT '' COMMENT '手機號',
  `password` varchar(80) DEFAULT '' COMMENT '密碼',
  `add_time` int(10) DEFAULT '0' COMMENT '增加時間',
  `last_ip` varchar(50) DEFAULT '' COMMENT '最近ip',
  `email` varchar(80) DEFAULT '' COMMENT '郵遞區號',
  `status` tinyint(4) DEFAULT '0' COMMENT '狀態',
  PRIMARY KEY (`id`)
) ENGINE=InnoDB AUTO_INCREMENT=3 DEFAULT CHARSET=utf8;
```

(2) 查看資料表。

在 MySQL 中，可以使用 DESCRIBE/DESC 和 SHOW CREATE TABLE 命令來查看資料表的結構。

① DESCRIBE/DESC 命令。

DESCRIBE/DESC 敘述會以表格的形式來展示表的欄位資訊，包括欄位名稱、欄位資料類型、是否為主鍵、是否有預設值等。語法格式如下：

```
DESCRIBE <表名>;
```

或簡寫成：

```
DESC <表名>;
```

舉例來說，使用 DESCRIBE 查看表 user 的結構，其 SQL 敘述和執行結果如下：

```
mysql> DESCRIBE user;
+----------+-------------+------+------+---------+----------------+
| Field    | Type        | Null | Key  | Default | Extra          |
+----------+-------------+------+------+---------+----------------+
| id       | int(11)     | NO   | PRI  | NULL    | auto_increment |
| phone    | varchar(30) | YES  |      |         |                |
| password | varchar(80) | YES  |      |         |                |
| add_time | int(10)     | YES  |      | 0       |                |
| last_ip  | varchar(50) | YES  |      |         |                |
| email    | varchar(80) | YES  |      |         |                |
| status   | tinyint(4)  | YES  |      | 0       |                |
+----------+-------------+------+------+---------+----------------+
7 rows in set (0.01 sec)
```

返回的各個欄位的含義如下。

- Field：資料表的欄位名稱。
- Type：欄位類型。
- Null：該列是否可以儲存 NULL 值。

- Key：該列是否已編制索引。PRI 表示該列是表主鍵的一部分，UNI 表示該列是 UNIQUE 索引的一部分，MUL 表示在列中某個指定值允許出現多次。
- Default：該列是否有預設值。如果有，則顯示其對應的值。
- Extra：可以獲取的與指定列有關的附加資訊，如 AUTO_INCREMENT 等。

② SHOW CREATE TABLE 命令。

SHOW CREATE TABLE 命令會以 SQL 敘述的形式來展示表資訊。和 DESCRIBE 相比，SHOW CREATE TABLE 展示的內容更加豐富，它可以查看表的儲存引擎和字元編碼；另外，還可以透過 \g 或 \G 參數來控制展示格式。其語法格式如下：

```
SHOW CREATE TABLE <表名>;
```

使用 SHOW CREATE TABLE 敘述查看表 user 的詳細資訊的範例程式如下。

```
mysql> SHOW CREATE TABLE user;
+---------+------------------------------------------------+
| Table   | Create Table                                   |
+---------+------------------------------------------------+
| user    | CREATE TABLE `user` (
  `id` int(11) NOT NULL AUTO_INCREMENT,
  `phone` varchar(30) DEFAULT '' COMMENT '手機號',
  `password` varchar(80) DEFAULT '' COMMENT '密碼',
  `add_time` int(10) DEFAULT '0' COMMENT '增加時間',
  `last_ip` varchar(50) DEFAULT '' COMMENT '最近ip',
  `email` varchar(80) DEFAULT '' COMMENT '郵遞區號',
  `status` tinyint(4) DEFAULT '0' COMMENT '狀態',
  PRIMARY KEY (`id`)
) ENGINE=InnoDB AUTO_INCREMENT=3 DEFAULT CHARSET=utf8 |
+---------+------------------------------------------------+
1 row in set (0.01 sec)
```

（3）修改資料表。

在 MySQL 中，可以使用 ALTER TABLE 敘述來改變原有表的結構。例如增加或刪減列、更改原有列類型、重新命名列或表等。

其語法格式如下：

```
ALTER TABLE <表名> [修改選項]
```

「修改選項」的語法格式如下：

```
ADD COLUMN <列名稱> <類型>
| CHANGE COLUMN <舊列名稱> <新列名稱> <新列類型>
| ALTER COLUMN <列名稱> { SET DEFAULT <預設值> | DROP DEFAULT }
| MODIFY COLUMN <列名稱> <類型>
| DROP COLUMN <列名稱>
| RENAME TO <新表名>
| CHARACTER SET <字元集名>
| COLLATE <校對規則名>
```

舉例來說，在 user 表中增加一個 username 欄位的語法如下：

```
mysql> ALTER TABLE user ADD username varchar(30) DEFAULT '' NULL;
```

① 修改表名。

MySQL 透過 ALTER TABLE 敘述來實現表名的修改，語法規則如下：

```
ALTER TABLE <舊表名> RENAME [TO] <新表名>;
```

其中，TO 為可選參數，使用與否均不影響結果。舉例來說，使用 ALTER TABLE 將資料表 user 改名為 user_new，SQL 敘述和執行結果如下所示：

```
mysql> ALTER TABLE user RENAME TO user_new;
Query OK, 0 rows affected (0.01 sec)
```

然後用 SHOW TABLE 命令查看表名：

```
mysql>  SHOW TABLES;
+----------------+
| Tables_in_ch4 |
+----------------+
```

```
| user_new       |
+----------------+
1 row in set (0.01 sec)
```

提示

修改表名並不會修改表的結構，因此修改名稱後的表和修改名稱前的表的結構是相同的。使用者可以使用 DESC 命令查看修改後的表結構。

② 修改表字元集。

MySQL 透過 ALTER TABLE 敘述來實現表字元集的修改。語法規則如下：

```
ALTER TABLE 表名 [DEFAULT] CHARACTER SET <字元集名> [DEFAULT] COLLATE
<校對規則名>;
```

其中，DEFAULT 為可選參數。

舉例來說，使用 ALTER TABLE 將資料表 user_new 的字元集修改為 UTF-8，將校對規則修改為 UTF-8_chinese_ci。SQL 敘述和執行結果如下：

```
mysql> ALTER TABLE user_new CHARACTER SET UTF-8  DEFAULT COLLATE UTF-8_
chinese_ci;
Query OK, 0 rows affected (0.02 sec)
Records: 0  Duplicates: 0  Warnings: 0
```

然後用 SHOW CREATE TABLE 命令查看：

```
mysql> SHOW CREATE TABLE user_new \G
*************************** 1. row ***************************
       Table: user_new
Create Table: CREATE TABLE `user_new` (
  `id` int(11) NOT NULL AUTO_INCREMENT,
  `phone` varchar(30) CHARACTER SET utf8 DEFAULT '' COMMENT '手機號',
  `password` varchar(80) CHARACTER SET utf8 DEFAULT '' COMMENT '密碼',
  `add_time` int(10) DEFAULT '0' COMMENT '增加時間',
  `last_ip` varchar(50) CHARACTER SET utf8 DEFAULT '' COMMENT '最近ip',
  `email` varchar(80) CHARACTER SET utf8 DEFAULT '' COMMENT '郵遞區號',
```

```
  `status` tinyint(4) DEFAULT '0' COMMENT '狀態',
  PRIMARY KEY (`id`)
) ENGINE=InnoDB AUTO_INCREMENT=3 DEFAULT CHARSET=UTF-8
1 row in set (0.00 sec)
```

（4）刪除資料表。

使用 DROP TABLE 敘述可以刪除一個或多個資料表，語法格式如下：

```
DROP TABLE [IF EXISTS] 表名1 [ ,表名2, 表名3 ...]
```

語法説明如下：

- 表名 1, 表名 2, 表名 3 ... 表示要被刪除的資料表的名稱。DROP TABLE 可以同時刪除多個表，只要將表名依次寫在後面，彼此之間用逗點隔開。
- IF EXISTS 用於在刪除資料表之前判斷該表是否存在。如果不加 IF EXISTS，當資料表不存在時 MySQL 將提示錯誤，中斷 SQL 敘述的執行；如果加上 IF EXISTS，當資料表不存在時 SQL 敘述可以順利執行，但是會發出警告（warning）。

> **提示**
>
> 有兩點需要注意：
> 使用者必須擁有執行 DROP TABLE 命令的許可權，否則資料表不會被刪除。
> 在表被刪除時，使用者在該表上的許可權不會被自動刪除。

下面是刪除表的範例。

① 選擇資料庫 ch4：

```
mysql> USE ch4;
Database changed
```

② 輸入 SHOW TABLES 命令，執行結果如下所示：

```
mysql> SHOW TABLES;
+---------------+
```

```
| Tables_in_ch4 |
+---------------+
| user          |
| user_new      |
+---------------+
2 rows in set (0.00 sec)2 rows in set (0.00 sec)
```

由執行結果可以看出，ch4 資料庫中有 user 和 user_new 兩張資料表。

③ 刪除資料表 user_new，輸入的 SQL 敘述和執行結果如下所示：

```
mysql> DROP TABLE user_new;
Query OK, 0 rows affected (0.00 sec)
```

再用 SHOW TABLES 命令查看表資訊：

```
mysql> SHOW TABLES;
+---------------+
| Tables_in_ch4 |
+---------------+
| user          |
+---------------+
1 row in set (0.00 sec)
```

④ 從執行結果可以看到，在 ch4 資料庫的資料表清單中已經不存在名稱為 user_new 的表，這表明刪除操作成功。

3. 資料庫敘述

（1）新增資料。

INSERT 敘述可以用於將一行或多行資料插入資料庫表中，使用的一般形式如下：

```
INSERT [INTO] 表名 [(列名稱1, 列名稱2, 列名稱3, ...)] VALUES (值1, 值2, 值3, ...);
```

其中 [ ] 內的內容是可選的。

舉例來說，要給 ch4 資料庫中的 user 表插入一筆記錄，執行以下敘述：

```
mysql> INSERT INTO `user` (`phone`, `password`, `add_time`, `last_ip`,
`email`, `status`) VALUES ('13888888888', DEFAULT, DEFAULT, '123.55.66.3',
'shirdonliao@gmail.com', 1);
Query OK, 1 row affected (0.01 sec)
```

若返回 Query OK，則表示資料插入成功。若插入失敗，請檢查是否已選擇需要操作的資料庫。

（2）查詢資料。

SELECT 敘述常用來根據一定的查詢規則從資料庫中獲取資料，其基本用法為：

```
SELECT 列名稱 FROM 表名稱 [查詢準則];
```

舉例來說，要查詢 user 表中所有使用者的電話和電子郵件，則輸入的 SELECT 敘述和執行結果如下：

```
   mysql> SELECT `phone`,`email` FROM user LIMIT 501;
+-------------+-----------------------+
| phone       | email                 |
+-------------+-----------------------+
| 13888888888 | shirdonliao@gmail.com |
| 13888888888 | shirdonliao@gmail.com |
+-------------+-----------------------+
2 rows in set (0.01 sec)
```

也可以使用萬用字元 * 查詢表中所有的內容，用法為：

```
SELECT * FROM user;
```

WHERE 關鍵字用於指定查詢準則，用法為：

```
SELECT 列名稱 FROM 表名稱 WHERE條件;
```

下面以查詢所有 status 大於 0 的資訊為例，輸入查詢敘述：

```
mysql> SELECT `phone`,`email` FROM user WHERE `status`>0;
+-------------+-----------------------+
```

```
| phone        | email                   |
+-------------+-----------------------+
| 13888888888 | shirdonliao@gmail.com |
| 13888888888 | shirdonliao@gmail.com |
+-------------+-----------------------+
2 rows in set (0.00 sec)
```

WHERE 子句不僅支持「WHERE 列名稱 = 值」這種名等於值的查詢形式，也支持一般的比較運算的運算子。例如 =、>、<、>=、<、!=，以及一些擴充運算子 IS [NOT] NULL、IN、LIKE 等。

還可以對查詢準則使用 OR 和 AND 進行組合查詢。接下來幾節會對 Go 語言使用 MySQL 進行進一步講解，這裡不再多做介紹。

（3）修改資料。

UPDATE 敘述用來修改表中的資料，基本使用形式如下：

```
UPDATE 表名稱 SET 列名稱=新值 WHERE更新條件;
```

舉例來說，將 id 為 4 的手機號改為 18888888888，敘述如下：

```
mysql> UPDATE `user` SET `phone` = '18888888888' WHERE `id` = 4;
Query OK, 0 rows affected (0.00 sec)
Rows matched: 1  Changed: 0  Warnings: 0
```

（4）刪除資料。

DELETE 敘述用於刪除表中的資料，基本用法為：

```
DELETE FROM 表名稱 WHERE刪除條件;
```

其使用範例如下。

① 刪除 id 為 4 的行：

```
DELETE FROM `user` WHERE `id` = 4;
```

② 刪除所有狀態小於 2 的使用者的資料：

```
DELETE FROM `user` WHERE `status` < 2;
```

③ 刪除表中的所有資料：

```
DELETE FROM `user`;
```

4.1.4 用 Go 存取 MySQL

Go 語言中的 database/sql 套件提供了連接 SQL 資料庫或類 SQL 資料庫的泛用介面，但並不提供具體的資料庫驅動程式。在使用 database/sql 套件時，必須注入至少一個資料庫驅動程式。

在 Go 語言中，常用的資料庫基本都有完整的第三方套件實現。在用 Go 語言存取 MySQL 之前，需要先創建資料庫和資料表。

1. 創建資料庫和資料表

（1）透過 "mysql -uroot -p" 命令進入資料庫命令列管理狀態，然後在 MySQL 中創建一個名為 chapter4 的資料庫：

```
mysql> CREATE DATABASE chapter4;
```

（2）進入該資料庫：

```
mysql> use chapter4;
```

（3）執行以下命令創建一張名為 user、用於測試的資料表：

```
mysql> CREATE TABLE `user` (
    `uid` BIGINT(20) NOT NULL AUTO_INCREMENT,
    `name` VARCHAR(20) DEFAULT '',
    `phone` VARCHAR(20) DEFAULT '',
    PRIMARY KEY(`uid`)
)ENGINE=InnoDB AUTO_INCREMENT=1 DEFAULT CHARSET=utf8mb4;
```

2. 下載 MySQL 的驅動程式

MySQL 驅動程式的下載方法非常簡單，直接透過 "go get" 命令即可：

```
$ go get -u github.com/go-sql-driver/mysql
```

3. 使用 MySQL 驅動程式

在下載了 MySQL 驅動程式後，就可以匯入依賴套件進行使用了。匯入依賴套件的方法如下：

```
import (
    "database/sql"
    _ "github.com/go-sql-driver/mysql"
)
```

在以上敘述中，github.com/go-sql-driver/mysql 就是依賴套件。因為沒有直接使用該套件中的物件，所以在匯入套件前面被加上了底線（_）。

Go 語言 database/sql 套件中提供了 Open() 函數，用來連接資料庫。Open() 函數的定義如下：

```
func Open(driverName, dataSourceName string) (*DB, error)
```

其中，dirverName 參數用於指定的資料庫；dataSourceName 參數用於指定資料來源，一般至少包括資料庫檔案名稱和（可能的）連接資訊。

用 Open() 函數連接資料庫的範例程式如下。

程式 chapter4/database1.go　用Open()函數連接資料庫的範例

```
package main

import (
    "database/sql"
    _ "github.com/go-sql-driver/mysql"
    "log"
)

func main() {
    db, err := sql.Open("mysql",
        "user:password@tcp(127.0.0.1:3306)/hello")
    if err != nil {
        log.Fatal(err)
    }
    defer db.Close()
}
```

4. 初始化連接

在用 Open() 函數建立連接後，如果要檢查資料來源的名稱是否合法，則可以呼叫 Ping() 方法。返回的 DB 物件可以安全地被多個 goroutine 同時使用，並且它會維護自身的閒置連接池。這樣 Open() 函數只需呼叫一次，因為一般啟動後很少關閉 DB 物件。用 Open() 函數初始化連接的範例程式如下。

程式 chapter4/database2.go　用Open()函數初始化連接的範例

```
package main

import (
    "database/sql"
    "fmt"
    _ "github.com/go-sql-driver/mysql"
)

var db *sql.DB

// 定義一個初始化資料庫的函數
func initDB() (err error) {
    //連接資料庫
    db, err = sql.Open("mysql", "root:a123456@tcp(127.0.0.1:3306)/ch4")
    if err != nil {
        return err
    }
    // 嘗試與資料庫建立連接
    err = db.Ping()
    if err != nil {
        return err
    }
    return nil
}

func main() {
    err := initDB() // 呼叫輸出資料庫的函數
    if err != nil {
        fmt.Printf("init db failed,err:%v\n", err)
```

```
        return
    }
}
```

其中，sql.DB 是一個資料庫的操作控制碼，代表一個具有零到多個底層連接的連接池。它可以安全地被多個 goroutine 同時使用。database/sql 套件會自動創建和釋放連接，也會維護一個閒置連接的連接池。

5. 設定最大連接數

database/sql 套件中的 SetMaxOpenConns() 方法用於設定與資料庫建立連接的最大數目，其定義如下：

```
func (db *DB) SetMaxOpenConns(n int)
```

其中參數 n 為整數類型。如果 n 大於 0 且小於「最大閒置連接數」，則將「最大閒置連接數」減小到與「最大開啟連接數的限制」匹配。如果 n ≤ 0，則不會限制最大開啟連接數，預設為 0（無限制）。

6. 設定最大閒置連接數

database/sql 套件中的 SetMaxIdleConns() 方法用於設定連接池中的最大閒置連接數，其定義如下：

```
func (db *DB) SetMaxIdleConns(n int)
```

其中參數 n 為整數類型。如果 n 大於最大開啟連接數，則新的最大閒置連接數會以最大開啟連接數為準。如果 n ≤ 0，則將不會保留閒置連接。

7. SQL 查詢

（1）用 QueryRow() 方法進行單行查詢。

根據本節之前創建的 user 表，定義一個 User 結構來儲存資料庫返回的資料：

```
type User struct {
    Uid   int
```

```
    Name  string
    Phone string
}
```

database/sql 套件中單行查詢方法的定義如下：

```
func (db *DB) QueryRow(query string, args ...interface{}) *Row
```

QueryRow() 方法執行一次查詢，並返回最多一行（Row）結果。QueryRow() 方法總是返回非 nil 的值，直到返回值的 Scan() 方法被呼叫時才會返回被延遲的錯誤。範例程式如下。

```
//單行測試
func queryRow() {
    // 應確保在QueryRow()方法之後呼叫Scan()方法，否則持有的資料庫連接不會被
    // 釋放
    err := db.QueryRow("select uid,name,phone from `user` where uid=?",
1).Scan(&u.Uid, &u.Name, &u.Phone)
    if err != nil {
        fmt.Printf("scan failed, err:%v\n", err)
        return
    }
    fmt.Printf("uid:%d name:%s phone:%s\n", u.Uid, u.Name, u.Phone)
}
```

（2）用 Query() 方法進行多行查詢。

Query() 方法執行一次查詢，返回多行（Rows）結果，一般用於執行 SELECT 類型的 SQL 命令。Query() 方法的定義如下：

```
func (db *DB) Query(query string, args ...interface{}) (*Rows, error)
```

其中，參數 query 表示 SQL 敘述，參數 args 表示 query 查詢敘述中的佔位參數。

Query() 方法的使用範例程式如下。

```
// 查詢多筆資料範例
func queryMultiRow() {
    rows, err := db.Query("select uid,name,phone from `user` where uid >
```

```
?", 0)
    if err != nil {
        fmt.Printf("query failed, err:%v\n", err)
        return
    }
    // 關閉rows，釋放持有的資料庫連接
    defer rows.Close()
    // 迴圈讀取結果集中的資料
    for rows.Next() {
        err := rows.Scan(&u.Uid, &u.Name, &u.Phone)
        if err != nil {
            fmt.Printf("scan failed, err:%v\n", err)
            return
        }
        fmt.Printf("uid:%d name:%s phone:%s\n", u.Uid, u.Name, u.Phone)
    }
}
```

（3）用 Exec() 方法插入資料。

Exec() 方法的定義如下：

```
func (db *DB) Exec(query string, args ...interface{}) (Result, error)
```

Exec() 方法用於執行一次命令（包括查詢、刪除、更新、插入等），返回的 Result 是對已執行的 SQL 命令的執行結果。其中，參數 query 表示 SQL 敘述，參數 args 表示 query 參數中的佔位參數。

用 Exec() 方法插入資料的範例程式如下。

```
// 插入資料
func insertRow() {
    ret, err := db.Exec("insert into user(name,phone) values (?,?)",
"王五", 13988557766)
    if err != nil {
        fmt.Printf("insert failed, err:%v\n", err)
        return
    }
    uid, err := ret.LastInsertId() // 獲取新插入資料的uid
    if err != nil {
```

```
        fmt.Printf("get lastinsert ID failed, err:%v\n", err)
        return
    }
    fmt.Printf("insert success, the id is %d.\n", uid)
}
```

（4）更新資料。

用 Exec() 方法更新資料的範例程式如下。

```
// 更新資料
func updateRow() {
    ret, err := db.Exec("update user set name=? where uid = ?", "張三", 3)
    if err != nil {
        fmt.Printf("update failed, err:%v\n", err)
        return
    }
    n, err := ret.RowsAffected() // 操作影響的行數
    if err != nil {
        fmt.Printf("get RowsAffected failed, err:%v\n", err)
        return
    }
    fmt.Printf("update success, affected rows:%d\n", n)
}
```

（5）刪除資料。

用 Exec() 方法刪除資料的範例程式如下。

```
// 刪除資料
func deleteRow() {
    ret, err := db.Exec("delete from user where uid = ?", 2)
    if err != nil {
        fmt.Printf("delete failed, err:%v\n", err)
        return
    }
    n, err := ret.RowsAffected() // 操作影響的行數
    if err != nil {
        fmt.Printf("get RowsAffected failed, err:%v\n", err)
        return
    }
```

```
    fmt.Printf("delete success, affected rows:%d\n", n)
}
```

8. MySQL 前置處理

（1）什麼是前置處理。

要了解前置處理，需要首先了解普通 SQL 敘述的執行過程：

① 用戶端對 SQL 敘述進行預留位置替換，得到完整的 SQL 敘述；

② 用戶端發送完整的 SQL 敘述到 MySQL 伺服器端；

③ MySQL 伺服器端執行完整的 SQL 敘述，並將結果返給用戶端。

（2）前置處理執行過程。

① 把 SQL 敘述分成兩部分——命令部分與資料部分；

② 把命令部分發送給 MySQL 伺服器端，MySQL 伺服器端進行 SQL 前置處理；

③ 把資料部分發送給 MySQL 伺服器端，MySQL 伺服器端對 SQL 敘述進行預留位置替換；

④ MySQL 伺服器端執行完整的 SQL 敘述，並將結果返回給用戶端。

（3）為什麼要前置處理。

前置處理用於最佳化 MySQL 伺服器重複執行 SQL 敘述的問題，可以提升伺服器性能。提前讓伺服器編譯，一次編譯多次執行，可以節省後續編譯的成本，避免 SQL 注入問題。

（4）Go 語言中的 MySQL 前置處理。

在 Go 語言中，Prepare() 方法會將 SQL 敘述發送給 MySQL 伺服器端，返回一個準備好的狀態用於之後的查詢和命令。返回值可以同時執行多個查詢和命令。Prepare() 方法的定義如下：

```
func (db *DB) Prepare(query string) (*Stmt, error)
```

用 Prepare() 方法進行前置處理查詢的範例程式如下。

```
// 前置處理查詢範例
func prepareQuery() {
    stmt, err := db.Prepare("select uid,name,phone from `user` where uid
> ?")
    if err != nil {
        fmt.Printf("prepare failed, err:%v\n", err)
        return
    }
    defer stmt.Close()
    rows, err := stmt.Query(0)
    if err != nil {
        fmt.Printf("query failed, err:%v\n", err)
        return
    }
    defer rows.Close()
    // 迴圈讀取結果集中的資料
    for rows.Next() {
        err := rows.Scan(&u.Uid, &u.Name, &u.Phone)
        if err != nil {
            fmt.Printf("scan failed, err:%v\n", err)
            return
        }
        fmt.Printf("uid:%d name:%s phone:%s\n", u.Uid, u.Name, u.Phone)
    }
}
```

插入、更新和刪除操作的前置處理敘述十分類似，這裡以插入操作的前置處理為例：

```
// 前置處理插入範例
func prepareInsert() {
    stmt, err := db.Prepare("insert into user(name,phone) values (?,?)")
    if err != nil {
        fmt.Printf("prepare failed, err:%v\n", err)
        return
    }
```

```
    defer stmt.Close()
    _, err = stmt.Exec("barry", 18799887766)
    if err != nil {
        fmt.Printf("insert failed, err:%v\n", err)
        return
    }
    _, err = stmt.Exec("jim", 18988888888)
    if err != nil {
        fmt.Printf("insert failed, err:%v\n", err)
        return
    }
    fmt.Println("insert success.")
}
```

9. 用 Go 實現 MySQL 交易

（1）什麼是交易。

交易是一個最小的、不可再分的工作單元。通常一個交易對應一個完整的業務（例如銀行帳戶轉帳業務，該業務就是一個最小的工作單元），同時這個完整的業務需要執行多次 DML（INSERT、UPDATE、DELETE 等）敘述，共同聯合完成。

舉例來說，A 轉帳給 B，就需要執行兩次 UPDATE 操作。在 MySQL 中只有使用了 Innodb 資料庫引擎的資料庫或表才支援交易。

交易處理用來維護資料庫的完整性，保證成批的 SQL 敘述不是全部執行，就是全部不執行。

（2）交易的 ACID 屬性。

通常交易必須滿足 4 個條件（ACID）：原子性（Atomicity，或稱不可分割性）、一致性（Consistency）、隔離性（Isolation，又稱獨立性）、持久性（Durability）。交易的 ACID 屬性的解釋見表 4-1。

表 4-1

屬　性	解　釋
原子性（Atomicity）	一個交易（transaction）中的所有操作，不是全部完成，就是全部不完成，不會結束在中間某個環節。如果交易在執行過程中發生錯誤，則會被回覆（Rollback）到交易開始前的狀態，就像這個交易從來沒有被執行過一樣
一致性（Consistency）	在交易開始之前和交易結束後，資料庫的完整性沒有被破壞。這表示寫入的資料必須完全符合所有的預設規則，這包含資料的精確度、串聯性，以及後續資料庫可以自發地完成預定工作
隔離性（Isolation）	資料庫允許多個併發交易同時對其資料進行讀寫和修改。隔離性可以避免多個交易併發執行時由於交換執行而導致資料的不一致。交易隔離分為不同等級，包 括讀取未提交（read uncommitted）、讀取提交（read committed）、可重 複讀取（repeatable read）和序列化（serializable）
持久性（Durability）	在交易處理結束後，對資料的修改是永久的，即使系統發生故障也不會改變

（3）交易相關方法。

Go 語言使用以下 3 個方法實現 MySQL 中的交易操作。

■ Begin() 方法用於開始交易，定義如下：

```
func (db *DB) Begin() (*Tx, error)
```

■ Commit() 方法用於提交交易，定義如下：

```
func (tx *Tx) Commit() error
```

■ Rollback() 方法用於回覆交易，定義如下：

```
func (tx *Tx) Rollback() error
```

下面的程式展示了一個簡單的交易操作，該交易操作能夠確保兩次更新操作不是同時成功就是同時失敗，不會存在中間狀態：

```
// 交易操作範例
func transaction() {
    tx, err := db.Begin() // 開啟交易
```

```
    if err != nil {
        if tx != nil {
            tx.Rollback() // 回覆
        }
        fmt.Printf("begin trans failed, err:%v\n", err)
        return
    }
    _, err = tx.Exec("update user set name='james' where uid=?", 1)
    if err != nil {
        tx.Rollback() // 回覆
        fmt.Printf("exec sql1 failed, err:%v\n", err)
        return
    }
    _, err = tx.Exec("update user set name='james' where uid=?", 3)
    if err != nil {
        tx.Rollback() // 回覆
        fmt.Printf("exec sql2 failed, err:%v\n", err)
        return
    }
    tx.Commit() // 提交交易
    fmt.Println("exec transaction success!")
}
```

10. SQL 注入與防禦

SQL 注入是一種攻擊手段，透過執行惡意 SQL 敘述，進而將任意 SQL 程式插入資料庫查詢中，從而使攻擊者完全控制 Web 應用程式後台的資料庫伺服器。

攻擊者可以使用 SQL 注入漏洞繞過應用程式驗證，比如繞過登入驗證登入、Web 身份驗證和授權頁面；也可以繞過網頁，直接檢索資料庫的所有內容；還可以惡意修改、刪除和增加資料庫內容。

> **提示**
> 在編寫 SQL 指令稿時，儘量不要自己拼接 SQL 敘述。

下面是一個自行拼接 SQL 敘述的範例——編寫一個根據 name 欄位查詢 user 表的函數：

```
// SQL注入範例
func sqlInject(name string) {
    sqlStr := fmt.Sprintf("select uid, name, phone from user where name=
'%s'", name)
    fmt.Printf("SQL:%s\n", sqlStr)
    ret, err := db.Exec(sqlStr)
    if err != nil {
        fmt.Printf("update failed, err:%v\n", err)
        return
    }
    n, err := ret.RowsAffected() // 操作影響的行數
    if err != nil {
        fmt.Printf("get RowsAffected failed, err:%v\n", err)
        return
    }
    fmt.Printf("get success, affected rows:%d\n", n)
}
```

此時用 sqlInject() 方法輸入字串可以引發 SQL 注入問題，範例程式如下：

```
sqlInject("xxx' or 1=1#")
sqlInject("xxx' union select * from user #")
sqlInject("xxx' and (select count(*) from user) <10 #")
```

針對 SQL 注入問題，常見的防禦措施有：

（1）禁止將變數直接寫入 SQL 敘述。

（2）對使用者進行分級管理，嚴格控制使用者的許可權。

（3）對使用者輸入進行檢查，確保資料登錄的安全性。在具體檢查輸入或提交的變數時，對單引號、雙引號、冒號等字元進行轉換或過濾。

（4）對資料庫資訊進行加密。

4.2 Redis 的安裝及使用

Redis 是一個開放原始碼、使用 ANSI C 語言編寫、遵守 BSD 協定、支援網路、可基於記憶體亦可持久化的日誌型、Key-Value 類型資料庫，並提供多種語言的 API。

它通常被稱為資料結構伺服器，因為其中的值（Value）可以是字串（String）、雜湊（Hash）、清單（List）、集合（Set）和有序集合（Sorted Set）等類型。Redis 可用於快取、事件發佈或訂閱、高速佇列等場景。

4.2.1 Redis 的安裝

以下是在 Linux 下安裝 Redis 的方法。

（1）打開命令列終端，輸入以下命令進行下載、提取和編譯 Redis：

```
$ wget https://download.redis.io/releases/redis-6.0.9.tar.gz
$ tar xzf redis-6.0.9.tar.gz
$ cd redis-6.0.9
$ make
```

編譯好後的二進位檔案可以在 src 目錄下找到。

（2）執行 src/redis-server 即可執行 Redis：

```
$ src/redis-server
```

（3）執行 Redis 後，可以透過內建用戶端與 Redis 互動：

```
$ src/redis-cli
redis> set foo abc
OK
redis> get foo
"abc"
```

透過 Docker 也可以安裝 Redis，而且更加方便快捷。關於透過 Docker 安裝 Redis 的方法，會在第 10 章進行詳細講解。

4.2.2 Redis 基礎入門

管理 Redis 資料庫既可以用 Redis Desktop Manager 等視覺化管理工具，也可以直接使用命令列。

接下來根據不同的資料結構來介紹 Redis 的常用命令列操作。

1. 字串

字串（String）是 Redis 的基本資料結構之一，由 Key 和 Value 組成。可以類比成程式語言的變數：Key 代表變數名稱，Value 代表變數值。

（1）查看所有的 Key 的命令如下：

```
keys *
```

（2）創建字串的命令如下：

```
set key value
```

如果 Value 中有空格，則需要使用英文雙引號（""）將 value 包起來。形如：

```
set abc "a b c"
```

（3）讀取字串的命令如下：

```
get key
```

如果獲取一個不存在的 Key，則返回 nil。

（4）修改 key 中的值。

下面這個命令 Key 存在則修改，不存在則創建。

```
set key new_value
```

假如不希望 set 命令覆蓋舊值怎麼辦？使用 "NX" 參數即可。這樣，當 Key 存在時，使用 "set key value NX" 就不能覆蓋原來的值。

```
set key value NX
```

如果想在 Value 的尾端加上一些字串，則可以使用 append 命令（如果 Key 不存在，則創建 Key）。當然，如果值有空格，則和 set 的處理方法一樣：

```
append key value
```

如果 Key 是數字，則可以對數字進行修改。讓 Key 中的數字加 1 的命令：

```
incr key
```

讓 Key 中的數字減 1 的命令：

```
decr key
```

讓 Key 中的數字加 *n* 的命令：

```
incrby key n
```

讓 Key 中的數字減 *n* 的命令：

```
decrby key n
```

（5）刪除。

如果 Key 存在則返回 1，否則返回 0，形如：

```
del key
```

2. 雜湊（Hash）

Redis 中雜湊（Hash）是一個 string 類型的 field（欄位）和 value（值）的映射表，特別適合用於儲存物件。Redis 中每個雜湊表可以儲存 2^{32} - 1 個鍵值對。使用雜湊表不僅能夠減少 Redis 中 Key 的個數，還能最佳化儲存空間，佔用的記憶體要比字串少很多。

（1）增加資料：

一次增加 1 個鍵值對資料：

```
hset key field value
```

一次增加多個鍵值對資料：

```
hmset key field1 value1 [field2 value2 ]
```

當然，如果不想對已經存在的欄位進行修改，則可使用 **hsetnx** 命令：

```
hsetnx key field value
```

（2）獲得資料：

獲得 1 個欄位的值：

```
hget key field
```

獲得多個欄位的值：

```
hmget key field1 [field2]
```

獲得所有的欄位名稱和值：

```
hgetall key
```

判斷是否存在某欄位：

```
HEXISTS key field
```

如果欄位存在則返回 1，如果不存在則返回 0。

獲得雜湊表中欄位的數量：

```
hlen key
```

3. 列表（List）

清單是一種很獨特的結構。可以把列表想像成一根水管，資料從一邊進去，然後從另外一邊出來。那麼這種結構有什麼用處呢？以發訊息為例。發訊息需要保證訊息到達的順序，那是不是就可以使用列表呢？例如：發送訊息從左邊進，接受訊息從右邊得到。

下面介紹列表的幾個簡單操作。

（1）插入資料。

用 lpush 和 rpush 來插入資料。其中 l 代表 left（左），r 代表 right(右)。從左邊插入資料：

```
lpush key value
```

從右邊插入資料：

```
rpush key value
```

（2）獲得列表的長度。

獲得列表的長度使用 llen 命令。注意，下面的第 1 個 l 並不是代表 left，而是代表 list：

```
llen key
```

（3）查看資料。

查看資料的格式如下：

```
lrange key 開始索引 結束索引
```

索引從最左邊開始編號，意思就是最後一個 lpush 的資料的索引是 0。如果開始索引和結束索引一樣，則返回索引位置的值。那麼假如從右邊開始呢？使用「負索引」即可。其中，-1 代表最右邊的資料，-2 代表最右邊的第 2 個資料。

（4）彈出資料。

彈出最左邊的資料的命令如下：

```
lpop key
```

彈出最右邊的資料的命令如下：

```
rpop key
```

彈出資料和查看資料的差別在於，在彈出資料的同時也會將資料進行刪除，而查看資料則不刪除資料。

4. 集合（Set）

Redis 中的集合和數學中的集合有點類似：資料是無序的，不能重複。

（1）增加資料。

增加 set 元素的命令如下：

```
sadd key value1 value2 value3 ……
```

（2）獲得集合中元素的數量。

scard 命令用於返回集合中元素的數量：

```
scard key
```

smembers 命令用於返回集合中的所有成員。不存在 Key 的集合被視為空集合：

```
smembers key
```

5. 有序集合

有序集合（Sorted Sets），顧名思義就是集合中的資料是有序的。那麼它有什麼含義呢？在一個高併發的場景中，資料是一直更新的。將資料儲存到資料庫中，如果需要即時獲取排名，則肯定會對資料的性能造成很大的影響。畢竟資料量越大，排序時間也就越緩慢。

和集合不同的是，有序集合的元素會連結一個 double 類型的分數，其中元素不能重複，但是分數可以重複。

（1）增加資料。

增加資料的命令如下：

```
zadd key score1 member1 [score2 member2]
```

score 必須為 double 類型，如果輸入非 double 類型的資料則顯示出錯。

(2) 修改資料。

可以使用 zadd 命令修改資料的分數，同時可以增加 NX 參數：

```
zadd key NX sorce member
```

(3) 獲取資料。

zrangebyscore 命令用於返回有序集合中指定分數區間的成員清單。有序集合的成員按分數值遞增（從小到大）的順序排列。zrangebyscore 命令的基本語法如下：

```
zrangebyscore key min max [WITHSCORES] [LIMIT offset count]
```

(4) 獲得排名。

zrank 命令用於返回有序集合中指定成員的排名。其中有序整合員按分數值遞增（從小到大）的順序排列：

```
zrank key member
```

(5) 獲得一個值的評分。

zscore 命令用於返回有序集合中成員的分數值。如果成員不是有序集合 key 的成員，或 key 不存在，則返回 nil：

```
zscore key member
```

(6) 查看某個評分範圍內的值有多少。

zcount 命令用於計算有序集合中指定分數區間的成員數量。其基本語法如下：

```
zcount key min max
```

4.2.3 Go 存取 Redis

1. Redis 連接

Go 語言官方並沒有提供 Redis 存取套件。在 Redis 官網上有很多 Go 語言的用戶端套件，它們都能實現對 Redis 的存取和操作。

作者使用後感覺，相對來說 Redigo 使用起來更人性化。重要的是，其原始程式碼結構很清晰，而且其支援管道、發佈和訂閱、連接池等。所以本節選擇 Redigo 作為範例講解。

進入 Redis 官網，可查看到其支援的 Go 語言用戶端套件，如圖 4-2 所示。

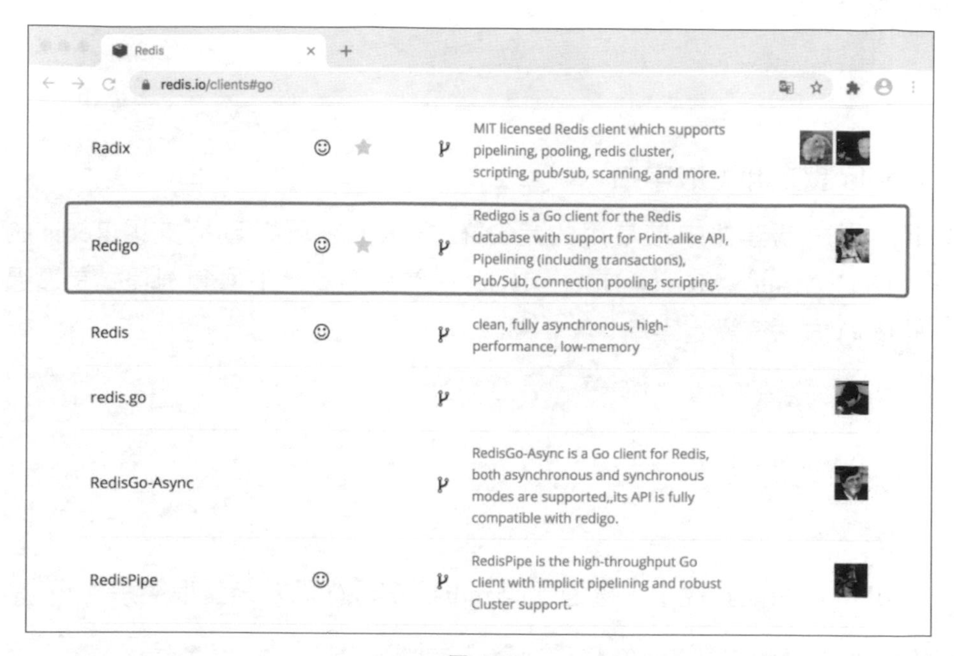

圖 4-2

打開命令列終端，在其中輸入 "go get github.com/gomodule/redigo" 命令獲取專案套件，然後將專案套件匯入專案。

接下來，透過呼叫 redis.Dial() 函數來連接 Redis 伺服器。

程式 chapter4/redis1.go　用redis.Dial()函數連接Redis伺服器的範例

```
package main

import (
    "fmt"
    "github.com/gomodule/redigo/redis"
)
```

```
func main() {
    c, err := redis.Dial("tcp", "localhost:6379")
    if err != nil {
        fmt.Println("conn redis failed, err:", err)
        return
    }
    defer c.Close()
}
```

2. Redis 設定和獲取字串

Redigo 用戶端套件中最常用的是 Do() 方法，它可以直接支援 Redis 的 Set、Get、MSet、MGet、HSet、HGet 等常用命令。下面範例程式是透過呼叫 Do() 方法來設定字串：

```
_, err := c.Do("Set", "username", "jack")
if err != nil {
    fmt.Println(err)
    return
}
```

在 Redigo 用戶端套件中，透過呼叫 redis.String() 函數來獲取字串：

```
res, err := redis.String(c.Do("Get", "username"))
if err != nil {
    fmt.Println(err)
    return
}
fmt.Println(res)
```

3. Redis 批次設定

在 Redigo 用戶端套件中，可以用 Do() 方法來批次設定字串：

```
_, err = c.Do("MSet", "username", "james", "phone", "18888888888")
if err != nil {
    fmt.Println("MSet error: ", err)
    return
}
```

Redigo 用戶端套件可以用 redis.Strings() 函數配合 Do() 方法來批次獲取字串：

```
res2, err := redis.Strings(c.Do("MGet", "username", "phone"))
if err != nil {
    fmt.Println("MGet error: ", err)
    return
}
fmt.Println(res2)
```

4. Redis hash 操作

在 Redigo 用戶端套件中，可以用 Do() 方法來設定和獲取 hash 類型：

```
_, err = c.Do("HSet", "names", "jim", "barry")
if err != nil {
    fmt.Println("hset error: ", err)
    return
}

res3, err := redis.String(c.Do("HGet", "names", "jim"))
if err != nil {
    fmt.Println("hget error: ", err)
    return
}
fmt.Println(res3)
```

5. Redis 設定過期時間

在 Redigo 用戶端套件中，可以用 Do() 方法來設定過期時間：

```
_, err = c.Do("expire", "names", 10)
if err != nil {
    fmt.Println("expire error: ", err)
    return
}
```

6. Redis 佇列

以下是在 Redigo 用戶端套件中用 Do() 方法來設定佇列的範例程式：

```
//佇列
_, err = c.Do("lpush", "Queue", "jim", "barry", 9)
if err != nil {
    fmt.Println("lpush error: ", err)
    return
}
for {
    r, err := redis.String(c.Do("lpop", "Queue"))
    if err != nil {
    fmt.Println("lpop error: ", err)
    break
    }
    fmt.Println(r)
}
res4, err := redis.Int(c.Do("llen", "Queue"))
if err != nil {
    fmt.Println("llen error: ", err)
    return
}
fmt.Println(res4)
```

7. 實現 Redis 連接池功能

為什麼使用連接池？ Redis 也是一種資料庫，它基於 C/S 模式，因此如果需要使用，則必須先建立連接。C/S 模式就是一種遠端通訊的互動模式，因此 Redis 伺服器可以單獨作為一個資料庫伺服器獨立存在。

假設 Redis 伺服器與用戶端分處異地，雖然基於記憶體的 Redis 資料庫具有超高的性能，但是底層的網路通訊卻佔用了一次資料請求的大量時間。因為，每次資料互動都需要先建立連接。假設一次資料互動總共用時 30ms，超高性能的 Redis 資料庫處理資料所花的時間可能不到 1ms，也就是說前期的連接佔用了 29ms。

連接池則可以實現在用戶端建立多個與伺服器的連接並且不釋放。當需要使用連接時，透過一定的演算法獲取已經建立的連接，使用完後則還給連接池，這就免去了連接伺服器所佔用的時間。

Redigo 用戶端套件中透過 Pool 物件來建立連接池，其使用方法如下。

（1）使用 Pool 結構初始化一個連接池：

```
pool := &redis.Pool{
    MaxIdle:     16,
    MaxActive:   1024,
    IdleTimeout: 300,
    Dial: func() (redis.Conn, error) {
        return redis.Dial("tcp", "localhost:6379")
    },
}
```

該結構各欄位的解釋如下。

- MaxIdle：最大的空閒連接數，表示即使在沒有 Redis 連接時，依然可以保持 *n* 個空閒的連接，隨時處於待命狀態。
- MaxActive：最大的啟動連接數，表示同時最多有 *n* 個連接。
- IdleTimeout：最大的空閒連接等待時間，超過此時間後空閒連接將被關閉。

（2）呼叫 Do() 方法來設定和獲取字串：

```
func main() {
    c := pool.Get()
    defer c.Close()

    _, err := c.Do("Set", "username", "jack")
    if err != nil {
        fmt.Println(err)
        return
    }
    r, err := redis.String(c.Do("Get", "username"))
    if err != nil {
        fmt.Println(err)
        return
    }
    fmt.Println(r)
}
```

以上完整連接池的範例程式如下。

程式 chapter4/redis2.go　用連接池Do()方法來設定和獲取字串

```
package main

import (
    "fmt"
    "github.com/gomodule/redigo/redis"
)

var pool *redis.Pool

func init() {
    pool = &redis.Pool{
        MaxIdle:     16,
        MaxActive:   1024,
        IdleTimeout: 300,
        Dial: func() (redis.Conn, error) {
            return redis.Dial("tcp", "localhost:6379")
        },
    }
}

func main() {
    c := pool.Get()
    defer c.Close()

    _, err := c.Do("Set", "username", "jack")
    if err != nil {
        fmt.Println(err)
        return
    }
    r, err := redis.String(c.Do("Get", "username"))
    if err != nil {
        fmt.Println(err)
        return
    }
    fmt.Println(r)
}
```

在程式所在目錄下打開命令列終端，輸入命令，返回如下：

```
$ go run redis2.go
jack
```

8. Redis 實現管道操作

請求 / 回應服務可以實現持續處理新請求。用戶端可以發送多個命令到伺服器端而無須等待響應，最後再一次性讀取多個響應。

Send()、Flush()、Receive() 方法支援管道化操作。Send() 方法用於向連接的輸出緩衝中寫入命令。Flush() 方法用於將連接的輸出緩衝清空並寫入伺服器端。Recevie() 方法用於按照 FIFO 順序依次讀取伺服器端的回應。範例程式如下。

程式 chapter4/redis3.go　用Redis實現管道操作的範例

```
package main

import (
    "fmt"
    "github.com/gomodule/redigo/redis"
)

func main() {
    c, err := redis.Dial("tcp", "localhost:6379")
    if err != nil {
        fmt.Println("conn redis failed, err:", err)
        return
    }
    defer c.Close()

    c.Send("SET", "username1", "jim")
    c.Send("SET", "username2", "jack")

    c.Flush()

    v, err := c.Receive()
    fmt.Printf("v:%v,err:%v\n", v, err)
```

```
    v, err = c.Receive()
    fmt.Printf("v:%v,err:%v\n", v, err)

    v, err = c.Receive() // 一直等待
    fmt.Printf("v:%v,err:%v\n", v, err)
}
```

在程式所在目錄下打開命令列終端，輸入命令，返回如下：

```
$ go run redis3.go
v:OK,err:<nil>
v:OK,err:<nil>
```

9. Redis 的併發

在日常開發中，有時會遇到這樣的場景：多個人同時對同一個資料進行修改，導致併發問題發生。使用 Redis 來解決這個問題是很好的選擇。

Redis 管道使得用戶端能夠用「無等待回應」的方式，來連續發送多筆命令請求至 Redis 伺服器端，然後伺服器端按照請求順序返回對應的結果。類似於以下形式：

```
client> set key1 value1;
client> set key2 value2;
client> set key3 value3;
server> ok
server> ok
server> ok
```

Redis 管道（Pipelining）的操作可以視為併發操作，並透過 Send()、Flush()、Receive() 這 3 個方法實現。用戶端可以用 Send() 方法一次性向伺服器發送一個或多個命令。命令發送完畢後，用 Flush() 方法將緩衝區的命令一次性發送到伺服器端，用戶端再用 Receive() 方法依次按照先進先出的順序讀取所有命令的結果。Redis 併發的範例如下。

程式 chapter4/redis4.go Redis併發的範例

```go
package main

import (
    "fmt"
    "github.com/gomodule/redigo/redis"
)

func main() {
    conn, err := redis.Dial("tcp", "localhost:6379")
    if err != nil {
        fmt.Println("connect redis error :", err)
        return
    }
    defer conn.Close()
    conn.Send("HSET", "students", "name", "jim", "age", "19")
    conn.Send("HSET", "students", "score", "100")
    conn.Send("HGET", "students", "age")
    conn.Flush()

    res1, err := conn.Receive()
    fmt.Printf("Receive res1:%v \n", res1)
    res2, err := conn.Receive()
    fmt.Printf("Receive res2:%v\n", res2)
    res3, err := conn.Receive()
    fmt.Printf("Receive res3:%s\n", res3)
}
```

在程式所在目錄下打開命令列終端，輸入命令，返回如下：

```
$ go run redis4.go
Receive res1:<nil>
Receive res2:1
Receive res3:%!s(<nil>)
```

10.Redis 的交易

MULTI、EXEC、DISCARD 和 WATCH 方法是組成 Redis 交易的基礎。使用 Go 語言對 Redis 進行交易操作的本質也是使用這些命令。

- MULTI：開啟交易；
- EXEC：執行交易；
- DISCARD：取消交易；
- WATCH：監視交易中的鍵變化，一旦有改變則取消交易。

Redis 交易的範例程式如下。

程式 chapter4/redis4.go Redis交易的範例

```
package main

import (
    "fmt"
    "github.com/gomodule/redigo/redis"
)

func main() {
    conn, err := redis.Dial("tcp", "localhost:6379")
    if err != nil {
        fmt.Println("connect redis error :", err)
        return
    }
    defer conn.Close()
    conn.Send("MULTI")
    conn.Send("INCR", "foo")
    conn.Send("INCR", "bar")
    r, err := conn.Do("EXEC")
    fmt.Println(r)
}
```

在程式所在目錄下打開命令列終端，輸入命令，返回如下：

```
$ go run redis5.go
[1 1]
```

4.3 MongoDB 的安裝及使用

4.3.1 MongoDB 的安裝

1. 在 Windows 中安裝 MongoDB

進入 MongoDB 官網，選擇 Windows 版本點擊 "Download" 按鈕下載，如圖 4-3 所示。下載完成後安裝軟體提示進行安裝即可。

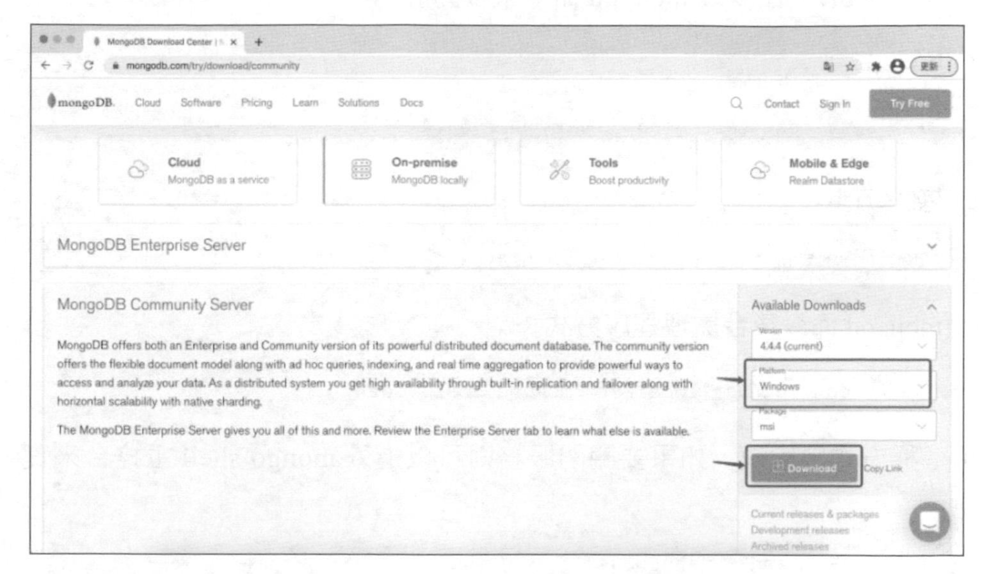

圖 4-3

2. 在 Mac OS X 中安裝 MongoDB

（1）透過 brew 安裝 MongoDB。

Mac OS X 中最快捷的方式是透過 brew 進行安裝。前面章節已經介紹過如何安裝 brew，這裡直接介紹如何透過 brew 來安裝 MongoDB：

```
$ brew tap mongodb/brew
$ brew install mongodb-community@4.4
```

上面命令中，@ 符號後面的 4.4 是版本編號。

正常情況下，過一段時間後會安裝完成。完成後需要設定日誌及資料檔案，檔案路徑如下。

- 設定檔：/usr/local/etc/mongod.conf。
- 記錄檔路徑：/usr/local/var/log/mongodb。
- 資料存放路徑：/usr/local/var/mongodb。

（2）執行 MongoDB。

可以使用 brew 命令或 mongod 命令來啟動服務。

- brew 啟動：

```
$ brew services start mongodb-community@4.4
```

- brew 停止：

```
$ brew services stop mongodb-community@4.4
```

- mongod 命令後台處理程序方式：

```
mongod --config /usr/local/etc/mongod.conf -fork
```

用這種方式啟動後，如果要關閉服務則可以進入 mongo shell 主控台來實現：

```
> db.adminCommand({ "shutdown" : 1 })
```

4.3.2 MongoDB 基礎入門

1. MongoDB 簡介

和 Redis 一樣，MongoDB 也是一種非關聯式資料庫（NoSQL）。MongoDB 是一個基於分散式檔案儲存的資料庫，使用 C++ 語言編寫。

MongoDB 旨在為 Web 應用提供可擴充的高性能資料儲存解決方案。MongoDB 是一個介於關聯式資料庫和非關聯式資料庫之間的產品，是非關聯式資料庫當中功能最豐富，最像關聯式資料庫的資料庫。表 4-2 羅列了 SQL 與 MongoDB 的術語比較。

表 4-2

SQL	MongoDB
表（Talbe）	集合（Collection）
行（Row）	文件（Document）
列（Col）	欄位（Field）
主鍵（Primary Key）	物件 ID（ObjectId）
索引（Index）	索引（Index）
巢狀表格（Embeded Table）	嵌入式文件（Embeded Document）
陣列（Array）	陣列（Array）

MongoDB 將資料儲存為一個文件，資料結構由鍵值（Key-Value）對組成。MongoDB 文件類似於 JSON 物件。欄位值可以包含其他文件、陣列及文件陣列。在 MongoDB 中，對於插入資料並沒有格式上要求，欄位類型可以隨意變動。

舉例來說，在創建一個集合後，可以在這個集合中插入下面的資料：

```
{
    "username":"Shirdon",
    "email":"shirdonliao@gmail.com"
}
```

也可以是另外一個格式：

```
{
    "username":"Shirdon",
    "score":99
}
```

以上兩種都是符合要求的，這個與 MySQL 有較大區別。

2. 資料庫操作

（1）啟動資料庫。

在 Linux 系統中，進入 MongoDB 安裝目錄的下的 bin 目錄，然後執行 mongod 命令即可啟動資料庫：

```
$ ./mongod
```

（2）資料庫連接。

MongoDB 資料庫連接的標準 URI 語法如下：

```
mongodb://[username:password@]host1[:port1][,host2[:port2],...
[/[database][?options]]
```

舉例來說，連接本地資料庫伺服器，通訊埠是預設的，方法如下：

```
mongodb://localhost
```

連接 3 台伺服器，通訊埠分別為 27017、27018、27019，方法如下：

```
mongodb://localhost,localhost:27018,localhost:27019
```

（3）創建資料庫。

MongoDB 創建資料庫的語法格式如下：

```
> use DATABASE_NAME
```

如果資料庫不存在，則創建資料庫，否則切換到指定資料庫。舉例來說，創建一個名為 mongo_db 的資料庫的命令如下：

```
> use mongo_db
switched to db mongo_db
```

（4）刪除資料庫。

MongoDB 刪除資料庫的語法格式如下：

```
db.dropDatabase()
```

其範例程式如下：

```
> db.dropDatabase()
{ "dropped" : "mongo_db", "ok" : 1 }
```

3. 集合操作

（1）創建集合。

MongoDB 中用 createCollection() 方法來創建集合。語法格式如下：

```
db.createCollection(name, options)
```

舉例來說，創建一個名為 my_collection 的集合的範例程式如下：

```
> db.createCollection("my_collection")
{ "ok" : 1 }
```

（2）刪除集合。

MongoDB 中用 drop() 方法來刪除集合。語法格式如下：

```
db.collection.drop()
```

舉例來說，刪除一個名為 my_collection 的集合的範例程式如下：

```
> db.my_collection.drop()
true
```

4. 文件操作

（1）插入文件。

MongoDB 用 insert() 方法向集合中插入文件，語法如下：

```
db.collection.insert(document)
```

也可以使用 save() 方法：

```
db.collection.save(document)
```

首先創建一個名字為 my_collection 的集合，然後插入文件，範例程式如下：

```
> db.my_collection.insertOne(
...     {
...         "name":"shirdon",
...         "address":"chengdu"
...     }
... )
{
    "acknowledged" : true,
    "insertedId" : ObjectId("5fdafdc4f57441ef20895471")
}
```

（2）查詢文件。

MongoDB 查詢文件的語法格式如下：

```
db.collection.find(query, projection)
```

① 查詢所有文件。

查詢所有文件的範例程式如下：

```
> db.my_collection.find({})
{ "_id" : ObjectId("5fdafdc4f57441ef20895471"), "name" : "shirdon",
"address" : "chengdu" }
```

其中，{ } 中包含的是查詢準則，因為是查詢所有的文件，所以直接為空，或省略 {} 也行。

② 按條件查詢。

按條件查詢文件的格式如下：

```
db.collection.find({"欄位1":"值1","欄位2":"值2"})
```

範例程式如下：

```
> db.my_collection.find({"name":"shirdon","address":"chengdu"})
{ "_id" : ObjectId("5fdafdc4f57441ef20895471"), "name" : "shirdon",
"address" : "chengdu" }
```

③ 按範圍值查詢。

按範圍值查詢文件的格式如下：

```
db.collection.find(
    {
        "欄位1":{"修飾符號1":邊界1,"修飾符號2":邊界2},
         "欄位2":{"修飾符號1":邊界1,"修飾符號2":邊界2}
    }
)
```

常見範圍修飾符號及其意義見表 4-3。

表 4-3

修飾符號	意　義
$gt	大於（great than）
$gte	大於或等於（great than equal）
$lt	小於（less than）
$lte	小於或等於（less than equal）
$ne	不等於（not equal）

範例程式如下：

```
> db.my_collection.find(
...     {
...             "name":{"$ne":"shirdon"}
...     }
... )
{ "_id" : ObjectId("5fdafea8f57441ef20895472"), "name" : "barry",
"address" : "beijing" }
```

④ 按其他修飾符號查詢。

除以上介紹的修飾符號以外，還可以用常見的 count() 方法來得到文件的個數，範例程式如下：

```
> db.my_collection.find({}).count()
2
```

用 limit() 方法限定返回結果數量，範例程式如下：

```
> db.my_collection.find({}).limit(1)
{ "_id" : ObjectId("5fdafdc4f57441ef20895471"), "name" : "shirdon",
"address" : "chengdu" }
```

用 sort() 方法對結果進行排序，範例程式如下：

```
> db.my_collection.find({}).sort({"name":1})
{ "_id" : ObjectId("5fdafea8f57441ef20895472"), "name" : "barry",
"address" : "beijing" }
{ "_id" : ObjectId("5fdafdc4f57441ef20895471"), "name" : "shirdon",
"address" : "chengdu" }
```

其中，-1 為反向，1 為正序。

5. 修改文件

MongoDB 用 update() 和 save() 方法來更新集合中的文件。

（1）update() 方法。

update() 方法用於更新已存在的文件。語法格式如下：

```
db.collection_name.update(
   <query>,
   <update>,
   {
     upsert: <boolean>,
     multi: <boolean>,
     writeConcern: <document>
   }
)
```

用 update() 方法更新文件的範例程式如下：

```
> db.my_collection.update({'name':'barry'},{$set:{'address':'shanghai'}})
WriteResult({ "nMatched" : 1, "nUpserted" : 0, "nModified" : 1 })
```

（2）save() 方法

MongoDB 中 save() 方法透過傳入的文件來替換已有文件，_id 主鍵存在就更新，不存在就插入。語法格式如下：

```
db.collection.save(
   <document>,
   {
     writeConcern: <document>
   }
)
```

用 save() 方法更新文件的範例程式如下：

```
> db.my_collection.save({
...     "_id" : ObjectId("5fdafea8f57441ef20895472"),
...     "name" : "jack",
...     "address" : "chongqing"
... })
WriteResult({ "nMatched" : 1, "nUpserted" : 0, "nModified" : 1 })
```

6. 刪除文件

MongoDB 用 remove() 方法來移除集合中的文件。remove() 方法的基本語法格式如下所示：

```
db.collection.remove(
   <query>,
   {
     justOne: <boolean>,
     writeConcern: <document>
   }
)
```

用 remove() 方法更新的範例程式如下：

```
> db.my_collection.remove({'name':'jack'})
WriteResult({ "nRemoved" : 1 })
```

7. 文件去重

在 MongoDB 中進行文件去重用 distinct() 方法。該方法將獲取集合中指定欄位的不重複值，並以陣列的形式返回，其語法如下：

```
db.collection.distinct(field,query,options)
```

它可以接收兩個參數：第 1 個參數為需要被去重的欄位名稱，第 2 個參數是進行去重的條件（去重條件也就是進行查詢操作的第 1 個參數，可以省略）。其範例程式如下：

```
> db.my_collection.distinct("name",{"address":{"$ne":"shanghai"}})
[ "shirdon" ]
```

這個的含義就是，在 address 不等於 shanghai 的條件下對 name 欄位進行去重。那麼返回的資料是什麼呢？是一個陣列，其中是去重後的表中 name 欄位的非重複的資料。

> **提示**
> 這個去重是對返回值去重，而非對資料庫中的資料去重，即執行這個操作後資料庫中的資料沒有發生任何改變。

由於篇幅的原因，本節只介紹了 MongoDB 最基礎的一些內容，讓讀者對 MongoDB 有一個基本的認識，方便下面的學習。假如讀者想要進一步學習，可以購買 MongoDB 相關的圖書，或進入 MongoDB 官方網站閱讀相關文件自行研究。

4.3.3 Go 存取 MongoDB

1. 連接資料庫

（1）在命令列終端輸入以下命令獲取 MongoDB 驅動程式套件：

```
$ go get go.mongodb.org/mongo-driver/mongo
```

(2) 新建一個名為 mongodb 的 Go 語言套件，透過 ApplyURI() 方法連接資料庫，範例程式如下。

程式 chapter4/mongodb/util.go　用mongodb套件連接資料庫的範例

```
package mongodb

import (
    "context"
    "go.mongodb.org/mongo-driver/mongo"
    "go.mongodb.org/mongo-driver/mongo/options"
    "log"
)

var mgoCli *mongo.Client

func initDb() {
    var err error
    clientOptions := options.Client().ApplyURI("mongodb://localhost:27017")

    //連接MongoDB
    mgoCli, err = mongo.Connect(context.TODO(), clientOptions)
    if err != nil {
        log.Fatal(err)
    }
    //檢查連接
    err = mgoCli.Ping(context.TODO(), nil)
    if err != nil {
        log.Fatal(err)
    }
}
func MgoCli() *mongo.Client {
    if mgoCli == nil {
        initDb()
    }
    return mgoCli
}
```

（3）在連接資料庫後，呼叫 MgoCli() 函數獲取 MongoDB 用戶端實例，用 Database() 方法指定資料庫，用 Collection() 方法指定資料集合，其範例程式如下。

程式 chapter4/mongodb2.go　指定資料庫和資料集合的範例

```
package main

import (
    "gitee.com/shirdonl/goWebActualCombat/chapter4/mongodb"
    "go.mongodb.org/mongo-driver/mongo"
)
func main() {
    var (
        client = mongodb.MgoCli()
        db         *mongo.Database
        collection *mongo.Collection
    )
    //選擇資料庫my_db
    db = client.Database("my_db")

    //選擇表my_collection
    collection = db.Collection("my_collection")
    collection = collection
}
```

2. 插入一筆資料

首先，編寫模型檔案，建構結構 ExecTime、LogRecord：

```
package model

type ExecTime struct {
    StartTime int64 `bson:"startTime"`  //開始時間
    EndTime   int64 `bson:"endTime"`    //結束時間
}
type LogRecord struct {
    JobName string `bson:"jobName"`     //任務名
    Command string `bson:"command"`     //shell命令
```

```
    Err     string `bson:"err"`              //指令稿錯誤
    Content string `bson:"content"`          //指令稿輸出
    Tp      ExecTime                         //執行時間
}
```

然後，透過定義好的結構進行資料插入，範例程式如下。

程式 chapter4/mongodb3.go　資料插入的範例

```
package main

import (
    "context"
    "fmt"
    "gitee.com/shirdonl/goWebActualCombat/chapter4/model"
    "gitee.com/shirdonl/goWebActualCombat/chapter4/mongodb"
    "go.mongodb.org/mongo-driver/bson/primitive"
    "go.mongodb.org/mongo-driver/mongo"
    "time"
)

func main() {
    var (
        client     = mongodb.MgoCli()
        err        error
        collection *mongo.Collection
        iResult    *mongo.InsertOneResult
        id         primitive.ObjectID
    )
    //選擇資料庫my_db中的某個表
    collection = client.Database("my_db").Collection("my_collection")

    //插入某一筆資料
    logRecord := model.LogRecord{
        JobName: "job1",
        Command: "echo 1",
        Err:     "",
        Content: "1",
        Tp: model.ExecTime{
```

```
            StartTime: time.Now().Unix(),
            EndTime:   time.Now().Unix() + 10,
        },
    }
    if iResult, err = collection.InsertOne(context.TODO(), logRecord);
err != nil {
        fmt.Print(err)
        return
    }
    //_id:預設生成一個全域唯一ID
    id = iResult.InsertedID.(primitive.ObjectID)
    fmt.Println("自動增加ID", id.Hex())
}
```

執行以上程式後，正常情況下資料庫中會增加對應的資料。

3. 批次插入資料

在批次插入資料時，只需呼叫 InsertMany() 方法，範例程式如下。

程式 chapter4/mongodb4.go　批次資料插入的範例

```
package main

import (
    "context"
    "fmt"
    "gitee.com/shirdonl/goWebActualCombat/chapter4/model"
    "gitee.com/shirdonl/goWebActualCombat/chapter4/mongodb"
    "go.mongodb.org/mongo-driver/bson/primitive"
    "go.mongodb.org/mongo-driver/mongo"
    "log"
    "time"
)

func main() {
    var (
        client = mongodb.MgoCli()
        err        error
        collection *mongo.Collection
```

```
        result      *mongo.InsertManyResult
        id          primitive.ObjectID
    )
    collection = client.Database("my_db").Collection("test")

    //批次插入
    result, err = collection.InsertMany(context.TODO(), []interface{}{
        model.LogRecord{
            JobName: "job multi1",
            Command: "echo multi1",
            Err:     "",
            Content: "1",
            Tp: model.ExecTime{
                StartTime: time.Now().Unix(),
                EndTime:   time.Now().Unix() + 10,
            },
        },
        model.LogRecord{
            JobName: "job multi2",
            Command: "echo multi2",
            Err:     "",
            Content: "2",
            Tp: model.ExecTime{
                StartTime: time.Now().Unix(),
                EndTime:   time.Now().Unix() + 10,
            },
        },
    })
    if err != nil{
        log.Fatal(err)
    }
    if result == nil {
        log.Fatal("result nil")
    }
    for _, v := range result.InsertedIDs {
        id = v.(primitive.ObjectID)
        fmt.Println("自動增加ID", id.Hex())
    }
}
```

以上程式執行結果如下：

```
自動增加ID 5f4604ee960ef8730c414306
自動增加ID 5f4604ee960ef8730c414307
```

執行結束後，可以查看是否增加了資料。

4. 查詢資料

首先，在 model 檔案中增加一個查詢結構：

```
type FindByJobName struct {
    JobName string `bson:"jobName"` //任務名
}
```

然後，透過 Find() 函數按照條件進行尋找，範例程式如下。

程式 chapter4/mongodb5.go　透過Find()函數按照條件進行尋找的範例

```
package main

import (
    "context"
    "fmt"
    "gitee.com/shirdonl/goWebActualCombat/chapter4/model"
    "gitee.com/shirdonl/goWebActualCombat/chapter4/mongodb"
    "go.mongodb.org/mongo-driver/mongo"
    "go.mongodb.org/mongo-driver/mongo/options"
    "log"
)

func main() {
    var (
        client     = mongodb.MgoCli()
        err        error
        collection *mongo.Collection
        cursor     *mongo.Cursor
    )
    //選擇資料庫my_db中的某個表
    collection = client.Database("my_db").Collection("table1")
    cond := model.FindByJobName{JobName: "job multi1"}
```

```
    if cursor, err = collection.Find(
        context.TODO(),
        cond,
        options.Find().SetSkip(0),
        options.Find().SetLimit(2)); err != nil {
        fmt.Println(err)
        return
    }
    defer func() {
        if err = cursor.Close(context.TODO()); err != nil {
            log.Fatal(err)
        }
    }()

    //遍歷游標獲取結果資料
    for cursor.Next(context.TODO()) {
        var lr model.LogRecord
        //反序列化Bson到物件
        if cursor.Decode(&lr) != nil {
            fmt.Print(err)
            return
        }
        fmt.Println(lr)
    }

    var results []model.LogRecord
    if err = cursor.All(context.TODO(), &results); err != nil {
        log.Fatal(err)
    }
    for _, result := range results {
        fmt.Println(result)
    }
}
```

執行結果如下：

```
{job multi1 echo multi1  1 {1598424825 1598424835}}
{job multi1 echo multi1  1 {1598424825 1598424835}}
```

5. 用 BSON 進行複合查詢

複合查詢會使用到 BSON 套件。MongoDB 中的 JSON 文件儲存在名為 BSON（二進位編碼的 JSON）的二進位表示中。與其他編碼將 JSON 資料儲存為簡單字串和數字的資料庫不同，BSON 編碼擴充了 JSON 表示，使其包含額外的類型，如 int、long、date、decimal128 等。這使得應用程式更容易可靠地處理、排序和比較資料。

在連接 MongoDB 的 Go 驅動程式中，有兩大類型表示 BSON 資料：D 類型和 Raw 類型。

① D 類型。

D 類型被用來簡潔地建構使用本地 Go 類型的 BSON 物件。這對於構造傳遞給 MongoDB 的命令特別有用。D 類型包括以下 4 個子類。

- D：一個 BSON 文件。這種類型應該在順序重要的情況下使用，比如 MongoDB 命令。
- M：一張無序的 map。它和 D 類似，只是它不保持順序。
- A：一個 BSON 陣列。
- E：D 中的元素。

使用 BSON 可以更方便地用 Go 完成對資料庫的 CURD 操作。要使用 BSON，需要先匯入下面的套件：

```
import "go.mongodb.org/mongo-driver/bson"
```

下面是一個使用 D 類型建構的篩檢程式文件的例子，它可以用來尋找 name 欄位與 "Jim" 或 "Jack" 匹配的文件：

```
bson.D{{
    "name",
    bson.D{{
        "$in",
        bson.A{"Jim", "Jack"},
    }},
}}
```

② Raw 類型。

Raw 類型用於驗證位元組切片。Raw 類型還可以將 BSON 反序列化成另一種類型。

下面是用 Raw 類型將 BSON 反序列化成 JSON 的範例。

程式 chapter4/mongodb-bson-raw.go　用Raw類型將BSON反序列化成JSON的範例

```
package main

import (
    "fmt"
    "go.mongodb.org/mongo-driver/bson"
)

func main() {
    //宣告一個BSON類型
    testM := bson.M{
        "jobName": "job multi1",
    }
    //定義一個Raw類型
    var raw bson.Raw
    tmp, _ := bson.Marshal(testM)
    bson.Unmarshal(tmp, &raw)

    fmt.Println(testM) //map[jobName:job multi1]
    fmt.Println(raw) //{"jobName": "job multi1"}
}
```

以上程式的執行結果如下：

```
map[jobName:job multi1]
{"jobName": "job multi1"}
```

對複合查詢來說，D 類型更加強大。下面介紹如何使用 D 類型進行常用的複合查詢。

（1）匯總查詢。

如果需要對資料進行匯總查詢，則要用到 group() 等聚合方法。範例程式如下。

程式 chapter4/mongodb-bson2.go　匯總查詢的範例

```
package main

import (
    "context"
    "fmt"
    "gitee.com/shirdonl/goWebActualCombat/chapter4/mongodb"
    "go.mongodb.org/mongo-driver/bson"
    "go.mongodb.org/mongo-driver/mongo"
    "log"
)

func main() {
    var (
        client     = mongodb.MgoCli()
        collection *mongo.Collection
        err        error
        cursor     *mongo.Cursor
    )
    collection = client.Database("my_db").Collection("table1")
    //按照jobName分組，統計countJob中每組的數目
    groupStage := mongo.Pipeline{bson.D{
        {"$group", bson.D{
            {"_id", "$jobName"},
            {"countJob", bson.D{
                {"$sum", 1},
            }},
        }},
    }}
    if cursor, err = collection.Aggregate(context.TODO(), groupStage, );
err != nil {
        log.Fatal(err)
    }
```

```
    defer func() {
        if err = cursor.Close(context.TODO()); err != nil {
            log.Fatal(err)
        }
    }()
    var results []bson.M
    if err = cursor.All(context.TODO(), &results); err != nil {
        log.Fatal(err)
    }
    for _, result := range results {
        fmt.Println(result)
    }
}
```

以上程式的執行結果如下：

```
map[_id:job multi2 countJob:1]
map[_id:job multi1 countJob:1]
```

（2）更新資料。

同樣的，更新資料也需要建立專門用於更新的結構。結構有 Command、Content 兩個欄位。更新時需要同時對這兩個欄位進行設定值，否則未被設定值的欄位會被更新為 Go 的資料類型初值。

為更新更方便些，可採用 bson.M{"$set": bson.M{"command": "ByBsonM",}} 來進行更新。

① 創建 UpdateByJobName 結構：

```
package model

//更新實體
type UpdateByJobName struct {
    Command string     `bson:"command"` //Shell命令
    Content string     `bson:"content"` //指令稿輸出
}
```

② 根據結構進行更新，程式如下：

```
update := bson.M{"$set": model.
UpdateByJobName{Command: "byModel",Content:"model"}}
```

以上 bson.M{"$set": model.UpdateByJobName{Command: "byModel", Content: "model"}} 敘述中的 $set 表示修改欄位的值。

根據結構進行更新的範例程式如下。

程式 chapter4/mongodb-bson3.go　根據結構進行更新的範例

```
package main

import (
    "context"
    "gitee.com/shirdonl/goWebActualCombat/chapter4/model"
    "gitee.com/shirdonl/goWebActualCombat/chapter4/mongodb"
    "go.mongodb.org/mongo-driver/bson"
    "go.mongodb.org/mongo-driver/mongo"
    "log"
)

func main() {
    var (
        client     = mongodb.MgoCli()
        collection *mongo.Collection
        err        error
        uResult    *mongo.UpdateResult
    )
    collection = client.Database("my_db").Collection("table1")
    filter := bson.M{"jobName": "job multi1"}
    update := bson.M{"$set": model.
        UpdateByJobName{Command: "byModel",Content:"model"}}
    if uResult, err = collection.
        UpdateMany(context.TODO(), filter, update); err != nil {
        log.Fatal(err)
    }
    //uResult.MatchedCount表示符合過濾條件的記錄數，即更新了多少筆資料
    log.Println(uResult.MatchedCount)
}
```

③ 用 $inc 可以對欄位的值進行增減，例如：

```
bson.M{"$inc": bson.M{ "age": -1, }}
```

這表示對 age 的值減 1。

④ 用 $push 給該欄位增加 1 個元素，例如：

```
bson.M{"$push": bson.M{ "interests": "Golang", }}
```

這表示對 interests 欄位的元素陣列增加 Golang 元素。

⑤ 用 $pull 可以對該欄位刪除 1 個元素，例如：

```
bson.M{"$pull": bson.M{ "interests": "Golang", }}
```

這表示對 interests 欄位的元素陣列刪除 Golang 元素。

（3）刪除資料。

可以用 DeleteMany() 方法來刪除資料，範例程式如下：

程式 chapter4/mongodb-bson4.go　用DeleteMany()方法刪除資料的範例

```
package main

import (
    "context"
    "gitee.com/shirdonl/goWebActualCombat/chapter4/mongodb"
    "go.mongodb.org/mongo-driver/mongo"
    "log"
    "time"
)

type DeleteCond struct {
    BeforeCond TimeBeforeCond `bson:"tp.startTime"`
}

//startTime小於某個時間，用這種方式提前定義要進行的操作($set、$group等)
type TimeBeforeCond struct {
    BeforeTime int64 `bson:"$lt"`
}
```

```
func main() {
    var (
        client     = mongodb.MgoCli()
        collection *mongo.Collection
        err        error
        uResult    *mongo.DeleteResult
        delCond    *DeleteCond
    )
    collection = client.Database("my_db").Collection("table1")

    //刪除jobName中名為job0的資料
    delCond = &DeleteCond{
        BeforeCond: TimeBeforeCond{
            BeforeTime: time.Now().Unix()}}
    if uResult, err = collection.DeleteMany(context.TODO(),
        delCond); err != nil {
        log.Fatal(err)
    }
    log.Println(uResult.DeletedCount)
}
```

如果要忽略被初始化的值，則可以直接在結構中增加 omitempty 屬性：

```
type ExecTimeFilter struct {
    StartTime interface{} `bson:"tp.startTime,omitempty"`   //開始時間
    EndTime   interface{} `bson:"tp.endTime,omitempty"`     //結束時間
}
type LogRecordFilter struct {
    ID      interface{} `bson:"_id,omitempty"`
    JobName interface{} `bson:"jobName,omitempty" json:"jobName"` //任務名
    Command interface{} `bson:"command,omitempty" `      //shell命令
    Err     interface{} `bson:"err,omitempty"`           //指令稿錯誤
    Content interface{} `bson:"content,omitempty"`       //指令稿輸出
    Tp      interface{} `bson:"tp,omitempty"`            //執行時間
}
```

另外，可以在結構中增加 $lt、$group、$sum 等表示邏輯關係的屬性：

```
//小於範例
type Lt struct {
    Lt int64 `bson:"$lt"`
}
//分組範例
type Group struct {
    Group interface{} `bson:"$group"`
}
//求和範例
type Sum struct {
    Sum interface{} `bson:"$sum"`
}
```

用 $group 進行分組求和的範例程式如下。

程式 chapter4/mongodb-bson5.go　用$group 進行分組求和的範例

```
package main

import (
    "context"
    "fmt"
    "gitee.com/shirdonl/goWebActualCombat/chapter4/model"
    "gitee.com/shirdonl/goWebActualCombat/chapter4/mongodb"
    "go.mongodb.org/mongo-driver/bson"
    "go.mongodb.org/mongo-driver/mongo"
    "log"
)

func main() {
    var (
        client     = mongodb.MgoCli()
        collection *mongo.Collection
        err        error
        cursor     *mongo.Cursor
    )
    collection = client.Database("my_db").Collection("table1")

    groupStage := []model.Group{}
```

```
    groupStage = append(groupStage, model.Group{
        Group: bson.D{
            {"_id", "$jobName"},
            {"countJob", model.Sum{Sum: 1}},
        },
    })

    if cursor, err = collection.Aggregate(context.TODO(),
groupStage, ); err != nil {
        log.Fatal(err)
    }
    defer func() {
        if err = cursor.Close(context.TODO()); err != nil {
            log.Fatal(err)
        }
    }()
    var results []bson.M
    if err = cursor.All(context.TODO(), &results); err != nil {
        log.Fatal(err)
    }
    for _, result := range results {
        fmt.Println(result)
    }
}
```

本書關於 Go 語言使用 MongoDB 的知識就講到這裡。想進一步學習的讀者，可以造訪 MongoDB 官網查看相關文件。

4.4 Go 的常見 ORM 函數庫

4.4.1 什麼是 ORM

1. ORM 定義

ORM（Object-Relation Mapping，物件關係映射）的作用是在關聯式資料庫和物件之間做一個映射。這樣在具體操作資料庫時，就不需要再去和複雜的 SQL 敘述打交道，只需要像平時操作物件一樣操作它即可。

- O（Object，物件模型）：實體物件，即在程式中根據資料庫表結構建立的個實體（Entity）。
- R（Relation，關聯式資料庫的資料結構）：建立的資料庫表。
- M（Mapping，映射）：從 R（資料庫）到 O（物件模型）的映射，常用 XML 檔案來表示映射關係。

如圖 4-4 所示，當表實體發生變化時，ORM 會幫助把實體的變化映射到資料庫表中。

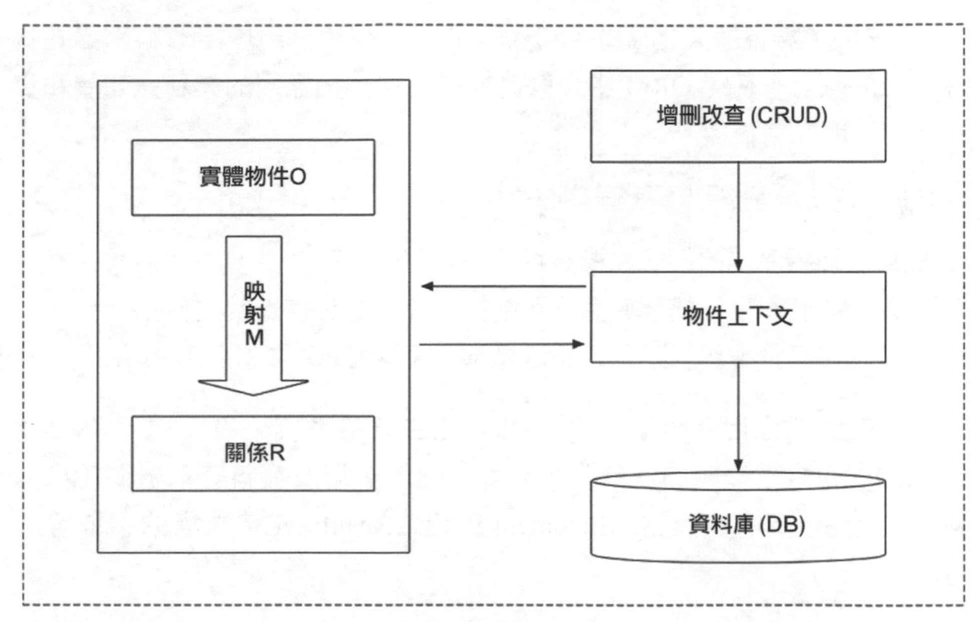

圖 4-4

2. 為什麼要使用 ORM

想必有讀者會想，既然 Go 本身就有 MySQL 等資料庫的存取套件，為什麼還要做持久化和 ORM 設計呢？那是因為，在程式開發中，在資料庫保存的表中，欄位與程式中的實體類別之間是沒有連結的，這樣在實現持久化時就比較不方便。

那到底如何實現持久化呢？一種簡單的方案是：採用強制寫入方式，為每一種可能的資料庫存取操作提供單獨的方法。這種方案存在以下不足。

- 持久化層缺乏彈性。一旦出現業務需求的變更，就必須修改持久化層的介面。
- 持久化層同時與域模型和關聯式資料庫模型綁定，不管域模型還是關聯式資料庫模型發生變化，都要修改持久化層的相關程式碼。這增加了軟體的維護難度。

ORM 提供了實現持久化層的另一種模式：它採用映射中繼資料來描述物件關係的映射，使得 ORM 中介軟體能在任何一個應用的業務邏輯層和資料庫層之間充當橋樑。

ORM 的方法論基於以下 3 個核心原則。

- 簡單：以最基本的形式建模資料。
- 傳達性：資料庫結構要使用盡可能被人瞭解的語言進行文件化。
- 精確性：基於資料模型創建正確標準化了的結構。

在目前的企業應用系統設計中，MVC 是主要的系統架構模式。MVC 中的 Model 包含了複雜的業務邏輯和資料邏輯，以及資料存取機制（如資料庫的連接、SQL 生成和 Statement 創建、ResultSet 結果集的讀取等）等。

將這些複雜的業務邏輯和資料邏輯分離，可以將系統的緊耦合關係轉化為鬆散耦合關係（即解耦合），是降低系統耦合度迫切要做的，也是持久化要做的工作。MVC 模式實現了在架構上將表現層（即 View）和資料處理層（即 Model）分離的解耦合，而持久化的設計則實現了資料處理層內部的業務邏輯和資料邏輯分離的解耦合。

ORM 作為持久化設計中的最重要也最複雜的技術，是目前業界的熱點技術。接下來一起探究以下 Go 語言中常見的 ORM 框架。

4.4.2 Gorm（性能極好的 ORM 函數庫）的安裝及使用

1. Gorm 簡介

Gorm 是 Go 語言中一款性能極好的 ORM 函數庫，對開發人員相比較較友善，能夠顯著提升開發效率。Gorm 有以下功能特點：

- 是一個全功能 ORM（無限接近）；
- 支持連結（Has One、Has Many、Belongs To、Many To Many、多形）；
- 支援鉤子函數 Hook（在創建 / 保存 / 更新 / 刪除 / 尋找之前或之後）；
- 支持預先載入；
- 支援交易；
- 支持複合主鍵；
- 支持 SQL 生成器；
- 支援資料庫自動遷移；
- 支援自訂日誌；
- 可擴充性，可基於 Gorm 回呼編寫外掛程式；
- 所有功能都被測試覆蓋。

2. Gorm 的安裝

Gorm 的安裝方法很簡單，在 Linux 系統中直接打開命令列終端，輸入以下命令即可：

```
$ go get -u github.com/jinzhu/gorm
```

3. Gorm 的使用

（1）資料庫連接。

Gorm 資料庫的連接和 database/sql 套件的連接方式一樣，直接用 gorm.Open() 函數傳入資料庫位址即可：

```
package main

import (
	_ "github.com/go-sql-driver/mysql"
	"github.com/jinzhu/gorm"
)

func main() {
	db, err := gorm.Open("mysql", "root:root@(127.0.0.1:3306)/db1?" +
		"charset=utf8mb4&parseTime=True&loc=Local")
	if err!= nil{
		panic(err)
	}
	defer db.Close()
	db.DB().SetMaxIdleConns(10)
	db.DB().SetMaxOpenConns(100)
}
```

還可以用 db.DB() 物件的 SetMaxIdleConns() 和 SetMaxOpenConns() 方法設定連接池資訊：

```
db.DB().SetMaxIdleConns(10)
db.DB().SetMaxOpenConns(100)
```

其中，SetMaxIdleConns() 方法用於設定空閒連接池中的最大連接數，SetMaxOpenConns() 方法用於設定與資料庫的最大打開連接數。

（2）創建表。

手動創建一個名為 gorm_users 的表，其 SQL 敘述如下：

```
CREATE TABLE `gorm_users` (
  `id` int(10) unsigned NOT NULL AUTO_INCREMENT,
  `phone` varchar(255) DEFAULT NULL,
  `name` varchar(255) DEFAULT NULL,
  `password` varchar(255) DEFAULT NULL,
  PRIMARY KEY (`id`)
) ENGINE=InnoDB AUTO_INCREMENT=39 DEFAULT CHARSET=utf8;
```

> **提示**
> 這裡的創建表也可以不用手動創建，可以在定義好結構後呼叫 db.AutoMigrate() 方法來創建。該方法會按照結構自動創建對應的資料表。

（3）定義結構。

```
// 資料表的結構類別
type GormUser struct {
    ID       uint   `json:"id"`
    Phone    string `json:"phone"`
    Name     string `json:"name"`
    Password string `json:"password"`
}
```

（4）插入資料。

Gorm 中 db.Save() 和 db.Create() 方法均可插入資料。根據構造好的結構物件，直接呼叫 db.Save() 方法就可以插入一筆記錄。範例程式如下：

```
//創建使用者
GormUser := GormUser{
    Phone:    "18888888888",
    Name:     "Shirdon",
    Password: md5Password("666666"), //使用者密碼
}
db.Save(&GormUser) //保存到資料庫
//db.Create(&GormUser) //Create()方法用於插入資料
```

（5）刪除資料。

在 Gorm 中刪除資料，一般先用 db.Where() 方法構造查詢準則，再呼叫 db.Delete() 方法進行刪除。範例程式如下：

```
//刪除使用者
var GormUser = new(GormUser)
db.Where("phone = ?", "13888888888").Delete(&GormUser)
```

（6）查詢資料。

在 Gorm 中查詢資料，先用 db.Where() 方法構造查詢準則，再用 db.Count() 方法計算數量。如果要查詢多筆記錄，則可以用 db.Find(&GormUser) 敘述來實現。如果只需要查詢一筆記錄，則可以用 db.First(&GormUser) 敘述來實現。範例程式如下：

```
var GormUser = new(GormUser)
db.Where("phone = ?", "18888888888").Find(&GormUser)
//db.First(&GormUser, "phone = ?", "18888888888")
fmt.Println(GormUser)
```

（7）更新資料。

Gorm 中更新資料使用 Update() 方法。其範例程式如下：

```
var GormUser = new(GormUser)
db.Model(&GormUser).Where("phone = ?", "18888888888").
Update("phone", "13888888888")
```

（8）錯誤處理。

在 Gorm 中，呼叫 db.Error() 方法就能獲取到錯誤訊息，非常方便。其範例程式如下：

```
var GormUser = new(GormUser)
err := db.Model(&GormUser).Where("phone = ?", "18888888888").
    Update("phone", "13888888888").Error
if err !=nil {
    //...
}
```

（9）交易處理。

Gorm 中交易的處理也很簡單：用 db.Begin() 方法宣告開啟交易，用 tx.Commit() 方法結束交易，在異常時呼叫 tx.Rollback() 方法回覆。交易處理的範例程式如下：

```
//開啟交易
tx := db.Begin()
```

```
GormUser := GormUser{
    Phone:    "18888888888",
    Name:     "Shirdon",
    Password: md5Password("666666"), //使用者密碼
}
if err := tx.Create(&GormUser).Error; err != nil {
    //交易復原
    tx.Rollback()
    fmt.Println(err)
}
db.First(&GormUser, "phone = ?", "18888888888")
//交易提交
tx.Commit()
```

（10）日誌處理。

Gorm 中還可以使用以下方式設定日誌輸出等級，以及改變日誌的輸出地方：

```
db.LogMode(true)
db.SetLogger(log.New(os.Stdout, "\r\n", 0))
```

4.4.3 Beego ORM——Go 語言的 ORM 框架

1. Beego ORM 簡介

Beego ORM 是一個強大的 Go 語言 ORM 框架。它的靈感主要來自 Django ORM 和 SQLAlchemy。它支援 Go 語言中所有的類型儲存，允許直接使用原生的 SQL 敘述，採用 CRUD 風格能夠輕鬆上手，能進行連結表查詢，並允許跨資料庫相容查詢。

在 Beego ORM 中，資料庫和 Go 語言對應的映射關係為：

- 資料庫的表（table）→ 結構（struct）；
- 記錄（record，行資料）→ 結構實例物件（object）；
- 欄位（field）→ 物件的屬性（attribute）。

2. 安裝 Beego ORM

安裝 Beego ORM 很簡單，只需要在命令列終端中輸入：

```
$ go get github.com/astaxie/beego/orm
```

在使用 Beego ORM 操作 MySQL 資料庫之前，必須匯入 MySQL 資料庫驅動程式。如果沒有安裝 MySQL 驅動程式，則應該先安裝。安裝命令如下：

```
$ go get github.com/go-sql-driver/mysql
```

3. 用 Beego ORM 連接資料庫

Beego ORM 用 orm.RegisterDataBase() 函數進行資料庫連接。必須註冊一個名為 default 的資料庫作為預設使用。範例程式如下：

```
orm.RegisterDataBase("default", "mysql", "root:root@/orm_test?charset=utf8")
```

如果要設定最大空閒連接數和最巨量資料庫連接數，則必須填寫 maxIdle 和 maxConn 參數：

```
maxIdle := 30
maxConn := 30
orm.RegisterDataBase("default", "mysql", "root:root@/orm_test?charset=
utf8", maxIdle, maxConn)
```

也可以直接呼叫 SetMaxldelConns() 方法設定最大空閒連接數，呼叫 SetMaxOpenConns() 方法設定最巨量資料庫連接數：

```
orm.SetMaxIdleConns("default", 30)
orm.SetMaxOpenConns("default", 30)
```

4. 註冊模型

如果用 orm.QuerySeter 介面進行進階查詢，則註冊模型是必須有的步驟。反之，如果只用 Raw 查詢和映射到 struct，則無須註冊模型。註冊模型的實質是，將 ORM 敘述轉化為 SQL 敘述並寫進資料庫。

將定義的模型進行註冊，常見的寫法是：先新建一個模型檔案，然後在它的 init() 函數中進行註冊：

```
package model

import "github.com/astaxie/beego/orm"

type BeegoUser struct {
    Id   int //預設主鍵為Id
    Name  string
    Phone string
}

func init(){
    orm.RegisterModel(new(BeegoUser))
}
```

也可以同時註冊多個模型：

```
orm.RegisterModel(new(BeegoUser), new(Profile), new(Post))
```

在註冊模型時，可以設定資料表的字首。形式如下：

```
orm.RegisterModelWithPrefix("prefix_", new(User))
```

以上敘述創建的表名為 prefix_user。

5. Beego ORM 的使用

（1）定義表結構。

創建一個名為 beego_user 的表，SQL 敘述如下：

```
CREATE TABLE `beego_user` (
  `id` int(10) unsigned NOT NULL AUTO_INCREMENT COMMENT '自動增加ID',
  `name` varchar(20) DEFAULT '' COMMENT '名字',
  `phone` varchar(20) DEFAULT '' COMMENT '電話',
  PRIMARY KEY (`id`)
) ENGINE=InnoDB DEFAULT CHARSET=utf8
```

（2）定義結構模型。

定義一個名為 BeegoUser 的結構模型：

```
type BeegoUser struct {
    Id   int
    Name  string
    Phone string
}
```

（3）插入資料。

插入資料只需要呼叫 Insert() 方法即可，範例程式如下。

程式 chapter4/beego-orm2.go　用Insert()方法插入資料的範例

```
package main

import (
    "fmt"
    "github.com/astaxie/beego/orm"
    _ "github.com/go-sql-driver/mysql"
)

func init() {
orm.RegisterDriver("mysql", orm.DRMySQL) //資料庫類型設計
    orm.RegisterDataBase("default", "mysql",
        "root:123456@tcp(127.0.0.1:3306)/chapter4?charset=utf8")
    //需要在init()函數中註冊已定義的Model
    orm.RegisterModel(new(BeegoUser))
}

type BeegoUser struct {
    Id   int
    Name  string
    Phone string
}

func main() {
    o := orm.NewOrm()
    user := new(BeegoUser)
    user.Name = "Shirdon"
```

```
    user.Phone = "18888888888"
    fmt.Println(o.Insert(user))
}
```

（4）查詢資料。

查詢資料的方法很簡單，直接用 Read() 方法即可：

```
o := orm.NewOrm()
user := BeegoUser{}
//對主鍵Id設定值，查詢資料的條件是where id=6
user.Id = 6

// 透過Read()方法查詢資料
//相等SQL敘述: select * from beego_user where id = 6
err := o.Read(&user)

if err == orm.ErrNoRows {
    fmt.Println("查詢不到")
} else if err == orm.ErrMissPK {
    fmt.Println("找不到主鍵")
} else {
    fmt.Println(user.Id, user.Name)
}
```

如果有資料，則返回如下：

```
6 Shirdon
```

（5）更新資料。

如果要更新某行資料，則需要先給模型設定值，然後呼叫 Update() 方法：

```
o := orm.NewOrm()
user := BeegoUser{}
//對主鍵Id設定值，查詢資料的條件是where id=7
user.Id = 6
user.Name = "James"

num, err := o.Update(&user)
if err != nil {
```

```
    fmt.Println("更新失敗")
} else {
    fmt.Println("更新資料影響的行數:", num)
}
```

（6）刪除資料。

要刪除資料，只需要先制定主鍵 Id，然後呼叫 Delete() 方法即可：

```
o := orm.NewOrm()
user := BeegoUser{}
//對主鍵Id設定值，查詢資料的條件是where id=7
user.Id = 7

if num, err := o.Delete(&user); err != nil {
    fmt.Println("刪除失敗")
} else {
    fmt.Println("刪除資料影響的行數:", num)
}
```

（7）原生 SQL 查詢。

用 SQL 敘述直接操作 Raw() 方法，則返回一個 RawSeter 物件，用於對設定的 SQL 敘述和參數操作，範例程式如下：

```
o := orm.NewOrm()
var r orm.RawSeter
r = o.Raw("UPDATE user SET name = ? WHERE name = ?", "jack", "jim")
```

（8）交易處理。

要進行交易處理，則需要在 SQL 敘述的開頭使用 Begin() 方法開啟交易，在 Begin() 方法後編寫執行的 SQL 敘述，最後進行判斷：如果異常，則執行 Rollback() 方法回覆；如果正常，則執行 Commit() 方法提交。見下方程式：

```
o := orm.NewOrm()
o.Begin()
user1 := BeegoUser{}
// 設定值
user1.Id = 6
```

```
user1.Name = "James"

user2 := BeegoUser{}
// 設定值
user2.Id = 12
user2.Name = "Wade"

_, err1 := o.Update(&user1)
_, err2 := o.Insert(&user2)
// 檢測交易執行狀態
if err1 != nil || err2 != nil {
    // 如果任務執行失敗，則回覆交易
    o.Rollback()
} else {
    // 如果任務執行成功，則提交交易
    o.Commit()
}
```

（9）在偵錯模式下列印查詢敘述。

如果想在偵錯模式下列印查詢敘述，則可以將 orm.Debug 設定為 true。範例程式如下：

```
orm.Debug = true
var w io.Writer
//設定為io.Writer
orm.DebugLog = orm.NewLog(w)
```

4.5 小結

本章介紹了 MySQL 的安裝及使用、Redis 的安裝及使用、MongoDB 的安裝及使用、Go 常見 ORM 函數庫的使用。閱讀本章後，讀者能夠快速使用 Go 語言進行常見資料庫的增加、刪除、查詢、修改操作，能夠使用 Go 進行簡單的 Web 開發了。

第 3 篇

Go Web 進階應用

在第 4 章中我們學習了 Go Web 開發的基礎知識，基本能夠進行一些簡單的 Web 程式的開發。

本篇透過對 Go 進階網路程式設計、Go 檔案處理、Go 併發程式設計、Go RESTful API 介面開發 4 章的系統講解，讓讀者進一步掌握 Go Web 開發中的進階應用。

Chapter

05

Go 進階網路程式設計

榮譽和財富，若沒有聰明才智，是很不牢靠的財產。 ——德謨克里特

人不能像走獸那樣活著，應該追求知識和美德。 ——但丁：《神曲》

本章透過對 Socket 程式設計、Go RPC 程式設計和微服務的講解，讓讀者能夠對 Go 語言進階網路程式設計有更深入的認識和瞭解。

5.1 Go Socket 程式設計

5.1.1 什麼是 Socket

Socket 是電腦網路中用於在節點內發送或接收資料的內部端點。具體來說，它是網路軟體（協定層）中端點的一種表示，包含通訊協定、目標位址、狀態等，是系統資源的一種形式。它在網路中所處的位置大致就是圖 5-1 中的 Socket API 層，位於應用層與傳輸層之間。其中的傳輸層就是 TCP/IP 所在的地方，而開發人員平時編寫的應用程式大多屬於應用層範圍。

應用層
Socket API
傳輸層
網路層
資料連結層
物理層

圖 5-1

如圖 5-1 所示，Socket 造成的就是連接應用層與傳輸層的作用。Socket 的誕生是為了應用程式能夠更方便地將資料經由傳輸層來傳輸。所以它本質上就是對 TCP/IP 的運用進行了一層封裝，然後應用程式直接呼叫 Socket API 介面進行通訊。

1. Socket 是執行原理的

Socket 是透過伺服器端和用戶端之間進行通訊的。伺服器端需要建立 Socket 來監聽指定的位址，並等待用戶端來連接。用戶端也需要建立 Socket 與伺服器端的 Socket 進行連接。

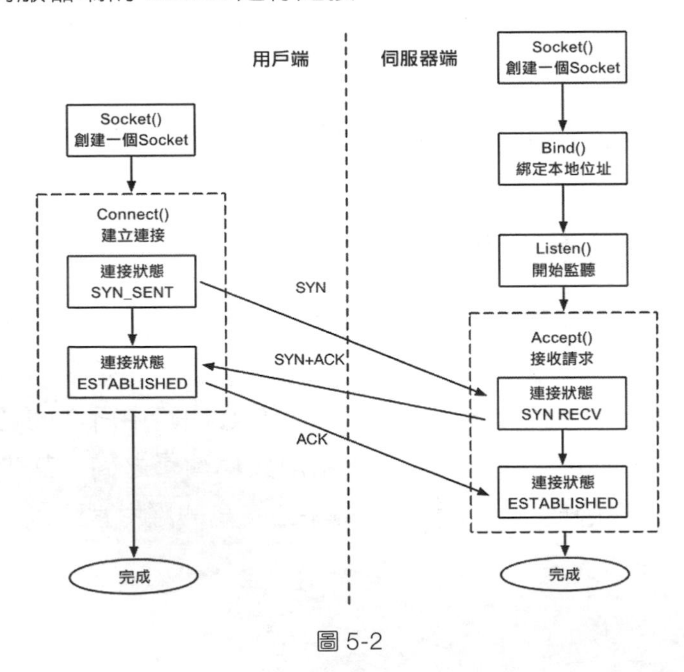

圖 5-2

圖 5-2 所示為建立 TCP/IP 連接的過程，經典的叫法為「三次驗證」的過程。顧名思義，在這個過程中來回產生了三次網路通訊。在「三次驗證」建立連接後，用戶端向伺服器端發送資料進行通訊，伺服器端處理完之後的資料會返給用戶端。

連接在使用完之後需要被關閉。不過 TCP/IP 連接的關閉比創建更複雜一些——次數多了一次，這就是經典的「四次驗證」過程，如圖 5-3 所示。

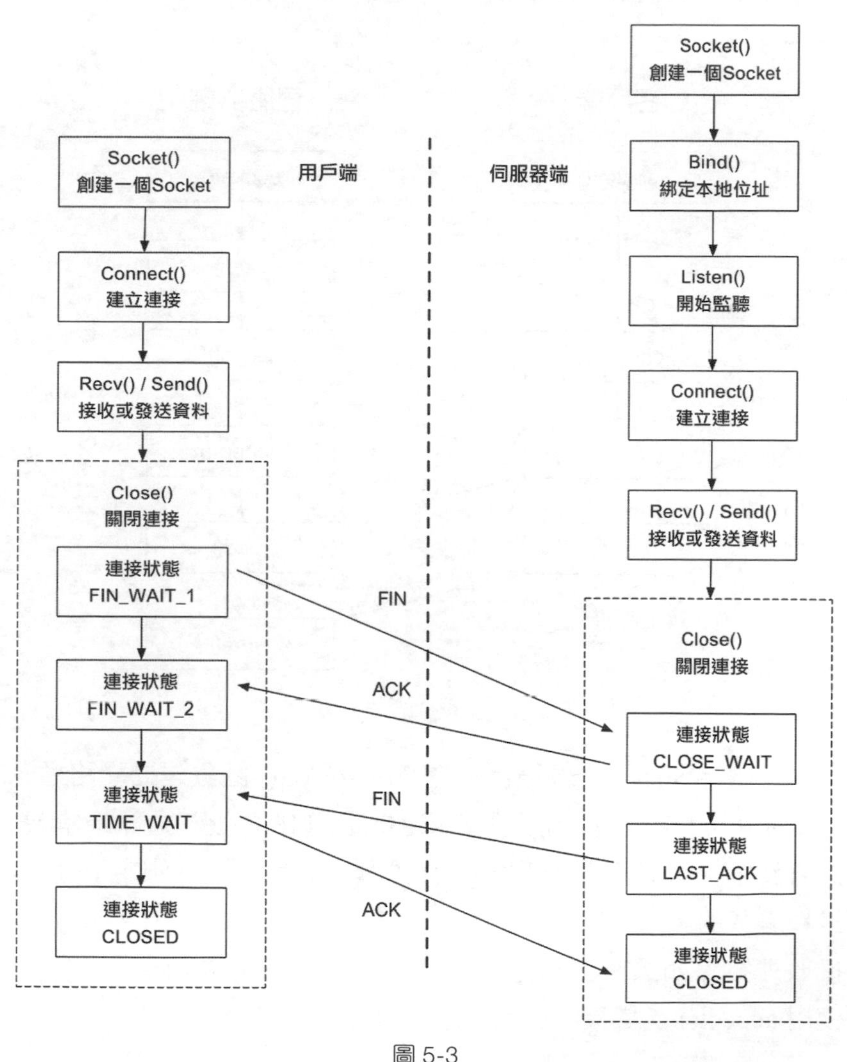

圖 5-3

簡單複習一下：Socket 是處理程序間資料傳輸的媒介；為了保證連接的可靠，需要特別注意建立連接和關閉連接的過程。為了確保準確、完整地傳輸資料，用戶端和伺服器端來回進行了多次網路通訊才能完成連接的創建和關閉，這也是在運用一個連接時所花費的額外成本。

2. 用 C 語言創建 Socket 伺服器端流程

在傳統 C 語言中，從伺服器端來看，程式編寫分為以下幾個步驟，如圖 5-4 所示。

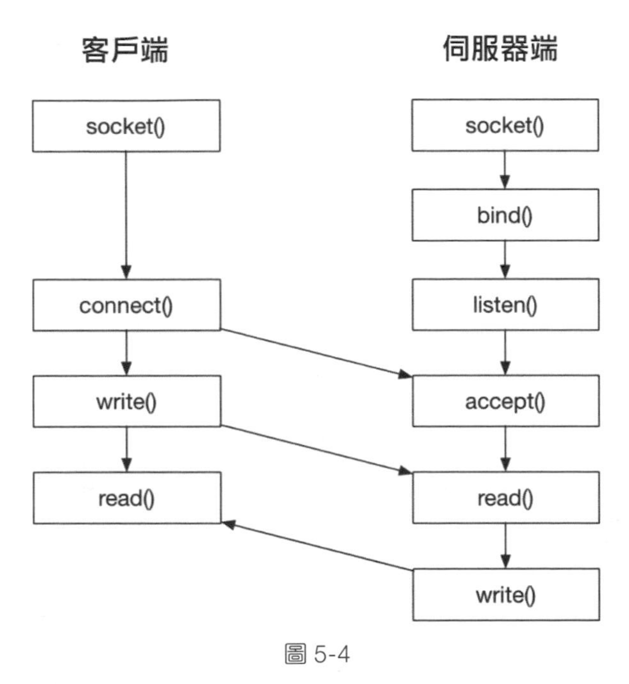

圖 5-4

（1）建立並綁定 Socket：伺服器端先使用 socket() 函數建立網路通訊端，然後使用 bind() 函數為通訊端綁定指定的 IP 位址和通訊埠編號。

（2）監聽請求：伺服器端使用 listen() 函數監聽用戶端對綁定 IP 位址和通訊埠編號的請求。

（3）接收連接：如果有請求過來，並透過三次驗證成功建立了連接，則使用 accept() 函數接收並處理該連接。

（4）處理請求與發送回應：伺服器端透過 read() 函數從上述已建立連接讀取用戶端發送的請求資料，經過處理後再透過 write() 函數將回應資料發送給用戶端。

3. 用 C 語言創建 Socket 用戶端流程

如圖 5-4 所示，從用戶端來看，程式編寫分為以下幾個步驟：

（1）建立 Socket：用戶端同樣使用 socket() 函數建立網路通訊端。

（2）建立連接：呼叫 connect() 函數傳入 IP 位址和通訊埠編號建立與指定伺服器端網路程式的連接。

（3）發送請求與接收回應：連接建立成功後，用戶端就可以透過 write() 函數向伺服器端發送資料，並使用 read() 函數從伺服器端接收回應。

> **提示**
> 基於 UDP 協定的網路服務大致流程也是這樣的，只是伺服器端和用戶端之間不需要建立連接。

4. 在 Go 語言中創建 Socket

在 Go 語言中進行網路程式設計，比傳統的網路程式設計更加簡潔。Go 語言提供了 net 套件來處理 Socket。net 套件對 Socket 連接過程進行了抽象和封裝，無論使用什麼協定建立什麼形式的連接，都只需要呼叫 net.Dial() 函數即可，從而大大簡化了程式的編寫量。

下面就來看看 net.Dial() 函數的使用方法。

在伺服器端和用戶端的通訊過程中，伺服器端有兩個 Socket 連接參與進來，但用於通訊的只有 conn 結構中的 Socket 連接。conn 是由 listener 創建的用於 Socket 連接的結構，隸屬於伺服器端。

伺服器端透過 net.Listen() 方法建立連接並監聽指定 IP 位址和通訊埠編號，等待用戶端連接。用戶端則透過 net.Dial() 函數連接指定的 IP 位址和通訊埠編號，建立連接後即可發送訊息，如圖 5-5 所示。

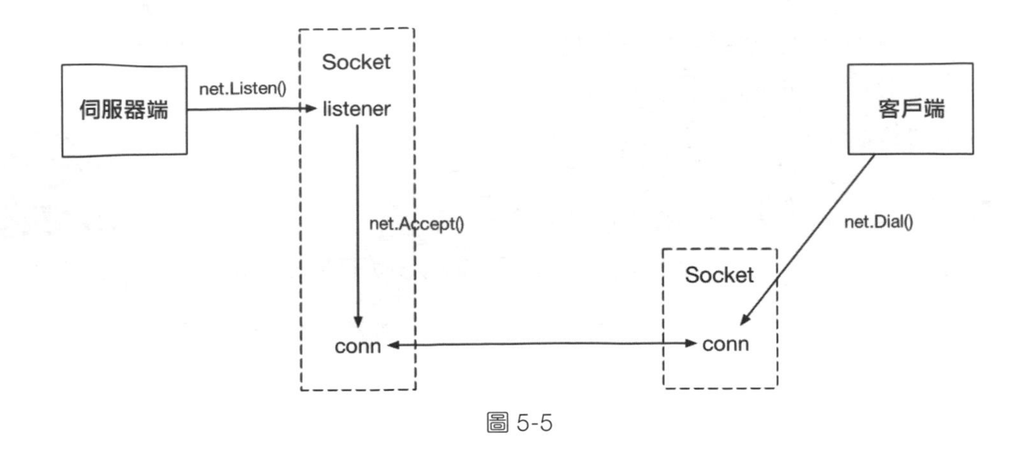

圖 5-5

5.1.2 用戶端 Dial() 函數的使用

1. Dial() 函數的定義

在 Go 語言中，net 套件的 Dial() 函數的定義如下：

```
func Dial(net, addr string) (Conn, error)
```

其中，net 參數是網路通訊協定的名字，addr 參數是 IP 位址或域名，而通訊埠編號以 ":" 的形式跟隨在 IP 位址或域名的後面，通訊埠編號可選。如果連接成功，則返回連線物件，否則返回 error。

2. Dial() 函數的使用

Dial() 函數的幾種常見協定的呼叫方式如下。

（1）TCP 連接。

TCP 連接直接透過 net.Dial("tcp", "ip:port") 的形式呼叫：

```
conn, err := net.Dial("tcp", "192.168.0.1:8087")
```

（2）UDP 連接。

UDP 連接直接透過 net.Dial("udp", "ip:port") 的形式呼叫：

```
conn, err := net.Dial("udp", "192.168.0.2:8088")
```

（3）ICMP 連接（使用協定名稱）。

ICMP 連接（使用協定名稱）透過 net.Dial("ip4:icmp", "www.shirdon.com") 的形式呼叫：

```
conn, err := net.Dial("ip4:icmp", "www.shirdon.com")
```

（4）ICMP 連接（使用協定編號）。

ICMP 連接（使用協定名稱）的用法如下：

```
conn, err := net.Dial("ip4:1", "10.0.0.8")
```

目前，Dial() 函數支援以下幾種網路通訊協定：TCP、TCP4（僅限 IP v4）、TCP6（僅限 IP v6）、UDP、UDP4（僅限 IP v4）、UDP6（僅限 IP v6）、IP、IP4（僅限 IP v4）和 IP6（僅限 IP v6）。

在成功建立連接後，就可以進行資料的發送和接收。使用 Write() 方法發送資料，使用 Read() 方法接收資料。下面這個範例程式展示了使用 Read() 方法來接收資料。

程式 chapter5/socket-client-read.go　用Read()方法接收資料的範例

```
package main

import (
    "bytes"
    "fmt"
    "io"
    "net"
    "os"
)

func main() {
    if len(os.Args) != 2 {
        fmt.Fprintf(os.Stderr, "Usage: %s host:port", os.Args[0])
        os.Exit(1)
    }
    service := os.Args[1]     //從參數中讀取主機資訊
    conn, err := net.Dial("tcp", service)     //建立網路連接
    validateError(err)
```

```
    //呼叫由返回的連線物件提供的Write()方法發送請求
    _, err = conn.Write([]byte("HEAD / HTTP/1.0\r\n\r\n"))
  validateError(err)

    result, err := fullyRead(conn)
    validateError(err)

    fmt.Println(string(result))      // 列印回應資料

    os.Exit(0)
}

//如果連接出錯，則列印錯誤訊息並退出程式
func validateError(err error) {
    if err != nil {
        fmt.Fprintf(os.Stderr, "Fatal error: %s", err.Error())
        os.Exit(1)
    }
}

//透過由連線物件提供的Read()方法讀取所有回應資料
func fullyRead(conn net.Conn) ([]byte, error) {
    defer conn.Close()

    result := bytes.NewBuffer(nil)
    var buf [512]byte
    for {
        n, err := conn.Read(buf[0:])
        result.Write(buf[0:n])
        if err != nil {
            if err == io.EOF {
                break
            }
            return nil, err
        }
    }
    return result.Bytes(), nil
}
```

5.1.3 用戶端 DialTCP() 函數的使用

1. DialTCP() 函數的定義

除 Dial() 函數外，還有一個名為 DialTCP() 的函數用來建立 TCP 連接。

DialTCP() 函數和 Dial() 函數類似，該函數的定義如下：

```
func DialTCP(network string, laddr, raddr *TCPAddr) (*TCPConn, error)
```

其中，network 參數可以是 tcp、tcp4 或 tcp6；laddr 為本地位址，通常為 nil；raddr 為目的位址，為 TCPAddr 類型的指標。該函數返回一個 *TCPConn 物件，可透過 Read() 和 Write() 方法傳遞資料。例如要存取網址 127.0.0.1:8086，則使用方法見下方範例。

程式 chapter5/socket-dial-tcp.go　DialTCP()函數的使用範例

```
package main

import (
    "fmt"
    "io/ioutil"
    "net"
    "os"
)

func main() {
    service := "127.0.0.1:8086"
    tcpAddr, err := net.ResolveTCPAddr("tcp", service)
    checkError(err)
    fmt.Println("tcpAddr :")
    typeof(tcpAddr)

    myConn, err1 := net.DialTCP("tcp", nil, tcpAddr)
    checkError(err1)
    fmt.Println("myConn :")
    typeof(myConn)

    _, err = myConn.Write([]byte("HEAD / HTTP/1.1\r\n\r\n"))
```

```
    checkError(err)

    result, err := ioutil.ReadAll(myConn)
    checkError(err)
    fmt.Println(string(result))
    os.Exit(0)
}

func typeof(v interface{}) {
    fmt.Printf("type is:%T\n", v)
}

func checkError(err error) {
    if err != nil {
        fmt.Println("Error:", err.Error())
        os.Exit(1)
    }
}
```

執行以下命令：

```
$ go run socket-dial-tcp.go
```

返回如下：

```
tcpAddr :
type is:*net.TCPAddr
myConn :
type is:*net.TCPConn
```

2. DialTCP() 函數的使用

（1）TCP 伺服器端程式編寫。

編寫一個 TCP 伺服器端程式，在 8088 通訊埠監聽；可以和多個用戶端建立連接；連接成功後，用戶端可以發送資料，伺服器端接收資料，並顯示在命令列終端。先使用 telnet 來測試，然後編寫用戶端程式來測試。該程式的伺服器端和用戶端的示意圖如圖 5-6 所示。

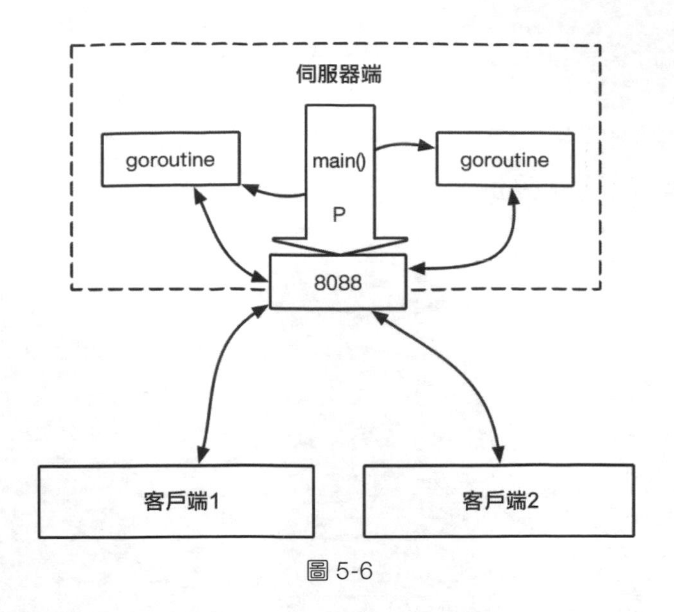

圖 5-6

TCP 伺服器端的範例程式如下。

程式 chapter5/socket-tcp-server1.go　TCP伺服器端的範例程式

```
package main

import (
    "fmt"
    _ "io"
    "log"
    "net"
)

func Server() {
    //用Listen()函數創建的伺服器端
    //tcp : 網路通訊協定
    //本機的IP位址和通訊埠編號：127.0.0.1:8088
    l, err := net.Listen("tcp", "127.0.0.1:8088")
    if err != nil {
        log.Fatal(err)
    }
    defer l.Close()      //延遲時間關閉
    //迴圈等待用戶端存取
    for {
```

```
        conn, err := l.Accept()
        if err != nil {
            log.Fatal(err)
        }
        fmt.Printf("存取用戶端資訊： con=%v 用戶端ip=%v\n", conn,
conn.RemoteAddr().String())

        go handleConnection(conn)
    }
}

//伺服器端處理從用戶端接收的資料
func handleConnection(c net.Conn) {
    defer c.Close() //關閉conn

    for {
        //1.等待用戶端透過conn物件發送資訊
        //2.如果用戶端沒有發送資料，則goroutine就阻塞在這裡
        fmt.Printf("伺服器在等待用戶端%s 發送資訊\n", c.RemoteAddr().
String())
        buf := make([]byte, 1024)
        n, err := c.Read(buf)
        if err != nil {
            log.Fatal(err)
            break
        }

        //3. 顯示用戶端發送到伺服器端的內容
        fmt.Print(string(buf[:n]))
    }
}

func main() {
    Server()
}
```

在檔案所在目錄下打開命令列終端，執行以下命令來監聽用戶端的連接：

```
$ go run socket-tcp-server1.go
```

（2）TCP 用戶端程式編寫。

編寫一個 TCP 用戶端程式，該用戶端有以下的功能：

- 能連接到伺服器端的 8088 通訊埠；
- 用戶端可以發送單行資料，然後退出；
- 能透過用戶端命令列終端輸入資料（輸入一行就發送一行），併發送給伺服器端；
- 在用戶端命令列終端輸入 exit，表示退出程式。

TCP 用戶端的範例程式如下。

程式 chapter5/socket-tcp-client1.go　TCP用戶端的範例程式

```
package main

import (
    "bufio"
    "fmt"
    "log"
    "net"
    "os"
    "strings"
)

func Client() {
    conn, err := net.Dial("tcp", "127.0.0.1:8088")
    if err != nil {
        log.Fatal(err)
    }

    //用戶端可以發送單行資料，然後退出
    reader := bufio.NewReader(os.Stdin) //os.Stdin代表標準輸入[終端]
    for {
        //從用戶端讀取一行使用者輸入，並準備發送給伺服器端
        line, err := reader.ReadString('\n')
        if err != nil {
            log.Fatal(err)
        }
```

```
        line = strings.Trim(line, "\r\n")

        if line == "exit" {
            fmt.Println("使用者退出用戶端")
            break
        }
        //將line 發送給伺服器端
        conent, err := conn.Write([]byte(line + "\n"))
        if err != nil {
            log.Fatal(err)
        }
        fmt.Printf("用戶端發送了 %d 位元組的資料到伺服器端\n", conent)
    }
}

func main() {
    Client()
}
```

在檔案所在目錄下打開命令列終端，輸入以下命令：

```
$ go run socket-tcp-client1.go hello
```

返回值如下：

```
用戶端發送了 6 位元組的資料到伺服器端
```

伺服器端的命令列終端會返回以下內容：

```
hello
伺服器在等待用戶端127.0.0.1:61235 發送資訊
```

5.1.4 UDP Socket 的使用

1. UDP Socket 的定義

在 5.1.3 節中是使用 TCP 協定來編寫 Socket 的用戶端與伺服器端的，也可以使用 UDP 協定來編寫 Socket 的用戶端與伺服器端。

由於 UDP 是「無連接」的，所以伺服器端只需要指定 IP 位址和通訊埠編號，然後監聽該位址，等待用戶端與之建立連接，兩端即可通訊。

下面在 Go 語言中創建 UDP Socket，用函數或方法來實現。

（1）創建監聽位址。

創建監聽位址使用 ResolveUDPAddr() 函數，其定義如下：

```
func ResolveUDPAddr(network, address string) (*UDPAddr, error)
```

（2）創建監聽連接。

創建監聽連接使用 ListenUDP() 函數，其定義如下：

```
func ListenUDP(network string, laddr UDPAddr) (UDPConn, error)
```

（3）接收 UDP 資料。

接收 UDP 資料使用 ReadFromUDP() 方法，其定義如下：

```
func (c *UDPConn) ReadFromUDP(b []byte) (int, *UDPAddr, error)
```

（4）寫出資料到 UDP。

寫出資料到 UDP 使用 WriteToUDP() 方法，其定義如下：

```
func (c *UDPConn) WriteToUDP(b []byte, addr *UDPAddr) (int, error)
```

2. UDP Socket 的使用

知道了 Go 語言中 UDP Socket 相關方法的定義後，接下來透過實際例子來看看如何使用 UDP 進行 Socket 通訊。分別編寫伺服器端和用戶端的程式。

（1）UDP 伺服器端程式編寫。

用 UDP 實現的伺服器端範例程式如下。

程式 chapter5/socket-udp1.go　用UDP實現的伺服器端範例程式

```
package main

import (
```

```
    "fmt"
    "net"
)

func main() {
    //創建監聽的位址，並且指定為UDP協定
    udpAddr, err := net.ResolveUDPAddr("udp", "127.0.0.1:8012")
    if err != nil {
        fmt.Println("ResolveUDPAddr err:", err)
        return
    }
    conn, err := net.ListenUDP("udp", udpAddr) //創建監聽連接
    if err != nil {
        fmt.Println("ListenUDP err:", err)
        return
    }
    defer conn.Close()

    buf := make([]byte, 1024)
    //接收用戶端發送過來的資料，並填充到切片buf中
    n, raddr, err := conn.ReadFromUDP(buf)
    if err != nil {
        return
    }
    fmt.Println("用戶端發送：", string(buf[:n]))

    _, err = conn.WriteToUDP([]byte("你好，用戶端，我是伺服器端"), raddr)
//向用戶端發送資料
    if err != nil {
        fmt.Println("WriteToUDP err:", err)
        return
    }
}
```

（2）UDP 用戶端程式編寫。

UDP 用戶端的編寫與 TCP 用戶端的編寫基本上是一樣的，只是將協定換成 UDP。UDP 用戶端範例程式如下。

程式 chapter5/socket-udp-client1.go　用UDP實現的用戶端範例程式

```
package main

import (
    "fmt"
    "net"
)

func main() {
    conn, err := net.Dial("udp", "127.0.0.1:8012")
    if err != nil {
        fmt.Println("net.Dial err:", err)
        return
    }
    defer conn.Close()

    conn.Write([]byte("你好，我是用UDP的用戶端"))

    buf := make([]byte, 1024)
    n, err1 := conn.Read(buf)
    if err1 != nil {
        return
    }
    fmt.Println("伺服器發來：", string(buf[:n]))
}
```

（3）UDP 併發程式設計。

要實現 UDP 併發程式設計，需要在 UDP 用戶端透過 go 關鍵字啟動 goroutine 來處理請求。同時在伺服器端需要透過 for 敘述迴圈處理用戶端資料。

① 併發版 UDP 伺服器端的範例程式如下。

程式 chapter5/socket-udp2.go　併發版UDP伺服器端的範例程式

```
package main

import (
    "fmt"
```

```
    "net"
)

func main() {
    // 創建伺服器端UDP位址結構：指定IP位址和通訊埠編號
    laddr, err := net.ResolveUDPAddr("udp", "127.0.0.1:8023")
    if err != nil {
        fmt.Println("ResolveUDPAddr err:", err)
        return
    }
    // 監聽用戶端連接
    conn, err := net.ListenUDP("udp", laddr)
    if err != nil {
        fmt.Println("net.ListenUDP err:", err)
        return
    }
    defer conn.Close()

    for {
        buf := make([]byte, 1024)
        n, raddr, err := conn.ReadFromUDP(buf)
        if err != nil {
            fmt.Println("conn.ReadFromUDP err:", err)
            return
        }
        fmt.Printf("接收到用戶端[%s]：%s", raddr, string(buf[:n]))

        conn.WriteToUDP([]byte("i am server"), raddr) //簡單回寫資料給用戶端
    }
}
```

② 併發版 UDP 用戶端的範例程式如下。

程式 chapter5/socket-udp-client2.go　併發版UDP用戶端的範例程式

```
package main

import (
    "fmt"
    "net"
    "os"
```

```
)

func main() {
    conn, err := net.Dial("udp", "127.0.0.1:8023")
    if err != nil {
        fmt.Println("net.Dial err:", err)
        return
    }
    defer conn.Close()
    //透過go關鍵字啟動goroutine，從而支持併發
    go func() {
        str := make([]byte, 1024)
        for {
            n, err := os.Stdin.Read(str) //從鍵盤讀取內容放到str字串裡
            if err != nil {
                fmt.Println("os.Stdin. err = ", err)
                return
            }
            conn.Write(str[:n]) // 發送給伺服器
        }
    }()
    buf := make([]byte, 1024)
    for {
        n, err := conn.Read(buf)
        if err != nil {
            fmt.Println("conn.Read err:", err)
            return
        }
        fmt.Println("伺服器發送來：", string(buf[:n]))
    }
}
```

5.1.5【實戰】用 Go Socket 實現一個簡易的聊天程式

透過本章前面幾個節的學習，我們已經了解了 Socket 的基本原理，以及 Go 語言中 Socket 的常見使用方法。本節用 Go Socket 來編寫一個簡易的聊天程式，同樣分為伺服器端程式編寫和用戶端程式編寫兩部分。

1. 伺服器端程式編寫

在聊天系統中，心跳檢測常常被用到。顧名思義，心跳檢測是指在用戶端和伺服器端之間暫時沒有資料互動時，需要每隔一定時間發送一個資訊判斷對方是否還存活的機制。心跳檢測可以由用戶端主動發起，也可以由伺服器端主動發起，本節範例是由伺服器端發起的。

（1）定義一個心跳結構：

```
type Heartbeat struct {
    endTime int64 //過期時間
}
```

（2）透過 Listen() 方法監聽 8086 通訊埠，啟動一個無窮迴圈來監聽 goroutine 的訊息：

```
for{
    conn,err:=l.Accept()
    if err != nil {
        fmt.Println("Error accepting: ", err)
    }
    fmt.Printf("Received message %s -> %s \n", conn.RemoteAddr(),
conn.LocalAddr())
    ConnSlice[conn] = &Heartbeat{
        endTime: time.Now().Add(time.Second*5).Unix(),//初始化過期時間
    }
    go handelConn(conn)
}
```

（3）編寫 handelConn() 函數來處理連接，程式如下：

```
func handelConn(c net.Conn) {
    buffer := make([]byte, 1024)
    for {
        n, err := c.Read(buffer)
        if ConnSlice[c].endTime > time.Now().Unix() {
            //更新心跳時間
ConnSlice[c].endTime = time.Now().Add(time.Second * 5).Unix()
        } else {
```

```
            fmt.Println("長時間未發訊息斷開連接")
            return
        }
        if err != nil {
            return
        }
        //如果是心跳檢測，則不執行剩下的程式
        if string(buffer[0:n]) == "1" {
            c.Write([]byte("1"))
            continue
        }
        for conn, heart := range ConnSlice {
            if conn == c {
                continue
            }
            //心跳檢測，在需要發送資料時才檢查規定時間內有沒有資料到達
            if heart.endTime < time.Now().Unix() {
                delete(ConnSlice, conn) //從列表中刪除連接，並關閉連接
                conn.Close()
                fmt.Println("刪除連接", conn.RemoteAddr())
                fmt.Println("現在存有連接", ConnSlice)
                continue
            }
            conn.Write(buffer[0:n])
        }
    }
}
```

（4）編寫 main() 函數來啟動服務：

```
func main() {
    ConnSlice = map[net.Conn]*Heartbeat{}
    l, err := net.Listen("tcp", "127.0.0.1:8086")
    if err != nil {
        fmt.Println("伺服器啟動失敗")
    }
    defer l.Close()
    for {
        conn, err := l.Accept()
```

```
        if err != nil {
            fmt.Println("Error accepting: ", err)
        }
        fmt.Printf("Received message %s -> %s \n", conn.RemoteAddr(),
conn.LocalAddr())
        ConnSlice[conn] = &Heartbeat{
            endTime: time.Now().Add(time.Second * 5).Unix(),
            //初始化過期時間
        }
        go handelConn(conn)
    }
}
```

完整程式見本書配套資源中的 "chapter5/socket-chat-server.go"。

2. 用戶端程式編寫

（1）用 ResolveTCPAddr() 方法指定 TCP 4 協定，然後呼叫 DialTCP() 函數連接 8086 通訊埠，程式如下：

```
server := "127.0.0.1:8086"
tcpAddr, err := net.ResolveTCPAddr("tcp4", server)
if err != nil {
    Log(os.Stderr, "Fatal error:", err.Error())
    os.Exit(1)
}
conn, err := net.DialTCP("tcp", nil, tcpAddr)
if err != nil {
    Log("Fatal error:", err.Error())
    os.Exit(1)
}
Log(conn.RemoteAddr().String(), "connect success!")
```

（2）定義一個 Sender() 函數來發送心跳封包給伺服器端，並定義一個 Log() 函數來記錄日誌：

```
Log(conn.RemoteAddr().String(), "connect success!")
Sender(conn)
Log("end")
```

其中 Sender() 函數的內容是創建計時器，每次伺服器端發送訊息就刷新時間，用來實現定期發送心跳封包給伺服器端。Sender() 函數的內容如下：

```
func Sender(conn *net.TCPConn) {
    defer conn.Close()
    sc := bufio.NewReader(os.Stdin)
    go func() {
        t := time.NewTicker(time.Second)//創建計時器，用來定期發送心跳封包
給伺服器端
        defer t.Stop()
        for {
            <-t.C
            _, err := conn.Write([]byte("1"))
            if err != nil {
                fmt.Println(err.Error())
                return
            }
        }
    }()
    name := ""
    fmt.Println("請輸入聊天暱稱") //使用者聊天的暱稱
    fmt.Fscan(sc, &name)
    msg := ""
    buffer := make([]byte, 1024)
    _t := time.NewTimer(time.Second * 5) //創建計時器，每次伺服器端發送訊息
就刷新時間
    defer _t.Stop()

    go func() {
        <-_t.C
        fmt.Println("伺服器出現故障，斷開連結")
        return
    }()
    for {
        go func() {
            for {
                n, err := conn.Read(buffer)
```

```
                if err != nil {
                    return
                }
                //收到訊息就刷新_t計時器，如果time.Second*5時間到了，
                //則<-_t.C就不會阻塞，程式會往下走，直到return結束
                _t.Reset(time.Second * 5)
                //將心跳封包訊息定義為字串1，不需要列印出來
if string(buffer[0:1]) != "1" {
fmt.Println(string(buffer[0:n]))
                }
            }
        }()
        fmt.Fscan(sc, &msg)
        i := time.Now().Format("2006-01-02 15:04:05")
        conn.Write([]byte(fmt.Sprintf("%s\n\t%s: %s", i, name, msg)))
    }
}
```

（3）編寫 main() 函數，啟動用戶端。程式如下：

```
func main() {
    server := "127.0.0.1:8086"
    tcpAddr, err := net.ResolveTCPAddr("tcp4",server)
    if err != nil{
        Log(os.Stderr,"Fatal error:",err.Error())
        os.Exit(1)
    }
    conn, err := net.DialTCP("tcp",nil,tcpAddr)
    if err != nil{
        Log("Fatal error:",err.Error())
        os.Exit(1)
    }
    Log(conn.RemoteAddr().String(), "connect success!")
    sender(conn)
    Log("end")
}
```

完整程式見本書配套資源中的 "chapter5/socket-chat-client.go"。

在編寫完伺服器端和用戶端後，就可以在檔案所在目錄下透過以下命令進行測試了：

```
$ go run socket-chat-server.go
127.0.0.1:8086 connect success!
請輸入聊天暱稱
```

然後啟動用戶端。如果伺服器端和用戶端都能執行正常，則用戶端會收到伺服器端的資訊，如下所示：

```
$ go run socket-chat-client.go
Received message 127.0.0.1:60033 -> 127.0.0.1:8086
```

5.2 Go RPC 程式設計

5.2.1 什麼是 RPC

RPC（Remote Procedure Call，遠端程序呼叫）是一種不需要了解底層網路技術就可以透過網路從遠端電腦程式上請求服務的協定。RPC 協定假設存在某些傳輸協定（如 TCP 或 UDP），並透過這些協定在通訊程式之間傳輸資料資訊。

當一個電子商務系統業務發展到一定程度時，其耦合度往往很高，急需要解耦。這時可以考慮將系統拆分成使用者服務、商品服務、支付服務、訂單服務、物流服務、售後服務等多個獨立的服務。這些服務之間可以相互呼叫，同時每個服務都可以獨立部署，獨立上線。這時內部呼叫最好使用 RPC。RPC 主要用於解決分散式系統中服務與服務之間的呼叫問題。

RPC 架構主要包括 3 部分，如圖 5-7 所示。

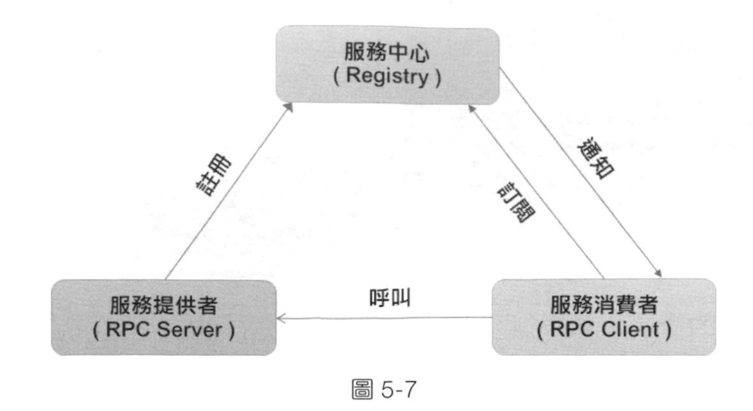

圖 5-7

- 服務註冊中心（Registry）：負責將本機服務發佈成遠端服務，管理遠端服務，提供給服務消費者使用。
- 服務提供者（RPC Server）：提供服務介面的定義與服務類別的實現。
- 服務消費者（RPC Client）：透過遠端代理物件呼叫遠端服務。

服務提供者在啟動後，會主動向服務註冊中心註冊機器的 IP 位址、通訊埠編號，以及提供的服務清單；服務消費者在啟動後，會向服務註冊中心獲取服務提供方的服務清單。服務註冊中心可實現負載平衡和故障切換。

RPC 有以下優點：

- 跨語言（C++、Go、Java、Python ……）；
- 協定私密，安全性較高；
- 資料傳輸效率高；
- 支援動態擴充。

雖然 RPC 有很多優點，但 RPC 也有一些缺點：要開發一個完整的 RPC 框架開發難度大，需要的專業人員比較多，對初學者來說難度比較大，增加了企業的開發成本。

所以是否運用 RPC 架構，要看自身具體的情況，特別是對運行維護人員的能力要求較高。在實戰開發中需要綜合考慮。

5.2.2 Go RPC 的應用

1. Go GOB 編碼 RPC

Go 語言官方提供了一個名為 net/rpc 的 RPC 套件。在 net/rpc 套件中使用 encoding/gob 套件中的 Encoder 物件和 Decoder 物件中可以進行 GOB 格式的編碼和解碼，並且支援 TCP 或 HTTP 資料傳輸方式。

> **提示**
> 由於其他語言不支援 GOB 格式編 / 編碼方式，所以使用 net/rpc 套件實現的 RPC 方法沒辦法進行跨語言呼叫。

在使用 net/rpc 套件時，在伺服器端可以註冊多個不同類型的物件，但如果註冊相同類型的多個物件則會出錯。

同時，如果想物件的方法能被遠端存取，則它們必須滿足一定的要求，否則這個物件的方法會被忽略。這幾個要求如下：

- 方法的類型是可輸出的；
- 方法本身也是可輸出的；
- 方法必須有兩個參數，必須是輸出類型或內建類型；
- 方法的第 2 個參數是指標類型；
- 方法的返回類型為 error。

綜合以上幾個要求，這個輸出方法的格式如下：

```
func (t *T) MethodName(argType T1, replyType *T2) error
```

以上輸出方法中的 T、T1、T2 能夠被 encoding/gob 套件序列化，即使用不同的轉碼器這些要求也適用。

其中，第 1 個參數是呼叫者（client）提供的參數，第 2 個參數是要返給呼叫者的計算結果。如果方法的返回值不為空，則它會作為一個字串返給呼叫者；如果返回值為 error，則 reply 參數不會返給呼叫者。

下面是一個簡單的伺服器端和用戶端的例子。在這個例子中定義了一個兩個數相加的方法。

(1) RPC 伺服器端程式編寫。

第 1 步，定義傳入參數的資料結構：

```
//參數結構
type Args struct {
    X, Y int
}
```

第 2 步，定義一個服務物件。這個服務物件可以很簡單，比如類型是 int 或 interface{}，重要的是它輸出的方法。這裡定義一個算術類型 Algorithm，其實它是 int 類型，這個 int 類型的值在後面方法的實現中沒被用到，它就起一個輔助的作用。

```
type Algorithm int
```

第 3 步，編寫實現類型 Algorithm 的 Sum() 方法：

```
//定義一個方法求兩個數的和
//該方法的第1個參數為輸入參數，第2個參數為返回值
func (t *Algorithm) Sum(args *Args, reply *int) error {
    *reply = args.X + args.Y
    fmt.Println("Exec Sum ", reply)
    return nil
}
```

到目前為止，準備工作已經完成，繼續下面的步驟。

第 4 步，要實現 RPC 伺服器端，需要先實例化服務物件 Algorithm，然後將其註冊到 RPC 中，程式如下：

```
//實例化
algorithm := new(Algorithm)
fmt.Println("Algorithm start", algorithm)
//註冊服務
rpc.Register(algorithm)
```

```
rpc.HandleHTTP()
err := http.ListenAndServe(":8808", nil)
if err != nil {
    fmt.Println("err=====", err.Error())
}
```

以上程式生成了一個 Algorithm 物件，並使用 rpc.Register() 方法來註冊這個服務，然後透過 HTTP 將其曝露出來。用戶端可以看到服務 Algorithm 及它的方法 Algorithm.Sum()。

第 5 步，創建一個用戶端，建立用戶端和伺服器端的連接：

```
client, err := rpc.DialHTTP("tcp", "127.0.0.1:8808")
if err != nil {
    log.Fatal("在這裡地方發生錯誤了：DialHTTP", err)
}
```

第 6 步，用戶端透過 client.Call() 方法進行遠端呼叫，程式如下：

```
//獲取第1個輸入值
i1, _ := strconv.Atoi(os.Args[1])
//獲取第2個輸入值
i2, _ := strconv.Atoi(os.Args[2])
args := ArgsTwo{i1, i2}
var reply int
//呼叫命名函數，等待它完成，並返回其錯誤狀態
err = client.Call("Algorithm.Sum", args, &reply)
if err != nil {
    log.Fatal("Call Sum algorithm error:", err)
}
fmt.Printf("Algorithm 和為: %d+%d=%d\n", args.X, args.Y, reply)
```

以上完整程式見本書配套資源中的 "chapter5/socket-rpc-server.go"。

在伺服器端程式編寫完後，在檔案所在目錄下打開命令列終端，輸入以下命令來啟動伺服器端：

```
$ go run socket-rpc-server.go
```

（2）RPC 用戶端程式編寫。

在伺服器端編寫好並啟動成功後，用戶端透過 client.Call() 方法即可遠端呼叫其對應的方法。用 RPC 實現的用戶端範例程式如下。

程式 chapter5/socket-rpc-client.go　用RPC實現的用戶端範例

```
package main

import (
    "fmt"
    "log"
    "net/rpc"
    "os"
    "strconv"
)

//參數結構
type ArgsTwo struct {
    X, Y int
}

func main() {
    client, err := rpc.DialHTTP("tcp", "127.0.0.1:8808")
    if err != nil {
        log.Fatal("在這裡地方發生錯誤了：DialHTTP", err)
    }
    //獲取第1個輸入值
    i1, _ := strconv.Atoi(os.Args[1])
    //獲取第2個輸入值
    i2, _ := strconv.Atoi(os.Args[2])
    args := ArgsTwo{i1, i2}
    var reply int
    //呼叫命名函數，等待它完成，並返回其錯誤狀態
    err = client.Call("Algorithm.Sum", args, &reply)
    if err != nil {
        log.Fatal("Call Sum algorithm error:", err)
    }
    fmt.Printf("Algorithm 和為: %d+%d=%d\n", args.X, args.Y, reply)
}
```

在檔案所在目錄下打開命令列終端，輸入以下命令：

```
$ go run socket-rpc-client.go 1 2
```

如果 RPC 呼叫成功，則命令列終端會輸出如下：

```
Algorithm 和為: 1+2=3
```

2. JSON 編碼 RPC

JSON 編碼 RPC 是指，資料編碼採用了 JSON 格式的 RPC。接下來同樣透過伺服器端和用戶端的例子來講解。

(1) 伺服器端程式編寫。

JSON 編碼 RPC 透過使用 Go 提供的 json-rpc 標準套件來實現。用 JSON 編碼實現的 RPC 伺服器端範例程式如下。

程式 chapter5/socket-rpc-server1.go　用JSON編碼實現的RPC伺服器端範例

```go
package main

import (
    "fmt"
    "net"
    "net/rpc"
    "net/rpc/jsonrpc"
)

//使用Go提供的net/rpc/jsonrpc標準套件
func init() {
    fmt.Println("JSON編碼RPC，不是GOB編碼，其他的和RPC概念一模一樣，")
}

type ArgsLanguage struct {
    Java, Go string
}

type Programmer string

func (m *Programmer) GetSkill(al *ArgsLanguage, skill *string) error {
```

```
    *skill = "Skill1:" + al.Java + "，Skill2" + al.Go
    return nil
}

func main() {
    //實例化
    str := new(Programmer)
    //註冊服務
    rpc.Register(str)

    tcpAddr, err := net.ResolveTCPAddr("tcp", ":8085")
    if err != nil {
        fmt.Println("ResolveTCPAddr err=", err)
    }

    listener, err := net.ListenTCP("tcp", tcpAddr)
    if err != nil {
        fmt.Println("tcp listen err=", err)
    }

    for {
        conn, err := listener.Accept()
        if err != nil {
            continue
        }
        jsonrpc.ServeConn(conn)
    }
}
```

在檔案所在目錄下打開命令列終端，輸入以下命令來啟動伺服器端：

```
$ go run socket-rpc-server1.go
```

(2) 用戶端程式編寫。

用 JSON 格式實現的 RPC 用戶端範例程式如下。

程式 chapter5/socket-rpc-client1.go　用JSON格式實現的RPC用戶端範例

```
package main

import (
    "fmt"
    "log"
    "net/rpc/jsonrpc"
)

func main() {
    fmt.Println("client start......")
    client, err := jsonrpc.Dial("tcp", "127.0.0.1:8085")
    if err != nil {
        log.Fatal("Dial err=", err)
    }
    send := Send{"Java", "Go"}
    var receive string
    err = client.Call("Programmer.GetSkill", send, &receive)
    if err != nil {
        fmt.Println("Call err=", err)
    }
    fmt.Println("receive", receive)
}

// 參數結構可以和伺服器端不一樣
// 但是結構裡的欄位必須一樣
type Send struct {
    Java, Go string
}
```

在檔案所在目錄下打開命令列終端，輸入以下命令：

```
$ go run socket-rpc-client1.go
```

如果 RPC 呼叫成功，則命令列終端會輸出以下內容：

```
client start......
receive Skill1:Java，Skill2Go
```

5.3 微服務

5.3.1 什麼是微服務

微服務是一種用於建構應用的架構方案。微服務架構有別於傳統的單體式架構，它將應用拆分成多個核心功能。每個功能都被稱為一項服務，這些服務可以被單獨建構和部署。這表示，各項服務在工作時或出現故障時不會相互影響。

比如，在購物時的情景，當把某個商品加入購物車，這個購物車功能就是一項服務。商品評論是一項服務，商品庫存也是一項服務。

1. 單體應用

要瞭解什麼是微服務，可以先瞭解什麼是單體應用。在沒有提出微服務的概念之前，一個軟體應用，往往會將應用的所有功能都開發和打包在一起。傳統的 B/S 應用架構往往如圖 5-8 所示。

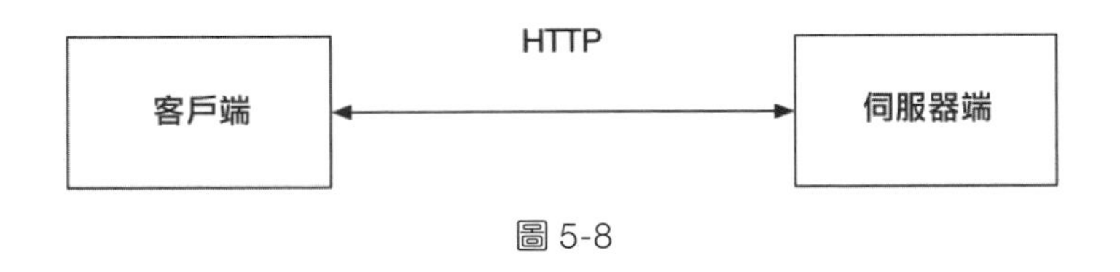

圖 5-8

隨著業務的不斷發展，使用者存取量越來越大，當使用者存取量變大導致一台伺服器無法支撐時就必須加多台伺服器。這時可以把其中一台伺服器作為負載平衡器，架構就變成了用負載平衡器來連接多台伺服器，如圖 5-9 所示。

隨著網站的造訪量進一步加大，前端的 HTML 程式、CSS 程式、JS 程式、圖片等越來越成為網站的瓶頸。這時就需要把靜態檔案獨立出來，透過 CDN 等手段進行加速，這樣可以提升應用的整體性能。單體應用架構就變成「CDN+ 用負載平衡器來連接多台伺服器」，如圖 5-10 所示。

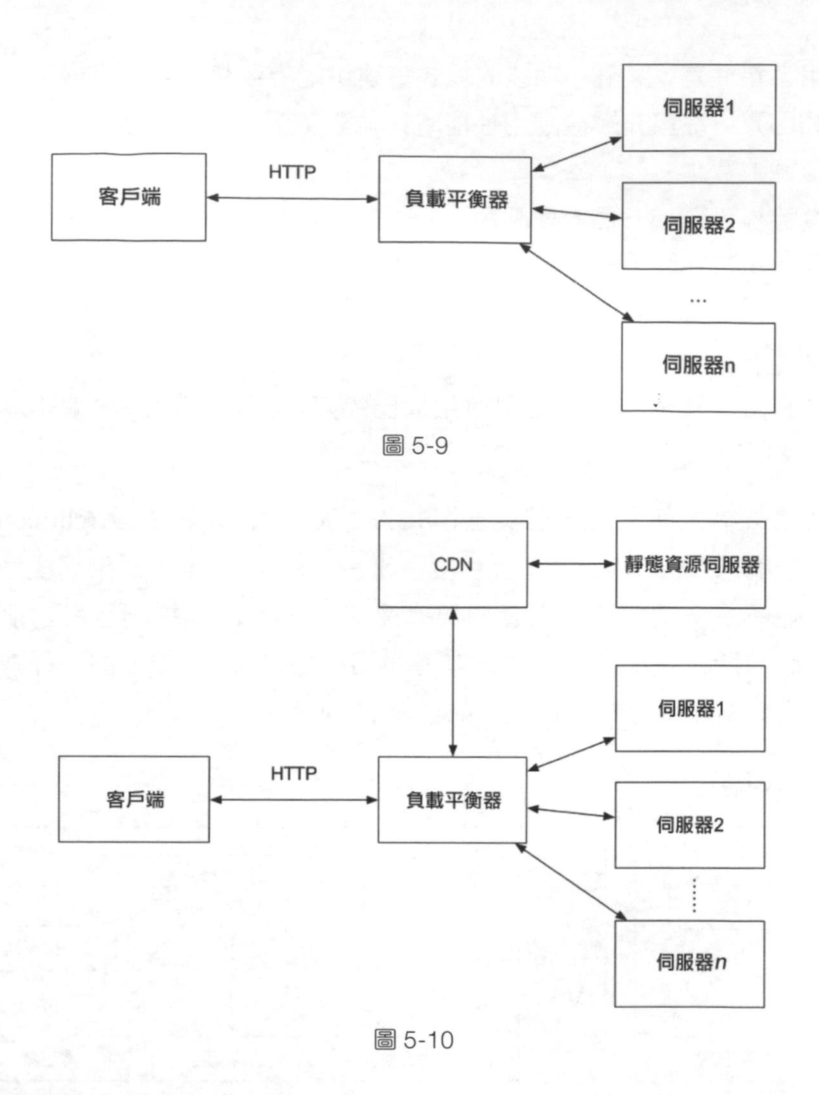

圖 5-9

圖 5-10

雖然面對高流量存取都有對應的解決方案，但以上 3 個架構都還是單體應用，只是在部署方面進行了最佳化，所以避免不了單體應用的根本缺點：

- 程式臃腫，應用啟動時間長，資源消耗較大；（作者參與過的有些大型專案程式超過 5GB。）
- 回歸測試週期長，修復一個小 BUG 可能需要對所有關鍵業務進行回歸測試；

- 應用容錯性差，某個小功能的程式錯誤可能導致整個系統當機；
- 伸縮困難，在擴充單體應用性能時只能對整個應用進行擴充，會造成運算資源浪費；
- 開發協作困難，一個大型應用系統可能有幾十個甚至上百個開發人員，如果大家都在維護一套程式，則程式的合併複雜度急劇增加。

2. 微服務

微服務的出現就是因為單體應用架構已經無法滿足當前網際網路產品的技術需求。

在微服務架構之前還有一個概念：SOA（Service-Oriented Architecture，針對服務的系統架構）。從某種程度上來說，SOA 只是一個架構模型的方法論，並不是一個明確而嚴謹的架構標準。SOA 已經提出了針對服務的架構思想，所以嚴格意義上說，其實微服務應該算是 SOA 的一種演進。單體應用架構和微服務架構比較如圖 5-11 所示。

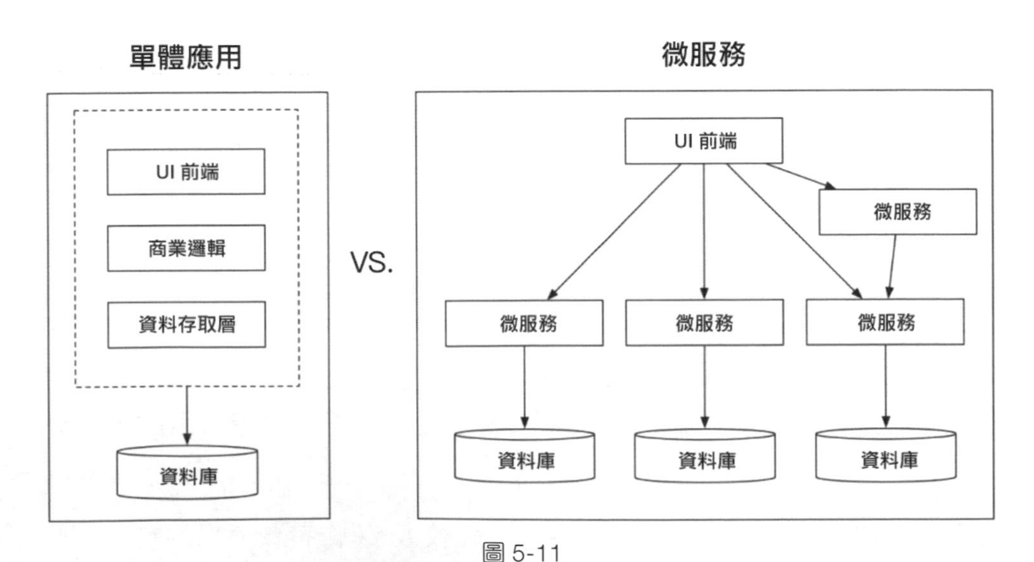

圖 5-11

綜上所述，關於微服務的概念，沒有統一的官方定義。撇開架構先不說，什麼樣的服務才算微服務呢？一般來說，微服務需要滿足以下兩點。

- 單一職責：一個微服務應該是具有單一職責的，這才是「微」的表現。一般來說，一個微服務用來解決一個業務問題，儘量保持其獨立性。
- 針對服務：將自己的業務能力封裝並對外提供服務，這是繼承 SOA 的核心思想。一個微服務本身也可能具有使用其他微服務的能力。

一般滿足以上兩點就可以認為其是一個微服務。微服務架構與單體應用架構十分不同：①微服務架構中的每個服務都需獨立執行，要避免與其他服務的耦合關係；②微服務架構中的每個服務都要能夠自主——在其他服務發生錯誤時不受干擾。

3. 微服務典型架構

應用微服務化之後，遇到的第一個問題就是服務發現問題：一個微服務如何發現其他微服務。

最簡單的方式是：在每個微服務裡設定其他微服務的位址。但是當微服務數量很多時，這樣做明顯不現實。所以需要用到微服務架構中的最重要的元件——**服務註冊中心**。因為所有服務都被註冊到服務註冊中心了，所以可以同時從服務註冊中心獲取當前可用的服務清單。

服務註冊中心與服務之間的關係如圖 5-12 所示。

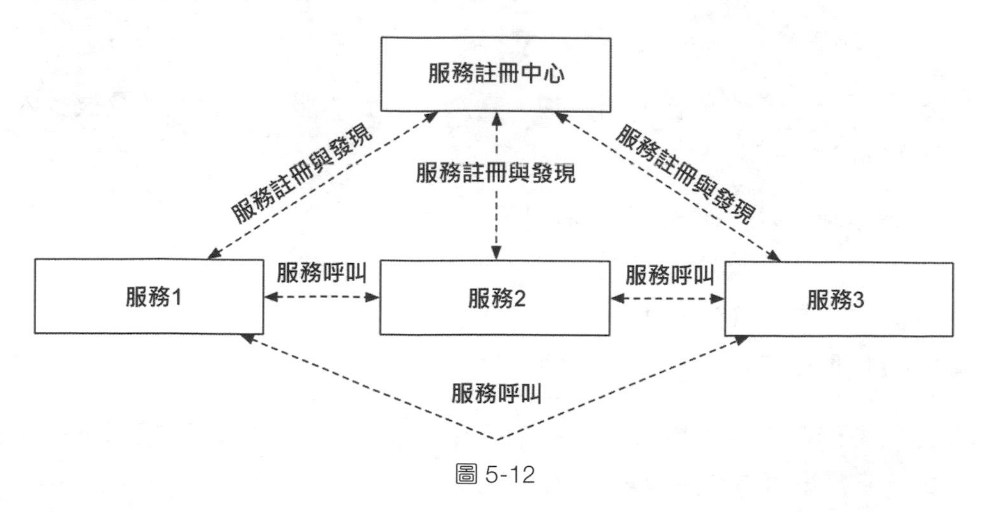

圖 5-12

接著需要解決微服務分散式部署帶來的第 2 個問題：服務設定管理的問題。當服務超過一定數量後，如果需要在每個服務中分別維護其設定檔，則運行維護人員的人力成本會急劇上升。此時就需要用到微服務架構裡面第 2 個重要的元件——設定中心。

當用戶端或外部應用呼叫服務時該怎麼處理呢？服務 1 可能有多個節點，服務 1、服務 2 和服務 3 的服務位址都不同，服務授權驗證應該在哪裡做？這時就需要使用到服務閘道提供統一的服務入口，最終形成的典型微服務架構如圖 5-13 所示。

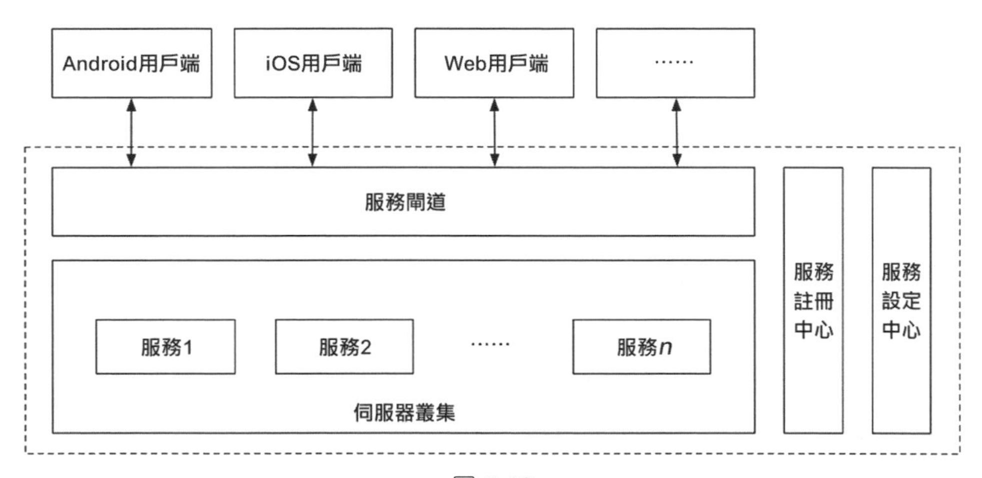

圖 5-13

圖 5-13 是一個典型的微服務架構。當然微服務的服務治理還涉及很多內容，比如：

- 透過熔斷、限流等機制保證高可用；
- 微服務之間呼叫的負載平衡；
- 分散式交易（2PC、3PC、TCC、LCN 等）；
- 服務呼叫鏈追蹤等。

以上典型的微服務架構只是許多微服務架構的一種。微服務架構不是唯一的，它需要根據企業自身的具體情況進行針對性的部署。

5.3.2【實戰】用 gRPC 框架建構一個簡易的微服務

1. 什麼是 gRPC 框架

gRPC 是 Google 開放原始碼的一款跨平台、高性能的 RPC 框架，它可以在任何環境下執行。在實際開發過程中，主要使用它來進行後端微服務的開發。

在 gRPC 框架中，用戶端應用程式可以像本地物件那樣直接呼叫另一台電腦上的伺服器應用程式中的方法，從而更容易地創建分散式應用程式和服務。與許多 RPC 系統一樣，gRPC 框架基於定義服務的思想，透過設定參數和返回類型來遠端呼叫方法。在伺服器端，實現這個介面並執行 gRPC 伺服器以處理用戶端呼叫。用戶端提供方法（用戶端與伺服器端的方法相同）。

如圖 5-14 所示，gRPC 的用戶端和伺服器端可以在各種環境中執行和相互通訊，並且可以用 gRPC 支援的任何語言編寫。因此，可以用 Go 語言創建一個 gRPC 伺服器，同時供 PHP 用戶端和 Android 用戶端等多個用戶端呼叫，從而突破開發語言的限制。

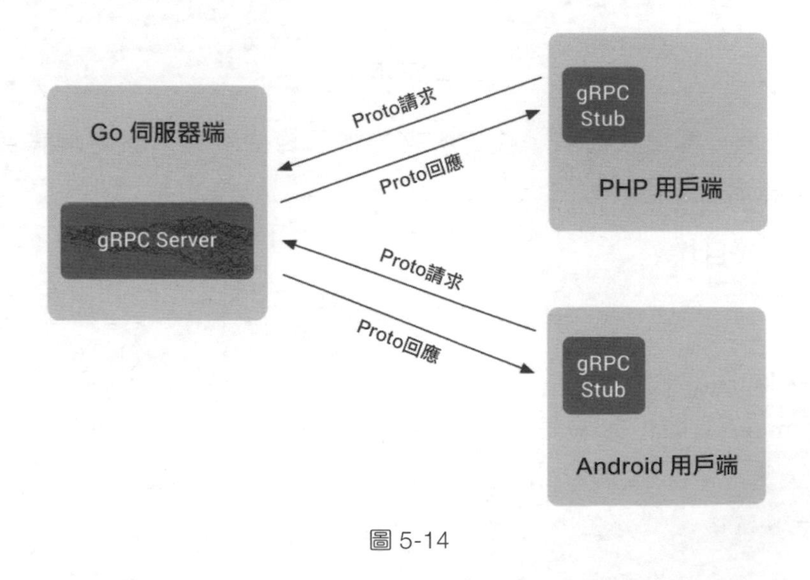

圖 5-14

2. gRPC 的使用

接下來詳細介紹如何使用 gRPC 框架架設一個基礎的 RPC 專案。

（1）安裝 protobuf。

要使用 gRPC，必須先安裝 protobuf。protobuf 的安裝方法很簡單。

直接進入官方網址，選擇對應系統的版本進行下載，如圖 5-15 所示。

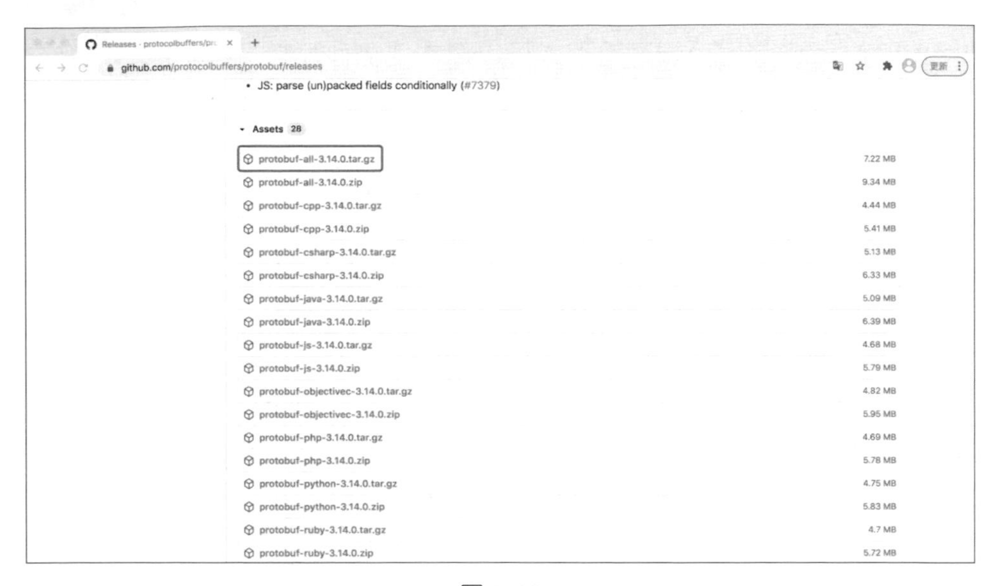

圖 5-15

下載完成後，解壓該檔案，在資料夾的根目錄依次輸入設定編譯目錄和 make 編譯命令即可。

① 設定編譯目錄。

```
$ ./configure --prefix=/usr/local/protobuf
```

② 用 make 編譯命令安裝。

先執行 make 編譯，在編譯成功後再執行 install 命令，如下所示：

```
$ make
$ make install
```

③ 設定環境變數。

如果 make 安裝完成，則可打開 .bash_profile 檔案並編輯，執行以下命令：

```
$ cd ~
$ vim .bash_profile
```

然後在打開的 bash_profile 檔案尾端增加以下設定：

```
export PROTOBUF=/usr/local/protobuf
export PATH=$PROTOBUF/bin:$PATH
```

編輯完成後，透過 source 命令使檔案生效：

```
$ source .bash_profile
```

編輯完成後，在命令列終端中輸入以下命令即可返回版本資訊，如圖 5-16 所示。

```
$ protoc --version
```

```
mac — -bash — 80×24
Last login: Mon Feb  8 09:33:05 on ttys001
shirdon:~ mac$ protoc --version
libprotoc 3.13.0
shirdon:~ mac$
```

圖 5-16

（2）安裝 Go 語言 protobuf 套件。

在安裝完 protobuf 的開發環境後，還要安裝 Go 語言對應的 protobuf 套件。方法很簡單，在命令列終端中輸入以下命令：

```
$ go get -u github.com/golang/protobuf/proto
$ go get -u github.com/golang/protobuf/protoc-gen-go
```

在 "go get" 命令執行完後，進入剛才下載的目錄 src/github.com/golang/protobuf 中，複製 protoc-gen-go 資料夾到 /usr/local/bin/ 目錄中：

```
$ cp -r protoc-gen-go  /usr/local/bin/
```

設定好環境變數後，Go 語言 protobuf 開發環境就架設完畢了。

（3）定義 protobuf 檔案。

接下來就是定義 protobuf 檔案。首先，新建一個名為 programmer.proto 的檔案，程式如下：

程式 chapter5/protobuf/programmer.proto　protobuf檔案的程式

```
// 指定語法格式，注意 proto3不再支持 proto2的required和optional
syntax = "proto3";
package  proto;     // 指定生成套件的名稱為programmer.pb.go，防止命名衝突

// service 定義開放呼叫的服務
service  ProgrammerService {
// rpc 定義服務內的GetProgrammerInfo 遠端呼叫
  rpc  GetProgrammerInfo (Request) returns (Response) {
  }
}

// message 對應生成程式的struct，用於定義用戶端請求的資料格式
message  Request {
//[修飾符號] 類型 欄位名稱 = 識別符號;
  string  name = 1;
}

// 定義伺服器端回應的資料格式
message  Response {
  int32  uid = 1;
  string  username = 2;
  string  job = 3;
// repeated 修飾符號表示欄位是可變陣列，即 slice 類型
  repeated  string  goodAt = 4;
}
```

然後透過 protoc 命令編譯 proto 檔案，在 programmer.proto 檔案所在目錄中生成對應的 go 檔案。執行以下命令：

```
$ protoc --go_out=plugins=grpc:. ./programmer.proto
```

如果執行成功，則在同一個目錄中生成一個名為 programmer.pb.go 的檔案。

(3) 伺服器端程式編寫。

首先應該明確實現的步驟：

① 實現 GetProgrammerInfo 介面；

② 使用 gRPC 建立服務，監聽通訊埠；

③ 將實現的服務註冊到 gRPC 中。

伺服器端的範例程式如下。

程式 chapter5/grpc-server.go　用gRPC實現的伺服器端的範例程式

```
package main

import (
    "fmt"
    "log"
    "net"
    // 匯入生成的protobuf 套件
    pb "gitee.com/shirdonl/goWebActualCombat/chapter5/protobuf"
    "golang.org/x/net/context"
    "google.golang.org/grpc"
)

//定義服務結構
type ProgrammerServiceServer struct{}

func (p *ProgrammerServiceServer) GetProgrammerInfo(ctx context.Context,
req *pb.Request) (resp *pb.Response, err error) {
    name := req.Name
    if name == "shirdon" {
        resp = &pb.Response{
            Uid: 6,
            Username: name,
            Job: "CTO",
            GoodAt: []string{"Go","Java","PHP","Python"},
        }
```

```
    }
    err = nil
    return
}

func main() {
    port := ":8078"
    l, err := net.Listen("tcp", port)
    if err != nil {
        log.Fatalf("listen error: %v\n", err)
    }
    fmt.Printf("listen %s\n", port)
    s := grpc.NewServer()
    // 將 ProgrammerService 註冊到 gRPC中
    // 注意第2個參數ProgrammerServiceServer是介面類型的變數，需要取位址傳參
    pb.RegisterProgrammerServiceServer(s, &ProgrammerServiceServer{})
    s.Serve(l)
}
```

在寫好伺服器端程式後，在檔案所在目錄下打開命令列終端，輸入以下命令啟動伺服器端：

```
$ go run grpc-server.go
```

（4）用戶端程式編寫。

伺服器端啟動後，就實現了一個利用 gRPC 創建的 RPC 服務。但無法直接呼叫它，還需要實現一個呼叫伺服器端的用戶端，程式如下。

程式 chapter5/grpc-client.go　用gRPC實現的用戶端的範例程式

```
package main

import (
    "fmt"
    pb "gitee.com/shirdonl/goWebActualCombat/chapter5/protobuf"
    "golang.org/x/net/context"
    "google.golang.org/grpc"
    "log"
)
```

```
func main() {
    conn, err := grpc.Dial(":8078", grpc.WithInsecure())
    if err != nil {
        log.Fatalf("dial error: %v\n", err)
    }

    defer conn.Close()

    // 實例化 ProgrammerService
    client := pb.NewProgrammerServiceClient(conn)

    // 呼叫服務
    req := new(pb.Request)
    req.Name = "shirdon"
    resp, err := client.GetProgrammerInfo(context.Background(), req)
    if err != nil {
        log.Fatalf("resp error: %v\n", err)
    }

    fmt.Printf("Recevied: %v\n", resp)
}
```

在寫好用戶端程式後，在檔案所在目錄下打開命令列終端，輸入以下命令啟動用戶端：

```
$ go run grpc-client.go
```

如果用戶端呼叫伺服器端的方法成功，則輸出以下內容：

```
Recevied: uid:6  username:"shirdon"  job:"CTO"  goodAt:"Go"
goodAt:"Java"  goodAt:"PHP"  goodAt:"Python"
```

至此我們已經介紹了使用 gRPC 進行簡單微服務開發的方法。Go 語言已經提供了良好的 RPC 支援。透過 gRPC，可以很方便地開發分散式的 Web 應用程式。

5.4 小結

本章介紹了 Go Socket 程式設計、Go RPC 程式設計、微服務，最後透過 gRPC 框架建構了一個簡易的微服務。本章能讓讀者系統地學習 Go 進階網路程式設計的方法和技巧。

Chapter

06

Go 檔案處理

書籍是青年人不可分離的生命伴侶和導師。 ——高爾基

念高危，則思謙沖而自牧；懼滿盈，則思江海下百川。

——魏徵：《諫太宗十思疏》

本章將詳細介紹操作目錄與檔案、處理 XML 檔案和 JSON 檔案、處理正規表示法、處理日誌的各種方法和技巧。

6.1 操作目錄與檔案

6.1.1 操作目錄

Go 語言對檔案和目錄的操作，主要是透過 os 套件和 path 套件實現的。下面介紹 os 套件和 path 套件中的一些常用函數。

1. 創建目錄

Go 語言創建目錄，主要使用 Mkdir()、MkdirAll() 兩個函數。其中，Mkdir() 函數的定義如下：

```
func Mkdir(name string, perm FileMode) error
```

其中，name 為目錄名字，perm 為許可權設定碼。比如 perm 為 0777，表示該目錄對所有使用者讀寫及可執行。

舉例來說，創建一個名為 "test" 的目錄，perm 許可權為 0777 的範例如下：

程式 chapter6/mkdir1.go　用Mkdir()函數創建一個名為"test"的目錄

```
package main

import (
    "fmt"
    "os"
)

func main() {
    //創建一個名為"test"的目錄，許可權為0777
    err := os.Mkdir("test", 0777)
    if err != nil {
        fmt.Println(err)
    }
}
```

MkdirAll() 函數的定義如下：

```
func MkdirAll(path string, perm FileMode) error
```

其中，path 為目錄的路徑（例如 "dir1/dir2/dir3"），perm 為許可權設定碼。

用 MkdirAll() 函數創建目錄的範例如下。

程式 chapter6/mkdir2.go　用MkdirAll()函數創建目錄的範例

```
package main

import (
    "fmt"
    "os"
)
```

```
func main() {
    //根據path創建多級子目錄，例如dir1/dir2/dir3
    err :=os.MkdirAll("dir1/dir2/dir3", 0777)
    if err != nil {
        fmt.Println(err)
    }
}
```

在 Web 開發中，多級目錄使用得比較多的地方是上傳檔案。例如我們可以創建一個形如 "static/upload/2020/10/1" 的多級目錄來保存上傳的檔案。用 MkdirAll() 函數創建多級目錄的範例如下。

程式 chapter6/mkdir3.go　用MkdirAll()函數創建多級目錄的範例

```
package main

import (
    "fmt"
    "os"
    "time"
)

func main()  {
    uploadDir := "static/upload/" + time.Now().Format("2006/01/02/")
    err := os.MkdirAll(uploadDir , 777)
    if err!=nil{
        fmt.Println(err)
    }
}
```

2. 重新命名目錄

在 Go 語言的 os 套件中有一個 Rename() 函數用來對目錄和檔案進行重新命名。該函數也可以用於移動一個檔案。該函數的定義如下：

```
func Rename(oldpath, newpath string) error
```

其中，參數 oldpath 為舊的目錄名稱或多級目錄的路徑，參數 newpath 為新目錄的路徑。如果 newpath 已經存在，則替換它。其使用範例如下。

程式 chapter6/rename.go　Rename()函數的使用範例

```
package main

import (
    "fmt"
    "log"
    "os"
)

func main() {
    //創建一個名為"dir_name1"的目錄，許可權為0777
    err := os.Mkdir("dir_name1", 0777)
    if err != nil {
        fmt.Println(err)
    }
    oldName := "dir_name1"
    newName := "dir_name2"
    //將dir_name1重新命名為dir_name2
    err = os.Rename(oldName, newName)
    if err != nil {
        log.Fatal(err)
    }
}
```

3. 刪除目錄

Go 語言刪除目錄的函數的定義如下：

```
func Remove(name string) error
```

其中，參數 name 為目錄的名字。Remove() 函數有一個局限性：當目錄下有檔案或其他目錄時會出錯。

如果要刪除多級子目，則可以使用 RemoveAll() 函數，其定義如下：

```
func RemoveAll(path string) error
```

其中，參數 path 為要刪除的多級子目錄。如果 path 是單一名稱，則該目錄下的子目錄將全部被刪除。用 Remove() 函數刪除名為 dir1 的目錄的範例如下。

程式 chapter6/remove.go　用Remove()函數刪除名為dir1的目錄的範例

```
package main

import (
    "log"
    "os"
)

func main() {
    err := os.Remove("dir1")
    if err != nil {
        log.Fatal(err)
    }
}
```

在檔案所在目錄下打開命令列終端，輸入以下命令：

```
$ go run remove.go
```

如果在 dir1 目錄下有子檔案或子目錄，則顯示出錯如下：

```
2020/09/09 09:47:53 remove dir1: directory not empty
exit status 1
```

接下來我們使用 RemoveAll() 函數來刪除多級目錄。

程式 chapter6/removeall.go　用RemoveAll()函數刪除多級目錄的範例

```
package main

import (
    "log"
    "os"
)

func main() {
```

```
    //創建多級子目錄
    os.MkdirAll("test1/test2/test3", 0777)
    //刪除test1目錄及其子目錄
    err := os.RemoveAll("test1")
    if err != nil {
        log.Fatal(err)
    }
}
```

4. 遍歷目錄

在 Go 語言的 path/filepath 套件中，提供了 Walk() 函數來遍歷目錄，其定義如下：

```
func Walk(root string, walkFn WalkFunc) error
```

其中，參數 root 為遍歷的初始根目錄，參數 walkFn 為自訂函數（舉例來說，顯示所有資料夾、子資料夾、檔案、子檔案）。用 Walk() 函數遍歷目錄的範例如下。

程式 chapter6/filewalk.go　用Walk()函數遍歷目錄的範例

```
package main

import (
    "fmt"
    "os"
    "path/filepath"
)

func scan(path string, f os.FileInfo, err error) error {
    fmt.Printf("Scaned: %s\n", path)
    return nil
}

func main() {
    //根據path創建多級子目錄，例如dir1/dir2/dir3
    err :=os.MkdirAll("test_walk/dir2/dir3", 0777)
    if err != nil {
```

```
        fmt.Println(err)
    }
    root := `./test_walk`
    err = filepath.Walk(root, scan)
    fmt.Printf("filepath.Walk() returned %v\n", err)
}
```

在檔案所在目錄下打開命令列終端，在其中輸入以下命令：

```
$ go run filewalk.go
```

Walk() 函數會遍歷目錄，返回值如圖 6-1 所示。

```
Terminal
shirdon:chapter6 mac$ go run filewalk.go
Scaned: ./test_walk
Scaned: test_walk/dir2
Scaned: test_walk/dir2/dir3
filepath.Walk() returned <nil>
shirdon:chapter6 mac$
```

圖 6-1

6.1.2 創建檔案

Go 語言 os 套件中提供了 Create() 函數來創建檔案，其定義如下：

```
func Create(name string) (*File, error)
```

其中，參數 name 為檔案名稱的字串，返回值為指標型檔案描述符號。

用 Create() 函數創建一個名為 name 的檔案，預設採用模式 0666。如果檔案已存在，則它會被重置為空檔案。如果成功，則返回的檔案描述符號物件可用於檔案的讀寫。其使用範例如下。

程式 chapter6/create.go　用Create()函數創建檔案的範例

```
package main

import (
    "fmt"
```

```
    "os"
)

func main() {
    //創建檔案
    //Create()函數會根據傳入的檔案名稱創建檔案，預設許可權是0666
    fp, err := os.Create("./demo.txt") // 如果檔案已存在，則將檔案清空
    fmt.Println(fp, err)
    fmt.Printf("%T", fp)            // *os.File 檔案的指標類型

    if err != nil {
        fmt.Println("檔案創建失敗。")
        //創建檔案失敗的原因有：
        //1.路徑不存在 2.許可權不足 3.打開檔案數量超過上限 4.磁碟空間不足等
        return
    }

    // defer延遲呼叫
    defer fp.Close() //關閉檔案，釋放資源
}
```

6.1.3 打開與關閉檔案

在 Go 語言的 os 套件中提供了 Open() 函數和 OpenFile() 函數用來打開檔案。在 Open()、OpenFile() 函數使用完畢後，都需要呼叫 Close() 方法來關閉檔案。

1. Open() 函數

檔案的打開使用 os 套件中的 Open() 函數，其定義如下：

```
func Open(name string) (file *File, err Error)
```

其中參數 name 為檔案名稱的字串，返回值為檔案描述符號物件。

檔案關閉用 Close() 方法，其定義如下：

```
func (f *File) Close() error
```

其中，參數 f 為檔案描述符號指標；Close() 方法可使檔案不能用於讀寫，它的返回值為可能出現的錯誤。Open() 函數的使用範例如下。

程式 chapter6/open1.go　Open()函數的使用範例

```
package main

import (
    "fmt"
    "os"
)

func main() {
    // 打開檔案
    file, err := os.Open("open.txt")
    if err != nil {
        fmt.Printf("打開檔案出錯：%v\n", err)
    }
    fmt.Println(file)
    // 關閉檔案
    err = file.Close()
    if err != nil {
        fmt.Printf("關閉檔案出錯：%v\n", err)
    }
}
```

如果在程式所在資料夾中沒有名為 open.txt 的檔案，則報以下錯誤：

```
打開檔案出錯：open open.txt: no such file or directory
<nil>
關閉檔案出錯：invalid argument
```

2. OpenFile() 函數

OpenFile() 函數比 Open() 函數更加強大，可以定義檔案的名字、檔案打開方式，以及檔案許可權設定。其定義如下：

```
func OpenFile(name string, flag int, perm uint32) (file *File, err Error)
```

其中，name 為檔案的名字，flag 參數為打開的方式（可以是唯讀、讀寫等），perm 是許可權模式，形如 0777。其使用範例如下。

程式 chapter6/open2.go　OpenFile()函數的使用範例

```
package main

import (
    "fmt"
    "os"
)

func main() {
    // 以讀寫方式打開檔案
    fp, err := os.OpenFile("./open.txt", os.O_CREATE|os.O_APPEND, 0666)

    if err != nil {
        fmt.Println("檔案打開失敗。")
        return
    }

    // defer延遲呼叫
    defer fp.Close()  //關閉檔案，釋放資源
}
```

比較 Open() 函數和 OpenFile() 函數發現，在 Open() 函數的內部實現中其實呼叫了 OpenFile() 函數，OpenFile() 函數更具靈活性。

6.1.4 讀寫檔案

1. 讀取檔案

讀取檔案有以下兩種函數。

（1）用帶緩衝方式讀取。

這種方式使用 bufio 套件中的 NewReader() 函數。其定義如下：

```
func NewReader(rd io.Reader) *Reader
```

該函數的使用範例如下。

程式 chapter6/read1.go　NewReader()函數的使用範例

```
package main

import (
    "bufio"
    "fmt"
    "io"
    "os"
)

func main() {
    // 打開檔案
    file, err := os.Open("read.txt")
    if err != nil {
        fmt.Printf("打開檔案出錯：%v\n", err)
    }
    // 及時關閉檔案控制代碼
    defer file.Close()
    // bufio.NewReader(rd io.Reader) *Reader
    reader := bufio.NewReader(file)
    // 迴圈讀取檔案的內容
    for {
        line, err := reader.ReadString('\n')     // 讀到一個分行符號就結束
        if err == io.EOF {                      // io.EOF表示檔案的尾端
            break
        }
        // 輸出內容
        fmt.Print(line)
    }
}
```

（2）直接讀取到記憶體。

如果想將檔案直接讀取到記憶體中，則可使用 io/ioutil 套件中的 ReadFile() 函數，其定義如下：

```
func ReadFile(filename string) ([]byte, error)
```

其中參數 filename 為檔案名稱。ReadFile() 函數的使用範例如下。

程式 chapter6/read2.go　ReadFile()函數的使用範例

```
package main

import (
    "fmt"
    "io/ioutil"
)

func main() {
    //用 io/ioutil.ReadFile()函數一次性將檔案讀取到記憶體中
    filePath := "read2.txt"
    content, err := ioutil.ReadFile(filePath)
    if err != nil {
        // log.Fatal(err)
        fmt.Printf("讀取檔案出錯：%v", err)
    }
    fmt.Printf("%v\n", content)
    fmt.Printf("%v\n", string(content))
}
```

2. 寫入檔案

Go 語言中 os 套件中提供了一個名為 File 的物件來處理檔案，該物件有 Write()、WriteAt()、WriteString() 3 種方法可以用於寫入檔案。

（1）Write() 方法。

Write() 方法用於寫入 [ ]byte 類型的資訊到檔案中，其定義如下：

```
func (file *File) Write(b []byte) (n int, err Error)
```

其使用範例如下。

程式 chapter6/write1.go　Write()方法的使用範例

```
package main

import (
    "fmt"
```

```
    "os"
)

func main() {
    file, err := os.OpenFile("write1.txt", os.O_CREATE|os.O_RDWR, 0666)
    if err != nil {
        fmt.Println(err)
    }
    defer file.Close()

    content := []byte("你好世界！")
    if _, err = file.Write(content); err != nil {
        fmt.Println(err)
    }
    fmt.Println("寫入成功！")
}
```

（2）WriteAt() 方法。

WriteAt() 方法用於在指定位置開始寫入 [ ]byte 類型的資訊，其定義如下：

```
func (file *File) WriteAt(b []byte, off int64) (n int, err Error)
```

該方法表示從基本輸入來源的偏移量 off 處開始，將 len(p) 個位元組讀取到 p 中。它返回讀取的位元組數 n（$0 \leq n \leq$ len(p)），以及任何遇到的錯誤。其使用範例如下。

程式 chapter6/write2.go　WriteAt()方法的使用範例

```
package main

import (
    "fmt"
    "os"
)

func main() {
    file, err := os.Create("writeAt.txt")
    if err != nil {
```

```
        panic(err)
    }
    defer file.Close()
    file.WriteString("Go Web程式設計實戰派——從入門到精通")
    n, err := file.WriteAt([]byte("Go語言Web"), 24)
    if err != nil {
        panic(err)
    }
    fmt.Println(n)
}
```

輸出結果如下：

```
11
```

（3）WriteString() 方法。

WriteString() 方法用於將字串寫入檔案，其定義如下：

```
func (file *File) WriteString(s string) (ret int, err Error)
```

其中參數 s 為 string 類型的字串。該方法的使用範例如下。

程式 chapter6/write3.go　WriteString()方法的使用範例

```
package main

import (
    "os"
)

func main() {
    file, err := os.Create("WriteString.txt")
    if err != nil {
        panic(err)
    }
    defer file.Close()
    file.WriteString("Go Web程式設計實戰派從入門到精通")
}
```

WriteString() 方法的本質上是對 Write() 方法的呼叫。WriteString() 方法的返回值就是 Write() 方法的返回值。WriteString() 的方法區塊如下：

```
func (f *File) WriteString(s string) (n int, err error) {
    return f.Write([]byte(s))
}
```

WriteString() 方法和 Write() 方法的區別是參數的形式：WriteString() 方法的參數是字串，Write() 方法的參數是 [ ]byte(s)。WriteString() 方法和 Write() 方法的使用範例如下。

程式 chapter6/write4.go　WriteString()方法和Write()方法的使用範例

```
package main

import (
    "fmt"
    "os"
)

func main() {
    //新建檔案
    fout, err := os.Create("./write4.txt")
    if err != nil {
        fmt.Println(err)
        return
    }
    defer fout.Close()
    for i := 0; i < 5; i++ {
        outstr := fmt.Sprintf("%s:%d\r\n", "Hello Go", i) //Sprintf格式化
        // 寫入檔案
        fout.WriteString(outstr)                    //string資訊
        fout.Write([]byte("i love go\r\n"))  //byte類型
    }
}
```

6.1.5 移動與重新命名檔案

Go 語言的移動和重新命名可以透過 Rename() 函數實現，其參數既可以是目錄，也可以是檔案。其定義如下：

```
func Rename(oldpath, newpath string) error
```

其中，參數 oldpath 為舊的目錄或檔案，參數 newpath 為移動與重新命名後的目錄或檔案。Rename() 函數的使用範例如下。

程式 chapter6/rename2.go　Rename()函數的使用範例

```
package main

import (
    "fmt"
    "os"
)

func main() {
    //創建一個名為"test_rename.txt"的空檔案
    _, err := os.Create("./test_rename.txt") //如果檔案已存在，則將檔案清空
    if err != nil {
        fmt.Println(err)
    }
    //創建一個名為"test_rename"的目錄，許可權為0777
    err = os.Mkdir("test_rename", 0777)
    //將test_rename.txt移動到test_rename目錄下，並將其重新命名為
test_rename_new.txt
    err = os.Rename("./test_rename.txt", "./test_rename/test_rename_new.
txt")
    if err != nil {
        fmt.Println(err)
        return
    }
}
```

6.1.6 刪除檔案

和刪除目錄一樣，在 Go 語言中刪除檔案也可以透過 Remove() 函數和 RemoveAll() 函數來實現。

1. Remove() 函數

Remove() 函數用於刪除指定的檔案或目錄。如果出錯，則返回 *PathError 類型的錯誤。其定義如下：

```
func Remove(name string) error
```

2. RemoveAll() 函數

RemoveAll() 函數用於刪除指定的檔案或目錄及它的所有下級物件。它會嘗試刪除所有內容，除非遇到錯誤並返回。如果參數 path 指定的物件不存在，則 RemoveAll() 函數會返回 nil，而不返回錯誤。其定義如下：

```
func RemoveAll(path string) error
```

用 Remove() 函數及 RemoveAll() 函數刪除檔案的範例如下：

程式 chapter6/remove_file.go　用Remove()函數及RemoveAll()函數刪除檔案的範例

```
package main

import (
    "fmt"
    "os"
)

func main() {
    //創建一個名為"test_rename"的目錄，許可權為0777
    err := os.Mkdir("test_remove", 0777)
    if err != nil {
        fmt.Println(err)
    }
    fmt.Println("created dir:test_remove")
```

```
    //創建一個名為"test_remove1.txt"的空檔案
    _, err = os.Create("./test_remove/test_remove1.txt") // 如果檔案已存
在，則將其清空
    if err != nil {
        fmt.Println(err)
    }
    fmt.Println("created file:test_remove1.txt")
    _, err = os.Create("./test_remove/test_remove2.txt")
    if err != nil {
        fmt.Println(err)
    }
    fmt.Println("created file:test_remove2.txt")
    _, err = os.Create("./test_remove/test_remove3.txt")
    if err != nil {
        fmt.Println(err)
    }
    fmt.Println("created file:test_remove3.txt")
    err = os.Remove("./test_remove/test_remove1.txt")
    if err != nil {
        fmt.Printf("removed ./test_remove/test_remove1.txt err : %v\n", err)
    }
    fmt.Println("removed file:./test_remove/test_remove1.txt")
    err = os.RemoveAll("./test_remove")
    if err != nil {
        fmt.Printf("remove all ./test_remove err : %v\n", err)
    }
    fmt.Println("removed all files:./test_remove")
}
```

6.1.7 複製檔案

在 Go 語言中，可以使用 io 套件的 Copy() 函數來實現檔案複製功能。其定義如下：

```
func Copy(dst Writer, src Reader) (written int64, err error)
```

其中，參數 dst 為原始檔案指標，參數 src 為目的檔案指標。

程式 chapter6/copy1.go　用Copy()函數複製檔案的範例

```
package main

import (
    "fmt"
    "io"
    "os"
)

func main() {
    //創建一個名為test_copy1.zip的檔案
    _, err := os.Create("./test_copy1.zip") // 如果檔案已存在，則將其清空
    if err != nil {
        fmt.Println(err)
    }
    //打開檔案test_copy1.zip，獲取檔案指標
    srcFile, err := os.Open("./test_copy1.zip")
    if err != nil {
        fmt.Printf("open file err = %v\n", err)
        return
    }

    defer srcFile.Close()

    //打開檔案要複製的新檔案名稱test_copy2.zip，獲取檔案指標
    dstFile, err := os.OpenFile("./test_copy2.zip", os.O_WRONLY|os.O_
CREATE, 0755)
    if err != nil {
        fmt.Printf("open file err = %v\n", err)
        return
    }

    defer dstFile.Close()

    //透過Copy()函數複製資料
    result, err := io.Copy(dstFile, srcFile)

    if err == nil {
```

```
        fmt.Println("複製成功，複製的位元組數為: ", result)
    }
}
```

除此之外，我們還可以自己封裝一個函數：先透過使用 os 套件中的 os.Open() 和 os.Create() 函數獲取檔案控制代碼（檔案指標），然後透過檔案控制代碼（檔案指標）的 Read() 和 Write() 方法，按照字的節讀取和寫入來實現複製檔案的功能。

在專案開發中，可以把複製檔案封裝成一個公共函數，以便在以後每次需要用到該功能時直接呼叫封裝好的函數。對於較大檔案，可以自訂一個名為 DoCopy() 的函數，範例如下。

程式 chapter6/copy2.go　自訂一個名為DoCopy()的函數

```
package main

import (
    "fmt"
    "io"
    "log"
    "os"
)

//自訂複製函數
func DoCopy(srcFileName string, dstFileName string) {
    //打開放原始碼檔案
    srcFile, err := os.Open(srcFileName)
    if err != nil {
        log.Fatalf("原始檔案讀取失敗,err:%v\n", err)
    }
    defer func() {
        err = srcFile.Close()
        if err != nil {
            log.Fatalf("原始檔案關閉失敗,err:%v\n", err)
        }
    }()

    //創建目的檔案，稍後會向這個目的檔案寫入複製的內容
```

```
    distFile, err := os.Create(dstFileName)
    if err != nil {
        log.Fatalf("目的檔案創建失敗,err:%v\n", err)
    }
    defer func() {
        err = distFile.Close()
        if err != nil {
            log.Fatalf("目的檔案關閉失敗,err:%v\n", err)
        }
    }()
    //定義指定長度的位元組切片，每次最多讀取指定長度
    var tmp = make([]byte, 1024*4)
    //迴圈讀取並寫入
    for {
        n, err := srcFile.Read(tmp)
        n, _ = distFile.Write(tmp[:n])
        if err != nil {
            if err == io.EOF {
                return
            } else {
                log.Fatalf("複製過程中發生錯誤,錯誤err:%v\n", err)
            }
        }
    }
}

func main() {
    //創建一個.zip檔案
    _, err := os.Create("./test.zip") // 如果檔案已存在，則將其清空
    if err != nil {
        fmt.Println(err)
    }
    //複製一個名為test2.zip的檔案
    DoCopy("./test.zip", "./test2.zip")
}
```

在檔案所在目錄下打開命令列終端，輸入以下命令：

```
$  go run copy2.go
```

如果執行成功，則在檔案所在目錄下會複製出一個名為 test2.zip 的檔案。

6.1.8 修改檔案許可權

1. Linux 中的檔案許可權

（1）Linux 中的檔案許可權有以下設定：

- 檔案的許可權類型一般包括讀、寫、執行（對應字母為 r、w、x）。
- 許可權的群組有擁有者、群組、其 他群組這 3 種。每個檔案都可以針對這 3 個群組（粒度），設定不同的 r、w、x（讀、寫、執行）許可權。
- 大部分的情況下，一個檔案只能歸屬於一個使用者 和群組。如果其他的使用者想具有這個檔案的許可權，則可以將該使用者加入具備許可權的群組。一個使用者可以同時歸屬於多 個群組。

（2）十位二進位標記法。

在 Linux 中，常用十位二進位標記法來表示一個檔案的許可權，形式如下：

```
-rwxrwxrwx (777)
```

以上許可權表示所有使用者（擁有者、所在群組的使用者、其 他群組的使用者）都有這個檔案的讀、寫、執行許可權。

① 十位二進位標記法中，第 1 位表示的是檔案的類型，類型可以是下面幾個中的：

- d：目錄（directory）；
- -：檔案（regular file）；
- s：網路插座檔案（socket）；
- p：管道檔案（pipe）或具名管線檔案（named pipe）；
- l：符號連結檔案（symbolic link）；
- b：該檔案是針對區塊的裝置檔案（block-oriented device file）；
- c：該檔案是針對字元的裝置檔案（character-oriented device file）。

② 在十位二進位標記法中，後 9 位元每個位置的意義（代表某個群組的某個許可權）都是固定的。如果我們將各個位置許可權的有無用二進位數字 1 和 0 來代替，則唯讀、寫入、只執行許可權可以用 3 位元二進位數字表示：

```
r-- = 100
-w- = 010
--x = 001
--- = 000
```

轉換成八進位數，則為 r=4，w=2，x=1，-=0（這也就是在用數字設定許可權時，為何 4 代表讀，2 代表寫，1 代表執行）。

可以將所有的許可權用二進位形式表現出來，並進一步轉變成八進位數字：

```
rwx = 111 = 7
rw- = 110 = 6
r-x = 101 = 5
r-- = 100 = 4
-wx = 011 = 3
-w- = 010 = 2
--x = 001 = 1
--- = 000 = 0
```

由上可以看出，每個群組的所有的許可權都可以用 1 位元八進位數表示，每個數字都代表不同的許可權（權值）。如最高的許可權為是 7，則代表讀取、寫入、可執行。

2. 修改檔案許可權

在 Go 語言中，可使用 os.Chmod() 方法來修改檔案的許可權。該方法是對作業系統許可權控制的一種封裝，其定義如下：

```
func (f *File) Chmod(mode FileMode) error
```

其中參數 f 為檔案指標。如果出錯，則返回底層錯誤類型 *PathError。用 Chmod() 方法修改檔案許可權的範例如下。

程式 chapter6/copy2.go　用Chmod()方法修改檔案許可權的範例

```
package main

import (
    "fmt"
    "os"
)

func main() {
    //Create()函數會根據傳入的檔案名稱創建檔案，預設許可權是0666
    fp, err := os.Create("./chmod1.txt") // 如果檔案已存在，則將其清空
    // defer延遲呼叫
    defer fp.Close() //關閉檔案，釋放資源
    if err != nil {
        fmt.Println("檔案創建失敗。")
    }
    fileInfo, err := os.Stat("./chmod1.txt")
    fileMode := fileInfo.Mode()
    fmt.Println(fileMode)
    os.Chmod("./chmod1.txt", 0777)//透過chmod重新賦許可權（-rwxrwxrwx）
    fileInfo, err =os.Stat("./chmod1.txt")
    fileMode = fileInfo.Mode()
    fmt.Println(fileMode)
}
```

在檔案所在目錄下打開命令列終端，輸入以下命令：

```
$ go run chmod.go
```

如果執行成功，則輸出以下內容：

```
-rw-r--r--
-rwxrwxrwx
```

6.1.9 檔案連結

1. 硬連結

Go 語言支援生成檔案的軟連結和硬連結。生成硬連結使用 Link() 函數，在 Go 1.4 以後版本中，增加了對本地 Windows 系統中硬連結的支援。其定義如下：

```
func Link(oldname, newname string) error
```

其中，參數 oldname 為舊檔案名稱，參數 newname 為新檔案名稱。Link() 函數的使用範例如下：

程式 chapter6/link1.go　Link()函數的使用範例

```
package main

import (
    "fmt"
    "os"
)

func main() {
    //創建檔案
    //Create()函數會根據傳入的檔案名稱創建檔案，預設許可權是0666(-rw-r--r--)
    fp, err := os.Create("./link1.txt") // 如果檔案已存在，則將其清空
    // defer延遲呼叫
    defer fp.Close() //關閉檔案，釋放資源
    if err != nil {
        fmt.Println("檔案創建失敗。")
    }
    err = os.Link("link1.txt", "link2.txt")
    if err != nil {
        fmt.Println("err:", err)
    }
}
```

2. 軟連結

Go 語言中，生成軟連結使用 Symlink() 函數。其定義如下：

```
func Symlink(oldname, newname string) error
```

Symlink() 函數的使用範例如下。

程式 chapter6/link2.go　Symlink()函數的使用範例

```
package main

import (
    "fmt"
    "os"
)

func main() {
    // 創建檔案
    // Create()函數會根據傳入的檔案名稱創建檔案，預設許可權是0666
    fp, err := os.Create("./link2.txt") // 如果檔案已存在，會將其清空
    // defer延遲呼叫
    defer fp.Close() //關閉檔案，釋放資源
    if err != nil {
        fmt.Println("檔案創建失敗。")
    }
    //創建名為link3.txt的軟連結
    err = os.Symlink("link2.txt", "link3.txt")
    if err != nil {
        fmt.Println("err:", err)
    }
}
```

6.2 處理 XML 檔案

XML（eXtensible Markup Language，可延伸標記語言）是一種資料表示格式，可以描述非常複雜的資料結構，常用於傳輸和儲存資料。本節主要講解在 Go 語言中使用 xml 套件解析和生成 XML。關於 XML 規範的知識，請讀者自行查閱相關資料學習，這裡不做詳細介紹。

6.2.1 解析 XML 檔案

Go 語言提供了 xml 套件用於解析和生成 XML。xml 套件中提供一個名為 Unmarshal() 函數來解析 XML，該函數的定義如下：

```
func Unmarshal(data []byte, v interface{}) error
```

其中，data 接收的是 XML 資料流程，v 是需要輸出的結構（如將其定義為 interface，則可以把 XML 轉為任意的格式）。Go 在解析 XML 中的資料時，最主要的是處理 XML 到結構的轉換問題，結構和 XML 都有類似樹結構的特徵。Go 解析 XML 到結構會遵循以下原則：

- 如果結構的欄位是 string 或 [ ]byte 類型，且它的 tag 含有 ",innerxml"，則 Unmarshal() 函數會將此欄位所對應的元素內所有內嵌的原始 xml 累加到該結構中對應的欄位中。
- 如果在結構中有一個被稱為 XMLName，且類型為 xml.Name 的欄位，則在解析時會保存這個元素的名字到該結構中對應的欄位中。
- 如果在某個結構欄位的 tag 定義中含有 XML 結構中元素的名稱，則解析時會把對應的元素值設定值給該結構中對應的欄位。
- 如果在某個結構欄位的 tag 定義中含有 ",attr"，則解析時會將該結構所對應的元素與欄位名稱相同的屬性的值設定值給該結構中對應的欄位。
- 如果某個結構欄位的 tag 定形了形如 "c>d>e" 的字串，則解析時會將 xml 結構 c 下面的 d 下面的 e 元素的值設定值給該結構中對應的欄位。
- 如果某個結構欄位的 tag 定義了 "-"，則不會為該欄位解析匹配任何 xml 資料。
- 如果結構欄位後面的 tag 定義了 ",any"，且它的子元素不滿足其他的規則，則匹配到這個欄位。
- 如果某個 XML 元素包含一筆或多筆註釋，則這些註釋將被累加到第 1 個 tag 含有 ",comments" 的欄位中。這個欄位的類型可能是 [ ]byte 或 string。如果沒有這樣的欄位，則註釋會被拋棄。

接下來我們建立一個自動報障程式作為範例。如果服務出錯，則自動給指定人發送郵件。

（1）新建一個名為 default.xml 的設定檔，其內容如下：

```
<?xml version="1.0" encoding="UTF-8"?>
<config>
    <smtpServer>smtp.163.com</smtpServer>
    <smtpPort>25</smtpPort>
    <sender>test@163.com</sender>
    <senderPassword>123456</senderPassword>
    <receivers flag="true">
        <user>shirdonliao@gmail.com</user>
        <user>wangwu@163.com</user>
    </receivers>
</config>
```

以上程式是一個 xml 設定檔，該設定以 config 為 root 標籤，包含 xml 屬性文字（比如 smtpServer 標籤）、巢狀結構 xml（receivers 標籤）、xml attribute 屬性文字（receivers 標籤的 flag），以及類似陣列的多行設定（user 標籤）。資料類型有字串和數字兩種類型。

（2）讀取 default.xml 設定檔，並解析列印到命令列終端：

程式 chapter6/xml_parse.go　讀取default.xml設定檔並解析列印到命令列終端

```
package main

import (
    "encoding/xml"
    "fmt"
    "io/ioutil"
    "os"
)

type EmailConfig struct {
    XMLName  xml.Name `xml:"config"`
    SmtpServer string `xml:"smtpServer"`
    SmtpPort int `xml:"smtpPort"`
```

```
    Sender string `xml:"sender"`
    SenderPassword string `xml:"senderPassword"`
    Receivers EmailReceivers `xml:"receivers"`
}

type EmailReceivers struct {
    Flag string `xml:"flag,attr"`
    User []string `xml:"user"`
}

func main() {
    file, err := os.Open("email_config.xml")
    if err != nil {
        fmt.Printf("error: %v", err)
        return
    }
    defer file.Close()
    data, err := ioutil.ReadAll(file)
    if err != nil {
        fmt.Printf("error: %v", err)
        return
    }
    v := EmailConfig{}
    err = xml.Unmarshal(data, &v)
    if err != nil {
        fmt.Printf("error: %v", err)
        return
    }

    fmt.Println(v)
    fmt.Println("SmtpServer is : ",v.SmtpServer)
    fmt.Println("SmtpPort is : ",v.SmtpPort)
    fmt.Println("Sender is : ",v.Sender)
    fmt.Println("SenderPasswd is : ",v.SenderPassword)
    fmt.Println("Receivers.Flag is : ",v.Receivers.Flag)
    for i,element := range v.Receivers.User {
        fmt.Println(i,element)
    }
}
```

（3）以上程式執行結果如下：

```
{{ config} smtp.163.com 25 test@163.com 123456 {true [shirdonliao@gmail.
com test99999@qq.com]}}
SmtpServer is :  smtp.163.com
SmtpPort is :  25
Sender is :  test@163.com
SenderPasswd is :  123456
Receivers.Flag is :  true
0 shirdonliao@gmail.com
1 test99999@qq.com
```

6.2.2 生成 XML 檔案

6.2.1 節介紹了如何解析 XML 檔案。如果要生成 XML 檔案，在 Go 語言中又該如何實現呢？這時就需要用到 xml 套件中的 Marshal() 和 MarshalIndent() 這兩個函數。這兩個函數主要的區別是：MarshalIndent() 函數會增加字首和縮排，而 Marshal() 則不會。這兩個函數的定義如下：

```
func Marshal(v interface{}) ([]byte, error)
func MarshalIndent(v interface{}, prefix, indent string) ([]byte, error)
```

兩個函數的第 1 個參數都用來生成 XML 檔案的結構定義資料，都是返回生成的 XML 檔案。生成 XML 檔案的範例如下。

程式 chapter6/xml_write.go　生成XML檔案的範例

```
package main

import (
    "encoding/xml"
    "fmt"
    "os"
)

type Languages struct {
    XMLName xml.Name `xml:"languages"`
    Version string `xml:"version,attr`
    Lang []Language `xml:"language"`
```

```
}

type Language struct {
    Name string `xml:"name"`
    Site string `xml:"site`
}

func main() {
    v := &Languages{Version: "2"}
    v.Lang = append(v.Lang, Language{"JAVA", "https://www.java.com/"})
    v.Lang = append(v.Lang, Language{"Go", "https://golang.org/"})
    output, err := xml.MarshalIndent(v, " ", " ")
    if err != nil {
        fmt.Printf("error %v", err)
        return
    }
    file, _ := os.Create("languages.xml")
    defer file.Close()
    file.Write([]byte(xml.Header))
    file.Write(output)
}
```

上面的程式會生成一個名為 languages.xml 的檔案，其內容如下：

```
<?xml version="1.0" encoding="UTF-8"?>
 <languages>
  <Version>2</Version>
  <language>
   <name>JAVA</name>
   <Site>https://www.java.com/</Site>
  </language>
  <language>
   <name>Go</name>
   <Site>https://golang.org/</Site>
  </language>
 </languages>
```

下面再分析一下 Go 語言程式。xml.MarshalIndent() 函數和 xml.Marshal() 函數輸出的資訊都是不帶 XML 標頭的。為了生成正確的 XML 檔案，需要使用 XML 套件預先定義的 Header 變數，所以需要加上 file.Write([]byte(xml.Header)) 這行程式。

Marshal() 函數接收的參數 v 是 interface{} 類型的，即它可以接受任意類型的參數。那麼 xml 套件是根據什麼規則來生成對應的 XML 檔案的呢？

xml 套件會根據以下規則來生成對應的 XML 檔案：

- 如果 v 是 array 或 slice，則輸出每一個元素，類似 value。
- 如果 v 是指標，則會輸出 Marshal 指標指向的內容。如果指標為空，則什麼都不輸出。
- 如果 v 是 interface，則處理 interface 所包含的資料。
- 如果 v 是其他資料類型，則輸出這個資料類型所擁有的欄位資訊。

在生成的 XML 檔案中，元素的名字又是根據什麼決定的呢？元素名稱按照以下優先順序從結構中獲取：

- 如果 v 是結構，則 XMLName 的 tag 中定義的名稱優先被獲取。
- 類型為 xml.Name、名為 XMLName 的欄位的值優先被獲取。
- 透過結構中欄位的 tag 來獲取。
- 透過結構的欄位名稱來獲取。
- marshall 的類型名稱。

我們應如何設定結構中欄位的 tag 資訊，以控制最終 XML 檔案的生成呢？設定規則如下：

- XMLName 不會被輸出。
- tag 中含有 "-" 的欄位不會被輸出。
- 如果 tag 中含有 "name,attr"，則會以 name 作為屬性名稱，以欄位值作為值輸出為這個 XML 元素的屬性。
- 如果 tag 中含有 ",attr"，則會以這個結構的欄位名稱作為屬性名稱輸出為 XML 元素的屬性，類似上一筆，只是這個 name 預設是欄位名稱了。

- 如果 tag 中含有 ",chardata"，則輸出為 XML 元素的 character data，而非 element。
- 如果 tag 中含有 ",innerxml"，則它會被原樣輸出，而不會進行正常的開發過程。
- 如果 tag 中含有 ",comment"，則它將被當作 XML 元素的註釋來輸出，而不會進行正常的開發過程。欄位值中不能含有 "--" 字串。
- 如果 tag 中含有 "omitempty"，若該欄位的值為空值，則該欄位就不會被輸出到 XML 中。其中空值包括 false，0，nil 指標，nil 介面，任何長度為 0 的 array、slice、map 或 string。
- 如果 tag 中含有 "c>d>e"，則會迴圈輸出這 3 個元素，其中 c 包含 d，d 包含 e。例如以下程式：

```
Ip string    `xml:"address>ip"`
Port string    `xml:"address>port"`
<address>
<ip>127.0.0.1</ip>
<port>8080</port>
</address>
```

6.3 處理 JSON 檔案

6.3.1 讀取 JSON 檔案

1. JSON 簡介

JSON（JavaScript Object Notation，JavaScript 物件標記法）是一種基於文字、獨立於語言的羽量級資料交換格式。JSON 檔案的格式如下：

```
var json = {
    鍵 : 值,
    鍵 : 值,
    ...
}
```

JSON 檔案中的鍵用雙引號（""）括起來，值可以是任意類型的資料。範例如下：

```
{
    "user_id": "888",
    "user_info": {
        "user_name": "jack",
        "age": "18"
    }
}
```

2. Go 解析 JSON 檔案

Go 解析 JSON 檔案主要使用 encoding/json 套件，解析 JSON 檔案主要分為兩部：①檔案的讀取；② JSON 檔案的解析處理。

以下範例展示設定檔的解析過程。

（1）新建一個 JSON 檔案，名字為 json_parse.json，其內容如下：

```
{
  "port":"27017",
  "mongo":{
    "mongoAddr":"127.0.0.1",
    "mongoPoolLimit":500,
    "mongoDb":"my_db",
    "mongoCollection":"table1"
  }
}
```

（2）定義設定檔解析後的結構：

```
type MongoConfig struct {
    MongoAddr       string
    MongoPoolLimit int
    MongoDb         string
    MongoCollection         string
}
```

JSON 檔案解析的完整範例如下。

程式 chapter6/json_parse.go　JSON檔案解析的完整範例

```
package main

import (
    "encoding/json"
    "fmt"
    "io/ioutil"
)

//定義設定檔解析後的結構
type MongoConfig struct {
    MongoAddr       string
    MongoPoolLimit int
    MongoDb         string
    MongoCollection        string
}

type Config struct {
    Port  string
    Mongo MongoConfig
}

func main() {
    JsonParse := NewJsonStruct()
    v := Config{}
    JsonParse.Load("./json_parse.json", &v)
    fmt.Println(v.Port)
    fmt.Println(v.Mongo.MongoDb)
}

type JsonStruct struct {
}

func NewJsonStruct() *JsonStruct {
    return &JsonStruct{}
}

func (js *JsonStruct) Load(filename string, v interface{}) {
    //ReadFile()函數會讀取檔案的全部內容，並將結果以[]byte類型返回
```

```
    data, err := ioutil.ReadFile(filename)
    if err != nil {
        return
    }

    //讀取的資料為JSON格式，需要進行解碼
    err = json.Unmarshal(data, v)
    if err != nil {
        return
    }
}
```

6.3.2 生成 JSON 檔案

要生成 JSON 檔案，則首先需要定義結構，然後把定義的結構實例化，再呼叫 encoding/json 套件的 Marshal() 函數進行序列化操作。

Marshal() 函數的定義如下：

```
func Marshal(data interface{}) ([]byte,    error)
```

Go 語言序列化生成 JSON 檔案的範例如下。

程式 chapter6/json_write.go　Go語言序列化生成JSON檔案的範例

```
package main

import (
    "encoding/json"
    "fmt"
    "os"
)

type User struct {
    UserName string
    NickName string `json:"nickname"`
    Email    string
}
```

```
func main() {
    user := &User{
        UserName: "Jack",
        NickName: "Ma",
        Email:    "xxxxx@qq.com",
    }

    data, err := json.Marshal(user)
    if err != nil {
        fmt.Printf("json.Marshal failed,err:", err)
        return
    }

    fmt.Printf("%s\n", string(data))

    file, _ := os.Create("json_write.json")
    defer file.Close()
    file.Write(data)
}
```

以上程式的執行結果如下：

```
[root@chapter6]# go run json_write.go
{"UserName":"Jack","nickname":"Ma","Email":"xxxxx@qq.com"}
```

6.4 處理正規表示法

6.4.1 正規表示法簡介

1. 正規表示法簡史

正規表示法的「鼻祖」或許可一直追溯到科學家對人類神經系統工作原理的早期研究。Warren McCulloch 和 Walter Pitts 這兩位神經生理方面的美國科學家，研究出了一種用數學方式來描述神經網路的新方法。他們創造性地將神經系統中的神經元描述成了小而簡單的自動控制元，從而作出了一項偉大的工作革新。

在 1951 年，一位名叫 Stephen Kleene 的數學科學家在 Warren McCulloch 和 Walter Pitts 工作的基礎之上，發表了一篇題為《神經網事件的標記法》的論文，引出了「正規表示法」的概念。

隨後，Ken Thompson 發現可以將正規表示法應用於計算搜索演算法。Ken Thompson 是 UNIX 的主要發明人。正規表示法的第 1 個實用應用程式就是 UNIX 中的 QED 編輯器。從那時起直到現在，正規表示法都是基於文字的編輯器和搜索工具中的重要部分。

目前，正規表示法已經在很多軟體中得到廣泛的應用。在包括 *nix（Linux、UNIX 等）、HP 等作業系統。在 Java、PHP、C# 等開發語言，以及很多的應用軟體中都可以看到正規表示法的影子。

2. 正規表示法特點

正規表示法具有以下特點：

（1）靈活性、邏輯性和功能性非常強。

（2）可以迅速地用極簡單的方式實現字串的複雜控制。

（3）對剛接觸的人來說，比較晦澀難懂。

正規表示法極大地提高了文字處理能力，應用十分廣泛。表單輸入驗證、文字的提取、資料分析等都非常依賴正規表示法，我們日常使用的各種文字處理軟體幾乎都支援正規表示法。例如著名的 WPS Office、Microsoft Word、Visual Studio 等編輯器，都使用了正規表示法來處理文字內容。

3. 正規表示法的語法規則

正規表示法是由普通字元（例如字元 a ～ z、A ～ Z、0 ～ 9 等）和及特殊字元（又被稱為「萬用字元」）組成的文字模式。「模式」是指在搜索文字時要匹配的或多個字串。正規表示法作為一個範本，會將某個字元模式與所搜索的字串進行匹配。

（1）普通字元。

普通字元包括所有大寫和小寫字母、所有數字、所有標點符號和一些其他符號。普通字元包括可列印字元和非列印字元。非列印字元是指在電腦中那些確確實實存在但是不能夠被顯示或列印出來的字元。

非列印字元也可以是正規表示法的組成部分。表 6-1 中列出了非列印字元。

表 6-1

字元	描述
\cx	匹配由 x 指明的控制字元。舉例來說，\cM 匹配一個 Control+M 或確認符號。x 的值必須為 A～Z 或 a～z 之一，否則將 c 視為一個原義的 "c" 字元
\f	匹配一個換頁符號。相等於 \x0c 和 \cL
\n	匹配一個分行符號。相等於 \x0a 和 \cJ
\r	匹配一個確認符號。相等於 \x0d 和 \cM
\s	匹配任何空白字元，包括空格、定位字元、換頁符等。相等於 [\f\n\r\t\v]
\S	匹配任何不可為空白字元。相等於 [^ \f\n\r\t\v]
\t	匹配一個定位字元。相等於 \x09 和 \cI
\v	匹配一個垂直定位字元。相等於 \x0b 和 \cK

（2）特殊字元。

所謂特殊字元是指一些有特殊含義的字元，例如 "*.txt" 中的 "*"，（它表示任何字串）。如果要尋找檔案名稱中有 "*" 的檔案，則需要對 "*" 進行逸出，即在其前加一個反斜線（\），形如 "ls *.txt"。

若要匹配這些特殊字元，則必須首先使字元「逸出」，即將反斜線字元（\）放在它們前面。表 6-2 列出了正規表示法中的特殊字元。

表 6-2

特別字元	描述
$	匹配輸入字串的結尾位置。如果設定了 RegExp 物件的 Multiline 屬性，則 "$" 也匹配 "\n" 或 "\r"。要匹配 "$" 字元本身，則必須使用 "\$"
( )	標記一個子運算式的開始和結束位置。子運算式可以獲取供以後使用。要匹配這些字元，則必須使用 "\(" 和 "\)"

特別字元	描　述
*	匹配前面的子運算式零次或多次。要匹配 "*" 字元，則必須使用 "*"
+	匹配前面的子運算式一次或多次。要匹配 "+" 字元，則必須使用 "\+"
.	匹配除分行符號 "\n" 之外的任何單字元。要匹配 "."，則必須使用 "\."
[	標記一個中括號運算式的開始。要匹配 "["，則必須使用 "\["
?	匹配前面的子運算式零次或一次，或指明一個非貪婪限定詞。要匹配 "?" 字元，則必須使用 "\?"
\	將下一個字元標記為特殊字元、原義字元、向後引用、八進位逸出符號。舉例來說，"n" 匹配字元 "n"，"\n" 匹配分行符號，序列 "\\" 匹配 "\"，而 "\(" 則匹配 "("
^	匹配輸入字串的開始位置，除非在中括號運算式中使用，此時它表示不接受該字元集合。要匹配 "^" 字元本身，則必須使用 "\^"
{	標記限定詞運算式的開始。要匹配 "{"，則必須使用 "\{"
|	指明兩項之間的選擇。要匹配 "|"，則必須使用 "\\|"

（3）限定詞。

限定詞用來指定正規表示法的指定元件必須要出現多少次才能滿足匹配。限定詞一共有 6 種，見表 6-3。

表 6-3

限定符號	描　述
*	匹配前面的子運算式零次或多次。舉例來說，zo* 能匹配 "z" 及 "zoo"。"*" 相等於 "{0,}"
+	匹配前面的子運算式一次或多次。舉例來說，"zo+" 能匹配 "zo" 及 "zoo"，但不能匹配 "z"。"+" 相等於 "{1,}"
?	匹配前面的子運算式零次或一次。舉例來說，"do(es)?" 可以匹配 "do"、"does" 中的 "does"、"doxy" 中的 "do"。"?" 相等於 "{0,1}"
{n}	n 是一個非負整數。匹配確定的 *n* 次。舉例來說，"o{2}" 不能匹配 "Bob" 中的 "o"，但是能匹配 "food" 中的兩個 "o"
{n,}	n 是一個非負整數。至少匹配 *n* 次。舉例來說，"o{2,}" 不能匹配 "Bob" 中的 "o"，但能匹配 "foooood" 中的所有 o。"o{1,}" 相等於 "o+"，而 "o{0,}" 則相等於 "o*"

限定符號	描　述
{n,m}	m 和 n 均為非負整數，其中 $n \le m$。最少匹配 n 次，且最多匹配 m 次。舉例來說，"o{1,3}" 將匹配 "fooooood" 中的前 3 個 o。"o{0,1}" 相等於 "o?"。注意，在逗點和兩個數之間不能有空格

舉例來說，下面的正規表示法匹配編號為任何位數的章節標題：

```
/Chapter [1-9][0-9]*/
```

限定詞出現在範圍運算式之後，因此它應用於整個範圍運算式。在本例中只指定 0 ～ 9 的數字（包括 0 和 9）。

這裡不使用限定詞（+），因為在第 2 個位置或後面的位置不一定需要有一個數字。也不使用限定詞（?），因為它將章節編號限制到只有兩位數。需要至少匹配 Chapter 和空格字元後面的數字。

> **提示**
>
> 限定詞（*）、（+）和（?）都是貪婪的，因為它們會盡可能多地匹配文字，只要在它們的後面加上一個限定詞（?）就可以實現非貪婪或最小匹配。

舉例來說，可以搜索 HTML 文件，以尋找括在 <H1> 標記內的章節標題。該文字在文件中如下：

```
<H1>6.4.1 正規表示法</H1>
```

下面的運算式匹配從開始小於符號（<）到關閉 H1 標記的大於符號（>）之間的所有內容。

```
/<.*>/
```

如果只需要匹配開始的 <H1> 標記，則下面的「非貪心」運算式只匹配 <H1>：

```
/<.*?>/
```

在限定詞（*）、（+）或（?）之後放置（?），則該運算式從「貪心」運算式轉為「非貪心」運算式或最小匹配。

（4）定位符號。

定位符號能夠將正規表示法固定到行首或行尾。定位符號還能夠創建這樣的正規表示法：這些正規表示法出現在一個單字內、在一個單字的開頭或一個單字的結尾。

定位符號用來描述字串或單字的邊界，（^）和（$）分別指字串的開始與結束，\b 描述單字的前或後邊界，\B 表示非單字邊界。正規表示法的定位符號見表 6-4。

表 6-4

定位符號	描　述
^	匹配輸入字串開始的位置。如果設定了 RegExp 物件的 Multiline 屬性，則（^）還會與 \n 或 \r 之後的位置匹配
$	匹配輸入字串結尾的位置。如果設定了 RegExp 物件的 Multiline 屬性，則（$）還會與 \n 或 \r 之前的位置匹配
\b	匹配一個字邊界，即字與空格間的位置
\B	非字邊界匹配

提示

不能將限定詞與定位點一起使用。由於在緊靠換行或字邊界的前面或後面不能有一個以上位置，因此不允許諸如 "^*" 之類的運算式。

（5）選擇。

可以用小括號將所有選擇項括起來，相鄰的選擇項之間用 | 分隔。但用小括號會有一個副作用——相關的匹配會被快取。可用 "?:" 放在第 1 個選項前來消除這種副作用。

其中 "?:" 是非捕捉元之一，還有兩個非捕捉元是 "?=" 和 "?!"。這兩個還有更多的含義，前者為正向預查，從任何開始匹配小括號內的正規表示法模式的位置來匹配搜索字串；後者為負向預查，從任何開始不匹配該正規表示法模式的位置來匹配搜索字串。

（6）反向引用。

給一個正規表示法的模式或部分模式兩邊增加小括號，將導致相關匹配被儲存到一個臨時緩衝區中，所捕捉的每個子匹配都按照在正規表示法模式中從左到右出現的循序儲存。緩衝區編號從 1 開始，最多可儲存 99 個捕捉的子運算式。每個緩衝區都可以使用 "\n" 存取，其中 n 為一個標識特定緩衝區的一位或兩位十進位數字。

可以使用非捕捉萬用字元 "?:"、"?=" 或 "?!" 來重新定義捕捉，忽略對相關匹配的保存。

反向引用的最簡單的、最有用的應用之一，是提供尋找文字中兩個相同的相鄰單字的匹配項的能力。以下面的句子為例：

Do you love love golang web web ?

上面的句子很顯然有多個重複的單字。如果能設計一種方法定位該句子，而不必尋找每個單字的重複出現，那該有多好啊！下面的正規表示法使用單一子運算式來實現這一點：

```
/\b([a-z]+) \1\b/gi
```

在以上運算式中，"[a-z]+" 指的是包括一個或多個字母的字串。正規表示法的後面部分 "\1\b/gi" 是對以前捕捉的子匹配項的引用。"\1" 用於指定第 1 個子匹配項。字邊界萬用字元確保只檢測整個單字。不然諸如 "go is good" 或 "we love web" 之類的片語將不能正確地被此運算式辨識。

正規表示法後面的全域標記（g）指示，將該運算式應用到輸入字串中，這樣能夠尋找到盡可能多的匹配。運算式的結尾處的（i）標記表示「不區分大小寫」。多行標記指定分行符號的兩邊可能出現潛在的匹配。

反向引用還可以將通用資源指示符號（URI）分解為其元件。舉例來說，我們想將下面的 URI 分解為協定（FTP、HTTP 等）、域位址和頁 / 路徑：

http://www.shirdon.com:80/html/test-parse.html

則可以透過下面的正規表示法實現：

```
/(\w+):\/\/([^/:]+)(:\d*)?([^# ]*)/
```

以上第 1 個括號子運算式用於捕捉 Web 位址的協定部分。該子運算式匹配在冒號和兩個正斜線（://）前面的任何單字。

第 2 個括號子運算式用於捕捉位址的域位址部分。子運算式匹配（/）或（:）之外的或多個字元。

第 3 個括號子運算式用於捕捉通訊埠編號（如果指定了的話）。該子運算式匹配冒號後面的零個或多個數字。只能重複一次該子運算式。

第 4 個括號子運算式用於捕捉 Web 位址指定的路徑和（/）或頁資訊。該子運算式能匹配不包括（#）或空格字元的任何字元序列。

將正規表示法應用到上面的 URI，則各子匹配項包含下面的內容：

- 第 1 個括號子運算式包含 "http"。
- 第 2 個括號子運算式包含 "www.shirdon.com"。
- 第 3 個括號子運算式包含 ":80"。
- 第 4 個括號子運算式包含 "html/test-parse.html"。

（7）運算子優先順序。

正規表示法從左到右進行計算，並遵循優先順序順序，這與算術運算式非常類似。相同優先順序的從左到右進行運算，不同優先順序的運算先高後低。表 6-5 中羅列了常見運算子。提示：從上往下，優先順序遞減。

表 6-5

運算子	描　述
\	逸出符號
(), (?:), (?=), []	小括號和中括號
*, +, ?, {n}, {n,}, {n,m}	限定詞

運算子	描　述
^, $, \ 任何字元	定位點和序列（即位置和順序）
|	替換，「或」操作。字元具有高於替換運算子的優先順序，使得 "m|food" 匹配 "m" 或 "food"。若要匹配 "mood" 或 "food"，則必須使用括號創建子運算式，從而產生 "(m|f)ood"

6.4.2 使用 Go 正規表示法

Go 語言中使用 regexp 套件來處理正規表示法。下面介紹 regexp 套件的使用方法和技巧。

1. regexp 套件的常用函數

（1）獲取正則物件。

regexp 套件提供了 Compile() 函數和 MustCompile() 函數來編譯一個正規表示法，如果成功則返回 Regexp 物件。Compile() 函數的定義如下：

```
func Compile(expr string) (*Regexp, error)
```

MustCompile() 函數與 Compile() 函數類似，它們的差異是：失敗時 MustCompile() 函數會當機，而 Compile() 函數則不會。MustCompile() 函數的定義如下：

```
func MustCompile(str string) *Regexp
```

Compile() 函數和 MustCompile() 函數的使用範例如下：

```
reg,err := regexp.Compile(`\d+`)
reg := regexp.MustCompile(`\d+`)
```

（2）匹配檢測。

regexp 套件提供了 MatchString() 方法和 Match() 方法，來測試字串是否匹配正規表示法。它們的定義如下：

```
func (re *Regexp) MatchString(s string) bool
func (re *Regexp) Match(b []byte) bool
```

MatchString() 方法和 Match() 方法的使用範例如下：

```
text := "Hello Gopher，Hello Go Web"
reg := regexp.MustCompile(`\w+`)
fmt.Println(reg.MatchString(text))
//是否匹配字串
//.匹配任意一個字元，*匹配零個或多個，優先匹配更多（貪婪）
match, _ := regexp.MatchString("H(.*)d!", "Hello World!")
fmt.Println(match) //true
match, _ = regexp.Match("H(.*)d!", []byte("Hello World!"))
fmt.Println(match) //true
//透過Compile來使用一個最佳化過的正則物件
r, _ := regexp.Compile("H(.*)d!")
fmt.Println(r.MatchString("Hello World!")) //true
// true
```

（3）尋找。

regexp 套件提供了 FindString()、FindAllString()、FindAll() 等方法來尋找字元和字串。

① FindString() 方法用於尋找匹配指定模式的字串，返回左側第一個匹配的結果。其定義如下：

```
func (re *Regexp) FindString(s string) string
```

② FindAllString() 方法用於尋找匹配指定模式的字串陣列，會返回多個匹配的結果。其中 n 用於限定尋找數量，-1 表示不限制。其定義如下：

```
func (re *Regexp) FindAllString(s string, n int) []string
```

FindAllString() 方法的使用範例如下：

```
text := "Hello Gopher，Hello Go Web"
reg := regexp.MustCompile(`\w+`)
fmt.Println(reg.FindAllString(text))
// [Hello Gopher Hello]
```

③ FindAll() 方法用於在 [ ]byte 中進行尋找，返回 [ ][ ]byte。其定義如下：

```
func (re *Regexp) FindAll(b []byte, n int) [][]byte
```

④ FindStringSubmatch() 方法用於尋找滿足匹配的最左邊的最短匹配字串，如果匹配成功，則返回正規表示法的子匹配項。其定義如下：

```
func (re *Regexp) FindStringSubmatch(s string) []string
```

FindStringSubmatch() 方法的使用範例如下：

```
re := regexp.MustCompile(`who(o*)a(a|m)i`)
fmt.Printf("%q\n", re.FindStringSubmatch("-whooooaai-"))
fmt.Printf("%q\n", re.FindStringSubmatch("-whoami-"))
```

輸出如下：

```
["whooooaai" "ooo" "a"]
["whoami" "" "m"]
```

⑤ FindAllStringSubmatch() 方法用於尋找滿足匹配的最左邊的最短匹配字串，如果匹配成功，則返回正規表示法的子匹配項。其中參數 n 用於選擇匹配的長度，-1 表示匹配到尾端。其定義如下：

```
func (re *Regexp) FindAllStringSubmatch(s string, n int) [][]string
```

FindAllStringSubmatch() 方法的使用範例如下：

```
re := regexp.MustCompile(`w(a*)i`)
fmt.Printf("%q\n", re.FindAllStringSubmatch("-wi-", -1))
fmt.Printf("%q\n", re.FindAllStringSubmatch("-waaai-", -1))
fmt.Printf("%q\n", re.FindAllStringSubmatch("-wi-wai-", -1))
fmt.Printf("%q\n", re.FindAllStringSubmatch("-waai-wi-", -1))
```

輸出如下：

```
[["wi" ""]]
[["waaai" "aaa"]]
[["wi" ""] ["wai" "a"]]
[["waai" "aa"] ["wi" ""]]
```

（4）尋找匹配位置。

regexp 套件提供了 FindStringIndex()、FindIndex()、FindAllStringIndex() 方法來獲取匹配正則子字串的位置。

① FindIndex() 方法用於尋找匹配的開始位置和結束位置。如果匹配成功，則返回包含最左側匹配結果的起止位置的切片。其定義如下：

```
func (re *Regexp) FindIndex(b []byte) (loc []int)
```

② FindAllIndex() 方法用於尋找所有匹配的開始位置和結束位置。其使用範例如下：

```
//如果n小於0，則返回全部，否則返回指定長度
all_index := re.FindAllIndex([]byte(data), -1);
fmt.Println(all_index);
ret, _ := regexp.Compile("a(.*)g(.*)");
```

如果匹配成功，則返回包含最左側匹配結果的起止位置的切片。其定義如下：

```
func (re *Regexp) FindStringIndex(s string) (loc []int)
```

③ FindStringIndex() 方法用於尋找第 1 次匹配指定子字串的索引的起始索引和結束索引。如果匹配成功，則返回包含最左側匹配結果的起止位置的切片。其定義如下：

```
func (re *Regexp) FindStringIndex(s string) (loc []int)
```

④ FindAllStringIndex() 方法用於返回包含最左側匹配結果的起止位置的切片。其定義如下：

```
func (re *Regexp) FindAllStringIndex(s string, n int) [][]int
```

使用範例如下：

```
text := "Hello Gopher，Hello Shirdon"
reg := regexp.MustCompile("llo")
fmt.Println(reg.FindStringIndex(text))
fmt.Println(r.FindAllStringIndex("Hello World!", -1)) //[[0 12]]
//尋找第一次匹配的索引的起始索引和結束索引，而非匹配的字串
fmt.Println(r.FindStringIndex("Hello World! world")) //[0 12]
```

（5）替換。

regexp 套件提供了 ReplaceAllString()、ReplaceAll() 方法來替換字元，它們的定義如下：

```
func (re *Regexp) ReplaceAllString(src, repl string) string
func (re *Regexp) ReplaceAll(src, repl []byte) []byte
```

替換時可以使用反向引用 $1、$2 來引用匹配的子模式內容，範例如下。

```
re := regexp.MustCompile(`Go(\w+)`)
fmt.Println(re.ReplaceAllString("Hello Gopher，Hello GoLang", "Java$1"))

re := regexp.MustCompile(`w(a*)i`)
fmt.Printf("%s\n", re.ReplaceAll([]byte("-wi-waaaaai-"), []byte("T")))
// $1表示匹配的第一個子字串，這是wi的中間無字串，所以$1為空
// 然後使用空去替換滿足正規表示法的部分
fmt.Printf("%s\n", re.ReplaceAll([]byte("-wi-waaaaai-"), []byte("$1")))
// "$1W"相等與"$(1W)"，如果值為空，則將滿足條件的部分完全替換為空
fmt.Printf("%s\n", re.ReplaceAll([]byte("-wi-waaaaai-"), []byte("$1W")))
// ${1}匹配(x*)
fmt.Printf("%s\n", re.ReplaceAll([]byte("-wi-waaaaai-"), []byte("${1}W")))
```

（6）分割。

strings 套件提供了 Split()、SplitN()、SplitAfter()、SplitAfterN() 這 4 個函數來處理正則分割字串。

① Split() 函數的定義如下：

```
func Split(s, sep string) []string
```

其中，s 為被正則分割的字串，sep 為分隔符號。Split() 函數的使用範例如下：

程式 chapter6/reg2.go Split()函數的使用範例

```
package main

import (
    "fmt"
```

```
    "strings"
)

func main() {
    s := "I_Love_Go_Web"
    res := strings.Split(s, "_")
    for value := range res {
        fmt.Println(value)
    }
}
```

② SplitN() 函數的定義如下：

```
func SplitN(s, sep string, n int) []string
```

其中，s 為正則分割字串，sep 為分隔符號，n 為控制分割的片數，-1 為不限制。如果匹配，則函數會返回一個字串切片。SplitN() 函數的使用範例如下：

程式 chapter6/reg2.go　SplitN()函數的使用範例

```
package main

import (
    "fmt"
    "strings"
)

func main() {
    value := "a|b|c|d"
    // 分割成3部分
    result := strings.SplitN(value, "|", 3)
    for v := range(result) {
        fmt.Println(result[v])
    }
}
```

③ SplitAfter() 函數的定義如下：

```
func SplitAfter(s, sep string)
```

④ SplitAfterN() 函數的定義如下：

```
func SplitAfterN(s, sep string, n int) []string
```

以上 4 個函數都是透過 sep 參數對傳入對字串參數 s 進行分割的，返回類型為 [ ]string。如果 sep 為空，則相當於分成一個 UTF-8 字元。在以上 4 個函數中，Split(s, sep) 和 SplitN(s, sep, -1) 相等；SplitAfter(s, sep) 和 SplitAfterN(s, sep, -1) 相等。

Split() 函數和 SplitAfter() 函數有什麼區別呢？這兩個函數的範例如下：

```
fmt.Printf("%q\n", strings.Split("i,love,go", ","))
fmt.Printf("%q\n", strings.SplitAfter("i,love,go", ","))
["i" "love" "go"]
["i," "love," "go"]
```

從上面範例可以看到，Split() 函數會將參數 s 中的 sep 參數部分去掉，而 SplitAfter() 函數會保留 sep 參數部分。

以上 4 種分割字串函數使用的範例如下。

程式 chapter6/reg4.go　4種分割字串函數的使用範例

```
package main

import (
    "fmt"
    "strings"
)

func main() {
    s := "I_Love_Go_Web"
    res := strings.Split(s, "_")
    for i := range res {
        fmt.Println(res[i])
    }
    res1 := strings.SplitN(s, "_", 2)
    for i := range res1 {
        fmt.Println(res1[i])
    }
    res2 := strings.SplitAfter(s, "_")
```

```
    for i := range res2 {
        fmt.Println(res2[i])
    }
    res3 := strings.SplitAfterN(s, "_", 2)
    for i := range res3 {
        fmt.Println(res3[i])
    }
}
```

程式執行結果如圖 6-2 所示。

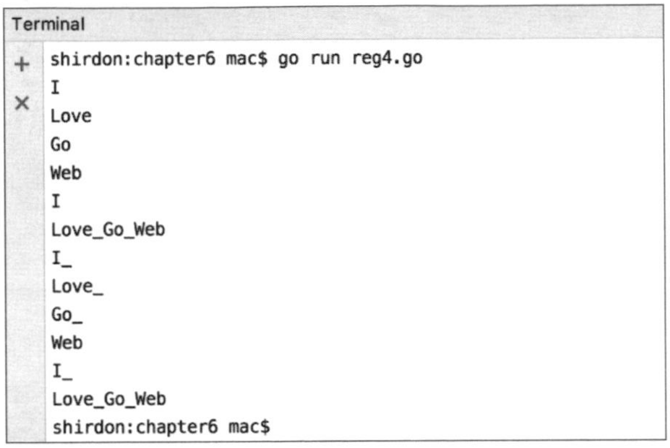

```
Terminal
shirdon:chapter6 mac$ go run reg4.go
I
Love
Go
Web
I
Love_Go_Web
I_
Love_
Go_
Web
I_
Love_Go_Web
shirdon:chapter6 mac$
```

圖 6-2

2. regexp 套件常見應用範例

(1) 匹配電話號碼。

匹配電話號碼的範例如下。

程式 chapter6/reg6.go　匹配電話號碼的範例

```
package main

import (
    "fmt"
    "regexp"
)

func main() {
    res2 := findPhoneNumber("13688888888")
```

```
    fmt.Println(res2) // true

    res2 = findPhoneNumber("02888888888")
    fmt.Println(res2) // false

    res2 = findPhoneNumber("123456789")
    fmt.Println(res2) // false
}

func findPhoneNumber(str string) bool {
    // 創建一個正規表示法匹配規則物件
    reg := regexp.MustCompile("^1[1-9]{10}")
    // 利用正規表示法匹配規則物件匹配指定字串
    res := reg.FindAllString(str, -1)
    if (res == nil) {
        return false
    }
    return true
}
```

（2）匹配 Email。

匹配 Email 的範例如下。

程式 chapter6/reg7.go　匹配Email的範例

```
package main

import (
    "fmt"
    "regexp"
)

func main() {
    res := findEmail("8888@qq.com")
    fmt.Println(res) // true

    res = findEmail("shir?don@qq.com")
    fmt.Println(res) // false

    res = findEmail("8888@qqcom")
    fmt.Println(res) // false
```

```
}
func findEmail(str string) bool {
    reg := regexp.MustCompile("^[a-zA-Z0-9_]+@[a-zA-Z0-9]+\\.[a-zA-Z0-9]+")
    res := reg.FindAllString(str, -1)
    if (res == nil) {
        return false
    }
    return true
}
```

6.5【實戰】從資料庫中匯出一個 CSV 檔案

本節講解如何從資料庫中匯出一個 CSV 檔案。

（1）打開資料庫，新建一個名為 user 的表並插入範例資料，SQL 敘述如下：

```
DROP TABLE IF EXISTS `user`;
CREATE TABLE `user` (
  `uid` int(10) NOT NULL AUTO_INCREMENT,
  `name` varchar(30) DEFAULT '',
  `phone` varchar(20) DEFAULT '',
  `email` varchar(30) DEFAULT '',
  `password` varchar(100) DEFAULT '',
  PRIMARY KEY (`uid`)
) ENGINE=InnoDB AUTO_INCREMENT=3 DEFAULT CHARSET=utf8 COMMENT='使用者表';

BEGIN;
INSERT INTO `user` VALUES (1, 'shirdon', '18888888888',
'shirdonliao@gmail.com', '');
INSERT INTO `user` VALUES (2, 'barry', '18788888888', 'barry@163.com', '');
COMMIT;
```

（2）定義一個 User 結構。

根據本節之前創建的 user 表，定義一個 User 結構來儲存資料庫返回的資料：

```
type User struct {
    Uid   int
    Name  string
    Phone string
    Email string
    Password string
}
```

（3）編寫一個名為 queryMultiRow() 的查詢函數，用於從資料庫中獲取使用者資料：

```
// 查詢多筆資料
func queryMultiRow() ([]User){
    rows, err := db.Query("select uid,name,phone,email from `user` where
uid > ?", 0)
    if err != nil {
        fmt.Printf("query failed, err:%v\n", err)
        return nil
    }
    // 關閉rows, 釋放持有的資料庫連接
    defer rows.Close()
    // 迴圈讀取結果集中的資料
    users := []User{}
    for rows.Next() {
        err := rows.Scan(&u.Uid, &u.Name, &u.Phone, &u.Email)
        users = append(users, u)
        if err != nil {
            fmt.Printf("scan failed, err:%v\n", err)
            return nil
        }
    }
    return users
}
```

（4）編寫匯出函數，將資料寫入指定檔案：

```
//匯出CSV檔案
func ExportCsv(filePath string, data [][]string) {
    fp, err := os.Create(filePath) //創建檔案控制代碼
    if err != nil {
```

```
        log.Fatalf("創建檔案["+filePath+"]控制碼失敗,%v", err)
        return
    }
    defer fp.Close()
    fp.WriteString("\xEF\xBB\xBF") //寫入UTF-8 BOM
    w := csv.NewWriter(fp)          //創建一個新的寫入檔案流
    w.WriteAll(data)
    w.Flush()
}
```

（5）編寫 main() 函數，匯出資料：

```
func main() {
    //設定匯出的檔案名稱
    filename := "./exportUsers.csv"

    //從資料庫中獲取資料
    users := queryMultiRow()
    //定義1個二維陣列
    column := [][]string{{"手機號", "使用者UID", "Email", "用戶名"}}
    for _, u := range users {
        str :=[]string{}
        str = append(str,u.Phone)
        str = append(str,strconv.Itoa(u.Uid))
        str = append(str,u.Email)
        str = append(str,u.Name)
        column = append(column,str)
    }
    //匯出
    ExportCsv(filename, column)
}
```

完整程式見本書配套資源中的 "chapter6/exportCsv.go"。

在檔案所在目錄下打開命令列終端，輸入以下命令來匯出檔案：

```
$ go run exportCsv.go
```

如果執行正常，則會匯出一個名為 "exportUsers.csv" 的檔案。用 WPS 打開，如圖 6-3 所示。

圖 6-3（編按：本圖為簡體中文介面）

6.6 處理 Go 日誌記錄

在實戰開發中，經常需要創建記錄檔來記錄日誌。在 Go 語言中，輸出日誌需要使用 log 套件。Go 語言 log 套件中，提供了 3 類函數來處理日誌，分別是：

- Print 類函數，用於處理一般的日誌，處理程序退出程式為 0 即正常；
- Panic 類函數，用於處理意外的日誌，處理程序退出程式為 2；
- Fatal 類函數，用於處理致命的日誌，處理程序退出程式為 1。

下面各列舉 Print 類、Panic 類、Fatal 類這 3 類函數中的 1 個函數進行範例。

1. Print 類函數

Print 類函數中，以 Print() 函數為例，其使用範例如下。

程式 chapter6/log1.go　Print()函數的使用範例

```
package main

import (
    "log"
)

func main() {
```

```
    no := []int{6, 8}
    log.Print("Print NO. ", no, "\n")
    log.Println("Println NO.", no)
    log.Printf("Printf NO. with item [%d,%d]\n", no[0], no[1])
}
```

程式執行結果如下：

```
2020/12/14 21:16:58 Print NO. [6 8]
2020/12/14 21:16:58 Println NO. [6 8]
2020/12/14 21:16:58 Printf NO. with item [6,8]
```

2. Panic 類函數

Panic 類函數中，以 Panicln() 函數為例，其使用範例如下：

程式 chapter6/log2.go　Panicln()函數的使用範例

```
package main

import (
    "log"
)

func main() {
    no := []int{6, 8}
    log.Panicln("Println NO.", no)
}
```

以上程式執行結果如圖 6-4 所示。

```
Terminal
shirdon:chapter6 mac$ go run log2.go
2020/12/14 21:18:42 Println NO. [6 8]
panic: Println NO. [6 8]


goroutine 1 [running]:
log.Panicln(0xc000066f58, 0x2, 0x2)
        /usr/local/go/src/log/log.go:365 +0xae
main.main()
        /Users/mac/go/src/gitee.com/shirdonl/goWebFromIntroductionToMastery/chapter6/log2.go:9 +0xbb
exit status 2
shirdon:chapter6 mac$
```

圖 6-4

3. Fatal 類函數

Fatal 類函數中，以 Fatalln() 函數為例，其使用範例如下。

程式 chapter6/log3.go　Fatalln()函數的使用範例

```
package main

import (
    "log"
)

func main() {
    no := []int{6, 8}
    log.Fatalln("Println NO.", no)
}
```

程式執行結果如下：

```
2020/12/14 21:24:08 Println NO. [6 8]
exit status 1
```

除上面 3 種方式外，也可以自訂 Logger 類型。log.Logger 提供了 New() 函數用來創建物件。New() 函數的定義如下：

```
func New(out io.Writer, prefix string, flag int) *Logger
```

該函數一共有 3 個參數：

- 參數 out 用於輸出位置，是一個 io.Writer 物件。該物件可以是一個檔案，也可以是實現了該介面的物件。通常我們可以用它來指定日誌輸出到哪個檔案。
- 參數 prefix，用於設定日誌等級。可以將其置為 "[Info]"、"[Warning]" 等來幫助區分日誌等級。
- 參數 flags 是一個選項，用於顯示日誌開頭的部分。

New() 函數的使用範例如下。

程式 chapter6/log4.go　New()函數的使用範例

```
package main

import (
    "log"
    "os"
)

func main() {
    fileName := "New.log"
    logFile, err := os.Create(fileName)
    defer logFile.Close()
    if err != nil {
        log.Fatalln("open file error")
    }
    debugLog := log.New(logFile, "[Info]", log.Llongfile)
    debugLog.Println("Info Level Message")
    debugLog.SetPrefix("[Debug]")
    debugLog.Println("Debug Level Message")
}
```

執行程式，會創建一個名為 New.log 的檔案。該檔案的內容如下：

```
[Info]/Users/mac/go/src/gitee.com/shirdonl/goWebActualCombat/chapter6/
log4.go:16: Info Level Message
[Debug]/Users/mac/go/src/gitee.com/shirdonl/goWebActualCombat/chapter6/
log4.go:18: Debug Level Message
```

6.7 小結

本章透過「操作目錄與檔案」、「處理 XML 檔案」、「處理 JSON 檔案」、「處理正規表示法」、「【實戰】從資料庫中匯出一個 csv 檔案」、「處理 Go 日誌記錄」6 節的講解，系統地介紹了 Go 語言檔案開發的各種方法和技巧。

Chapter

07

Go 併發程式設計

不懷疑不能見真理，所以我希望大家都取懷疑態度，不要為已成的學說所壓倒。

——李四光

人的智慧掌握著三把鑰匙，一把開啟數字，一把開啟字母，一把開啟音符。知識、思想、幻想就在其中。

——雨果

7.1 併發與平行

1. 併發

併發（Concurrent）是指，同一時刻在 CPU 中只能有一行指令執行，多個處理程序指令被快速地輪換執行。從巨觀來看，是多個處理程序同時執行。但從微觀來看，這些處理程序並不是同時執行的，只是把時間分成許多段，多個處理程序快速交替地執行。

在作業系統中處理程序的併發就是：CPU 把一個時間段劃分成幾個時間切片段（時間區間），處理程序在這幾個時間區間之間來回切換處理的過程。由於 CPU 處理的速度非常快，只要時間間隔處理得當，就可讓使用者感覺是多個處理程序同時在進行，如圖 7-1 所示。

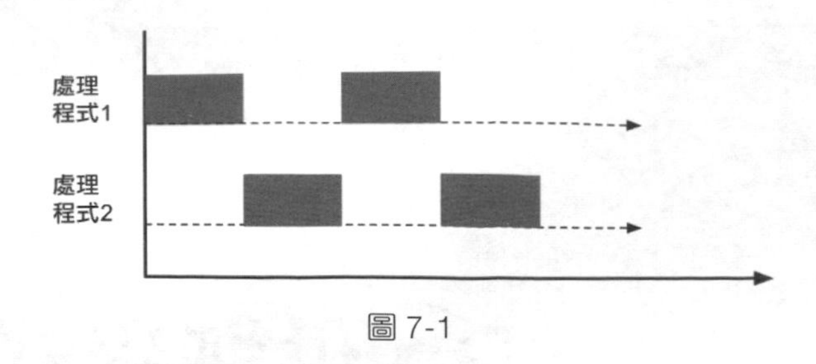

圖 7-1

2. 平行

平行（Parallel）是指，在同一時刻有多行指令在多個處理器上同時執行。如果系統有一個以上 CPU，當一個 CPU 在執行一個處理程序時，另一個 CPU 可以執行另一個處理程序，兩個處理程序互不先佔 CPU 資源，可以同時進行。這種方式被稱為「平行」（Parallel）。

其實決定處理程序平行的因素不是 CPU 的數量，而是 CPU 的核心數量。比如一個 CPU 多個核心也可以平行，如圖 7-2 所示。

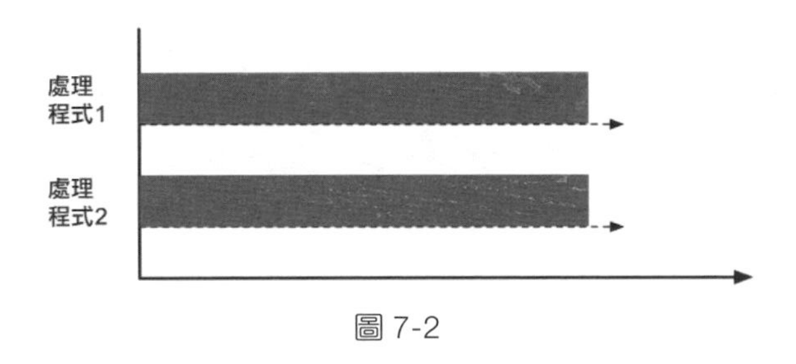

圖 7-2

所以，併發是指在一段時間內巨觀上多個處理程序同時執行，平行是指在某一時刻真正有多個處理程序在執行。

> **提示**
>
> 嚴格意義上來說，平行的多個任務是真實的同時執行。而併發只是交替地執行，一會兒執行任務一，一會兒又執行任務二，系統不停地在兩者間切換。但對外部觀察者來說，即使多個任務是串列併發的，也會有多個任務並存執行的錯覺。

3. 併發和平行的區別

- 併發偏重於多個任務交替執行，而多個任務之間有可能還是串列的。併發是邏輯上的同時發生（simultaneous）。
- 平行是物理上的同時發生。其偏重點在於「同時執行」。

> **提示**
>
> 平行和串列都是通訊中資料傳輸的方式，二者具有本質的不同。
>
> 平行通訊：同一時刻，可以傳輸多個 bit 位元的訊號，有多少個訊號位元就需要多少根訊號線。
>
> 串列通訊：同一時刻，只能傳輸 1 個 bit 位元的訊號，只需要一根訊號線。

併發和平行可以透過排隊購票的例子來瞭解。如圖 7-3 所示，假如有兩排人在火車站購買火車票，只有一個視窗。這時就需要兩排輪流在一個購票視窗購票，這就類似併發的概念。

圖 7-3

另外一種可能是：有兩排人在火車站購買火車票，每排各自在一個視窗分別購買。對視窗來說，在同一時刻每個視窗只處理一排的人購票行為，這就類似平行的概念，如圖 7-4 所示。

圖 7-4

7.2 處理程序、執行緒和程式碼協同

1. 處理程序（Process）

處理程序是電腦中的程式關於某資料集合上的一次執行活動，是系統進行資源設定和排程的基本單位，是作業系統結構的基礎。

2. 執行緒（Thread）

執行緒有時被稱為羽量級處理程序（Lightweight Process，LWP），是程式執行流的最小單元。一個標準的執行緒由執行緒 ID、當前指令指標（PC）、暫存器集合和堆疊組成。

另外，執行緒是處理程序中的實體，是被系統獨立排程和排程的基本單位。執行緒自己不擁有系統資源，只擁有一點在執行中必不可少的資源，但它可與同屬一個處理程序的其他執行緒共用處理程序所擁有的全部資源。

執行緒擁有自己獨立的堆疊和共用的堆積，共用堆積，不共用堆疊。執行緒的切換一般也由作業系統排程。

> **提示**
> 對作業系統而言，執行緒是最小的執行單元，處理程序是最小的資源管理單元。無論是處理程序還是執行緒，都是由作業系統所管理的。

執行緒具有 5 種狀態：初始化、可執行、執行中、阻塞、銷毀。

執行緒之間是如何進行協作的呢？最經典的例子是「生產者 / 消費者」模式。即許多個生產者執行緒在佇列中增加資料，許多個消費者執行緒從佇列中消費資料，如圖 7-5 所示。

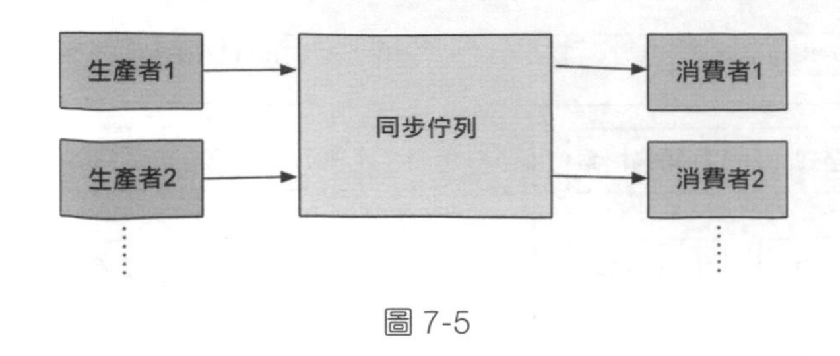

圖 7-5

3. 程式碼協同（Coroutines）

程式碼協同是一種比執行緒更加羽量級的一種函數。正如一個處理程序可以擁有多個執行緒一樣，一個執行緒可以擁有多個程式碼協同。程式碼協同不是被作業系統核心所管理的，而是完全由程式所控制的，即在使用者態執行。這樣帶來的好處是：性能有大幅度的提升，因為不會像執行緒切換那樣消耗資源。

> **提示**
> 程式碼協同不是處理程序也不是執行緒，而是一個特殊的函數。這個函數可以在某個地方被「暫停」，並且可以重新在暫停處外繼續執行。所以說，程式碼協同與處理程序、執行緒相比並不是一個維度的概念。

一個處理程序可以包含多個執行緒，一個執行緒也可以包含多個程式碼協同。簡單來說，在一個執行緒內可以有多個這樣的特殊函數在執行，但是有一點必須明確的是：一個執行緒中的多個程式碼協同的執行是串列的。如果是多核心 CPU，那多個處理程序或一個處理程序內的多個執行緒是可以平行執行的。但是在一個執行緒內程式碼協同卻絕對是串列的，無論 CPU 有多少個核心。畢竟程式碼協同雖然是一個特殊的函數，但仍然是一個函數。一個執行緒內可以執行多個函數，但這些函數都是串列執行的。當一個程式碼協同執行時期，其他程式碼協同必須被暫停。

處理程序、執行緒和程式碼協同之間的關係如圖 7-6 所示。

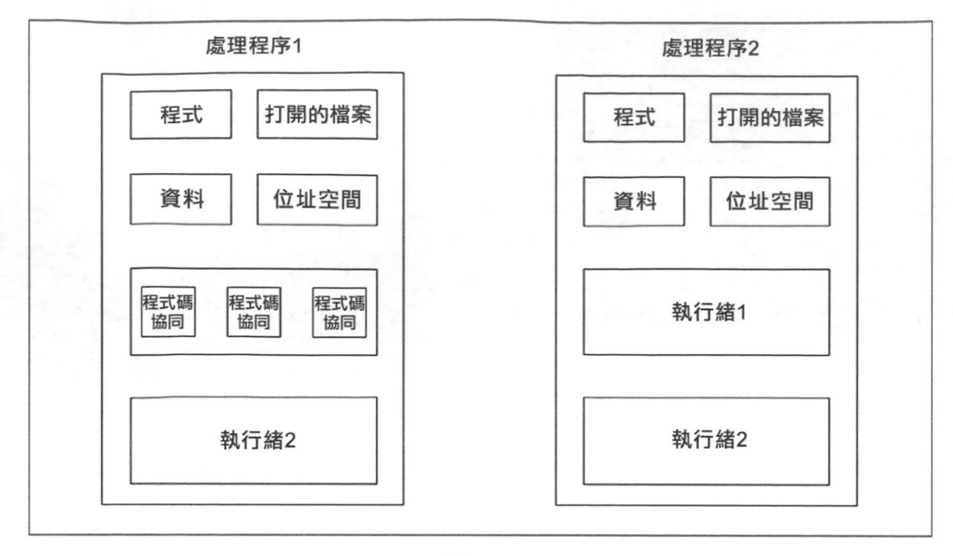

圖 7-6

4. 處理程序、執行緒、程式碼協同的比較

處理程序、執行緒、程式碼協同的比較如下：

- 程式碼協同既不是處理程序也不是執行緒，程式碼協同僅是一個特殊的函數。程式碼協同、處理程序和執行緒不是一個維度的。
- 一個處理程序可以包含多個執行緒，一個執行緒可以包含多個程式碼協同。
- 雖然一個執行緒內的多個程式碼協同可以切換，但是這多個程式碼協同是串列執行的，某個時刻只能有一個執行緒在執行，沒法利用 CPU 的多核能力。
- 程式碼協同與處理程序一樣，也存在上下文切換問題。
- 處理程序的切換者是作業系統，切換時機是根據作業系統自己的切換策略來決定的，使用者是無感的。處理程序的切換內容包括頁全域目錄、核心堆疊和硬體上下文，切換內容被保存在記憶體中。處理程序切換過程採用的是「從使用者態到核心態再到使用者態」的方式，切換效率低。

- 執行緒的切換者是作業系統，切換時機是根據作業系統自己的切換策略來決定的，使用者是無感的。執行緒的切換內容包括核心堆疊和硬體上下文。執行緒切換內容被保存在核心堆疊中。執行緒切換過程採用的是「從使用者態到核心態再到使用者態」的方式，切換效率中等。
- 程式碼協同的切換者是使用者（程式設計者或應用程式），切換時機是使用者自己的程式來決定的。程式碼協同的切換內容是硬體上下文，切換記憶體被保存在使用者自己的變數（使用者堆疊或堆積）中。程式碼協同的切換過程只有使用者態（即沒有陷入核心態），因此切換效率高。

7.3 Go 併發模型簡介

Go 實現了兩種併發模型：

（1）大家普遍認知的多執行緒共用記憶體模型。Java 或 C++ 等語言中的多執行緒就是多執行緒共用記憶體模型。

（2）Go 語言特有的，也是 Go 語言推薦的 CSP（Communicating Sequential Processes）併發模型。

CSP 併發模型並不是一個新的概念，而是在 1970 年左右就已經被提出的概念。不同於傳統的多執行緒透過共用記憶體來通訊，CSP 併發模型的理念是「不透過共用記憶體來通訊，而透過通訊來共用記憶體」。

Java、C++、Python 這類語言，它們的執行緒間通訊都是透過共用記憶體的方式來進行的。非常典型的方式就是，在存取共用資料（例如陣列、Map、結構或物件）時，透過鎖來存取。因此衍生出了一種方便操作的資料結構——執行緒安全的資料結構。例如 Java 中名為 "java.util.concurrent" 的套件中的資料結構就是一種「執行緒安全的資料結構」。Go 中也實現了傳統的執行緒併發模型，主要是透過 sync 套件來實現的，詳細內容會在 7.5 節中講解。

Go 的 CSP 併發模型，是透過 goroutine 和通道（channel）來實現的。goroutine 是 Go 語言中併發的執行單位。初學者可能會覺得它有點抽象，其實它與「程式碼協同」類似，可以將其瞭解為「程式碼協同」。

通道是 Go 語言中各個 goroutine 之間的通訊機制。通俗地講，它就是各個 goroutine 之間通訊的「管道」，有點類似於 UNIX 中的管道。

生成一個 goroutine 的方式非常的簡單──在函數前加上 go 關鍵字即可：

```
go foo()
```

通道的使用也很方便，發送資料用 "channel <- data"，接收資料用 "<-channel"。在通訊過程中，發送資料 "channel <- data" 和接收資料 "<-channel" 必然會成對出現。因為，這邊發送，那邊接收，兩個 goroutine 之間才會實現通訊。而且不管傳還是取必阻塞，直到另外的 goroutine 傳或取為止。

goroutine 和通道的簡單範例如下：

程式 chapter7/goroutine.go　goroutine和通道的簡單範例

```
package main

import "fmt"

func main() {

    messages := make(chan string)

    go func() { messages <- "ping" }()

    msg := <-messages
    fmt.Println(msg)
}
```

關於 goroutine 和通道，本節只是簡單介紹，7.4 節會詳細講解。

7.4 用 goroutine 和通道實現併發

7.4.1 goroutine 簡介

1. goroutine

Go 語言的併發機制運用起來非常簡便：只需要透過 go 關鍵字來開啟 goroutine，和其他程式語言相比這種方式更加輕量。

開啟一個 goroutine 的形式如下：

```
go foo(a, b, c)
```

在函數 foo(a, b, c) 之前加上 go 關鍵字，就開啟了一個新的 goroutine。函數名稱可以是包含 func 關鍵字的匿名函數：

```
//創建一個匿名函數並開啟goroutine
go func(param1, param2) {
}(val1, val2)
```

開啟 goroutine 的範例如下。

程式 chapter7/goroutine1.go　開啟goroutine的範例

```
package main

import (
    "fmt"
    "time"
)

func Echo(s string) {
    for i := 0; i < 3; i++ {
        time.Sleep(100 * time.Millisecond)
        fmt.Println(s)
    }
}

func main() {
```

```
    go Echo("go")
    Echo("web program")
}
```

執行以上程式後會看到，輸出的 "go" 和 "web program" 是沒有固定先後順序。因為它們是兩個 goroutine 在併發執行：

```
web program
go
web program
go
go
web program
```

透過上面的範例可以看到，利用 go 關鍵字很方便地實現併發程式設計。多個 goroutine 執行在同一個處理程序中，共用記憶體資料。Go 語言遵循「不透過共用記憶體來通訊，而透過通訊來共用記憶體」原則。

2. goroutine 的排程

goroutine 的排程方式是協作式的。在協作式排程中沒有「時間切片」的概念。為了並存執行 goroutine，排程器會在以下幾個時刻切換：

- 在通道發送或接收資料且造成阻塞時。
- 在一個新的 goroutine 被創建時。
- 在可以造成系統呼叫被阻塞時，如在進行檔案操作時。

goroutine 在多核心 CPU 環境下是平行的。如果程式區塊在多個 goroutine 中執行，則會實現程式的平行。在被呼叫的函數返回時，這個 goroutine 也自動結束。需要注意的是，如果這個函數有返回值，則該返回值會被捨棄。看下面的程式：

```
func Add(a, b int) {
    c := a+ b
    fmt.Println(c)
}
```

```
func main() {
    for i:=0; i<5; i++ {
        go Add(i, i)
    }
}
```

執行上面的程式會發現，螢幕什麼也沒列印出來，程式就退出了。對於上面的例子，main() 函數啟動了 5 個 goroutine，這時程式就退出了，而被啟動的執行 Add() 函數的 goroutine 沒來得及執行。

如果要讓 main() 函數等待所有 goroutine 退出後再返回，則需要知道 goroutine 是何時退出的。但如何知道 goroutine 都退出了呢？這就引出了多個 goroutine 之間通訊的問題。7.4.2 節會探究多個 goroutine 之間是如何透過通道進行通訊的。

7.4.2 通道

1. 通道的定義

通道（channel）是用來傳遞資料的資料結構。Go 語言提倡使用通訊來代替共用記憶體。當一個資源需要在 goroutine 之間共用時，通道在 goroutine 之間架起了一個管道，並提供了確保同步交換資料的機制。

在宣告通道時，需要指定將要被共用的資料的類型。可以透過通道共用內建類型、命名類型、結構類型和參考類型的值或指標。

Go 語言中的通道是一種特殊的類型。在任何時候，同時只能有一個 goroutine 存取通道進行發送和接收資料，如圖 7-7 所示。

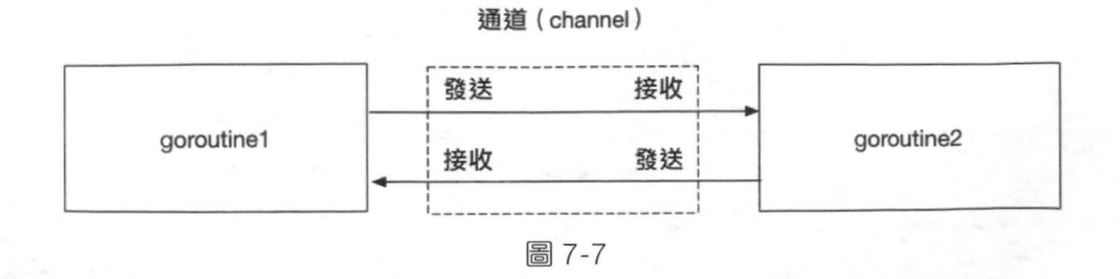

圖 7-7

在地鐵站、火車站、機場等公共場所人很多的情況下，大家養成了排隊的習慣。目的是避免擁擠、插隊導致低效的資源使用和交換。程式與資料也是如此，多個 goroutine 為了爭搶資料，勢必造成執行的低效率。

使用佇列的方式是最高效的，通道是一種與佇列類似的結構。通道總是遵循「先入先出（First In First Out）」的規則，從而保證收發資料的順序。

2. 通道的宣告

通道本身需要用一個類型進行修飾，就像切片類型需要標識元素類型。通道的元素類型就是在其內部傳輸的資料類型。通道的宣告形式如下：

```
var channel_name chan type
```

說明如下。

- channel_name：保存通道的變數。
- type：通道內的資料類型。
- chan：類型的空值是 nil，宣告後需要配合 make 後才能使用。

3. 創建通道

通道是參考類型，需要使用 make() 函數進行創建，格式如下：

```
通道實例 := make(chan 資料類型)
```

說明如下。

- 資料類型：通道內傳輸的元素類型。
- 通道實例：透過 make() 函數創建的通道控制碼。

創建通道的範例如下：

```
ch1 := make(chan string)      //創建一個字串類型的通道
ch2 := make(chan interface{})//創建一個空介面類型的通道，可以存放任意格式
type Signal struct{ /* 一些欄位 */ }
ch3 := make(chan *Signal )  //創建Signal 指標類型的通道，可以存放*Signal
```

4. 用通道發送資料

在通道創建後，就可以使用通道發送和接收資料了。

（1）用通道發送資料的格式。

用通道發送資料使用特殊的運算符號 "<-"，格式如下：

```
通道變數 <- 通道值
```

説明如下。

- 通道變數：透過 make() 函數創建好的通道實例。
- 通道值：可以是變數、常數、運算式或函數返回值等。通道值的類型必須與 ch 通道中的元素類型一致。

（2）透過通道發送資料的例子。

在使用 make() 函數創建一個通道後，就可以使用 "<-" 向通道發送資料了。程式如下：

```
ch := make(chan interface{})  // 創建一個空介面通道
ch <- 6                       // 將6放入通道中
ch <- "love"                  // 將love字串放入通道中
```

（3）發送將持續阻塞直到資料被接收。

在把資料往通道中發送時，如果接收方一直都沒有接收，則發送操作將持續阻塞。Go 程式在執行時期能智慧地發現一些永遠無法發送成功的敘述並做出提示。範例程式如下。

程式 chapter7/channel.go　發送將持續阻塞直到資料被接收的範例

```
package main

func main() {
    // 創建一個字元串通道
    ch := make(chan string)
    // 嘗試將sleep透過通道發送
    ch <- "sleep"
}
```

執行程式，顯示出錯：

```
fatal error: all goroutines are asleep - deadlock!
```

錯誤的意思是：在執行時期發現所有的 goroutine（包括 main() 函數對應的 goroutine）都處於等候狀態，即所有 goroutine 中的通道並沒有形成發送和接收的狀態。

5. 用通道接收資料

通道接收同樣使用 "<-" 運算符號。用通道接收資料有以下特性：

- 通道的發送和接收操作在不同的兩個 goroutine 間進行。由於通道中的資料在沒有接收方接收時會持續阻塞，所以通道的接收必定在另外一個 goroutine 中進行。
- 接收將持續阻塞直到發送方發送資料。
- 如果在接收方接收時，通道中沒有發送方發送資料，則接收方也會發生阻塞，直到發送方發送資料為止。
- 通道一次只能接收 1 個資料元素。

通道的資料接收一共有以下 4 種寫法。

（1）阻塞接收資料。

阻塞模式在接收資料時，將接收變數作為 "<-" 運算符號的左值，格式如下：

```
data := <-ch
```

執行該敘述將阻塞，直到接收到資料並設定值給 data 變數。

（2）非阻塞接收資料。

在使用非阻塞方式從通道接收資料時，敘述不會發生阻塞，格式如下：

```
data, ok := <-ch
```

- data：接收到的資料。在未接收到資料時，data 為通道類型的零值。
- ok：是否接收到資料。

非阻塞的通道接收方法，可能造成高的 CPU 佔用，因此使用非常少。如果需要實現接收逾時檢測，則需要配合 select 和計時器進行，可以參見後面的內容。

（3）接收任意資料，忽略掉接收的資料。

利用下面這寫法，通道在接收到資料後會將其忽略掉：

```
<-ch
```

執行該敘述會發生阻塞，直到接收到資料，但接收到的資料會被忽略。這個方式實際上只是透過通道在 goroutine 間阻塞收發，從而實現併發同步。

使用通道做併發同步的範例如下。

程式 chapter7/chan1.go　使用通道做併發同步的範例

```
package main

import (
    "fmt"
)
func main() {
    ch := make(chan string)          // 建構一個通道
    go func() {                      // 開啟一個併發匿名函數
        fmt.Println("開始goroutine") // 透過通道通知main()函數的goroutine
        ch <- "signal"
        fmt.Println("退出goroutine")
    }()
    fmt.Println("等待goroutine")
    <-ch // 等待匿名goroutine
    fmt.Println("完成")
}
```

執行程式，輸出如下：

```
等待goroutine
開始goroutine
退出goroutine
完成
```

（4）迴圈接收資料。

通道的資料接收可以借用 for-range 敘述進行多個元素的接收操作。格式如下：

```
for data := range ch {
}
```

通道 ch 是可以被遍歷的，遍歷的結果就是接收到的資料，資料類型就是通道的資料類型。透過 for 遍歷獲得的變數只有一個，即上面例子中的 data。遍歷通道資料的範例如下。

程式 chapter7/channel-receive.go　遍歷通道資料的範例

```
package main

import (
    "fmt"
    "time"
)
func main() {
    ch := make(chan int)              // 建構一個通道
    go func() {                       // 開啟一個併發匿名函數
        for i := 6; i <= 8; i++ {     // 從6迴圈到8
            ch <- i                   // 發送6～ 8之間的數值
            time.Sleep(time.Second) // 每次發送完時等待
        }
    }()

    for receive := range ch {         // 遍歷接收通道資料
        fmt.Println(receive)          // 列印通道資料
        if receive == 8 {             // 當遇到資料8時，退出接收迴圈
            break
        }
    }
}
```

執行程式，輸出如下：

```
6
7
8
```

通道可用於在兩個 goroutine 之間透過傳遞一個指定類型的值來同步執行和通訊。運算符號 "<-" 用於指定通道的方向、發送和接收。如果未指定方向，則為雙向通道。

```
ch <- v    // 把 v 發送到通道 ch中
v := <-ch  // 從 ch 接收資料，並把值指定給 v
```

提示

預設情況下，通道是不帶緩衝區的。在發送方發送資料的同時必須有接收方對應地接收資料。

以下範例透過兩個 goroutine 來計算數字之和。

程式 chapter7/chan2.go　用兩個goroutine計算數字之和的範例

```
package main

import (
    "fmt"
)

func Sum(s []int, ch chan int) {
    sum := 0
    for _, v := range s {
        sum += v
    }
    ch <- sum      // 把 sum 發送到通道 ch中
}

func main() {
    s := []int{6, 7, 8, -9, 1, 8}
    ch := make(chan int)
    go Sum(s[:len(s)/2], ch)
    go Sum(s[len(s)/2:], ch)
    a, b := <-ch, <-ch  // 從通道 ch 中接收
    fmt.Println(a, b, a+b)
}
```

輸出結果為：

```
0 21 21
```

6. 通道緩衝區

通道可以設定緩衝區——透過 make() 函數的第 2 個參數指定緩衝區的大小。範例如下：

```
ch := make(chan int, 66)
```

帶緩衝區的通道，允許發送方的資料發送和接收端的資料獲取處於非同步狀態。即發送方發送的資料可以放在緩衝區中，等待接收端去接收資料，而非立刻需要接收端去接收資料。

不過由於緩衝區的大小是有限的，所以還是必須有接收端來接收資料的，否則緩衝區一滿，資料發送方就無法再發送資料了。

> **提示**
>
> 如果通道不帶緩衝，則發送方會阻塞，直到接收方從通道中接收了資料。如果通道帶緩衝，則發送方會阻塞，直到發送的值被複製到緩衝區中；如果緩衝區已滿，則表示需要等待直到某個接收方接收了資料。接收方在有值可以接收之前，會一直阻塞。

程式 chapter7/chan3.go　設定緩衝區的範例

```
package main

import "fmt"

func main() {
    //定義一個可以儲存整數類型的、帶緩衝的通道
    ch := make(chan int, 3)
    // 因為 ch是帶緩衝的通道，所以可以同時發送多個資料，而不用立刻去同步接收資料
    ch <- 6
    ch <- 7
    ch <- 8
    // 接收這3個資料
    fmt.Println(<-ch)
    fmt.Println(<-ch)
    fmt.Println(<-ch)
}
```

輸出結果為：

```
6
7
8
```

7. select 多工

在 UNIX 中，select() 函數用來監控一組描述符號，該機制常被用於實現高併發的 Socket 伺服器程式。Go 語言直接在語言等級支援 select 關鍵字，用於處理非同步 I/O 問題。其用法範例如下：

```
select {
    case <- ch1:
    // 如果ch1通道發送成功，則該case會接收到資料

    case ch2 <- 1:
    // 如果ch2接收資料成功，則該case會收到資料

    default:
    // 預設分支
}
```

select 預設是阻塞的，只有當監聽的通道中有發送或接收可以進行時才會執行。當多個通道都準備好後，select 會隨機地選擇一個操作（發送或接收）來執行。

Go 語言沒有對通道提供直接的逾時處理機制，但可以利用 select 來間接實現，例如：

```
timeout := make(chan bool, 1)

go func() {
    time.Sleep(6)
    timeout <- true
}()

switch {
    case <- ch:
```

```
    // 從ch通道中讀取到了資料

    case <- timeout:
    // 沒有從ch通道中讀取到資料，但從timeout通道中讀取到了資料
}
```

這樣使用 select 就可以避免永久等待的問題。因為程式會在 "timeout" 通道中接收到一個資料後繼續執行，無論對 ch 通道的接收是否還處於等候狀態。

8. 遍歷通道與關閉通道

Go 語言透過 range 關鍵字來實現遍歷讀取資料，類似於與陣列或切片。格式如下：

```
v, ok := <-ch
```

如果通道接收不到資料，則 ok 的值是 false。這時就可以使用 close() 函數來關閉通道。

透過 range 關鍵字實現遍歷的範例如下。

程式 chapter7/chan4.go　透過range關鍵字實現遍歷的範例

```
package main

import (
    "fmt"
)

func fibonacci(n int, ch chan int) {
    a, b := 0, 1
    for i := 0; i < n; i++ {
        ch <- a
        a, b = b, a+b
    }
    close(ch)
}
```

```
func main() {
    ch := make(chan int, 6)
    go fibonacci(cap(ch), ch)
    for j := range ch {
        fmt.Println(j)
    }
}
```

輸出結果為：

```
0
1
1
2
3
5
```

7.5 用 sync 套件實現併發

7.5.1 競爭狀態

在 7.4 中學習了 Go 語言透過 goroutine 和通道實現併發，本節來探究 Go 語言如何用 sync 套件實現併發。

Go 語言以建構高併發容易、性能優異而聞名。但是，伴隨著併發的使用，可能發生可怕的資料爭用的競爭狀態問題。而一旦遇到競爭狀態問題，由於不知道其什麼時候發生，所以將產生難以發現和偵錯的錯誤。

下面是一個發生資料競爭狀態的範例：

```
func main() {
    fmt.Println(getNumber())
}

func getNumber() int {
    var i int
```

```
    go func() {
        i = 6
    }()

    return i
}
```

在上面的範例中，getNumber() 函數先聲明一個變數 i，之後在 goroutine 中單獨對 i 進行設定。而這時程式也正在從函數中返回 i，由於不知道 goroutine 是否已完成對 i 值的修改，所以將有兩種操作發生：

（1）如果 goroutine 已完成對 i 值的修改，則最後返回的 i 值為 6；

（2）如果 goroutine 未完成對 i 值的修改，則變數 i 的值從函數返回，為預設值 0。

現在根據這兩個操作中的哪一個先完成，輸出的結果將是 0（預設整數值）或 6。這就是為什麼將其稱為資料競爭狀態：從 getNumber() 函數返回的值會根據（1）或（2）哪個操作先完成而得名。

為了避免競爭狀態的問題，Go 提供了許多解決方案，比如通道阻塞、互斥鎖等，會在接下來的幾節中詳細講解。關於競爭狀態的檢查方法，會在 7.5.6 節中詳細講解。

7.5.2 互斥鎖

1. 什麼是互斥鎖

（1）sync.Mutex 的定義。

在 Go 語言中，sync.Mutex 是一個結構物件，用於實現互斥鎖，適用於讀寫不確定的場景（即讀寫次數沒有明顯的區別，並且只允許有一個讀或寫的場景）。所以該鎖也稱為「全域鎖」。

sync.Mutex 結構由兩個欄位 state 和 sema 組成。其中，state 表示當前互斥鎖的狀態，而 sema 用於控制鎖狀態的號誌。

Mutex 結構的定義如下：

```
type Mutex struct {
    state int32
    sema uint32
}
```

（2）sync.Mutex 的方法。

sync.Mutex 結構物件有 Lock()、Unlock() 兩個方法。Lock() 方法用於加鎖，Unlock() 方法用於解鎖。

在使用 Lock() 方法加鎖後，便不能再次加鎖（如果再次加鎖，則會造成鎖死問題）。直到利用 Unlock() 方法對其解鎖後，才能再次加鎖。

Mutex 結構的 Lock() 方法的定義如下：

```
func (m *Mutex) Lock()
```

Mutex 結構的 Unlock() 方法的定義如下：

```
func (m *Mutex) Unlock()
```

在用 Unlock() 方法解鎖 Mutex 時，如果 Mutex 未加鎖，則會導致執行時錯誤。

提示

Lock() 和 Unlock() 方法的使用注意事項如下：

- 在一個 goroutine 獲得 Mutex 後，其他 goroutine 只能等到這個 goroutine 釋放該 Mutex。
- 在使用 Lock() 方法加鎖後，不能再繼續對其加鎖，直到利用 Unlock() 方法對其解鎖後才能再加鎖。
- 在 Lock() 方法之前使用 Unlock() 方法，會導致 panic 異常。
- 已經鎖定的 Mutex 並不與特定的 goroutine 連結，可以利用一個 goroutine 對其加鎖，再利用其他 goroutine 對其解鎖。
- 在同一個 goroutine 中的 Mutex 被解鎖之前再次進行加鎖，會導致鎖死。
- 該方法適用於讀寫不確定，並且只有一個讀或寫的場景。

2. 互斥鎖的使用

互斥鎖的使用範例如下。

程式 chapter7/sync_mutex.go　互斥鎖的使用範例

```
package main

import (
    "fmt"
    "sync"
    "time"
)

func main() {
    var mutex sync.Mutex
    wait := sync.WaitGroup{}
    fmt.Println("Locked")
    mutex.Lock()
    for i := 1; i <= 5; i++ {
        wait.Add(1)
        go func(i int) {
            fmt.Println("Not lock:", i)
            mutex.Lock()
            fmt.Println("Lock:", i)
            time.Sleep(time.Second)
            fmt.Println("Unlock:", i)
            mutex.Unlock()
            defer wait.Done()
        }(i)
    }
    time.Sleep(time.Second)
    fmt.Println("Unlocked")
    mutex.Unlock()
    wait.Wait()
}
```

輸出結果為：

```
Locked
Not lock: 3
```

```
Not lock: 5
Not lock: 4
Not lock: 2
Not lock: 1
Unlocked
Lock: 5
Unlock: 5
Lock: 4
Unlock: 4
Lock: 2
Unlock: 2
Lock: 3
Unlock: 3
Lock: 1
Unlock: 1
```

7.5.3 讀寫互斥鎖

1. 什麼是讀寫互斥鎖

(1) 讀寫互斥鎖的定義。

在 Go 語言中，讀寫互斥鎖（sync.RWMutex）是一個控制 goroutine 存取的讀寫入鎖。該鎖可以加多個讀取鎖或一個寫入鎖，其經常用 於讀取次數遠遠多 於寫入次數的場景。

RWMutex 結構組合了 Mutex 結構，其定義如下：

```
type RWMutex struct {
    w Mutex
    writerSem uint32
    readerSem uint32
    readerCount int32
    readerWait int32
}
```

(2) 讀寫互斥鎖的方法。

讀寫互斥鎖有以下四個方法來進行讀寫操作。

① 寫入操作的 Lock() 和 Unlock() 方法的定義如下：

```
func (*RWMutex) Lock()
func (*RWMutex) Unlock()
```

對於寫入鎖，如果在增加寫入鎖之前已經有其他的讀取鎖和寫入鎖，則 Lock() 方法會阻塞，直到該寫入鎖可用。寫入鎖許可權高於讀取鎖，有寫入鎖時優先進行寫入鎖定。

② 讀取操作的 Rlock() 和 RUnlock() 方法的定義如下：

```
func (*RWMutex) Rlock()
func (*RWMutex) RUnlock()
```

如果已有寫入鎖，則無法載入讀取鎖。在只有讀取鎖或沒有鎖時，才可以載入讀取鎖。讀取鎖可以載入多個，所以適用於「讀多寫少」的場景。

讀寫互斥鎖在讀取鎖佔用的情況下，會阻止寫入，但不阻止讀取。即多個 goroutine 可以同時獲取讀取鎖（讀取鎖呼叫 RLock() 方法，而寫入鎖呼叫 Lock() 方法），會阻止任何其他 goroutine（無論讀和寫）進來，整個鎖相當於由該 goroutine 獨佔。

sync.RWMutex 用於讀取鎖和寫入鎖分開的情況。

提示

① RWMutex 是單寫入的讀取鎖，該鎖可以加多個讀取鎖或一個寫入鎖。
② 讀取鎖佔用的情況下會阻止寫入，不會阻止讀取。多個 goroutine 可以同時獲取讀取鎖。
③ 寫入鎖會阻止其他 goroutine（無論讀和寫）進來，整個鎖由該 goroutine 獨佔。
④ 該鎖適用於「讀多寫少」的場景。

2. 讀寫互斥鎖的使用範例

讀寫互斥鎖的使用範例如下。

程式 chapter7/sync_rwmutex2.go　讀寫互斥鎖的使用範例

```
package main

import (
    "fmt"
    "math/rand"
    "sync"
)

var count int
var rw sync.RWMutex

func main() {
    ch := make(chan struct{}, 6)
    for i := 0; i < 3; i++ {
        go ReadCount(i, ch)
    }
    for i := 0; i < 3; i++ {
        go WriteCount(i, ch)
    }
    for i := 0; i < 6; i++ {
        <-ch
    }
}
func ReadCount(n int, ch chan struct{}) {
    rw.RLock()
    fmt.Printf("goroutine %d 進入讀取操作...\n", n)
    v := count
    fmt.Printf("goroutine %d 讀取結束，值為：%d\n", n, v)
    rw.RUnlock()
    ch <- struct{}{}
}
func WriteCount(n int, ch chan struct{}) {
    rw.Lock()
    fmt.Printf("goroutine %d 進入寫入操作...\n", n)
    v := rand.Intn(10)
    count = v
    fmt.Printf("goroutine %d 寫入結束，新值為：%d\n", n, v)
    rw.Unlock()
```

```
    ch <- struct{}{}
}
```

其執行結果如圖 7-8 所示。

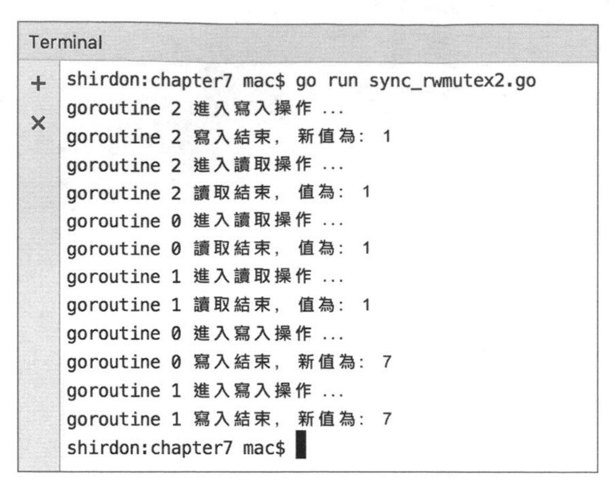

Terminal
shirdon:chapter7 mac$ go run sync_rwmutex2.go
goroutine 2 進入寫入操作 ...
goroutine 2 寫入結束, 新值為: 1
goroutine 2 進入讀取操作 ...
goroutine 2 讀取結束, 值為: 1
goroutine 0 進入讀取操作 ...
goroutine 0 讀取結束, 值為: 1
goroutine 1 進入讀取操作 ...
goroutine 1 讀取結束, 值為: 1
goroutine 0 進入寫入操作 ...
goroutine 0 寫入結束, 新值為: 7
goroutine 1 進入寫入操作 ...
goroutine 1 寫入結束, 新值為: 7
shirdon:chapter7 mac$

圖 7-8

多個讀取操作可以同 時讀取一個資料。雖然加了鎖，但讀取都是不受影響的，即「讀和寫是互斥的，讀取和讀取不互斥」。多個讀取操作同時讀取一個資料的範例如下。

程式 chapter7/sync_rwmutex3.go　多個讀取操作同時讀取一個資料的範例

```
package main

import (
    "sync"
    "time"
)

var m *sync.RWMutex

func main() {
    m = new(sync.RWMutex)
    // 多個讀取操作同時讀取
    go Reading(1)
    go Reading(2)
```

```
    time.Sleep(2 * time.Second)
}
func Reading(i int) {
    println(i, "reading start")
    m.RLock()
    println(i, "reading")
    time.Sleep(1 * time.Second)
    m.RUnlock()
    println(i, "reading over")
}
```

由於讀寫互斥，所以 在寫入開始後，讀取必須 等寫入進行完才能繼續。讀寫互斥鎖的使用範例如下。

程式 chapter7/sync_rwmutex4.go　讀寫互斥鎖的使用範例

```
package main

import (
    "sync"
    "time"
)

var m *sync.RWMutex

func main() {
    m = new(sync.RWMutex)
    //  寫入時什麼也不能幹
    go Writing(1)
    go Read(2)
    go Writing(3)
    time.Sleep(2 * time.Second)
}
func Read(i int) {
    println(i, "reading start")
    m.RLock()
    println(i, "reading")
    time.Sleep(1 * time.Second)
    m.RUnlock()
    println(i, "reading over")
```

```
}
func Writing(i int) {
    println(i, "writing start")
    m.Lock()
    println(i, "writing")
    time.Sleep(1 * time.Second)
    m.Unlock()
    println(i, "writing over")
}
```

7.5.4 sync.Once 結構

1. sync.Once 結構的定義

在 Go 語言中，sync.Once 是一個結構，用於解決一次性初始化問題。它的作用與 init() 函數類似，其作用是使方法只執行一次。

sync.Once 結構和 init() 函數也有所不同：init() 函數是在檔案套件第一次被載入時才執行，且只執行一次；而 sync.Once 結構是在程式執行中有需要時才執行，且只執行一次。

在很多高併發的場景中需要確保某些操作只執行一次，例如只載入一次設定檔、只關閉一次通道等。

sync.Once 結構的定義如下：

```
type Once struct {
    done uint32
    m    Mutex
}
```

sync.Once 結構內包含一個互斥鎖和一個布林值。互斥鎖保證布林值和資料的安全，布林值用來記錄初始化是否完成。這樣就能保證初始化操作時是併發安全的，並且初始化操作也不會被執行多次。

2. sync.Once 的使用

sync.Once 結構只有一個 Do() 方法，該方法的定義如下：

```
func (o *Once) Do(f func())
```

下面透過 sync.Once.Do() 方法來展示多個 goroutine 只執行列印一次的情景。

程式 chapter7/sync_once1.go　多個goroutine只執行一次列印的範例

```
package main

import (
    "fmt"
    "sync"
)

func main() {
    var once sync.Once
    onceBody := func() {
        fmt.Println("test only once，這裡只列印一次！")      //列印
    }
    done := make(chan bool)
    for i := 0; i < 6; i++ {
        go func() {
            once.Do(onceBody)     //確保只被執行1次
            done <- true
        }()
    }
    for i := 0; i < 6; i++ {
        <-done
    }
}
```

接下來透過一個關閉通道的範例來加深瞭解。可以呼叫 close() 方法來關閉通道，但如果關閉一個已經關閉過的通道，則會使程式當機，因此可以借助 sync.Once.Do() 方法，來保證通道在執行的過程中只被關閉 1 次。

在下面的程式中，開啟了兩個 goroutine 去執行 func2() 函數，當 func2() 函數執行完後，會呼叫 close() 方法關閉參數所指的 ch2 通道。為了防止多個 goroutine 同時關閉同一個通道而產生錯誤，可以呼叫 sync.Once.Do() 方法來關閉通道，這樣就不會產生多次關閉通道而使得程式崩潰的錯誤。

程式 chapter7/sync_once2.go　用sync.Once.Do()函數關閉通道的範例

```
package main

import (
    "fmt"
    "sync"
)

var wg sync.WaitGroup
var once sync.Once

func func1(ch1 chan<- int) {
    defer wg.Done()
    for i := 0; i < 10; i++ {
        ch1 <- i
    }
    close(ch1)
}

func func2(ch1 <-chan int, ch2 chan<- int) {
    defer wg.Done()
    for {
        x, ok := <-ch1
        if !ok {
            break
        }
        ch2 <- 2 * x
    }

    once.Do(func() { close(ch2) }) // 確保某個操作只執行1次
}
```

```
func main() {
    ch1 := make(chan int, 10)
    ch2 := make(chan int, 10)

    wg.Add(3)

    go func1(ch1)
    go func2(ch1, ch2)
    go func2(ch1, ch2)

    wg.Wait()

    for ret := range ch2 {
        fmt.Println(ret)
    }
}
```

執行程式，會輸出如圖 7-9 所示的結果。

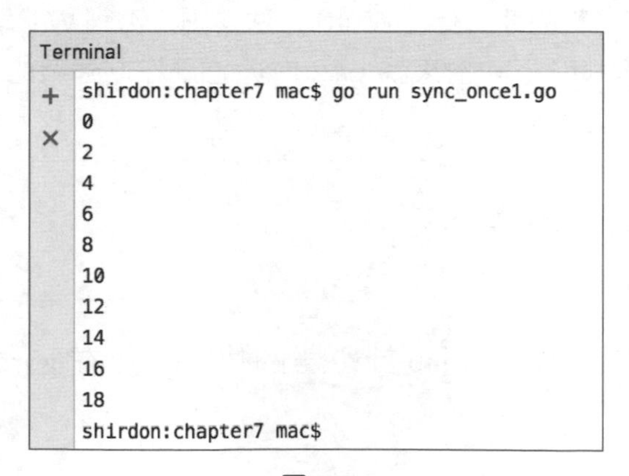

圖 7-9

透過上面的返回值可以看出，在程式裡執行了 3 次 goroutine，但實際上 goroutine 只被執行了 1 次。

7.5.5 同步等待組 sync.WaitGroup

1. 同步等待組 sync.WaitGroup 簡介

在 Go 語言中，sync.WaitGroup 是一個結構物件，用於等待一組執行緒的結束。

在 sync.WaitGroup 結構物件中只有 3 個方法：Add()、Done()、Wait()。

（1）Add() 方法的定義如下：

```
func (*WaitGroup) Add ( )
```

Add() 方法向內部計數器加上 delta，delta 可以是負數。如果內部計數器變為 0，則 Wait() 方法會將處於阻塞等待的所有 goroutine 釋放。如果計數器小於 0，則呼叫 panic() 函數。

> **提示**
> Add() 方法加上正數的呼叫應在 Wait() 方法之前，否則 Wait() 方法可能只會等待很少的 goroutine。一般來說，Add() 方法應在創建新的 goroutine 或其他應等待的事件之前呼叫。

（2）Done() 方法的定義如下：

```
func (wg *WaitGroup) Done()
```

Done() 方法會減少 WaitGroup 計數器的值，一般在 goroutine 的最後執行。

（3）Wait() 方法的定義如下：

```
func (wg *WaitGroup) Wait()
```

Wait() 方法會阻塞，直到 WaitGroup 計數器減為 0。

（4）Add()、Done()、Wait() 比較。

在以上 3 個方法中，Done() 方法是 Add(-1) 方法的別名。簡單來說，使用

Add() 方法增加計數；使用 Done() 方法減掉一個計數，如果計數不為 0，則會阻塞 Wait() 方法的執行。一個 goroutine 呼叫 Add() 方法來設定應等待的 goroutine 的數量。每個被等待的 goroutine 在結束時應呼叫 Done() 方法。同時，在主 goroutine 裡可以呼叫 Wait() 方法阻塞至所有 goroutine 結束。

2. 同步等待組 sync.WaitGroup 的使用範例

用 sync.WaitGroup 實現等待某個 goroutine 結束的範例如下。

程式 chapter7/sync_waitgroup1.go　用sync.WaitGroup實現等待某個goroutine結束

```
package main

import (
    "fmt"
    "sync"
    "time"
)

func main() {
    var wg sync.WaitGroup

    wg.Add(1)
    go func() {
        defer wg.Done()
        fmt.Println("1 goroutine sleep ...")
        time.Sleep(2)
        fmt.Println("1 goroutine exit ...")
    }()

    wg.Add(1)
    go func() {
        defer wg.Done()
        fmt.Println("2 goroutine sleep ...")
        time.Sleep(4)
        fmt.Println("2 goroutine exit ...")
    }()
```

```
    fmt.Println("Waiting for all goroutine ")
    wg.Wait()
    fmt.Println("All goroutines finished!")
}
```

正常執行輸出如下：

```
waiting for all goroutine
1 goroutine sleep ...
2 goroutine sleep ...
1 goroutine exit ...
2 goroutine exit ...
All goroutines finished!
```

Add() 和 Done() 方法的使用一定要配對，否則可能發生鎖死。所報的錯誤訊息如下：

```
Waiting for all goroutine
1 goroutine sleep ...
1 goroutine exit ...
2 goroutine sleep ...
2 goroutine exit ...
fatal error: all goroutines are asleep - deadlock!
```

用 sync.WaitGroup 實現等待 goroutine 組結束的範例如下。

程式 chapter7/sync_waitgroup2.go　用sync.WaitGroup實現等待goroutine組結束

```
package main

import (
    "fmt"
    "sync"
    "time"
)

func main() {
    testFunc := func(wg *sync.WaitGroup, id int) {
        defer wg.Done()
        fmt.Printf("%v goroutine start ...\n", id)
        time.Sleep(2)
```

```
        fmt.Printf("%v goroutine exit ...\n", id)
    }

    var wg sync.WaitGroup
    const N = 3
    wg.Add(N)
    for i := 0; i < N; i++ {
        go testFunc(&wg, i)
    }

    fmt.Println("Waiting for all goroutine")
    wg.Wait()
    fmt.Println("All goroutines finished!")
}
```

輸出如下：

```
2 goroutine start ...
0 goroutine start ...
2 goroutine exit ...
1 goroutine start ...
0 goroutine exit ...
1 goroutine exit ...
All goroutines finished!
```

無論執行多少次，都能保證 "All goroutines finished!" 這一句在最後一行輸出。這說明，Wait() 方法會等所有 goroutine 都結束後自己才返回。

7.5.6 競爭狀態檢測器

7.5.1 節中已經簡單介紹了競爭狀態。在實戰開發中，儘管會盡可能仔細，但是還會出現併發錯誤。Go 語言提供了一個精緻且易用的競爭狀態分析工具──競爭狀態檢測器。

使用競爭狀態檢測器的方法很簡單：把 "-race" 命令列參數加到 "go build, go run, go test" 命令中即可。形式如下：

```
$ go run -race main.go
```

該方法是在程式執行時期進行檢測。它會讓編譯器為應用或測試建構一個修訂後的版本。

競爭狀態檢測器會檢測事件流，找到那些有問題的程式。在使用一個 goroutine 將資料寫入一個變數時，如果在過程中沒有任何同步的操作，這時有另一個 goroutine 也對該變數進行寫入操作，則這時就存在對共用變數的併發存取──資料競爭狀態。競爭狀態檢測器會檢測出所有正在執行的資料競爭狀態。

提示

競爭狀態檢測器只能檢測到那些在執行時期發生的競爭狀態，無法用來保證肯定不會發生競爭狀態。

模擬非法競爭狀態存取資料的範例程式如下。

程式 chapter7/race.go　模擬非法競爭狀態存取資料的範例

```
package main

import "fmt"

func main() {
    c := make(chan bool)
    m := make(map[string]string)
    go func() {
        m["a"] = "one"     // 第1個衝突存取
        c <- true
    }()
    m["b"] = "two"         // 第2個衝突存取
    <-c
    for k, v := range m {
        fmt.Println(k, v)
    }
}
```

如果透過 "go run race.go" 命令正常執行以上這段程式，則不會有任何顯示出錯。但以上程式實際上存在競爭狀態的問題，執行 "go run -race race.

go" 命令則會顯示出錯，如圖 7-10 所示。

```
Terminal
shirdon:chapter7 mac$ go run -race race.go
==================
WARNING: DATA RACE
Write at 0x00c00011c180 by goroutine 7:
  runtime.mapassign_faststr()
      /usr/local/go/src/runtime/map_faststr.go:202 +0x0
  main.main.func1()
      /Users/mac/go/src/gitee.com/shirdonl/goWebActualCombat/chapter7/race.go:17 +0x5d

Previous write at 0x00c00011c180 by main goroutine:
  runtime.mapassign_faststr()
      /usr/local/go/src/runtime/map_faststr.go:202 +0x0
  main.main()
      /Users/mac/go/src/gitee.com/shirdonl/goWebActualCombat/chapter7/race.go:20 +0xcb

Goroutine 7 (running) created at:
  main.main()
      /Users/mac/go/src/gitee.com/shirdonl/goWebActualCombat/chapter7/race.go:16 +0x9c
==================
b two
a one
Found 1 data race(s)
exit status 66
```

圖 7-10

透過以上輸出可以發現，上面的程式存在一個資料的競爭狀態。建議：①在開發環境中應多執行 race 命令進行競爭狀態檢測；②在專案達到一定階段後，也可以執行 race 命令進行競爭狀態檢測。

7.6 用 Go 開發併發的 Web 應用

7.6.1【實戰】開發一個自動增加整數生成器

在 Python 和 PHP 中，使用 yield 關鍵字來讓一個函數成為生成器。在 Go 語言中，則可以使用通道來創建生成器。

下面是一個創建自動增加整數生成器的範例：直到主線在通道索要資料，才增加資料到通道。

程式 chapter7/generator.go　創建自動增加整數生成器的範例

```
package main

import "fmt"

//生成自動增加的整數
func IntegerGenerator() chan int{
    var ch chan int = make(chan int)

    // 開啟 goroutine
    go func() {
        for i := 0; ; i++ {
            ch <- i  // 直到通道索要資料才把i增加進通道
        }
    }()

    return ch
}

func main() {

    generator := IntegerGenerator()

    for i:=0; i < 100; i++ {  //生成100個自動增加的整數
        fmt.Println(<-generator)
    }
}
```

7.6.2【實戰】開發一個併發的訊息發送器

在高流量的 Web 應用中，訊息資料往往比較大。這時應該將訊息部署成為一個獨立的服務，訊息服務只負責返回某個使用者的新的訊息提醒。開發一個併發的訊息發送器的範例如下。

程式 chapter7/notification.go　開發一個併發的訊息發送器的範例

```
package main
```

```
import "fmt"

func SendNotification(user string) chan string {

    //此處省略查詢資料庫獲取新訊息
    //宣告一個通道來保存訊息
    notifications := make(chan string, 500)

    // 開啟一個通道
    go func() {
        // 將訊息放入通道
        notifications <- fmt.Sprintf("Hi %s, welcome to our site!", user)
    }()

    return notifications
}

func main() {
    barry := SendNotification("barry")          // 獲取barry的訊息
    shirdon := SendNotification("shirdon")   // 獲取shirdon的訊息

    // 將獲取的訊息返回
    fmt.Println(<-barry)
    fmt.Println(<-shirdon)
}
```

7.6.3【實戰】開發一個多路複合計算機

上面的例子使用一個通道作為返回值。其實可以把多個通道的資料合併到一個通道中，不過這樣的話，需要按順序輸出返回值（先進先出）。如下，假設要計算很複雜的運算 $1 + x$，可以分為 3 路計算，最後統一在一個通道中取出結果。

程式 chapter7/multi-channel-recombination.go　多路複合計算機的範例

```
package main

import (
```

```
    "fmt"
    "math/rand"
    "time"
)
//這個函數可以用來處理比較耗時的事情，比如計算
func doCompute(x int) int {
    time.Sleep(time.Duration(rand.Intn(10)) * time.Millisecond)//模擬計算
    return 1 + x // 假如1 + x是一個很費時的計算
}

// 每個分支開出1個goroutine來做計算，並把計算結果發送到各自通道中
func branch(x int) chan int{
    ch := make(chan int)
    go func() {
        ch <- doCompute(x)
    }()
    return ch
}

func Recombination(chs... chan int) chan int {
    ch := make(chan int)

    for _, c := range chs {
        // 注意此處要明確傳值
        go func(c chan int) {ch <- <- c}(c) // 複合
    }

    return ch
}

func main() {
    //返回複合後的結果
    result := Recombination(branch(10), branch(20), branch(30))

    for i := 0; i < 3; i++ {
        fmt.Println(<-result)
    }
}
```

7.6.4【實戰】用 select 關鍵字創建多通道監聽器

可以用 select 關鍵字來監測各個通道的資料流程動情況。

以下的程式是用 select 關鍵字創建多通道監聽器：先開啟一個 goroutine，然後用 select 關鍵字來監視各個通道資料輸出並收集資料到通道。

程式 chapter7/channel-listener.go　用select關鍵字創建多通道監聽器

```
package main

import "fmt"

func foo(i int) chan int {
    ch := make(chan int)
    go func() { ch <- i }()
    return ch
}

func main() {
    ch1, ch2, ch3 := foo(3), foo(6), foo(9)

    ch := make(chan int)

    // 開啟1個goroutine監視各個通道資料輸出，並收集資料到通道ch中
    go func() {
        for {
            // 監視通道ch1、ch2、ch3的輸出，並其全部輸入通道ch中
            select {
            case v1 := <-ch1:
                ch <- v1
            case v2 := <-ch2:
                ch <- v2
            case v3 := <-ch3:
                ch <- v3
            }
        }
    }()
```

```
    // 阻塞主線，取出通道ch中的資料
    for i := 0; i < 3; i++ {
        fmt.Println(<-ch)
    }
}
```

有了 select，把在多路複合程式檔案 chapter7/multi-channel-recombination.go 中的 Recombination() 函數再最佳化一下，這樣就不用開多個 goroutine 來接收資料了。程式如下：

```
func Recombination(branches ... chan int) chan int {
    ch := make(chan int)

    //select會嘗試著依次取出各個通道中的資料
    go func() {
        for i := 0; i < len(branches); i++ {
            select {
            case v1 := <-branches[i]:
                ch <- v1
            }
        }
    }()

    return ch
}
```

在使用 select 時，有時需要做逾時處理。範例如下：

```
//timeout是一個計時通道，如果到時間了則會發一個訊號出來
timeout := time.After(1 * time.Second)
for isTimeout := false; !isTimeout; {
    select { // 監視通道ch1、ch2、ch3、timeout中的資料輸出
    case v1 := <-ch1:
        fmt.Printf("received %d from ch1", v1)
    case v2 := <-ch2:
        fmt.Printf("received %d from ch2", v2)
    case v3 := <-ch3:
        fmt.Printf("received %d from ch3", v3)
```

```
        case <-timeout:
            isTimeout = true // 逾時
        }
    }
```

7.6.5【實戰】用無緩衝通道阻塞主線

通道的很常用的應用，它使用無緩衝通道來阻塞主線，等待 goroutine 結束。這樣就不必再使用 timeout 來做逾時處理。用無緩衝通道來阻塞主線的範例如下。

程式 chapter7/channel-quit.go　用無緩衝通道來阻塞主線的範例

```go
package main

import (
    "fmt"
)

func main() {

    ch, quit := make(chan int), make(chan int)

    go func() {
        ch <- 8     // 增加資料
        quit <- 1   // 發送完成訊號
    }()

    for isQuit := false; !isQuit; {
        // 監視通道ch的資料輸出
        select {
        case v := <-ch:
            fmt.Printf("received %d from ch", v)
        case <-quit:
            isQuit = true // 通道quit有輸出，關閉for迴圈
        }
    }
}
```

7.6.6【實戰】用篩法求質數

用篩法求質數的基本思想是：把從 1 開始的、某個範圍內的正整數從小到大順序排列；1 不是質數，首先把它篩掉；在剩下的數中最小的數是質數，去掉它的倍數；依次類推，直到篩子為空時結束。如有以下整數：

1 2 3 4 5 6 7 8 9 10

11 12 13 14 15 16 17 18 19 20

21 22 23 24 25 26 27 28 29 30

1 不是質數，去掉。在剩下的數中 2 最小，是質數，需要去掉 2 的倍數。剩餘的數是：

3 5 7 9 11 13 15 17 19 21 23 25 27 29

在剩下的數中，3 最小，是質數，需要去掉 3 的倍數。如此下去直到所有的數都被篩完。最終求出的質數如下：

2 3 5 7 11 13 17 19 23 29

用 Go 語言通道來實現篩法求質數的範例如下。

程式 chapter7/channel-filter.go　用Go語言通道來實現篩法求質數的範例

```
package main

import "fmt"

//生成自動增加的整數
func IntegerGenerator() chan int {
    var ch chan int = make(chan int)

    go func() {       // 開出1個goroutine
        for i := 2; ; i++ {
            ch <- i  // 直到通道索要資料，才把i增加進通道
        }
    }()

    return ch
}
```

```
func Filter(in chan int, number int) chan int {
    // 輸入一個整數佇列，篩出是number的倍數的數
    // 將不是number的倍數的數放入輸出佇列中
    out := make(chan int)

    go func() {
        for {
            i := <-in // 從輸入中取1個數

            if i%number != 0 {
                out <- i // 將數放入輸出通道
            }
        }
    }()

    return out
}

func main() {
    const max = 100                     // 找出100以內的所有質數
    numbers := IntegerGenerator()    // 初始化一個整數生成器
    number := <-numbers            // 從生成器中抓取一個整數(2)，作為初始化整數

    for number <= max {            // 用number作為篩子，當篩子超過max時結束篩選
        fmt.Println(number)                   // 列印質數（篩子是一個質數）
        numbers = Filter(numbers, number)  // 篩掉number的倍數
        number = <-numbers                    // 更新篩子
    }
}
```

7.6.7【實戰】創建亂數產生器

通道可以用作生成器，也可以用作亂數產生器。用 Go 開發一個隨機 0/1 生成器的範例如下。

程式 chapter7/rand-generator.go　用Go開發一個隨機0/1生成器的範例

```
package main

import "fmt"
```

```
func randGenerator() chan int {
    ch := make(chan int)

    go func() {
        for {
            //select會嘗試執行各個case，如果都可以執行則隨機選其中一個執行
            select {
            case ch <- 0:
            case ch <- 1:
            }
        }
    }()

    return ch
}

func main() {
    //初始化一個隨機生成器
    generator := randGenerator()

    //測試，列印10個隨機數0和1
    for i := 0; i < 10; i++ {
        fmt.Println(<-generator)
    }
}
```

7.6.8【實戰】創建一個計時器

利用通道和 time 套件製作一個計時器的範例如下。

程式 chapter7/timer.go　利用通道和time套件製作一個計時器

```
package main

import (
    "fmt"
    "time"
)
```

```
func Timer(duration time.Duration) chan bool {
    ch := make(chan bool)

    go func() {
        time.Sleep(duration)
        // 到時間啦
        ch <- true
    }()

    return ch
}

func main() {
    // 定時5s
    timeout := Timer(5 * time.Second)

    for {
        select {
        case <-timeout:
            // 到5s了，退出
            fmt.Println("already 5s!")
            //結束程式
            return
        }
    }
}
```

7.6.9【實戰】開發一個併發的 Web 爬蟲

一般來說，設計一個簡單爬蟲的想法如下。

（1）明確目標：要知道在哪個範圍或網站去搜索。

（2）爬：將所有的網站內容全部爬下來。

（3）取：去掉沒用的資料。

（4）處理資料：按照想要的方式儲存和使用。

下面透過實戰開發一個併發的 Web 爬蟲，來加深對併發爬蟲的瞭解。

1. 分析目標網站的規律

我們的目標是爬取 GitHub 中 Go 語言的熱門專案的頁面資料。進入 GitHub 首頁，搜索關鍵字 go，會得到連結位址，然後分析 URL 位址規律，根據 URL 位址規律進行爬蟲的編寫。

（1）進入 GitHub 首頁，搜索關鍵字 go，得到的 URL 如下：

https://github.com/search?q=go&type=Repositories&p=1

（2）點擊「下一頁」連結，得到的位址如下：

https://github.com/search?p=2&q=go&type=Repositories

透過比較分析，可以看到，GitHub 的分頁參數是 p。所以，透過改變參數 p 可以快速獲取其他頁面的資料，進而實現一個簡單且快速的爬取。

2. 編寫爬蟲程式

（1）編寫一個函數來獲取某個 URL 頁面的內容，這裡定義一個名為 Get() 的函數。其程式如下：

```
func Get(url string) (result string, err error) {
    resp, err1 := http.Get(url)
    if err != nil {
        err = err1
        return
    }
    defer resp.Body.Close()
    // 讀取網頁的body內容
    buf := make([]byte, 4*1024)
    for true {
        n, err := resp.Body.Read(buf)
        if err != nil {
            if err == io.EOF {
                fmt.Println("檔案讀取完畢")
                break
            } else {
                fmt.Println("resp.Body.Read err = ", err)
                break
            }
```

```
        }
        result += string(buf[:n])
    }
    return
}
```

（2）定義一個名為 SpiderPage() 的函數來迴圈不同的頁面，並將獲取的每個頁面的內容分別保存到對應的檔案中。函數如下：

```
func SpiderPage(i int, page chan<- int) {
    url := "https://github.com/search?q=go&type=Repositories&p=1" +
strconv.Itoa((i-1)*50)
    fmt.Printf("正在爬取第%d個網頁\n", i)
    //爬，將所有的網頁內容爬取下來
    result, err := Get(url)
    if err != nil {
        fmt.Println("http.Get err = ", err)
        return
    }
    //把內容寫入檔案
    filename := "page"+strconv.Itoa(i) + ".html"
    f, err1 := os.Create(filename)
    if err1 != nil {
        fmt.Println("os.Create err = ", err1)
        return
    }
    / /寫入內容
    f.WriteString(result)
    //關閉檔案
    f.Close()
    page <- i
}
```

（3）使用 go 關鍵字讓其每個頁面都單獨執行一個 goroutine。單獨定義一個名為 Run() 的函數。該函數有兩個參數，可以設定開始頁數和結束頁數。函數如下：

```
func Run(start, end int) {
    fmt.Printf("正在爬取第%d頁到%d頁\n", start, end)
```

```
    //因為很有可能爬蟲還沒有結束下面的迴圈就已經結束了，所以這裡就需要將資料
傳入通道
    page := make(chan int)
    for i := start; i <= end; i++ {
        //將page阻塞
        go SpiderPage(i, page)
    }
    for i := start; i <= end; i++ {
        fmt.Printf("第%d個頁面爬取完成\n", <-page) //這裡直接將面碼傳給點位
符，值直接從管道裡取出
    }
}
```

（4）透過 main() 函數執行整個專案。main() 函數的程式如下：

```
func main() {
    var start, end int
    fmt.Printf("請輸入起始頁數字>=1：> ")
    fmt.Scan(&start)
    fmt.Printf("請輸入結束頁數字：> ")
    fmt.Scan(&end)
    Run(start, end)
}
```

完整程式見本書配套資源中的 "chapter7/crawer.go"。

在檔案所在目錄下，透過命令列啟動服務。如果正常執行，則可以爬取對應的 GitHub 頁面，並將檔案保存在目前的目錄下。

7.7 小結

本章透過「併發與平行」、「處理程序、執行緒和程式碼協同」、「Go 併發模型簡介」、「用 goroutine 和通道實現併發」、「用 sync 套件實現併發」、「用 Go 開發併發的 Web 應用」6 節的講解，系統地介紹了 Go 語言併發開發的各種方法和技巧。

第 8 章將進一步介紹 Go RESTful API 介面開發的方法和技巧。

Chapter

08

Go RESTful API 介面開發

人們讚美流星，是因為它燃燒著走完自己的全部路程。 ──淩光

人的天職在勇於探索真理。 ──哥白尼

8.1 什麼是 RESTful API

REST（Representational State Transfer）是 Roy Fielding 在 2000 年創造的術語。它是一種透過 HTTP 設計鬆散耦合應用程式的架構風格，通常用於 Web 服務的開發。

> **提示**
>
> REST 沒有強制執行任何有關「如何在較低等級實現它」的規則，它只是列出了設計指南，讓開發者自己考慮具體的實現。

在 REST 中，主要資料被稱為資源（Resource）。從長遠來看，擁有一個強大而一致的 REST 資源命名策略將是最佳的設計決策之一。

下面我們簡單介紹一些基於 REST 的資源命名規範。

1. 資源概述

（1）資源可以是單例或集合。

資源可以是單例或集合。舉例來說，一般來說，"users" 表示一個集合資源，"user" 表示一個單例資源。用 URI "/users" 來辨識 "users" 集合資源。用 URI "/users /{userId}" 辨識單一「使用者」資源。

（2）資源也可以包含子集合資源。

資源也可以包含子集合資源。舉例來說，在線上購物業務域中，可以使用 URN "/users /{userId} /accounts" 來辨識特定「使用者」的子收集資源「帳戶」。同理，子集合資源「帳戶」內的單一資源「帳戶」可以被標識為 "/users /{userId} /accounts /{accountId}"。

（3）REST API 使用統一資源識別項（URI）來定位資源。

REST API 設計者應該創建 URI，將 REST API 的資源模型傳達給潛在的用戶端開發人員。如果資源命名良好，則 API 直觀且易用。如果命名不好，則相同的 API 會難以使用和瞭解。

2. 使用名詞表示資源

RESTful URI 應該引用作為事物（名詞）的資源，而非引用動作（動詞），因為名詞具有動詞不具有的屬性——類似於具有屬性的資源。資源可以是系統的使用者、使用者帳戶、網路裝置等。它們的資源 URI 可以設計為如下：

```
http://api.sample.com/resource/managed-resources
http://api.sample.com/resource/managed-resources/{resource-id}
http://api.sample.com/user/users/
http://api.sample.com/user/users/{id}
```

為了更清楚，我們將資源原型劃分為四個類別（文件、集合、儲存和控制器）。

(1)文件。

文件資源是一種類似於「物件實例」或「資料庫記錄」的單一概念。在 REST 中，開發者可以將其視為資源集合中的單一資源。文件的狀態表示通常包括「具有值的欄位」和「指向其他相關資源的連結」。使用「單數」(名詞後不加 s)名稱表示文件資源原型：

```
http://api.sample.com/resource/managed-resources/{resource-id}
http://api.sample.com/user/users/{id}
http://api.sample.com/user/users/admin
```

(2)集合。

集合資源是伺服器管理的資原始目錄。使用者可以建議將新資源增加到集合中。但是，要由集合來選擇是否創建新資源。集合資源選擇它想要包含的內容，並決定每個包含的資源的 URI。使用「複數」(名詞後加 s)名稱表示集合資源原型：

```
http://api.sample.com/resource/managed-resources
http://api.sample.com/user/users
http://api.sample.com/user/users/{id}/accounts
```

(3)儲存。

儲存是用戶端管理的資源庫。儲存資源允許 API 用戶端放入資源，並決定何時刪除它們。儲存永遠不會生成新的 URI。相反，每個儲存的資源都有一個在用戶端最初放入儲存時選擇的 URI。使用「複數」(名詞後加 s)名稱表示儲存資源原型：

```
http://api.sample.com/cart/users/{id}/carts
http://api.sample.com/song/users/{id}/playlists
```

(4)控制器。

控制器資源和可執行函數類似，帶有參數和返回值、輸入和輸出。使用「動詞」表示控制器原型：

```
http://api.sample.com/cart/users/{id}/cart/checkout
http://api.sample.com/song/users/{id}/playlist/play
```

3. 保持一致性

使用一致的資源命名約定和URI格式，可以保持資源命名的最小化、資源的最大可讀性和可維護性。開發者可以透過以下設計來實現一致性。

（1）使用正斜線（/）展現層次關係。

正斜線（/）字元用於 URI 的路徑部分，以指示資源之間的層次關係。例如：

```
http://api.sample.com/resource
http://api.sample.com/resource/managed-resources
http://api.sample.com/resource/managed-resources/{id}
http://api.sample.com/resource/managed-resources/{id}/scripts
http://api.sample.com/resource/managed-resources/{id}/scripts/{id}
```

（2）不要在 URI 中使用尾部正斜線（/）。

作為 URI 路徑中的最後一個字元，正斜線（/）不會增加語義值，並可能導致混淆。最好完全放棄它們。範例如下：

```
http://api.sample.com/resource/managed-resources   //不會增加語義值，並可能
導致混淆
http://api.sample.com/resource/managed-resources   //這個版本更好
```

（3）使用連字元號（-）來提高 URI 的可讀性。

要使開發者的 URI 易於掃描和解釋，請使用連字元號（-）字元來提高長路徑段中名稱的可讀性。

```
http://api.sample.com/inventory/managed-entities/{id}/product-cup-big
   //更可讀
http://api.sample.com/inventory/managedEntities/{id}/productCupBig
   //不推薦
```

（4）不要使用底線（_）。

可以使用底線代替連字元號作為分隔符號（-）。但是在某些字型中，底線（_）字元不能被完全顯示。為避免這種混淆，請使用連字元號（-），而非底線（_）：

```
http://api.sample.com/inventory/managed-entities/{id}/product-cup
//不容易出錯
http://api.sample.com/inventory/managed_entities/{id}/product_cup
//容易出錯
```

（5）在 URI 中使用小寫字母。

方便的話，URI 路徑中應始終首選小寫字母。RFC 3986 將 URI 定義為區分大小寫，但方案和主機元件除外。例如：

```
http://api.sample.org/my-docs/doc1          //1.正確形式
http://api.sample.ORG/my-docs/doc1          //2.URI小寫，正確形式
http://api.sample.org/My-Docs/doc1          //3.錯誤形式
```

在上面的例子中，第 1 行和第 2 行的 URI 都是小寫，但第 3 行不是，因為第 3 行使用的是字首大寫的 My-Docs。

（6）不要使用檔案副檔名。

檔案副檔名看起來很糟糕，不會增加任何優勢。刪除它們可以減少 URI 的長度，沒理由保留它們。除上述原因外，如果想使用檔案擴充來突出顯示 API 的媒體類型，則開發者可以透過 Content-Type 標頭中的媒體類型來確定如何處理正文的內容。

```
http://api.sample.com/resource/managed-resources.json //不要使用檔案副檔名
http://api.sample.com/resource/managed-resources      //這是正確的URL類型
```

4. 切勿在 URI 中使用 CRUD 函數的名稱

URI 用於唯一標識資源，不應該將其應用於指示執行 CRUD 功能。應使用 HTTP 請求方法來指示執行具體的 CRUD 功能。

```
HTTP GET http://api.sample.com/resource/managed-resources  //獲取所有資源
HTTP POST http://api.sample.com/resource/managed-resources  //創建新資源
HTTP GET http://api.sample.com/resource/managed-resources/{id}
//根據指定ID獲取資源
HTTP PUT http://api.sample.com/resource/managed-resources/{id}
//根據指定ID更新資源
HTTP DELETE http://api.sample.com/resource/managed-resources/{id}
//根據指定ID刪除資源
```

5. 使用查詢參數過濾 URI 集合

某些時候需要根據屬性對資源進行排序、過濾或限制。為此，請不要創建新的 API，而是在資源集合 API 中啟用排序、過濾和分頁功能，並將輸入的參數作為查詢的參數進行傳遞。例如：

```
http://api.sample.com/resource/managed-resources
http://api.sample.com/resource/managed-resources?region=CN
http://api.sample.com/resource/managed-resources?region=CN&brand=XYZ
http://api.sample.com/resource/managed-resources?region=CN&brand=XYZ&sort
=installation-date
```

REST 資源命名規範僅是一個參考。在實際開發中，並不一定要按照以上的規則進行設計，讀者可以根據自身的具體情況進行設計，畢竟適合自身實際的規範才是最好的規範。

8.2 Go 流行 Web 框架的使用

本節將介紹當前流行的 Gin 和 Beego 框架的一些使用方法和技巧，以提升讀者實際開發的效率。

8.2.1 為什麼要用框架

軟體系統隨著業務的發展會變得越來越複雜，不同領域的業務所涉及的知識、內容、問題非常多。如果每次都從頭開發，則將是一個漫長的過程，且並不一定能做好。而且，在團隊協作開發時，如果沒有統一的標準，則重複的功能可能會到處都是。由於沒有統一呼叫規範，我們往往很難看懂其他人寫的程式，在出現 Bug 或延伸開發維護時無從下手。

一個成熟的框架，提供了範本化的程式。框架會幫開發者實現了很多基礎性的功能，開發者只需要專心實現所需要的業務邏輯即可。很多底層功能功能，也可以不用做太多的考慮，因為框架已幫開發者實現了。這樣整個團隊的開發效率可以顯著提升。另外，對於團隊成員的變動，也不用太過擔心，框架的程式規範讓開發者能輕鬆看懂其他開發者所寫的程式。

> **提示**
> 程式設計有一個準則——Don't Repeat Yourself（不要重複你的程式）。這個準則的核心概念是：如果有一些出現重複的程式，則應該把這些程式提取出來封裝成一個方法。
> 隨著時間的累積，有了一批方法，可以把它們整合成工具類。如果工具類形成了規模，則可以把它們整合成類別庫。類別庫更系統，功能更全。不僅不要自己重複造專案中已有的「輪子」，也不要造別人已經造好的「輪子」，直接使用已有的「輪子」即可。

框架也是一樣的，是為了讓開發者不必總是寫相同程式而誕生的，是為了讓開發者專注於業務邏輯而誕生的。框架把開發者程式設計中不變的部分取出來形成一個函數庫，讓開發者專注於與業務有關的程式。

8.2.2 Gin 框架的使用

Gin 是 Go 語言最流行的羽量級 Web 框架之一。其因為生態豐富、簡潔強大，在很多公司都被廣泛應用。本節介紹 Gin 框架的實現原理和使用方法。

1. Gin 框架簡介

Gin 是一個用 Go 語言編寫的 Web 框架。Gin 框架擁有很好的性能，其借助高性能的 HttpRouter 包，執行速度獲得了極大提升。目前的 Gin 框架是 1.x 版本。

2. Gin 框架安裝與第一個 Gin 範例

（1）安裝。

下載並安裝 Gin：

```
$ go get -u github.com/gin-gonic/gin
```

（2）第一個 Gin 範例。

安裝完成後，讓我們開啟 Gin 之旅。

程式 chapter8/gin/gin-hello.go　第一個Gin範例

```
package main

import (
    "github.com/gin-gonic/gin"
)

func main() {
    // 創建一個預設的路由引擎
    r := gin.Default()
    // GET：請求方式；/hello：請求的路徑
    // 當用戶端以GET方法請求/hello路徑時，會執行後面的匿名函數
    r.GET("/hello", func(c *gin.Context) {
        // c.JSON：返回JSON格式的資料
        c.JSON(200, gin.H{
            "message": "Hello world!",
        })
    })
    // 啟動HTTP服務，預設在0.0.0.0:8080啟動服務
    r.Run()
}
```

執行以上程式，然後使用瀏覽器打開 "127.0.0.1:8080/hello" 即可看到一串 JSON 字串。

3. Gin 路由和控制器

路由是指：一個 HTTP 請求找到對應的處理器函數的過程。處理器函數主要負責執行 HTTP 請求和回應任務。以下程式中的 goLogin() 函數就是 Gin 的處理器函數：

```
r := gin.Default()
r.POST("/user/login", goLogin)
// 處理器函數
func goLogin(c *gin.Context) {
```

```
    name := c.PostForm("name")
    password := c.PostForm("password")
    // 透過請求上下文物件Context，直接給用戶端返回一個字串
    c.String(200, "username=%s,password=%s", name,password)
}
```

（1）路由規則。

一筆路由規則由 HTTP 請求方法、URL 路徑、處理器函數這 3 部分組成。

① HTTP 請求方法。

常用的 HTTP 請求方法有 GET、POST、PUT、DELETE 這 4 種。關於 HTTP 請求方法，在第 2 章中詳細講解過，這裡不再贅述。

② URL 路徑。

Gin 框架的 URL 路徑有以下 3 種寫法。

1）靜態 URL 路徑，即不帶任何參數的 URL 路徑。形如：

```
/users/shirdon
/user/1
/article/6
```

2）帶路徑參數的 URL 路徑，URL 路徑中帶有參數，參數由英文冒號 ":" 跟著 1 個字串定義。形如：

```
定義參數:id
```

以上形式可以匹配 /user/1、/article/6 這類的 URL 路徑。

3）帶星號（*）模糊匹配參數的 URL 路徑。

星號（*）代表匹配任意路徑的意思。必須在 * 號後面指定一個參數名稱，之後可以透過這個參數獲取 * 號匹配的內容。例如 "/user/*path" 可以透過 path 參數獲取 * 號匹配的內容，例如 /user/1、/user/shirdon/comment/1 等。

③ 處理器函數。

Gin 框架的處理器函數的定義如下：

```
func HandlerFunc(c *gin.Context)
```

處理器函數接受 1 個上下文參數。可以透過上下文參數獲取 HTTP 的請求參數，返回 HTTP 請求的回應。

(2) 分組路由。

在做 API 開發時，如果要支援多個 API 版本，則可以透過分組路由來處理 API 版本。Gin 的分組路由範例如下：

```
func main() {
    router := gin.Default()

    // 創建v1組
    v1 := router.Group("/v1")
    {
        v1.POST("/login", login)
    }
    // 創建v2組
    v2 := router.Group("/v2")
    {
        v2.POST("/login", login)
    }
    router.Run(":8080")
}
```

上面的例子將註冊下面的路由資訊：

```
/v1/login
/v2/login
```

4. Gin 處理請求參數

(1) 獲取 GET 請求參數。

Gin 獲取 GET 請求參數的常用方法如下：

```
func (c *Context) Query(key string) string
func (c *Context) DefaultQuery(key, defaultValue string) string
func (c *Context) GetQuery(key string) (string, bool)
```

（2）獲取 POST 請求參數。

Gin 獲取 POST 請求參數的常用方法如下：

```
func (c *Context) PostForm(key string) string
func (c *Context) DefaultPostForm(key, defaultValue string) string
func (c *Context) GetPostForm(key string) (string, bool)
```

其使用方法範例如下：

```
func Handler(c *gin.Context) {
    //獲取name參數，透過PostForm獲取的參數值是String類型
    name := c.PostForm("name")

    // 跟PostForm的區別是：可以透過第2個參數設定參數預設值
    name := c.DefaultPostForm("name", "shirdon")

    //獲取id參數，透過GetPostForm獲取的參數值也是String類型
    id, ok := c.GetPostForm("id")
    if !ok {
        // ...參數不存在
    }
}
```

（3）獲取 URL 路徑參數。

Gin 獲取 URL 路徑參數是指，獲取 /user/:id 這類路由綁定的參數。/user/:id 綁定了 1 個參數 id。獲取 URL 路徑參數的函數如下：

```
func (c *Context) Param(key string) string
```

其使用範例如下：

```
r := gin.Default()
    r.GET("/user/:id", func(c *gin.Context) {
    // 獲取URL參數id
    id := c.Param("id")
})
```

（4）將請求參數綁定到結構。

前面獲取參數的方式都是一個一個進行參數的讀取，比較麻煩。Gin 支持

將請求參數自動綁定到一個結構物件，這種方式支援 GET/POST 請求，也支援 HTTP 請求本體中內容為 JSON 或 XML 格式的參數。下面例子是將請求參數綁定到 User 結構：

```
// 定義User 結構
type User struct {
    Phone  string `json:"phone" form:"phone"`
    Age string `json:"age" form:"age"`
}
```

在上面程式中，透過定義結構欄位的標籤，來定義請求參數和結構欄位的關係。下面對 User 結構的 Phone 欄位的標籤說明，見表 8-1。

表 8-1

標　籤	說　明
json:"phone"	資料為 JSON 格式，並且 json 欄位名為 phone
form:"phone"	表單參數名為 phone

在實際開發中，可以根據自己的需要選擇支援的資料類型。下面看一下控制器程式如何使用 User 結構：

```
r.POST("/user/:id", func(c *gin.Context) {
    u := User{}
    if c.ShouldBind(&u) == nil {
        log.Println(u.Phone)
        log.Println(u.Age)
    }
    // 返回1個字串
    c.String(200, "Success")
})
```

5. Gin 生成 HTTP 請求回應

接下來探究一下如何在 Gin 中生成 HTTP 請求回應。Gin 支援以字串、JSON、XML、檔案等格式生成 HTTP 請求回應。gin.Context 上下文物件支持多種返回處理結果。下面分別介紹不同的回應方式。

（1）以字串方式生成 HTTP 請求回應。

透過 String() 方法生成字串方式的 HTTP 請求回應。String() 方法的定義如下：

```
func (c *Context) String(code int, format string, values ...interface{})
```

該方法的使用範例如下：

```
func Handler(c *gin.Context)  {
    c.String(200, "加油！")
    c.String(200,"hello%s, 歡迎%s", "一起學！Go","Le’ s Go!")
}
```

（2）以 JSON 格式生成 HTTP 請求回應。

在實際開發 API 介面時，常用的格式就是 JSON。以 JSON 格式生成 HTTP 請求回應的範例如下：

```
// 定義User結構
type User struct {
    Name  string `json:"name"`
    Email string `json:"email"`
}
// Handler 控制器
func(c *gin.Context) {
    //初始化user物件
    u := &User{
        Name:  "Shirdon",
        Email: "shirdonliao@gmail.com",
    }
    //返回結果：{"name":"Shirdon", "email":"shirdonliao@gmail.com"}
    c.JSON(200, u)
}
```

（3）以 XML 格式生成 HTTP 請求回應。

定義一個 User 結構，預設結構的名字就是 XML 的根節點名字。以 XML 格式生成 HTTP 請求回應的範例如下：

```
type User struct {
    Name  string `xml:"name"`
```

```
    Email string `xml:"email"`
}
// Handler 控制器
func(c *gin.Context) {
    //初始化user物件
    u := &User{
        Name:  "Shirdon",
        Email: "shirdonliao@gmail.com",
    }
    //返回結果：
    //<?xml version="1.0" encoding="UTF-8"?>
    //<User><name>Shirdon</name><email>shirdonliao@gmail.com</email></User>
    c.XML(200, u)
}
```

（4）以檔案格式生成 HTTP 請求回應。

接下來介紹 Gin 如何直接返回一個檔案，這可以用來做檔案下載。透過 File() 方法直接返回本地檔案，參數為本地檔案位址。其範例如下：

```
func(c *gin.Context) {
    //透過File()方法直接返回本地檔案，參數為本地檔案位址
    c.File("/var/www/gin/test.jpg")
}
```

（5）設定 HTTP 回應標頭。

Gin 中提供了 Header() 方法來設定 HTTP 回應標頭。預設採用 key/value 方式，支援設定多個 Header。其使用範例如下：

```
func(c *gin.Context) {
    c.Header("Content-Type", "text/html; charset=utf-8")
    c.Header("site","shirdon")
}
```

6. Gin 繪製 HTML 範本

Gin 預設使用 Go 語言內建的 html/template 套件處理 HTML 範本，這在第 2 章已經做了詳細的介紹，這裡不再贅述。

7. Gin 處理靜態檔案

在 Gin 中，如果專案中包含 JS、CSS、JPG 之類的靜態檔案，如何存取這些靜態檔案呢？下面例子介紹如何存取靜態檔案：

```
func main() {
    router := gin.Default()
    router.Static("/assets", "/var/www/gin/assets")
    router.StaticFile("/favicon.ico", "./static/favicon.ico")

    // 啟動服務
    router.Run(":8080")
}
```

8. Gin 處理 cookie

第 3 章介紹過，在 Go 語言 net/HTTP 封包中內建了 cookie 處理機制。Gin 主要透過上下文物件提供的 SetCookie() 和 Cookie() 兩個方法操作 cookie，這兩個函數都是對 Go 語言 net/HTTP 封包中 http.SetCookie() 方法的重新封裝而已，其實質是一樣的。

（1）設定 cookie。

Gin 使用 SetCookie() 方法設定 cookie。SetCookie() 方法的定義如下：

```
func (c *Context) SetCookie(name, value string, maxAge int, path, domain
string, secure, httpOnly bool)
```

SetCookie() 方法的使用範例如下：

```
router := gin.Default()
router.GET("/cookie", func(c *gin.Context) {
    // 設定cookie
    c.SetCookie("my_cookie", "cookievalue", 3600, "/", "localhost",
false, true)
})
```

（2）讀取 cookie。

Gin 使用 Cookie() 方法讀取 cookie。使用範例如下：

```
func Handler(c *gin.Context) {
    // 根據cookie名字讀取cookie值
    data, err := c.Cookie("my_cookie")
    if err != nil {
        // 直接返回cookie值
        c.String(200,data)
        return
    }
    c.String(200,"not found!")
}
```

（3）刪除 cookie。

透過將 SetCookie() 方法的 MaxAge 參數設定為 -1，以達到刪除 cookie 的目的。範例如下：

```
func Handler(c *gin.Context) {
    // 設定cookie，將MaxAge設定為-1表示刪除cookie
    c.SetCookie("my_cookie", "cookievalue", -1, "/", "localhost", false,
true)
    c.String(200,"刪除cookie範例")
}
```

9. Gin 檔案上傳

Gin 使用 SaveUploadedFile() 方法實現檔案上傳。其使用範例程式如下。

程式 chapter8/gin/gin-fileupload.go　用SaveUploadedFile()方法實現檔案上傳

```
package main

import (
    "fmt"
    "github.com/gin-gonic/gin"
    "log"
    "net/http"
)

func main() {
    router := gin.Default()
    // 設定檔案上傳大小限制，預設是32MB
```

```
    router.MaxMultipartMemory = 64 << 20 // 64 MB

    router.POST("/upload", func(c *gin.Context) {
        // file是表單欄位名字
        file, _ := c.FormFile("file")
        // 列印上傳的檔案名稱
        log.Println(file.Filename)

        // 將上傳的檔案保存到./data/shirdon.jpg 檔案中
        c.SaveUploadedFile(file, "./data/shirdon.jpg")

        c.String(http.StatusOK, fmt.Sprintf("'%s' uploaded!", file.
Filename))
    })
    router.Run(":8086")
}
```

上傳檔案的 HTML 程式如下。

程式 chapter8/gin/upload.html　上傳檔案的HTML程式

```
<!doctype html>
<html lang="en">
<head>
    <meta charset="utf-8">
    <title>Gin 上傳檔案範例</title>
</head>
<body>
<h1>上傳檔案範例</h1>
<form action="http://127.0.0.1:8086/upload" method="post" enctype=
"multipart/form-data">
    檔案: <input type="file" name="file"><br><br>
    <input type="submit" value="上傳">
</form>
</body>
</html>
```

10.Gin 中介軟體

在 Gin 中，中介軟體（Middleware）是指可以攔截 HTTP 請求 - 回應生命週期的特殊函數。在請求 - 回應生命週期中可以註冊多個中介軟體。每個中介軟體執行不同的功能，一個中介軟體執行完，才輪到下一個中介軟體執行。中介軟體的常見應用場景如下：

- 請求限速；
- API 介面簽名處理；
- 許可權驗證；
- 統一錯誤處理。

如果想攔截所有請求，則可以開發一個中介軟體函數來實現。Gin 支持設定全域中介軟體和針對路由分組的中介軟體。在設定全域中介軟體後，會攔截所有請求。透過分組路由設定的中介軟體，僅對這個分組下的路由起作用。

（1）使用中介軟體。

在 Gin 中，用 Use() 方法來使用中介軟體。範例如下：

```
func main() {
    r := gin.New()
    // 透過Use()方法設定全域中介軟體
    // 設定日誌中介軟體，主要用於列印請求日誌
    r.Use(gin.Logger())
    // 設定Recovery中介軟體，主要用於攔截panic錯誤，不至於導致程式「崩掉」
    r.Use(gin.Recovery())
    // ...
}
```

（2）自訂中介軟體。

下面透過一個例子介紹如何自訂一個中介軟體：

```
package main

// 匯入gin套件
import (
    "github.com/gin-gonic/gin"
    "log"
    "time"
```

```
)

// 自訂一個日誌中介軟體
func Logger() gin.HandlerFunc {
    return func(c *gin.Context) {
        t := time.Now()
        // 可以透過上下文物件，設定一些依附在上下文物件裡面的鍵/值資料
        c.Set("example", "hi!這是一個中介軟體資料")
        // 在這裡處理請求到達處理器函數之前的邏輯

        // 呼叫下一個中介軟體，或處理器的處理函數，具體得看註冊了多少個中介軟體
        c.Next()

        // 在這裡可以處理返給用戶端之前的響應邏輯
        latency := time.Since(t)
        log.Print(latency)

        // 舉例來說，查詢請求狀態碼
        status := c.Writer.Status()
        log.Println(status)
    }
}

func main() {
    r := gin.New()
    // 註冊上面自訂的日誌中介軟體
    r.Use(Logger())

    r.GET("/hi", func(c *gin.Context) {
        // 在查詢之前在日誌中介軟體中注入的鍵值資料
        example := c.MustGet("example").(string)

        // 列印
        log.Println(example)
    })

    // 啟動伺服器端：0.0.0.0:8080
    r.Run(":8080")
}
```

11.Gin 處理 session

在 Gin 中，可以依賴 "github.com/gin-contrib/sessions" 套件中的中介軟體處理 session。"github.com/gin-contrib/sessions" 套件中的中介軟體支持 cookie、MemStore、Redis、Memcached、MongoDB 等儲存引擎。

下面介紹 session 的常見用法。

（1）安裝 "github.com/gin-contrib/sessions" 套件：

```
$ go get github.com/gin-contrib/sessions
```

（2）"github.com/gin-contrib/sessions" 套件中 session 的用法範例如下：

```
package main

import (
    // 匯入"github.com/gin-contrib/sessions"套件
    "github.com/gin-contrib/sessions"
    // 匯入session儲存引擎
    "github.com/gin-contrib/sessions/cookie"
    // 匯入gin框架套件
    "github.com/gin-gonic/gin"
)

func main() {
    r := gin.Default()
    // 創建基於cookie的儲存引擎，password123456參數是用於加密的金鑰
    store := cookie.NewStore([]byte("password123456"))
    // 設定session中介軟體，參數my_session指的是session的名字，也是cookie
的名字
    // store是前面創建的儲存引擎，可以將其替換成其他儲存引擎
    r.Use(sessions.Sessions("my_session", store))

    r.GET("/hello", func(c *gin.Context) {
        // 初始化session物件
        session := sessions.Default(c)

        // 透過session.Get()函數讀取session值
        // session是鍵值對格式資料，因此需要透過key查詢資料
```

```
        if session.Get("hello") != "world" {
            // 設定session資料
            session.Set("hello", "world")
            // 刪除session資料
            session.Delete("shirdon")
            // 保存session資料
            session.Save()
            // 刪除整個session
            // session.Clear()
        }

        c.JSON(200, gin.H{"hello": session.Get("hello")})
    })
    r.Run(":8000")
}

func Handler(c *gin.Context) {
    // 根據cookie名字讀取cookie值
    data, err := c.Cookie("my_cookie")
    if err != nil {
        // 直接返回cookie值
        c.String(200, data)
        return
    }
    c.String(200, "not found!")
}
```

（3）基於 Redis 儲存引擎的 session。

如果想將 session 資料保存到 Redis 中，則只要將 session 的儲存引擎改成 Redis 即可。下面是使用 Redis 作為儲存引擎的例子。

① 安裝 Gin 的 Redis 儲存引擎套件：

```
$ go get github.com/gin-contrib/sessions/redis
```

② 基於 Redis 儲存引擎的 session 的範例如下：

```
package main

import (
```

```
    "github.com/gin-contrib/sessions"
    "github.com/gin-contrib/sessions/redis"
    "github.com/gin-gonic/gin"
)

func main() {
    r := gin.Default()
    // 初始化基於Redis的儲存引擎
    store, _ := redis.NewStore(10, "tcp", "localhost:6379", "",
[]byte("passord"))
    r.Use(sessions.Sessions("mysession", store))

    r.GET("/incr", func(c *gin.Context) {
        session := sessions.Default(c)
        var count int
        v := session.Get("count")
        if v == nil {
            count = 0
        } else {
            count = v.(int)
            count++
        }
        session.Set("count", count)
        session.Save()
        c.JSON(200, gin.H{"count": count})
    })
    r.Run(":8000")
}
```

8.2.3 Beego 框架的使用

1. Beego 框架概述

Beego 是用 Go 語言開發的高效的 HTTP 框架，可以用來快速開發 API、Web 應用及後端服務等各種應用。Beego 是一個 RESTful 的框架，主要設計靈感來自 Tornado、Sinatra 和 Flask 這 3 個框架。它還結合了 Go 語言自身的一些特性（介面、結構嵌入等）。

（1）Beego 架構簡介。

Beego 是基於多個獨立模組建構的，是一個高度解耦的框架。最初在設計 Beego 時就考慮到了功能模組化，使用者即使不適用 Beego 的 HTTP 邏輯，也可以獨立使用這些模組（例如可以使用 cache 模組來處理快取邏輯，使用日誌模組來記錄操作資訊，使用 config 模組來解析各種格式的檔案）。

Beego 各模組的功能及使用方法會在接下來逐一介紹。

（2）Beego 的執行邏輯。

既然 Beego 是基於模組建構的，那麼它的執行邏輯是怎麼樣的呢？ Beego 是一個典型的 MVC 框架，其執行邏輯如圖 8-1 所示。

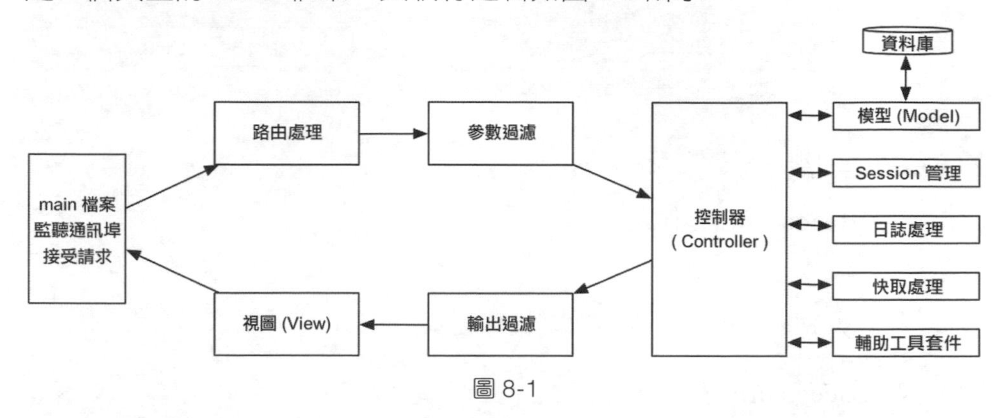

圖 8-1

執行邏輯可以拆分為以下幾段：

① main 檔案監聽啟動通訊埠接收請求。

② 請求經過路由和參數過濾功能被轉發給綁定 URL 的控制器處理。

③ 控制器（Controller）呼叫 Model、Session 管理、日誌處理、快取處理模組，以及輔助工具套件進行對應的業務處理。其中，模型（Model）透過 ORM 直接操作資料庫。

④ 業務處理完成，返回回應或視圖（View）給請求方。

（3）Beego 專案基本結構如下所示。在實際的專案中，可能有增減或改動。

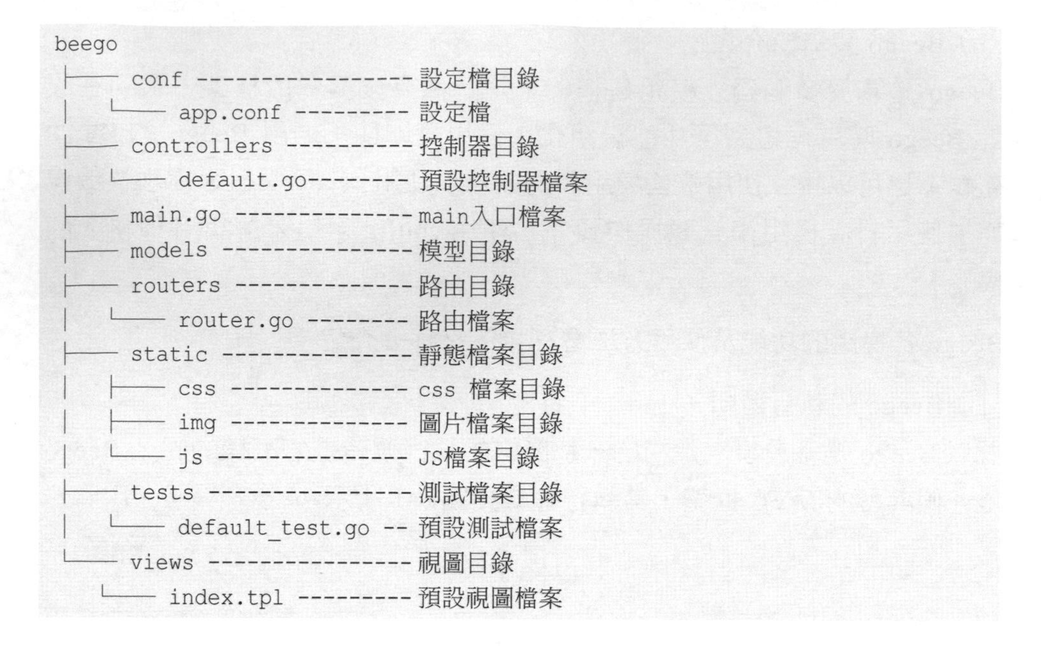

```
beego
 ├── conf ----------------- 設定檔目錄
 │   └── app.conf --------- 設定檔
 ├── controllers ----------- 控制器目錄
 │   └── default.go-------- 預設控制器檔案
 ├── main.go -------------- main入口檔案
 ├── models --------------- 模型目錄
 ├── routers -------------- 路由目錄
 │   └── router.go -------- 路由檔案
 ├── static --------------- 靜態檔案目錄
 │   ├── css -------------- css 檔案目錄
 │   ├── img -------------- 圖片檔案目錄
 │   └── js --------------- JS檔案目錄
 ├── tests ---------------- 測試檔案目錄
 │   └── default_test.go -- 預設測試檔案
 └── views ---------------- 視圖目錄
     └── index.tpl --------- 預設視圖檔案
```

2. Beego 安裝

（1）安裝 Beego 核心套件。

方法如下：

```
$ go get github.com/astaxie/beego
```

（2）安裝 Beego orm 套件。

Beego 的 orm 套件用於操作資料庫，它是一個獨立的模組，需要單獨安裝。最新開發版把 orm 套件移動到了 client 目錄下面，所以安裝使用以下命令：

```
$ go get github.com/astaxie/beego/client/orm
```

之前的穩定版本安裝使用以下命令：

```
$ go get github.com/astaxie/beego/orm
```

如果以上穩定版本命令無法下載 orm 套件，則使用 "go get github.com/astaxie/beego/client/orm" 命令下載安裝。

> 🔍 提示
>
> 必須安裝 MySQL 驅動程式，orm 套件才能工作。安裝方法如下：
>
> ```
> $ go get github.com/go-sql-driver/mysql
> ```

（3）安裝 bee 工具套件。

bee 工具套件是 beego 開發的輔助工具，用於快速創建專案、執行專案及打包專案。安裝方法如下：

```
$ go get github.com/beego/bee
```

3. 創建並執行 Beego 第 1 個專案

（1）使用 bee 創建專案。

安裝好 bee 工具套件後，直接選擇一個目錄，打開命令列終端輸入：

```
$ bee new beego
```

命令列終端會返回以下資訊，如果最後是 "New application successfully created!"，則代表專案創建成功：

```
2020/11/30 14:11:58 INFO     0001 Getting bee latest version...
2020/11/30 14:12:00 WARN     0002 Update available 2.0.0 ==> 1.12.3
2020/11/30 14:12:00 WARN     0003 Run `bee update` to update
2020/11/30 14:12:00 INFO     0004 Your bee are up to date
2020/11/30 14:12:00 INFO     0005 generate new project support go modules.
2020/11/30 14:12:00 INFO     0006 Creating application...
    ...//此處日誌較長，省略輸出值
2020/11/30 14:12:00 SUCCESS    0007 New application successfully created!
```

（2）執行專案。

在專案創建成功後，會生成一個名為 "beego" 的專案目錄，可以透過 bee 工具執行專案。進入剛才創建好的專案根目錄下，執行 "bee run" 命令：

```
$ cd ./beego
$ bee run
```

如果執行成功，則命令列終端會輸出如下：

```
 ______
| ___ \
| |_/ /  ___   ___
| ___ \ / _ \ / _ \
| |_/ /|  __/|  __/
\____/  \___| \___| v2.0.0
2020/11/30 14:33:21 INFO      0001 Using 'beego' as 'appname'
2020/11/30 14:33:21 INFO      0002 Initializing watcher...
2020/11/30 14:33:23 SUCCESS   0003 Built Successfully!
2020/11/30 14:33:23 INFO      0004 Restarting 'beego'...
2020/11/30 14:33:23 SUCCESS   0005 './beego' is running...
2020/11/30 14:33:23.629 [W]  init global config instance failed. If you
donot use this, just ignore it.  open config/app.conf: no such file or
directory
2020/11/30 14:33:23.977 [I] [parser.go:413]  generate router from comments
2020/11/30 14:33:23.978 [I] [server.go:241]  http server Running on
http://:8080
```

透過瀏覽器造訪 http://localhost:8080，可以看到 "Welcome to Beego" 頁面，如圖 8-2 所示。

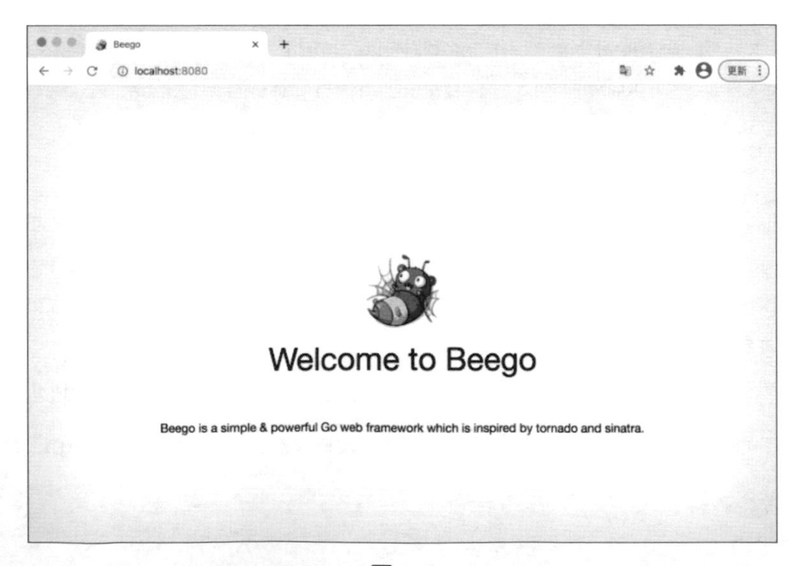

圖 8-2

4. Beego 參數設定

（1）Beego 預設參數。

在預設情況下，conf/app.conf 就是預設的設定檔。該檔案的內容形式如下：

```
#應用名稱
appname = beego
#HTTP 伺服器通訊埠
httpport = 8080
#執行模式，常用的執行模式有dev、test、prod
runmode = dev
```

（2）Beego 自訂參數。

也可以自訂參數設定，然後透過 beego.AppConfig 物件的方法讀取設定。舉例來說，在 app.conf 增加下面自訂設定：

```
# 下面是關於MySQL資料庫的設定參數
mysql_user = "root"
mysql_password = "123456"
mysql_host = "127.0.0.1:3306"
mysql_dbname = "beego"
```

下面是讀取設定的程式：

```
beego.AppConfig.String("mysql_user")
beego.AppConfig.String("mysql_password")
beego.AppConfig.String("mysql_host")
beego.AppConfig.String("mysql_dbname")
```

（3）不同執行等級的參數。

在 Beego 中，runmode 參數可以被設定為不同的執行等級，一般用來區分不用的執行環境，例如 dev、test 等。如果希望資料庫設定在不同環境中帳號密碼都不一樣，則可以使用以下設定方式：

```
# 設定執行等級
runmode ="dev"
[dev]
```

```
mysql_user = "root"
mysql_password = "123456"
mysql_host = "127.0.0.1:3306"
mysql_dbname = "beego"
[test]
mysql_user = "root"
mysql_password = "123456"
mysql_host = "25.95.251.68:3306"
mysql_dbname = "beego"
[prod]
mysql_user = "root"
mysql_password = "123456"
mysql_host = "162.18.66.1:3306"
mysql_dbname = "beego"
```

上面的例子，為 dev、test、prod 這 3 個環境設定了不同的資料庫參數。在透過 beego.App Config 讀取參數時，由 runmode 決定讀取哪個環境的參數。

（4）使用多個設定檔。

在實際專案中，一般都使用多個設定檔管理設定，多個設定檔也方便模組化管理設定。舉例來說，新建一個名為 mysql.conf 的設定檔，用來保存資料庫設定。該檔案的內容如下：

```
[dev]
mysql_user = "root"
mysql_password = "123456"
mysql_host = "127.0.0.1:3306"
mysql_dbname = "beego"
```

在 conf/app.conf 主設定檔中，透過 "include" 命令將 MySQL 設定檔包含進去：

```
AppName = beego
HttpPort = 8080
runmode = dev
# 包含MySQL設定檔
include "mysql.conf"
```

這種透過 "include" 命令包含其他設定檔的方式，跟把所有設定都寫在一個設定檔的效果是一樣的。區別就是：在使用多個設定檔時，各個模組的設定更加清晰。

> **提示**
> 無論是使用 "include" 命令包含設定檔，還是直接將所有設定都寫在一個設定檔，讀取設定的方式是一樣的。

5. Beego 控制器

(1) 路由設定。

Beego 提供兩種設定處理器函數的路由設定的方式。

① 直接綁定處理器函數。

直接綁定處理器函數，就是直接將一個 URL 路由和一個函數綁定起來。範例如下：

```
// 將URL和一個匿名函數綁定起來，這個URL的GET請求由這個匿名函數處理
beego.Get("/",func(ctx *context.Context){
    ctx.Output.Body([]byte("hi beego"))
})
// 定義一個處理器函數
func Index(ctx *context.Context){
    ctx.Output.Body([]byte("歡迎存取 beego"))
}
// 將URL /index路由和Index()函數綁定起來，由Index()函數處理這個URL的POST請求
beego.Post("/index", Index)
```

下面是 Beego 支援的常用基礎函數：

```
beego.Get(router, beego.FilterFunc)
beego.Post(router, beego.FilterFunc)
beego.Any(router, beego.FilterFunc)
```

其中 beego.Any() 函數用於處理任意 HTTP 請求，可以根據不同的 HTTP 請求方法選擇用不同的函數設定路由。

② 綁定一個控制器物件。

Beego 預設支持 RESTful 風格。RESTful 路由使用 beego.Router() 函數設定。範例如下：

```
//  "/"的所有HTTP請求方法都由MainController控制器的對應函數處理
beego.Router("/", &controllers.MainController{})
// "/user"的所有HTTP請求方法都由UserController控制器的對應函數處理
// 例如: GET /user請求由Get()函數處理，POST /user 請求由Post()函數處理
beego.Router("/user", &controllers.UserController{})
```

③ URL 路由方式。

上面介紹了設定處理器函數的方式設定路由，下面介紹 Beego 支援的 URL 路由方式。

1）固定路由。

前面介紹的 URL 路由例子都屬於固定路由方式。固定路由是指 URL 規則是固定的 URL。範例如下：

```
beego.Router("/user", &controllers.UserController{})
```

2）正則路由。

正則路由比較靈活。一個正則路由代表的是一序列的 URL。正則路由更像是一種 URL 範本。URL 正則路由範例如下：

```
/user/:id
    /user/:id([0-9]+)
/user/:username([\w]+)
    /list_:cat([0-9]+)_:page([0-9]+).html
    /api/*
```

在 Controller 物件中，可以透過下面的方式獲取 URL 路由匹配的參數：

```
this.Ctx.Input.Param(":id")
```

3）自動路由。

自動路由是指，透過反射獲取控制器的名字和控制器實現的所有函數名稱，自動生成 URL 路由。使用自動路由，需要用 beego.AutoRouter() 函

數註冊控制器。範例如下：

```
beego.AutoRouter(&controllers.UserController{})
```

然後可以透過以下形式存取路由：

```
/user/login    //呼叫 UserController 中的Login()方法
```

除字首兩個 "/:Controller/:Method" 形式的匹配外，對於剩下的 URL，Beego 會自動將它們解析為參數保存在 this.Ctx.Input.Params 中。

4）路由命名空間。

路由命名空間（namespace），一般用來做 API 介面開發版本處理。範例如下：

```
// 創建版本2的命名空間
ns2 := beego.NewNamespace("/v2",
    beego.NSNamespace("/user",
        // URL路由: /v2/user/info
        beego.NSRouter("/info", &controllers.User2Controller{}),
    ),
)
//註冊 namespace
beego.AddNamespace(ns2)
```

透過 NewNamespace() 函數可以創建多個命名空間，NSNamespace() 函數可以無限巢狀結構命名空間。從上面的例子可以看出來，命名空間的作用其實就是定義 URL 路由的字首。如果一個命名空間定義 URL 路由為 "/user"，則這個命名空間下面定義的所有路由的字首都是以 "/user" 開頭的。

下面是命名空間支援的常用路由設定函數：

```
NewNamespace(prefix string, funcs …interface{})
NSNamespace(prefix string, funcs …interface{})
NSPost(rootpath string, f FilterFunc)
```

這些路由設定函數的參數，跟前面的路由設定函數類似，區別是：命名空間的函數名稱前面多了 NS 字首。

（2）控制器函數。

控制器函數是指處理使用者請求的函數。Beego 框架支持 beego.FilterFunc() 函數和控制器函數兩種處理使用者請求的函數。

① beego.FilterFunc() 函數。

beego.FilterFunc() 是最簡單的請求處理函數，其定義如下：

```
type FilterFunc func(*context.Context)
```

即只要定義一個函數，並且接收一個 Context 參數，則這個函數就可以作為處理使用者請求的函數。範例如下：

```
func DoLogin(ctx *context.Context) {
    // 省去處理請求的邏輯
    // 透過Context 獲取請求參數，返回請求結果
}
```

有了處理函數，就可以將處理函數跟一個 URL 路由綁定起來。範例如下：

```
beego.Get("/user/login", DoLogin)
```

② 控制器函數。

控制器函數是 Beego 的 RESTful API 的實現方式。在 Beego 的設計中，控制器就是一個巢狀結構了 beego.Controller 的結構物件。範例如下：

```
// 定義一個新的控制器
type UserController struct {
    // 巢狀結構beego基礎控制器
    beego.Controller
}
```

在第 1 章介紹過，結構巢狀結構類似於其他高階語言中的「繼承」特性。巢狀結構了 beego.Controller 控制器，就擁有了 beego.Controller 定義的屬性和方法。

（3）獲取請求參數。

基礎控制器 beego.Controller，提供了多種讀取請求參數的函數。

下面分別介紹各種獲取參數的場景。

① 預設獲取參數方式。

基礎控制器 beego.Controller 提供了形如 "GetXXX()" 的一系列函數來獲取參數，其中 "XXX" 是指返回不同的資料類型，比如 GetInt() 等函數。範例如下：

```
// 處理GET請求
func (this *UserController) Get() {
    // 獲取參數，返回int類型
    id ,_:= this.GetInt("uid")

    // 獲取參數，返回string類型。如果參數不存在，則返回none作為預設值
    username := this.GetString("username", "none")

    // 獲取參數，返回float類型。如果參數不存在，則返回 0
    balance, _ := this.GetFloat("balance", 0)
}
```

下面是常用的獲取參數的函數定義：

```
GetString(key string, def ...string) string
GetInt(key string, def ...int) (int, error)
GetBool(key string, def ...bool) (bool, error)
```

預設情況下，使用者請求的參數都是字串類型。如果要轉換成其他類型，則有類型轉換失敗的可能性。因此除 GetString() 函數外，其他形如 "GetXXX" 的函數都返回兩個值：第 1 個值是需要獲取的參數值；第 2 個值是 error，表示是資料類型轉換是否失敗。

② 綁定結構方式。

針對 POST 請求的表單資料，Beego 支持直接將表單資料綁定到一個結構變數。範例如下：

```
// 定義一個結構用來保存表單資料
type UserForm struct {
    // 忽略掉Id欄位
    Id    int         `form:"-"`
    // 表單欄位名為name
    Name  string      `form:"name"`
    Phone string      `form:"phone"`
}
```

如果表單的欄位跟結構的欄位（小寫）名稱相同，則不需要設定 form 標籤。表單的 HTML 程式範例如下：

```
<form action="/user" method="POST">
    手機號：<input name="phone" type="text" /><br/>
    用戶名：<input name="name" type="text" />
<input type="submit" value="提交" />
</form>
```

表單對應的控制器函數程式範例如下：

```
func (this *UserController) Post() {
    // 定義保存表單資料的結構物件
    u := UserForm{}
    // 透過ParseForm()函數，將請求參數綁定到結構變數
    if err := this.ParseForm(&u); err != nil {
        //省去處理程式
    }
}
```

> **提示**
> 用 struct 綁定請求參數的方式，僅適用於 POST 請求。

③ 處理 JSON 請求參數。

一般在介面開發時，有時會將 JSON 請求參數保存在 HTTP 請求的請求本體中。這時就不能使用綁定結構方式獲取 JSON 資料，需要直接讀取請求本體的內容，然後格式化資料。

處理 JSON 參數的步驟如下：

- 在 app.conf 設定檔中增加一行：CopyRequestBody=true。
- 透過 this.Ctx.Input.RequestBody 敘述獲取 HTTP 請求中請求本體的內容。
- 透過 json.Unmarshal() 函數反序列化 JSON 字串，將 JSON 參數綁定到結構變數。

JSON 請求參數的範例如下：

首先，定義結構用於保存 JSON 資料：

```
type UserForm struct {
    // 忽略掉Id欄位
    Id    int         `json:"-"`
    // JSON欄位名為username
    Name  string      `json:"name"`
    Phone string      `json:"phone"`
}
```

然後，編寫控制器程式如下：

```
func (this *UserController) Post() {
    // 定義保存JSON資料的結構物件
    u := UserForm{}

    // 獲取請求本體內容
    body := this.Ctx.Input.RequestBody

    // 反序列JSON資料，將結果保存至u
    if err := json.Unmarshal(body, &u); err == nil {
        // 解析參數失敗
    }
}
```

提示

如果請求參數是 XML 格式，則 XML 的參數會被保存在請求本體中。

（4）回應請求。

在處理完使用者的請求後，通常會返回 HTML 程式，然後瀏覽器就可以顯示 HTML 內容。除返回 HTML 外，在 API 介面開發中，還可以返回 JSON、XML、JSONP 格式的資料。

下面分別介紹用 Beego 返回不同資料類型的處理方式。

> **提示**
>
> 如果使用 Beego 開發 API，則需要在 app.conf 中設定 AutoRender = false，以禁止自動繪製範本，否則 Beego 每次處理請求都會嘗試繪製範本，如果範本不存在則會顯示出錯。

① 返回 JSON 資料。

下面是返回 JSON 資料的例子：

```
type User struct {
    // - 表示忽略Id欄位
    Uid       int    `json:"-"`
    Username string `json:"username"`
    Phone    string `json:"phone"`
}

func (this *UserController) Get() {
    // 定義需要返給用戶端的資料
    user := User{1, "shirdon", "13888888888"}

    // 將需要返回的資料設定值給JSON欄位
    this.Data["json"] = &user

    // 將this.Data["json"]的資料序列化成JSON字串，然後返給用戶端
    this.ServeJSON()
}
```

> **提示**
>
> 請參考第 6 章 Go 處理 JSON 檔案的內容，了解詳細的 JSON 檔案的處理方式。

② 返回 XML 資料。

下面是返回的 XML 資料的處理方式，跟 JSON 類似。

```
type User struct {
    // - 表示忽略Id欄位
    Uid      int    `xml:"-"`
    Username string `xml:"name"`
    Phone    string `xml:"phone"`
}

func (this *UserController) Get() {
    // 定義需要返給用戶端的資料
    user := User{1, "shirdon", "13888888888"}

    // 將需要返回的資料設定值給XML欄位
    this.Data["xml"] = &user

    // 將this.Data["xml"]的資料序列化成XML字串，然後返給用戶端
    this.ServeXML()
}
```

提示

請參考第 6 章 Go 處理 XML 檔案的內容，了解詳細的 XML 檔案的處理方式。

③ 返回 JSONP 資料。

返回 JSONP 資料，與返回 JSON 資料方式類似。範例如下：

```
func (this *UserController) Get() {
    // 定義需要返給用戶端的資料
    user := User{1, "shirdon", "13888888888"}

    // 將需要返回的資料設定值給JSONP欄位
    this.Data["jsonp"] = &user

    // 將this.Data["jsonp"]的資料序列化成JSONP字串，然後返給用戶端
    this.ServeJSONP()
}
```

④ 返回 HTML 程式。

如果開發的是網頁，則通常需要返回 HTML 程式。在 Beego 專案中，HTML 視圖部分使用的是範本引擎技術繪製 HTML 程式，然後將結果返給瀏覽器。範例如下：

```
func (c *MainController) Get() {
    // 設定範本參數
    c.Data["name"] = "shirdon"
    c.Data["email"] = "shirdonliao@gmail.com"

    // 需要繪製的範本，Beego會繪製這個範本然後返回結果
    c.TplName = "index.html"
}
```

⑤ 增加回應標頭。

為 HTTP 請求增加 Header 的範例如下：

```
// 透過this.Ctx.Output.Header設定回應標頭
this.Ctx.Output.Header("Cache-Control", "no-cache, no-store, must-
revalidate")
```

6. Beego 模型

在 Beego 中，模型預設使用 Beego ORM 對進行資料庫相關操作。在 4.4.3 節中已經詳細介紹過，這裡不再贅述。

7. Beego 範本

Beego 的視圖（View）範本引擎是基於 Go 原生的範本庫（html/template）進行開發的，在第 2 章已經學習過。在這裡透過範例簡要地再複習一下。Beego 的範本預設支援 "tpl" 和 "html" 副檔名。

（1）範本基礎範例。

新建一個名為 index.html 的範本檔案，其程式如下。

程式 chapter8/beego/views/user/index.html　HTML範本檔案

```
<!DOCTYPE html>
<html lang="en">
<head>
    <meta charset="UTF-8">
    <title>Title</title></head>
<body>
<h1>使用者個人資訊:</h1>
<p>
    用戶名: {{.user.Username}} <br/>
    註冊時間: {{.user.Phone}}
</p>
</body>
</html>
```

下面看控制器如何繪製這個範本檔案。

```
// 處理GET請求
func (this *UserController) Get() {
    // 初始化範本繪製需要的資料
    user := &User{1, "shirdon", "13888888888"}

    this.Data["user"] = user

    // 設定要繪製的範本路徑，即views目錄下面的相對路徑
    // 如果不設定TplName，則Beego就按照"<控制器名字>/<方法名稱>.tpl"格式去尋
找範本檔案
    this.TplName = "user/index.html"

    // 如果關閉了自動繪製，則需要手動呼叫繪製函數。Beego預設是開啟自動繪製的
    this.Render()
}
```

提示

在 app.conf 設定檔中設定 AutoRender 參數為 true 或 false，表示是否開啟自動繪製。

（2）範本標籤衝突。

預設情況下，範本引擎使用 "{{ 範本運算式 }}" 作為範本標籤。假如前端開發使用的是 React、Angular 之類的框架，則會因為這些前端框架也使用 "{{ 範本運算式 }}" 作為範本標籤而造成衝突。可以透過修改 Go 範本引擎的預設標籤，來解決範本標籤衝突問題。範例如下：

```
// 修改Go的範本標籤
beego.TemplateLeft = "<<<"
beego.TemplateRight = ">>>"
```

修改後的範本運算式：

```
<<<.user.phone>>>
```

8. Beego 處理 session

Beego 內建的 session 模組，在 Beego 的設計中可以自由設定。目前 session 模組支援 Memory、cookie、File、MySQL、Redis 等常用的儲存引擎。

（1）session 基本設定。

在 app.conf 設定檔中加入以下設定，然後重新啟動 Beego 程式即可生效。

首先打開 session，這一步是必須的，否則 Beego 預設不會開啟 session：

```
sessionon = true
```

設定 session id 的名字，這個通常都是保存在用戶端 cookie 裡面：

```
sessionname = "beegosessionID"
```

設定 Session 的過期時間，預設 3600s：

```
sessiongcmaxlifetime = 3600
```

設定 session id 的過期時間，因為 session id 是保存在 cookie 中的：

```
SessionCookieLifeTime = 3600
```

（2）session 讀寫例子。

下面是在控制器函數中操作 session 的例子：

```
// 下面是一個簡單計數器的例子，透過session的count欄位累計存取量
func (this *MainController) Get() {
    // 讀取session資料
    v := this.GetSession("count")
    if v == nil {
        // 寫入session資料
        this.SetSession("count", int(1))
        this.Data["num"] = 0
    } else {
        this.SetSession("count", v.(int)+1)
        this.Data["num"] = v.(int)
    }
    this.TplName = "user/index.html"
}
在Beego的session套件中，資料的讀寫函數如下。
```

- SetSession(name string, value interface{})：設定 session 值；
- GetSession(name string) interface{}：讀取 session 值；
- DelSession(name string)：刪除指定的 session 值；
- SessionRegenerateID()：生成新的 session id；
- DestroySession()：銷毀 session。

（3）設定 session 的儲存引擎。

session 的儲存引擎預設是 Memory，即 session 資料預設保存在執行 Beego 程式的機器記憶體中。下面分別介紹常用 session 儲存引擎的設定方式。

① 將 session 資料保存到檔案中。

```
# 設定session，保存到檔案中
sessionprovider = "file"
# 設定session資料的保存目錄
sessionproviderconfig = "./data/session"
```

② 將 session 資料保存到 Redis 中。

安裝 Beego 的 Redis 驅動程式：

```
$ go get github.com/astaxie/beego/session/redis
```

透過 import 敘述匯入 Redis 驅動程式：

```
import _ "github.com/astaxie/beego/session/redis"
```

修改 conf/app.conf 設定如下：

```
# 設定session的儲存引擎
sessionprovider = "redis"
# Redis儲存引擎設定
# Redis設定格式: Redis位址,Redis連接池最大連接數,Redis密碼
# Redis連接池和Redis密碼設定，沒有保持為空
sessionproviderconfig = "127.0.0.1:6379,1000,123456"
```

9. Beego 專案部署

（1）專案打包。

之前介紹過 bee 工具，在專案根目錄執行下面命令即可完成專案打包：

```
$ bee pack
```

在打包完成後，在目前的目錄下會生成一個 ".gz" 尾碼的壓縮檔。

（2）獨立部署。

獨立部署是指直接將上面得到的壓縮檔上傳到伺服器，解壓縮後直接執行 Go 程式。

進入專案目錄下，打開命令列終端輸入以下命令即可：

```
$ nohup ./beepkg &
```

（3）Beego 熱更新。

熱更新是指，在不中斷服務的情況下完成程式升級。Beego 專案預設已經實現了熱更新。下面介紹 Beego 如何實現熱更新。

首先在 app.conf 設定檔中打開熱更新設定：

```
Graceful = true
```

假設目前舊版本的程式正在執行，處理程序 ID 是 2367。現在將新版本的 Beego 程式壓縮檔上傳到伺服器中，解壓縮，直接覆蓋老的檔案。

然後觸發 Beego 程式熱更新，具體命令如下：

```
kill -HUP 處理程序ID
```

上面這個命令的意思是給指定處理程序發送一個 HUB 訊號，Beego 程式在接收到這個訊號後就開始處理熱更新操作。如果舊版本的處理程序 ID 是 8689，則命令如下：

```
kill -HUP 8689
```

執行命令後就完成了熱更新操作。

8.3【實戰】用 Gin 框架開發 RESTful API

下面使用 Gin 框架來進行 RESTful API 的實戰開發。

8.3.1 路由設計

為了鞏固前面所學的 Gin 框架知識，這裡繼續採用 Gin 框架。Gin 框架的路由的用法和 HttpRouter 套件很類似，路由的程式設計如下：

```
router := gin.Default()
v2 := router.Group("/api/v2/user")
{
    v2.POST("/", createUser)//用POST方法創建新使用者
    v2.GET("/", fetchAllUser)// 用GET方法獲取所有使用者
    v2.GET("/:id", fetchUser)// 用GET方法獲取某一個使用者，形如：/api/v2/
user/1
    v2.PUT("/:id", updateUser)// 用PUT方法更新使用者，形如：/api/v2/user/1
```

```
    v2.DELETE("/:id", deleteUser)//用DELETE方法刪除使用者，形如：/api/v2/
user/1
}
```

8.3.2 資料表設計

創建一張表來記錄使用者的基本資訊，包括使用者 ID、手機號、用戶名、密碼。為了簡單明瞭，這裡只創建一張表。登入資料庫，創建一個名為 users 的表，其 SQL 敘述如下：

```
CREATE TABLE `users` (
  `id` int(10) unsigned NOT NULL AUTO_INCREMENT,
  `phone` varchar(255) DEFAULT NULL,
  `name` varchar(255) DEFAULT NULL,
  `password` varchar(255) DEFAULT NULL,
  PRIMARY KEY (`id`)
) ENGINE=InnoDB AUTO_INCREMENT=39 DEFAULT CHARSET=utf8;
```

8.3.3 模型程式編寫

下面根據 users 表創建對應的模型結構 User，以及回應返回的結構 UserRes。這裡單獨定義回應返回的結構 UserRes，目的是為了只返回某一些特定的欄位值。比如 User 結構預設會返回結構的全部欄位，包括 Password 欄位（這個是不能直接返給前端的）。為了簡潔，直接將兩個結構一起定義，程式如下：

```
type (
    //資料表的結構類別
    User struct {
        ID        uint    `json:"id"`
        Phone     string  `json:"phone"`
        Name      string  `json:"name"`
        Password string  `json:"password"`
    }
```

```
    //回應返回的結構
    UserRes struct {
        ID        uint    `json:"id"`
        Phone     string  `json:"phone"`
        Name      string  `json:"name"`
    }
)
```

8.3.4 邏輯程式編寫

下面根據定義的路由，分別編寫程式。

1. 用 POST 請求創建使用者

根據路由 v2.POST("/", createUser)，編寫一個名為 createUser() 的處理器函數來創建使用者。程式如下：

```
//創建新使用者
func createUser(c *gin.Context) {
    phone := c.PostForm("phone")  //獲取POST請求參數phone
    name := c.PostForm("name")    //獲取POST請求參數name
    user := User{
        Phone:    phone,
        Name:     name,
        //使用者密碼，這裡可以動態生成，為了展示固定一個數字
        Password: md5Password("666666"),
    }
    db.Save(&user)       //保存到資料庫
    c.JSON(
        http.StatusCreated,
        gin.H{
            "status":  http.StatusCreated,
            "message": "User created successfully!",
            "ID":      user.ID,
        })    //返回狀態到用戶端
}
```

2. 用 GET 請求獲取所有使用者

下面根據路由 v2.GET("/", fetchAllUser)，編寫一個名為 fetchAllUser() 的處理器函數來獲取所有的使用者。程式如下：

```
//獲取所有使用者
func fetchAllUser(c *gin.Context) {
    var user []User              //定義一個陣列去資料庫中接收資料
    var _userRes []UserRes       //定義一個響應陣列，用於返回資料到用戶端

    db.Find(&user)

    if len(user) <= 0 {
        c.JSON(
            http.StatusNotFound,
            gin.H{
                "status":  http.StatusNotFound,
                "message": "No user found!",
            })
        return
    }

    //迴圈遍歷，追加到回應陣列
    for _, item := range user {
        _userRes = append(_userRes,
            UserRes{
                ID:    item.ID,
                Phone: item.Phone,
                Name:  item.Name,
            })
    }
    c.JSON(http.StatusOK,
        gin.H{"status":
        http.StatusOK,
            "data": _userRes,
        })//返回狀態到用戶端
}
```

3. 用 GET 請求獲取某個使用者

下面根據路由 v2.GET("/:id", fetchUser)，編寫一個名為 fetchUser() 的處理器函數來獲取某個使用者。程式如下：

```
//獲取單一使用者
func fetchUser(c *gin.Context) {
    var user User //定義User結構
    ID := c.Param("id")   //獲取參數id

    db.First(&user, ID)

    if user.ID == 0 {     //如果使用者不存在，則返回回應
        c.JSON(http.StatusNotFound,
            gin.H{"status": http.StatusNotFound, "message": "No user
found!"})
        return
    }

    //返回回應結構
    res := UserRes{ID: user.ID, Phone: user.Phone, Name: user.Name}
    c.JSON(http.StatusOK, gin.H{"status": http.StatusOK, "data": res})
}
```

4. 用 PUT 請求更新某個使用者

下面根據路由 v2.PUT("/:id", updateUser)，編寫一個名為 updateUser() 的處理器函數來更新某個使用者。程式如下：

```
//更新使用者
func updateUser(c *gin.Context) {
    var user User    //定義User結構
    userID := c.Param("id")    //獲取參數id
    db.First(&user, userID)    //尋找資料庫

    if user.ID == 0 {
        c.JSON(http.StatusNotFound,
            gin.H{"status": http.StatusNotFound, "message": "No user
found!"})
        return
```

```
    }

    //更新對應的欄位值
    db.Model(&user).Update("phone", c.PostForm("phone"))
    db.Model(&user).Update("name", c.PostForm("name"))
    c.JSON(http.StatusOK,
        gin.H{"status": http.StatusOK, "message": "Updated User
successfully!"})
}
```

5. 用 DELETE 請求刪除某個使用者

下面根據路由 v2.DELETE("/:id", deleteUser)，編寫一個名為 deleteUser() 的處理器函數來刪除某個使用者。程式如下：

```
// 刪除使用者
func deleteUser(c *gin.Context) {
    var user User                    //定義User結構
    userID := c.Param("id")          //獲取參數id

    db.First(&user, userID)          //尋找資料庫

    if user.ID == 0 {                //如果資料庫不存在，則返回
        c.JSON(http.StatusNotFound,
            gin.H{"status": http.StatusNotFound, "message": "No user
found!"})
        return
    }

    //刪除使用者
    db.Delete(&user)
    c.JSON(http.StatusOK,
        gin.H{"status": http.StatusOK, "message": "User deleted
successfully!"})
}
```

完整程式見本書配套資源中的 "chapter8/restful/main.go"。

在檔案所在目錄下打開命令列終端，輸入執行命令：

```
$ go run main.go
```

在伺服器端啟動後，就可以模擬 RESTful API 請求了。瀏覽器返回的結果如圖 8-3 所示。

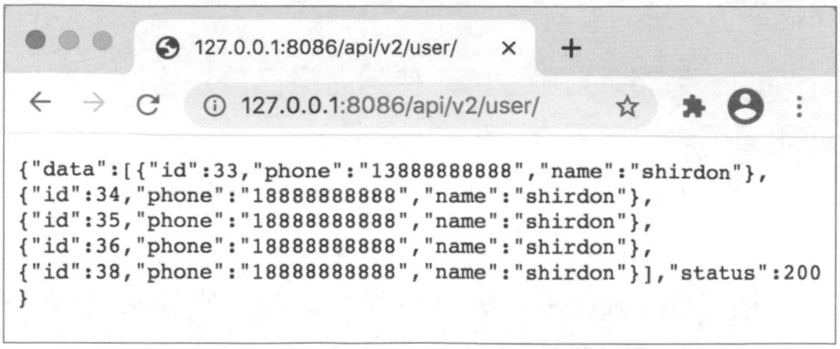

127.0.0.1:8086/api/v2/user/


```
{"data":[{"id":33,"phone":"13888888888","name":"shirdon"},
{"id":34,"phone":"18888888888","name":"shirdon"},
{"id":35,"phone":"18888888888","name":"shirdon"},
{"id":36,"phone":"18888888888","name":"shirdon"},
{"id":38,"phone":"18888888888","name":"shirdon"}],"status":200
}
```


圖 8-3

8.4【實戰】用 Go 開發 OAuth 2.0 介面

8.4.1 OAuth 2.0 簡介

1. 什麼是 OAuth 2.0

OAuth 是一個開放標準，該標準允許使用者讓第三方應用存取該使用者在某個網站上儲存的私密資源（如圖示、照片、視訊等），而在這個過程中，無須將用戶名和密碼提供給第三方應用。

OAuth 2.0 是 OAuth 協定的下一個版本，但不向下相容 OAuth 1.0。傳統的 Web 開發登入認證一般都是基於 session 的，但是在前後端分離的架構中繼續使用 session 就會有許多不便。因為，行動端（舉例來說，Android、iOS、微信小程式等）不是不支援 cookie（例如微信小程式），就是使用非常不便。對於這些問題，使用 OAuth 2.0 認證都能解決。

OAuth 2.0 簡單說就是一種授權機制。資料的所有者告訴系統，同意授權第三方應用進入系統獲取這些資料。系統從而產生一個短期的進入權杖（token），用來代替密碼，供第三方應用使用。更詳細的 OAuth 介紹，可進入 OAuth 官方網站查看。

2. OAuth 2.0 權杖與密碼

權杖（token）與密碼（password）的作用是一樣的，都可以進入系統，但是有 3 點差異。

- 權杖是短期的，到期會自動故障，使用者自己無法修改。密碼一般長期有效，使用者不修改就不會發生變化。
- 權杖可以被資料所有者取消，會立即故障。密碼一般不允許被他人取消。
- 權杖有許可權範圍（scope）。對網路服務來說，唯讀權杖就比讀寫權杖更安全。密碼一般是完整許可權。

上面的這些設計，保證了權杖既可以讓第三方應用獲得許可權，同時又隨時可控，不會危及系統安全。這就是 OAuth 2.0 的優點。

3. OAuth 2.0 四種模式

OAuth 2.0 協定一共支援 4 種不同的授權模式。

- 授權碼模式：常見的第三方平台登入功能基本都使用的是這種模式。
- 簡化模式：該模式是不需要用戶端伺服器參與，而是直接在瀏覽器中向授權伺服器申請權杖（token）。如果網站是純靜態頁面，則一般可以採用這種方式。
- 密碼模式：該模式是使用者把用戶名和密碼直接告訴用戶端，用戶端使用這些資訊向授權伺服器申請權杖（token）。這需要使用者對用戶端高度信任，例如用戶端應用和服務提供者是同一家公司，做前後端分離登入就可以採用這種模式。
- 用戶端模式：該模式是指用戶端使用自己的名義，而非使用者的名義，向服務提供者申請授權。嚴格來說，用戶端模式並不能算作 OAuth 協定的一種解決方案。

在實際開發中，在這 4 種模式中，一般採用授權碼模式比較安全，其次是密碼模式（不建議使用），其他兩種更不推薦。

8.4.2 用 Go 開發 OAuth 2.0 介面的範例

下面是用 Go 開發 OAuth 2.0 介面的範例。該範例使用 GitHub OAuth 2.0 進行身份驗證，並使用 Web 介面建構一個在本地通訊埠 8087 上執行的 Go 應用程式。本節範例採用的是 OAuth 2.0 授權碼模式。

OAuth 2.0 授權碼模式的連線流程如下：

（1）用戶端請求自己的伺服器端。

（2）伺服器端發現使用者沒有登入，則將其重新導向到認證伺服器。

（3）認證伺服器展示授權頁面，等待使用者授權。

（4）使用者點擊確認授權，授權頁面請求認證伺服器，獲取授權碼。

（5）用戶端獲取授權頁面返回的授權碼。

（6）用戶端將授權碼上報給伺服器端。

（7）伺服器端拿著授權碼去認證伺服器交換 token：伺服器端透過 access_token 去認證伺服器獲取使用者資料，如 openid、使用者暱稱、性別等資訊。

以上連線流程如圖 8-4 所示。

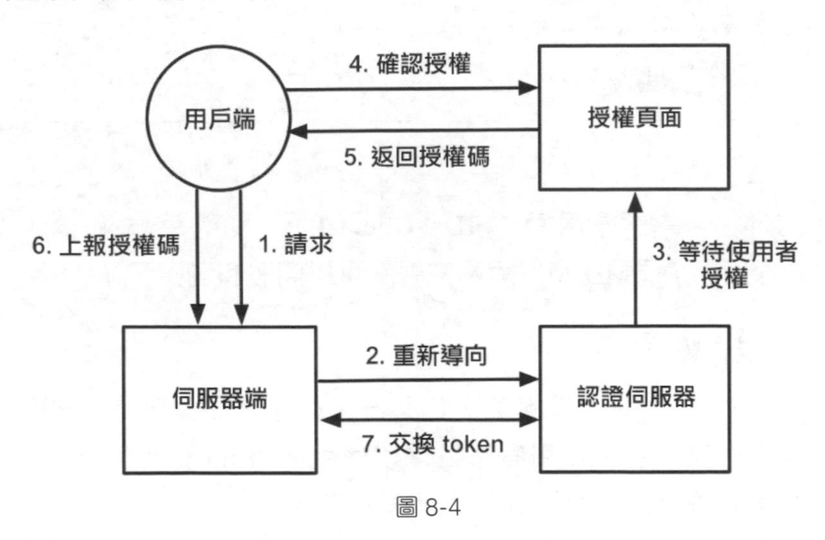

圖 8-4

1. GitHub OAuth 應用註冊

一個應用要實現 OAuth 授權登入，則需要先到對應的第三方網站進行登記，讓第三方知道是誰在請求。登入 GitHub 官網，造訪 https://github.com/settings/applications/new 頁面進行 OAuth 應用註冊，如圖 8-5 所示。

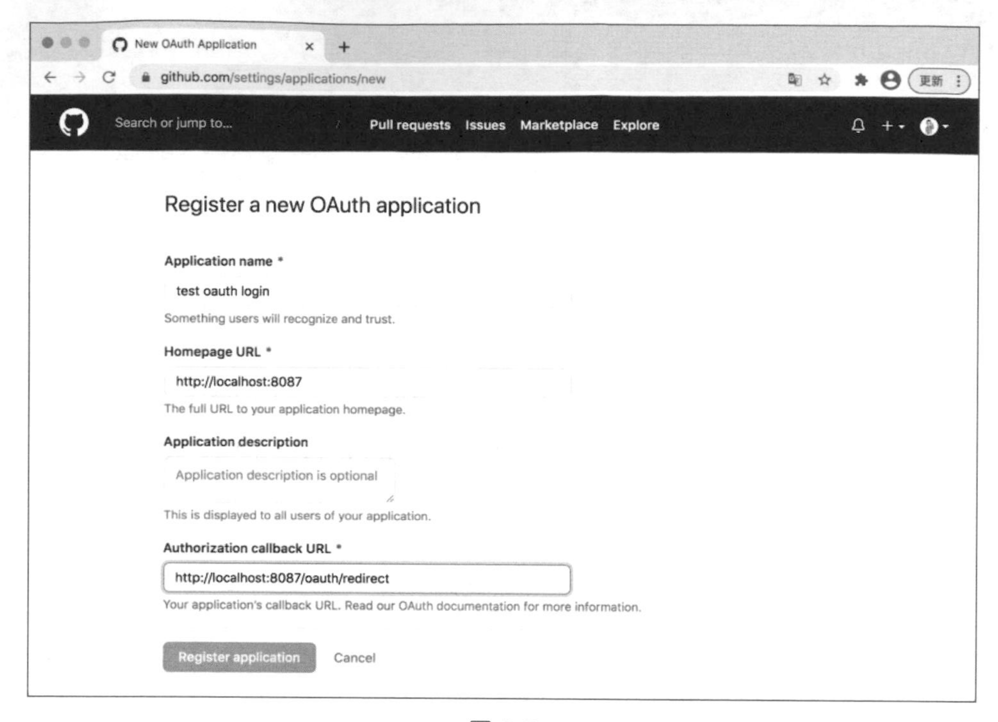

圖 8-5

註冊完成後，會獲得用戶端 ID（Client ID）和用戶端密碼（Client secrets）。利用用戶端 ID 和用戶端密碼就可以開發和測試了。

2. HTML 程式編寫

接下來開始創建應用程式的第一部分——登入頁面。這是一個簡單的 HTML 頁面，其中包含使用者應點擊以使用 GitHub 進行身份驗證的連結。GitHub 授權登入頁面的 HTML 程式如下。

程式 chapter8/oauth2.0/login.html　GitHub授權登入頁面的HTML程式

```
<!DOCTYPE HTML>
<html>
<body>
<a href="https://github.com/login/oauth/authorize?client_id=
0218d29d446601da5c02&redirect_uri=http://localhost:8087/oauth/redirect">
    Login by GitHub
</a>
</body>
</html>
```

以上 a 標籤裡的連結由 3 個關鍵部分組成。

- 第 1 部分，https//github.com/login/oauth/authorize 是 GitHub 的 OAuth 2.0 流程的 OAuth 閘道。所有 OAuth 提供商都有一個閘道 URL，必須將該網址發送給使用者才能繼續。
- 第 2 部分，client_id=0218d29d446601da5c02 是應用在登記後獲取的用戶端編號。
- 第 3 部分，redirect_uri=http://localhost:8087/oauth/redirect 是應用註冊登記時填寫的回呼位址。

然後還需要編寫一個歡迎頁面，用於將登入成功後的用戶名展示出來，其 HTML 程式如下。

程式 chapter8/oauth2.0/hello.html　GitHub授權登入成功後的歡迎頁面的HTML程式

```
<!DOCTYPE HTML>
<html lang="en">
<head>
    <meta charset="UTF-8">
    <meta name="viewport" content="width=device-width, INItial-scale=1.0">
    <meta http-equiv="X-UA-Compatible" content="ie=edge">
    <title>Hello</title>
</head>
<body>
</body>
<script>
    //獲取URL參數
```

```
    function getQueryVariable(variable) {
        var query = window.location.search.substring(1);
        var vars = query.split("&");
        for (var i = 0; i < vars.length; i++) {
            var pair = vars[i].split("=");
            if (pair[0] == variable) {
                return pair[1];
            }
        }
        return (false);
    }
    // 獲取access_token
    const token = getQueryVariable("access_token");
    // 呼叫使用者資訊介面
    fetch('https://api.github.com/user', {
        headers: {
            Authorization: 'token ' + token
        }
    })
    // 解析請求的JSON
    .then(res => res.json())
    .then(res => {
        // 返回使用者資訊
        const nameNode = document.createTextNode(`Hi, ${res.name},
Welcome to login our site by GitHub!`)
        document.body.appendChild(nameNode)
    })
</script>
</html>
```

3. Go 程式編寫

在 HTML 程式編寫好後，需要以服務的方式提供上面製作的 HTML 程式的 Go 檔案。

（1）編寫兩個處理器來解析 HTML 範本：

```
http.HandleFunc("/login", login)
http.HandleFunc("/hello", hello)
```

在登入頁面中點擊 "Login by GitHub" 連結後，將被重新導向到 OAuth 頁面以向 GitHub 提交授權申請，如圖 8-6 所示。

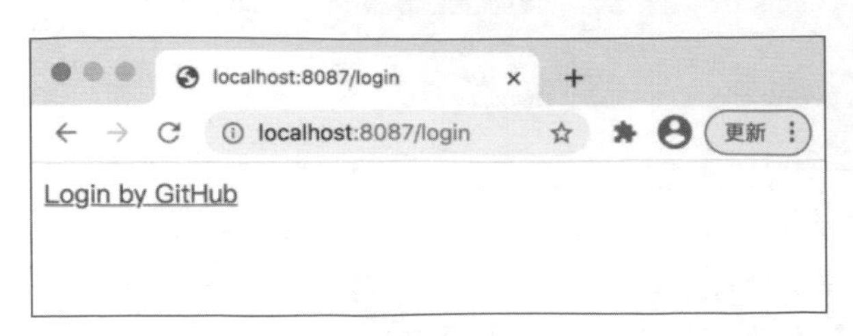

圖 8-6

使用者使用 GitHub 進行身份驗證後，會被重新導在到之前指定的重新導向 URL。服務提供者還會增加一個請求權杖到 URL。

在當前例子中，GitHub 增加了 code 參數，所以重新導向 URL 實際上是這樣的 ──http:// localhost:8087/oauth/redirect?code=0218d29d446601da5c02，其中 0218d29d446601da5c02 為請求權杖的值。需要用這個請求權杖及客戶端裝置金鑰來獲取存取權杖 (access token)，這是實際用於獲取使用者資訊的權杖。

（2）透過對 https://github.com/login/oauth/access_token 進行 POST 請求呼叫來獲取此存取權杖。Go 語言程式如下：

```
httpClient := http.Client{}
http.HandleFunc("/oauth/redirect", func(w http.ResponseWriter,
r *http.Request) {
    err := r.ParseForm()
    if err != nil {
        fmt.Fprintf(os.Stdout, "could not parse query: %v", err)
        w.WriteHeader(http.StatusBadRequest)
    }
    code := r.FormValue("code")

    reqURL := fmt.Sprintf("https://github.com/login/oauth/access_token?" +
        "client_id=%s&client_secret=%s&code=%s", clientID, clientSecret,
code)
    req, err := http.NewRequest(http.MethodPost, reqURL, nil)
```

```
    if err != nil {
        fmt.Fprintf(os.Stdout, "could not create HTTP request: %v", err)
        w.WriteHeader(http.StatusBadRequest)
    }
    req.Header.Set("accept", "application/json")

    res, err := httpClient.Do(req)
    if err != nil {
        fmt.Fprintf(os.Stdout, "could not send HTTP request: %v", err)
        w.WriteHeader(http.StatusInternalServerError)
    }
    defer res.Body.Close()

    var t AccessTokenResponse
    if err := json.NewDecoder(res.Body).Decode(&t); err != nil {
        fmt.Fprintf(os.Stdout, "could not parse JSON response: %v", err)
        w.WriteHeader(http.StatusBadRequest)
    }

    w.Header().Set("Location", "/hello.html?access_token="+t.AccessToken)
    w.WriteHeader(http.StatusFound)
})
```

完整程式見本書配套資源中的 "chapter8/oauth2.0/main.go"。

（3）在程式所在目錄下打開命令列終端啟動伺服器端：

```
$ go run main.go
```

如果設定正確，則會跳躍到歡迎頁面，如圖 8-7 所示。

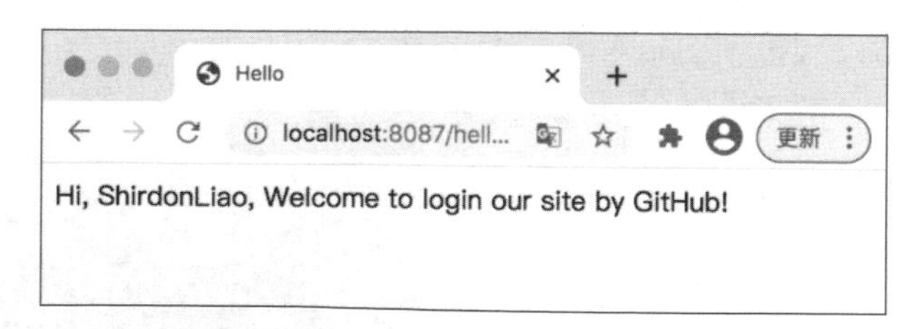

圖 8-7

8.5 小結

本章透過對「什麼是 RESTful API」、「Go 流行 Web 框架的使用」、「【實戰】用 Gin 框架開發 RESTful API」、「【實戰】用 Go 開發 OAuth 2.0 介面」這 4 節的介紹，讓讀者進一步學習 Go 進階 Web 實戰開發，熟悉整個 App 後端介面的開發流程，從而快速上手實戰專案。

第 9 章進入本書最核心的 B2C 電子商務網站的開發，讓讀者進一步向 Go Web 開發的「精通」等級邁進。

第 4 篇

Go Web 專案實戰

本篇的主要目的是讓讀者能夠進行大型電子商務專案的實戰開發。對於任何一門程式語言，要想成為高手，專案實戰是必需的步驟。

本篇第 9 章介紹了一個 B2C 電子商務系統從零開始到開發完成的全過程。第 10 章講解了如何運用 Docker 對開發好的專案進行實戰部署。

希望透過本篇地講解，真正地幫助讀者向 "Go Web 高手」邁進。讓我們開啟實戰之旅吧！

Chapter

09

【實戰】開發一個 B2C 電子商務系統

治學有三大原則：廣見聞，多閱讀，勤實驗。 ——戴布勞格利

讀書以過目成誦為能，最是不濟事。 ——鄭板橋

9.1 需求分析

本章將系統講解如何使用 Go 語言開發一個 B2C 電子商務系統。(**編按：本書作者為中國大陸人士，原撰寫文字為簡體中文。為確保本章程式能正確執行，本章圖例仍維持簡體中文格式，請讀者自行比對上下文閱讀**)。

1. 功能需求

- 前台：電子商務網站使用者能感知和操作的功能。
- 後台：管理系統，用來管理各種資料。

2. 執行環境需求

- 硬體環境：CPU 在 1HZ 及以上，記憶體在 2GB 及以上，儲存空間在 10GB 以上。
- 軟體環境：支援 Windows7/Windows8/Windows10、Mac OS X、Linux 系統執行。

3. 性能需求

- 資料精確度：價格單位保留到分。
- 適應性：購物流程要簡單明瞭，產品圖片要清楚，產品資訊描述準確。
- 使用者體驗：頁面大氣、使用者介面互動良好、頁面回應速度快。

9.2 系統設計

9.2.1 確定系統架構

根據需求分析，前台的功能結構如圖 9-1 所示。

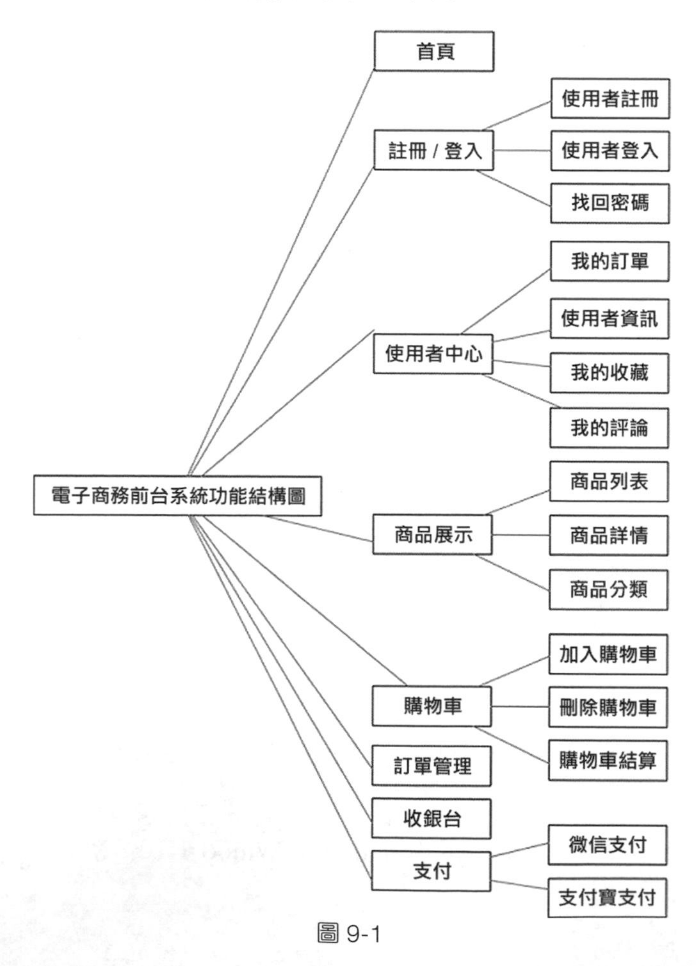

圖 9-1

後台的功能結構如圖 9-2 所示。

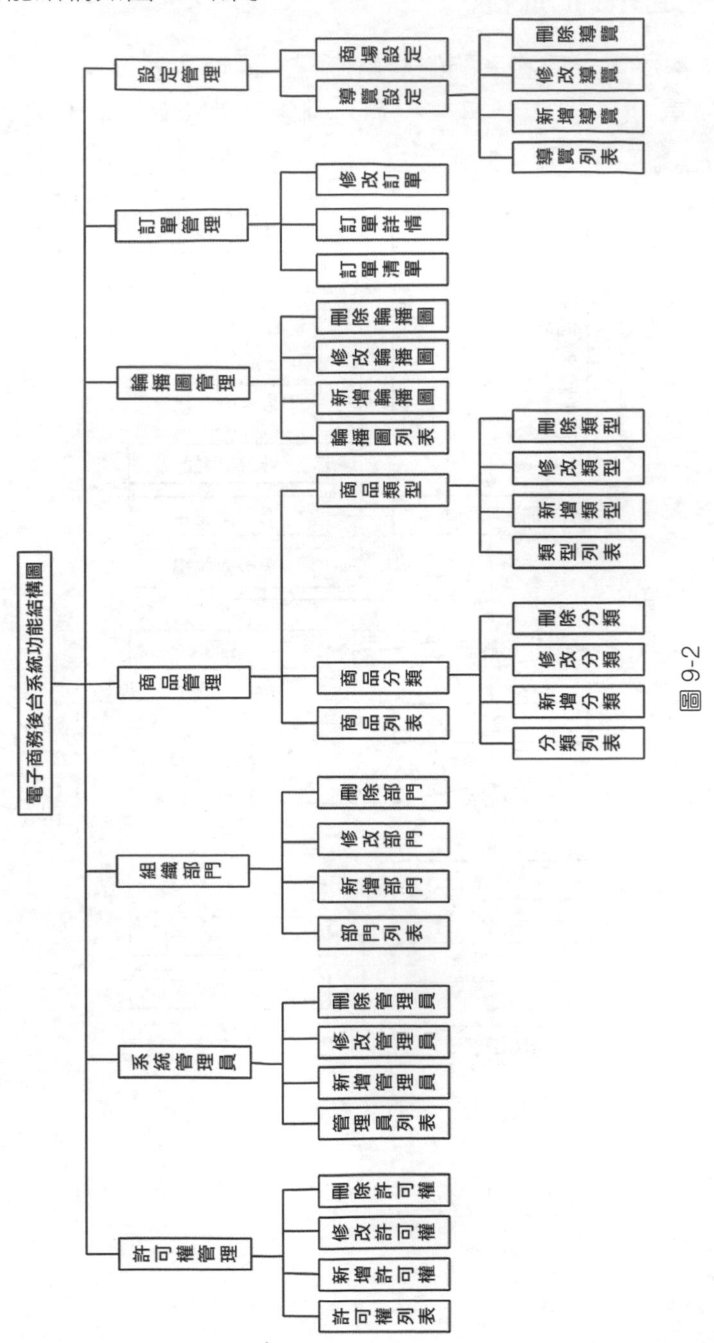

圖 9-2

9.2.2 制定系統流程

本系統專案採用電子商務系統的通用流程。同時本系統支援「不登入直接加入購物車」(在結算時再進行登入判斷，然後使用微信和支付寶支付)。系統的流程圖如圖 9-3 所示：

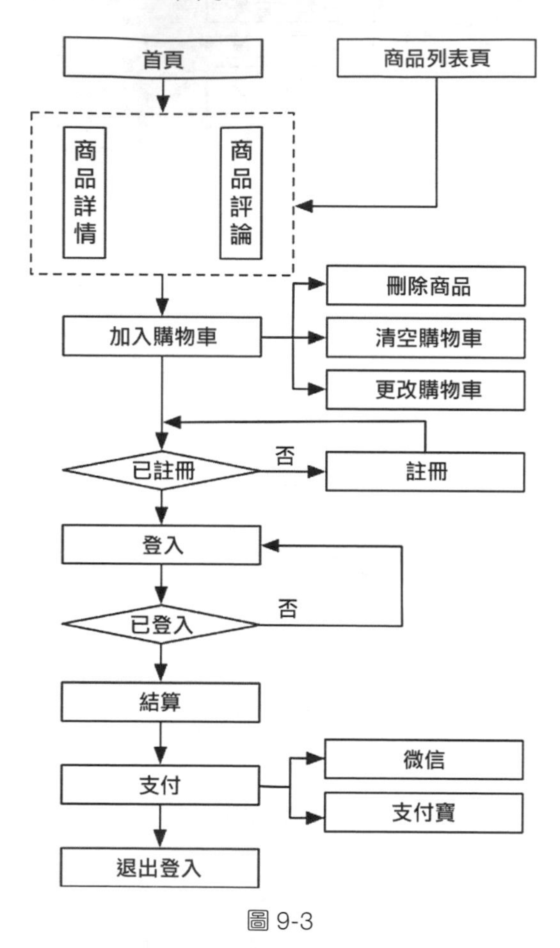

圖 9-3

9.3 設計軟體架構

1. 框架選擇

雖然 Go 語言執行一個 Web 應用比較簡單，但在實戰開發中，為了提升效率往往會使用框架。第 8 章介紹過目前流行的開放原始碼框架 Beego 和 Gin。

相比之下，Beego 框架具有以下優點：

（1）它提供了完整的模組化的 Web 處理套件，不用花較多時間在底層框架的設計上，開發效率較高。

（2）用它架設 Web 伺服器端非常方便，文件比較豐富，比較容易入門。

（3）它的使用者量也相對較多。

所以綜合考慮，本章採用 Beego 框架作為伺服器端的基礎框架。

前端框架也有很多，綜合考慮，本書用 HTML 5+CSS+jQuery 進行架構。資料庫採用 MySQL 和 Redis。

2. 軟體架構

最終架構如圖 9-4 所示。

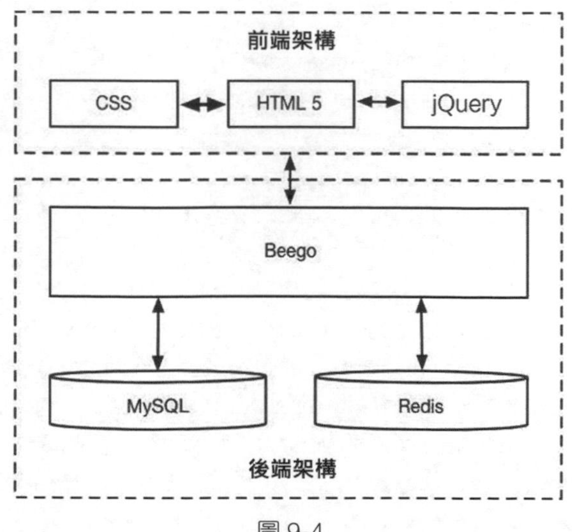

圖 9-4

9.4 設計資料庫與資料表

在創建資料庫之前，請讀者先在自己的開發環境中安裝 MySQL、Redis 資料庫，安裝好後進行資料庫和資料表的創建。

1. 創建資料庫

打開命令列終端，登入資料庫：

```
mysql -uroot -p
```

然後創建一個名為 shop 的資料庫：

```
mysql> create database shop;
```

2. 創建資料表

進入 shop 資料庫：

```
mysql> use shop;
```

然後創建資料表，部分資料表如下。

（1）商品表：

```
DROP TABLE IF EXISTS `product`;
CREATE TABLE `product` (
  `id` int(11) NOT NULL AUTO_INCREMENT,
  `title` varchar(100) DEFAULT '' COMMENT '標題',
  `sub_title` varchar(100) DEFAULT '' COMMENT '子標題',
  `product_sn` varchar(50) DEFAULT '',
  `cate_id` int(10) DEFAULT '0' COMMENT '分類id',
  `click_count` int(10) DEFAULT '0' COMMENT '點擊數',
  `product_number` int(10) DEFAULT '0' COMMENT '商品編號',
  `price` decimal(10,2) DEFAULT '0.00' COMMENT '價格',
  `market_price` decimal(10,2) DEFAULT '0.00' COMMENT '市場價格',
  `relation_product` varchar(100) DEFAULT '' COMMENT '連結商品',
  `product_attr` varchar(100) DEFAULT '' COMMENT '商品屬性',
  `product_version` varchar(100) DEFAULT '' COMMENT '商品版本',
```

```
  `product_img` varchar(100) DEFAULT '' COMMENT '商品圖片',
  `product_gift` varchar(100) DEFAULT '',
  `product_fitting` varchar(100) DEFAULT '',
  `product_color` varchar(100) DEFAULT '' COMMENT '商品顏色',
  `product_keywords` varchar(100) DEFAULT '' COMMENT '關鍵字',
  `product_desc` varchar(50) DEFAULT '' COMMENT '描述',
  `product_content` varchar(100) DEFAULT '' COMMENT '內容',
  `is_delete` tinyint(4) DEFAULT '0' COMMENT '是否刪除',
  `is_hot` tinyint(4) DEFAULT '0' COMMENT '是否熱門',
  `is_best` tinyint(4) DEFAULT '0' COMMENT '是否暢銷',
  `is_new` tinyint(4) DEFAULT '0' COMMENT '是否新品',
  `product_type_id` tinyint(4) DEFAULT '0' COMMENT '商品類型編號',
  `sort` int(10) DEFAULT '0' COMMENT '商品分類',
  `status` tinyint(4) DEFAULT '0' COMMENT '商品狀態',
  `add_time` int(10) DEFAULT '0' COMMENT '增加時間',
  PRIMARY KEY (`id`)
) ENGINE=InnoDB AUTO_INCREMENT=4 DEFAULT CHARSET=utf8 COMMENT='商品表';
```

(2)購物車表：

```
DROP TABLE IF EXISTS `cart`;
CREATE TABLE `cart` (
  `id` int(11) NOT NULL AUTO_INCREMENT COMMENT '主鍵',
  `title` varchar(250) DEFAULT '' COMMENT '標題',
  `price` decimal(10,2) DEFAULT '0.00',
  `goods_version` varchar(50) DEFAULT '' COMMENT '版本',
  `num` int(11) DEFAULT '0' COMMENT '數量',
  `product_gift` varchar(100) DEFAULT '' COMMENT '商品禮物',
  `product_fitting` varchar(100) DEFAULT '' COMMENT '商品搭配',
  `product_color` varchar(50) DEFAULT '' COMMENT '商品顏色',
  `product_img` varchar(150) DEFAULT '' COMMENT '商品圖片',
  `product_attr` varchar(100) DEFAULT '' COMMENT '商品屬性',
  PRIMARY KEY (`id`)
) ENGINE=InnoDB DEFAULT CHARSET=utf8 COMMENT='購物車表';
```

由於篇幅的關係，這裡只展示了部分資料表，完整程式見本書配套資源中的 "chapter9/shop.sql"。

9.5 架設系統基礎架構

1. 公共檔案創建

我們創建一個名為 LeastMall 的專案。該專案以 Beego 為基礎，在專案根目錄下加了一個 common 套件，將一些公共方法封裝在該套件中，同時修改 conf 套件裡的 app.conf 設定檔。加入 common 套件後的目錄結構如下：

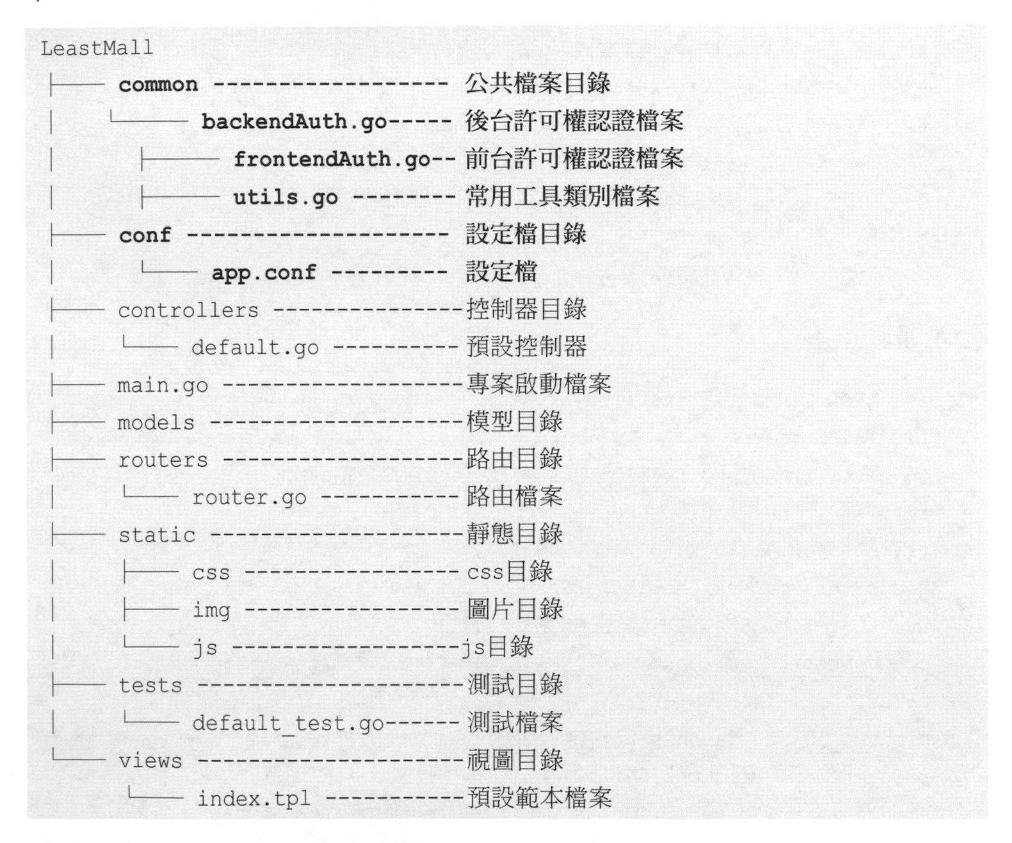

```
LeastMall
├── common ------------------ 公共檔案目錄
│   └──── backendAuth.go----- 後台許可權認證檔案
│     ├──── frontendAuth.go-- 前台許可權認證檔案
│     ├──── utils.go -------- 常用工具類別檔案
├── conf -------------------- 設定檔目錄
│     └─── app.conf --------- 設定檔
├── controllers ---------------控制器目錄
│   └─── default.go ---------- 預設控制器
├── main.go ------------------專案啟動檔案
├── models -------------------模型目錄
├── routers ------------------路由目錄
│   └─── router.go ----------- 路由檔案
├── static -------------------靜態目錄
│   ├─── css ----------------- css目錄
│   ├─── img ----------------- 圖片目錄
│   └─── js -----------------js目錄
├── tests --------------------測試目錄
│   └─── default_test.go------ 測試檔案
└── views --------------------視圖目錄
    └─── index.tpl -----------預設範本檔案
```

（1）專案啟動檔案程式的編寫。

專案啟動檔案用於初始化專案、載入設定、註冊模型及啟動專案。其程式如下。

程式 LeastMall/main.go　專案啟動檔案的程式

```
package main

import (
    "encoding/gob"
    "gitee.com/shirdonl/LeastMall/common"
    "gitee.com/shirdonl/LeastMall/models"
    _ "gitee.com/shirdonl/LeastMall/routers"
    "github.com/astaxie/beego"
    "github.com/astaxie/beego/plugins/cors"
    _ "github.com/astaxie/beego/session/redis"
)

func main() {
    //增加方法到map，用於前端HTML程式呼叫
    beego.AddFuncMap("timestampToDate", common.TimestampToDate)
    models.DB.LogMode(true)
    beego.AddFuncMap("formatImage", common.FormatImage)
    beego.AddFuncMap("mul", common.Mul)
    beego.AddFuncMap("formatAttribute", common.FormatAttribute)
    beego.AddFuncMap("setting", models.GetSettingByColumn)

    //後台設定允許跨域
    beego.InsertFilter("*", beego.BeforeRouter, cors.Allow(&cors.Options{
        AllowOrigins: []string{"127.0.0.1"},
        AllowMethods: []string{
            "GET",
            "POST",
            "PUT",
            "DELETE",
            "OPTIONS"},
        AllowHeaders: []string{
            "Origin",
            "Authorization",
            "Access-Control-Allow-Origin",
            "Access-Control-Allow-Headers",
            "Content-Type"},
        ExposeHeaders: []string{
            "Content-Length",
```

```
            "Access-Control-Allow-Origin",
            "Access-Control-Allow-Headers",
            "Content-Type"},
        AllowCredentials: true, //是否允許cookie
    }))
    //註冊模型
    gob.Register(models.Administrator{})
    //關閉資料庫
    //defer models.DB.Close()
    //設定Redis用於儲存session
    beego.BConfig.WebConfig.Session.SessionProvider = "redis"
    //docker-compose 請設定為redisServiceHost
    //beego.BConfig.WebConfig.Session.SessionProviderConfig =
"redisServiceHost:6379"

    //本地啟動，請設定以下
    beego.BConfig.WebConfig.Session.SessionProviderConfig = "127.0.0.1:6379"
    beego.Run()
}
```

（2）公共套件 common 程式的編寫。

在公共套件 common 中定義一個名為 utils.go 的工具類別檔案，來封裝一些公共方法（例如時間轉換、生成訂單號、格式化圖片等方法），供專案其他模組呼叫。公共工具套件的程式如下。

程式 LeastMall/common/utils.go　公共工具套件的程式

```
package common

import (
"crypto/md5"
    "encoding/hex"
    "fmt"
    "github.com/astaxie/beego"
    "github.com/gomarkdown/markdown"
    "github.com/hunterhug/go_image"
    _ "github.com/jinzhu/gorm"
    "io/ioutil"
```

```
    "math/rand"
    "path"
    "regexp"
    "strconv"
    "strings"
    "time"
)

//將時間戳記轉為日期格式
func TimestampToDate(timestamp int) string {

    t := time.Unix(int64(timestamp), 0)

    return t.Format("2006-01-02 15:04:05")
}

//獲取當前時間戳記
func GetUnix() int64 {
    fmt.Println(time.Now().Unix())
    return time.Now().Unix()
}

//獲取時間戳記的Nano時間
func GetUnixNano() int64 {
    return time.Now().UnixNano()
}

func GetDate() string {
    template := "2006-01-02 15:04:05"
    return time.Now().Format(template)
}

//Md5加密
func Md5(str string) string {
    m := md5.New()
    m.Write([]byte(str))
    return string(hex.EncodeToString(m.Sum(nil)))
}
```

```
//驗證電子郵件
func VerifyEmail(email string) bool {
    pattern := `\w+([-+.]\w+)*@\w+([-.]\w+)*\.\w+([-.]\w+)*`
     //匹配電子電子郵件
    reg := regexp.MustCompile(pattern)
    return reg.MatchString(email)
}

//獲取日期
func FormatDay() string {
    template := "20060102"
    return time.Now().Format(template)
}

//生成訂單號
func GenerateOrderId() string {
    template := "200601021504"
    return time.Now().Format(template) + GetRandomNum()
}

//發送驗證碼
func SendMsg(str string) {
    // 簡訊驗證碼需要到相關網站申請
    // 目前先固定一個值
    ioutil.WriteFile("test_send.txt", []byte(str), 06666)
}

//重新裁剪圖片
func ResizeImage(filename string) {
    extName := path.Ext(filename)
    resizeImage := strings.Split(beego.AppConfig.
String("resizeImageSize"), ",")

    for i := 0; i < len(resizeImage); i++ {
        w := resizeImage[i]
        width, _ := strconv.Atoi(w)
        savepath := filename + "_" + w + "x" + w + extName
        err := go_image.ThumbnailF2F(filename, savepath, width, width)
        if err != nil {
```

```
            beego.Error(err)
        }
    }
}

//格式化圖片
func FormatImage(picName string) string {
    ossStatus, err := beego.AppConfig.Bool("ossStatus")
    if err != nil {
        //判斷目錄前面是否有"/"
        flag := strings.Contains(picName, "/static")
        if flag {
            return picName
        }
        return "/" + picName
    }
    if ossStatus {
        return beego.AppConfig.String("ossDomain") + "/" + picName
    } else {
        flag := strings.Contains(picName, "/static")
        if flag {
            return picName
        }
        return "/" + picName
    }
}

//格式化級標題
func FormatAttribute(str string) string {
    md := []byte(str)
    htmlByte := markdown.ToHTML(md, nil, nil)
    return string(htmlByte)
}

//計算乘法
func Mul(price float64, num int) float64 {
    return price * float64(num)
}
```

```
//封裝一個生產隨機數的方法
func GetRandomNum() string {
    var str string
    for i := 0; i < 4; i++ {
        current := rand.Intn(10) //0-9   "math/rand"
        str += strconv.Itoa(current)
    }
    return str
}
```

（3）公共設定檔 app.conf 的編寫。

Beego 框架附帶一個名為 app.conf 檔案用於專案設定，我們將設定做修改，內容如下。

程式 LeastMall/conf/app.conf　公共設定檔的程式

```
appname = LeastMall
httpport = 8080
runmode = dev
adminPath=backend
excludeAuthPath="/,/welcome,/login/loginout"
#設定session
sessionon=true
sessiongcmaxlifetime=3600
sessionName=""
#設定網站主域
domain="127.0.0.1"
#如果是docker-compose執行，則請設定為mysqlServiceHost
#domain="mysqlServiceHost"
#設定MySQL資料庫資料
mysqladmin="root"
mysqlpwd="a123456"
mysqldb="shop"

ossDomin="http://oss-cn-shanghai.aliyuncs.com"
ossStatus=false
resizeImageSize=200,400
enableRedis=yes
#設定Redis資料庫資料
```

```
redisKey=""
redisConn=":6379"
#如果是docker-compose執行，則請設定為redisServiceHost
#redisConn="redisServiceHost:6379"
redisDbNum="0"
redisPwd=""
redisTime=3600

#為回應設定安全cookie
secureCookie="least123"
copyrequestbody = true
```

2. 模型創建

在資料表創建好後，需要創建資料表對應的模型檔案來存取資料庫。模型檔案創建完畢後的目錄結構如下：

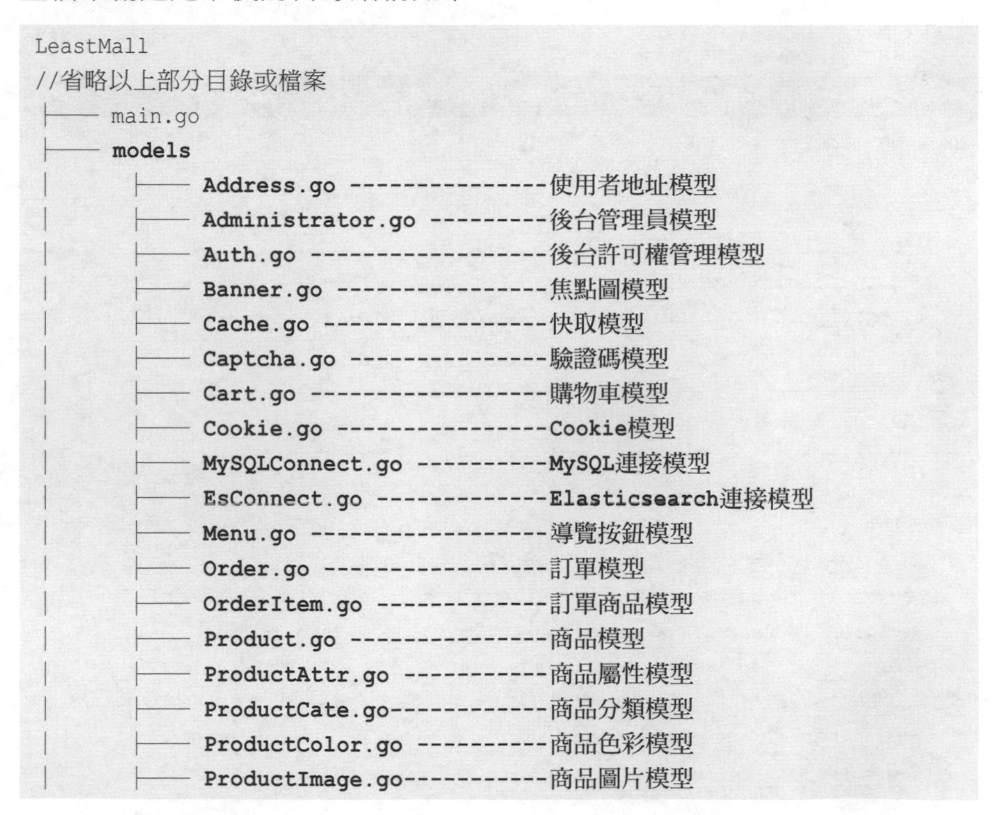

```
LeastMall
//省略以上部分目錄或檔案
├── main.go
├── models
│    ├── Address.go ---------------使用者地址模型
│    ├── Administrator.go ---------後台管理員模型
│    ├── Auth.go ------------------後台許可權管理模型
│    ├── Banner.go ----------------焦點圖模型
│    ├── Cache.go -----------------快取模型
│    ├── Captcha.go ---------------驗證碼模型
│    ├── Cart.go ------------------購物車模型
│    ├── Cookie.go ----------------Cookie模型
│    ├── MySQLConnect.go ----------MySQL連接模型
│    ├── EsConnect.go -------------Elasticsearch連接模型
│    ├── Menu.go ------------------導覽按鈕模型
│    ├── Order.go -----------------訂單模型
│    ├── OrderItem.go -------------訂單商品模型
│    ├── Product.go ---------------商品模型
│    ├── ProductAttr.go -----------商品屬性模型
│    ├── ProductCate.go------------商品分類模型
│    ├── ProductColor.go ----------商品色彩模型
│    ├── ProductImage.go-----------商品圖片模型
```

```
|       ├── ProductItemAttr.go -------商品組合屬性模型
|       ├── ProductType.go------------商品類型模型
|       ├── ProductTypeAttribute.go --商品類型屬性模型
|       ├── Role.go ------------------後台角色模型
|       ├── RoleAuth.go --------------後台角色許可權模型
|       ├── Setting.go ---------------商場設定模型
|       ├── User.go ------------------使用者模型
|       └── userSms.go ---------------使用者簡訊驗證模型
├── routers
|     └── router.go
// 省略以下部分目錄或檔案
```

部分核心的模型程式如下。

（1）MySQL 連接模型。

MySQL 連接模型用於初始化 MySQL 連接。MySQL 初始化連接模型的程式如下。

程式 LeastMall/models/MySQLConnect.go　MySQL初始化連接模型的程式

```
package models

import (
    "github.com/astaxie/beego"
    "github.com/jinzhu/gorm"
    _ "github.com/jinzhu/gorm/dialects/mysql"
)

var DB *gorm.DB
var err error

func init() {
    mysqladmin := beego.AppConfig.String("mysqladmin")
    mysqlpwd := beego.AppConfig.String("mysqlpwd")
    mysqldb := beego.AppConfig.String("mysqldb")
    DB, err =
gorm.Open("mysql", mysqladmin+":"+mysqlpwd+"@/"+mysqldb+"?charset=utf8" +
        "&parseTime=True&loc=Local")
    if err != nil {
```

```
        beego.Error(err)
        beego.Error("連接MySQL資料庫失敗")
    } else {
        beego.Info("連接MySQL資料庫成功")
    }
}
```

（2）Redis 快取模型。

快取模型模型主要是對 Beego 套件中的 Redis 套件進行呼叫，從而實現 Redis 的設定的設定和資料的寫入和輸出。Redis 快取模型的程式如下。

程式 LeastMall/models/Cache.go　Redis快取模型的程式

```
package models

import (
    "encoding/json"
    "fmt"
    "time"

    "github.com/astaxie/beego"
    "github.com/astaxie/beego/cache"
    _ "github.com/astaxie/beego/cache/redis"
)

var redisClient cache.Cache
var enableRedis, _ = beego.AppConfig.Bool("enableRedis")
var redisTime, _ = beego.AppConfig.Int("redisTime")
var YzmClient cache.Cache

func init() {
    if enableRedis {
        config := map[string]string{
            "key":      beego.AppConfig.String("redisKey"),
            "conn":     beego.AppConfig.String("redisConn"),
            "dbNum":    beego.AppConfig.String("redisDbNum"),
            "password": beego.AppConfig.String("redisPwd"),
        }
        bytes, _ := json.Marshal(config)
```

```
        redisClient, err = cache.NewCache("redis", string(bytes))
        YzmClient, _ = cache.NewCache("redis", string(bytes))
        if err != nil {
            beego.Error("連接Redis資料庫失敗")
        } else {
            beego.Info("連接Redis資料庫成功")
        }

    }
}

type cacheDb struct{}

var CacheDb = &cacheDb{}

//寫入資料的方法
func (c cacheDb) Set(key string, value interface{}) {
    if enableRedis {
        bytes, _ := json.Marshal(value)
        redisClient.
Put(key, string(bytes), time.Second*time.Duration(redisTime))
    }
}

//接收資料的方法
func (c cacheDb) Get(key string, obj interface{}) bool {
    if enableRedis {
        if redisStr := redisClient.Get(key); redisStr != nil {
            fmt.Println("在Redis裡面讀取資料...")
            redisValue, ok := redisStr.([]uint8)
            if !ok {
                fmt.Println("獲取Redis資料失敗")
                return false
            }
            json.Unmarshal([]byte(redisValue), obj)
            return true
        }
        return false
```

```
    }
    return false
}
```

（3）購物車模型。

購物車模型用於保存購物車資料。購物車模型的程式如下。

程式 LeastMall/models/Cart.go　購物車模型的程式

```
package models

type Cart struct {
    Id             int
    Title          string
    Price          float64
    ProductVersion string
    Num            int
    ProductGift      string
    ProductFitting string
    ProductColor     string
    ProductImg       string
    ProductAttr      string
    Checked        bool `gorm:"-"` // 忽略本欄位
}

func (Cart) TableName() string {
    return "cart"
}

//判斷購物車裡有沒有當前資料
func CartHasData(cartList []Cart, currentData Cart) bool {
    for i := 0; i < len(cartList); i++ {
        if cartList[i].Id == currentData.Id &&
            cartList[i].ProductColor == currentData.ProductColor &&
            cartList[i].ProductAttr == currentData.ProductAttr {
            return true
        }
    }
    return false
}
```

由於篇幅的關係，這裡只介紹了幾個核心的模型。完整模型程式請查看本書配套資源 "LeastMall/models" 目錄。

9.6 前台模組開發

下面分別對系統的各個頁面模組進行設計與開發。在 controllers 控制器資料夾中，創建一個名為 frontend 的資料夾，用於保存商場前台的控制器程式。前台的控制器程式創建完畢後的專案目錄層級如下：

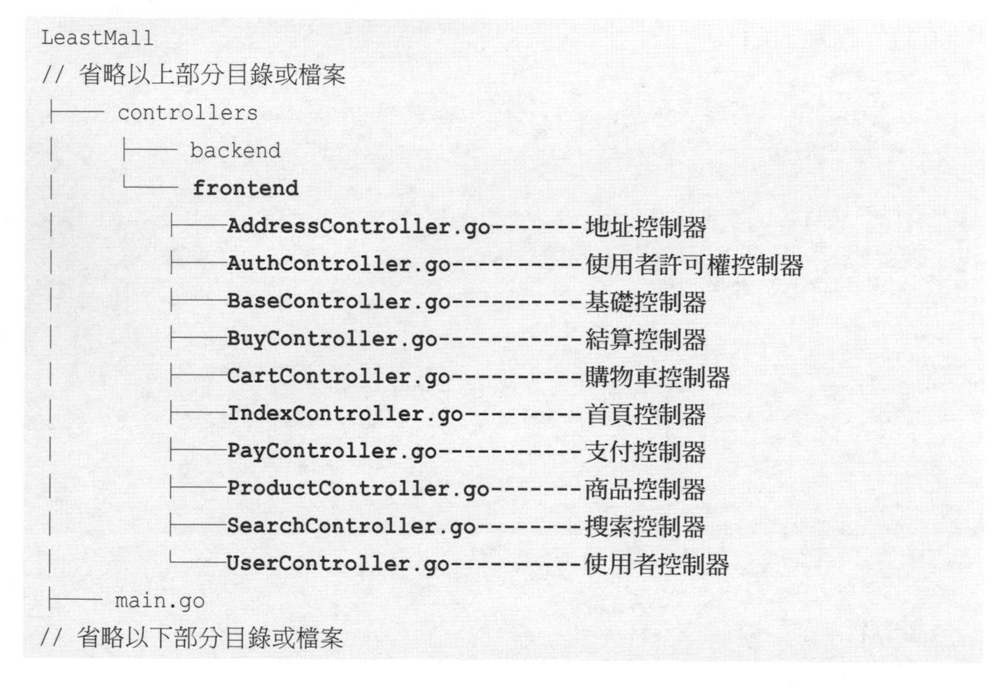

```
LeastMall
// 省略以上部分目錄或檔案
├── controllers
│    ├── backend
│    └── frontend
│        ├──AddressController.go-------地址控制器
│        ├──AuthController.go----------使用者許可權控制器
│        ├──BaseController.go----------基礎控制器
│        ├──BuyController.go-----------結算控制器
│        ├──CartController.go----------購物車控制器
│        ├──IndexController.go---------首頁控制器
│        ├──PayController.go-----------支付控制器
│        ├──ProductController.go-------商品控制器
│        ├──SearchController.go--------搜索控制器
│        └──UserController.go----------使用者控制器
├── main.go
// 省略以下部分目錄或檔案
```

前台範本檔案的目錄結構如下：

```
LeastMall
// 省略以上部分目錄或檔案
├── views
│    ├── backend
│    └── frontend
│        ├── auth --------------------- 登入註冊範本
```

```
|         ├── login.html ------------ 登入範本
|         ├── register_step1.html --- 註冊第1步範本
|         ├── register_step2.html --- 註冊第2步範本
|         └── register_step3.html --- 註冊第3步範本
|       ├── buy --------------------- 收銀台模組
|         ├── checkout.html --------- 結算頁面
|         ├── confirm.html ---------- 確認頁面
|       ├── cart -------------------- 購物車模組
|         ├── confirm.html ---------- 確認頁面
|         ├── addcart_success.html -- 成功加入購物車頁面
|         ├── cart.html-------------- 購物車頁面
|       ├── index ------------------- 首頁模組
|         └── index.html ------------ 首頁頁面
|     ├── product ------------------- 產品模組
|       ├── item.html --------------- 產品詳情頁面
|       ├── list.html --------------- 產品清單頁面
|     ├── public -------------------- 公共頁面模組
|       ├── banner.html ------------- 公共banner頁面
|       ├── page_footer.html -------- 公共footer頁面
|       ├── page_header.html -------- 公共header頁面
|       ├── user_left.html ---------- 公共左部頁面
|     └── user ---------------------- 使用者中心模組
|       ├── order.html -------------- 使用者中心「我的訂單」頁面
|       ├── order_info.html --------- 使用者中心「訂單詳情」頁面
|       └── welcome.html ------------ 使用者中心歡迎頁面
// 省略以下部分目錄或檔案
```

下面將對專案的幾個核心的模組進行詳細講解。

9.6.1 首頁模組開發

1. 控制器程式編寫

首頁主要的功能有頂部導覽、商品分類、banner 輪播、熱門商品、最新商品、推薦商品等的展示，以及底部聯繫方式的展示。

（1）基礎控制器程式編寫。

因為頂部、左邊側邊欄及底部是公用的，所以將公用部分程式寫入基礎控制器 BaseController.go 中。基礎控制器的程式如下。

程式 LeastMall/controllers/frontend/BaseController.go　基礎控制器的程式

```
package frontend

import (
    "fmt"
    "gitee.com/shirdonl/LeastMall/models"
    "net/url"
    "strings"

    "github.com/astaxie/beego"
    "github.com/jinzhu/gorm"
)

type BaseController struct {
    beego.Controller
}

func (c *BaseController) BaseInit() {
    //獲取頂部導覽
    topMenu := []models.Menu{}
    if hasTopMenu := models.CacheDb.
Get("topMenu", &topMenu); hasTopMenu == true {
        c.Data["topMenuList"] = topMenu
    } else {
        models.DB.Where("status=1 AND position=1").
Order("sort desc").Find(&topMenu)
        c.Data["topMenuList"] = topMenu
        models.CacheDb.Set("topMenu", topMenu)
    }

    //左側分類（預先載入）
    productCate := []models.ProductCate{}
```

```
    if hasProductCate := models.CacheDb.Get("productCate",
        &productCate); hasProductCate == true {
        c.Data["productCateList"] = productCate
    } else {
        models.DB.Preload("ProductCateItem",
        func(db *gorm.DB) *gorm.DB {
            return db.Where("product_cate.status=1").
            Order("product_cate.sort DESC")
            }).Where("pid=0 AND status=1").Order("sort desc", true).
            Find(&productCate)
        c.Data["productCateList"] = productCate
        models.CacheDb.Set("productCate", productCate)
    }

    //獲取中間導覽的資料
    middleMenu := []models.Menu{}
    if hasMiddleMenu := models.CacheDb.Get("middleMenu",
        &middleMenu); hasMiddleMenu == true {
        c.Data["middleMenuList"] = middleMenu
    } else {
        models.DB.Where("status=1 AND position=2").Order("sort desc").
        Find(&middleMenu)

        for i := 0; i < len(middleMenu); i++ {
            //獲取連結商品
            middleMenu[i].Relation = strings.
ReplaceAll(middleMenu[i].Relation, "，", ",")
            relation := strings.Split(middleMenu[i].Relation, ",")
            product := []models.Product{}
            models.DB.Where("id in (?)", relation).Limit(6).Order("sort ASC").
                Select("id,title,product_img,price").Find(&product)
            middleMenu[i].ProductItem = product
        }
        c.Data["middleMenuList"] = middleMenu
        models.CacheDb.Set("middleMenu", middleMenu)
    }

    //判斷使用者是否登入
```

```
    user := models.User{}
    models.Cookie.Get(c.Ctx, "userinfo", &user)
    if len(user.Phone) == 11 {
        str := fmt.Sprintf(`<ul>
            <li class="userinfo">
                <a href="#">%v</a>

                <i class="i"></i>
                <ol>
                    <li><a href="/user">個人中心</a></li>

                    <li><a href="#">我的收藏</a></li>

                    <li><a href="/auth/loginOut">退出登入</a></li>
                </ol>

            </li>
        </ul> `, user.Phone)
        c.Data["userinfo"] = str
    } else {
        str := fmt.Sprintf(`<ul>
            <li><a href="/auth/login" target="_blank">登入</a></li>
            <li>|</li>
            <li><a href="/auth/registerStep1" target="_blank" >註冊</a></li>
        </ul>`)
        c.Data["userinfo"] = str
    }
    urlPath, _ := url.Parse(c.Ctx.Request.URL.String())
    c.Data["pathname"] = urlPath.Path
}
```

（2）首頁控制器的程式編寫。

首頁控制器主要用於控制首頁的展示。首頁控制器的核心程式如下。

程式 LeastMall/controllers/frontend/IndexController.go　首頁控制器的核心程式

```
package frontend

import (
```

```
    "fmt"
    "gitee.com/shirdonl/LeastMall/models"
    "time"
)

type IndexController struct {
    BaseController
}

func (c *IndexController) Get() {

    //初始化
    c.BaseInit()

    //開始時間
    startTime := time.Now().UnixNano()

    //獲取輪播圖
    banner := []models.Banner{}
    if hasBanner := models.CacheDb.Get("banner", &banner); hasBanner ==
true {
        c.Data["bannerList"] = banner
    } else {
        models.DB.Where("status=1 AND banner_type=1").
Order("sort desc").Find(&banner)
        c.Data["bannerList"] = banner
        models.CacheDb.Set("banner", banner)
    }

    //獲取手機類商品列表
    redisPhone := []models.Product{}
    if hasPhone := models.CacheDb.Get("phone", &redisPhone); hasPhone ==
true {
        c.Data["phoneList"] = redisPhone
    } else {
        phone := models.GetProductByCategory(1, "hot", 8)
        c.Data["phoneList"] = phone
        models.CacheDb.Set("phone", phone)
```

```
    }
    //獲取電視類商品清單
    redisTv := []models.Product{}
    if hasTv := models.CacheDb.Get("tv", &redisTv); hasTv == true {
        c.Data["tvList"] = redisTv
    } else {
        tv := models.GetProductByCategory(4, "best", 8)
        c.Data["tvList"] = tv
        models.CacheDb.Set("tv", tv)
    }

    //結束時間
    endTime := time.Now().UnixNano()

    c.TplName = "frontend/index/index.html"
}
```

2. 範本檔案編寫

（1）公共頭部範本程式編寫。

為了減少程式重複，將公共頭部範本檔案獨立成一個檔案。公共頭部範本的程式如下。

程式 LeastMall/views/frontend/public/page_header.html　公共頭部範本的程式

```
<!DOCTYPE html>
<html>
<head>
    <meta charset="UTF-8">
    <meta name="author" content="created by shirdon"/>
    <title>LeastMall商場</title>
    <link rel="stylesheet"
type="text/css" href="/static/frontend/css/style.css">
    <link rel="stylesheet" href="/static/frontend/css/swiper.min.css">
    <script src="/static/frontend/js/jquery-1.10.1.js"></script>
    <script src="/static/frontend/js/swiper.min.js"></script>
    <script src="/static/frontend/js/base.js"></script>
</head>
<body>
```

```
<!-- start header -->
<header>
    <div class="top center">
        <div class="left fl">
            <ul>
            {{range $key,$value := .topMenuList}}
                <li><a href=
"{{$value.Link}}" {{if eq $value.IsOpennew 2}}
target="_blank" {{end}}>{{$value.Title}}</a>
                </li>
            {{end}}
                <div class="clear"></div>
            </ul>
        </div>
        <div class="right fr">
            <div class="cart fr"><a href="/cart">購物車</a>
            </div>
            <div class="fr">
            {{str2html .userinfo}}
            </div>
            <div class="clear"></div>
        </div>
        <div class="clear"></div>
    </div>
</header>
<!--end header -->
```

(2)公共頁尾範本程式編寫。

同樣，為了減少程式重複，將公共頁尾範本檔案獨立成一個檔案。公共頁尾範本的程式如下。

程式 LeastMall/views/frontend/public/page_footer.html 公共頁尾範本的程式

```
<footer class="mt20 center">
    <div class="mt20">LeastMall商場|隱私政策</div>
    <div>
LeastMall商場 蜀ICP證xxxxxxx號 蜀ICP備xxxxxxxxx號 蜀公網安備xxxxxxxxxx號
</div>
</footer>
```

（3）首頁商品列表程式編寫。

首頁商品列表的核心程式如下。

程式 views/frontend/index/index.html　首頁商品列表的核心程式

```
<!-- 手機 -->

<div class="category_item w">
    <div class="title center">手機</div>
    <div class="main center">
        <div class="category_item_left">
            <img src="static/frontend/image/shouji.jpg" alt="手機">
        </div>
        <div class="category_item_right">
        {{range $key,$value := .phoneList}}
            <div class="hot fl">
                <div class="newproduct">
<span style="background:#fff"></span></div>
                <div class="tu"><a href="item_{{$value.Id}}.html">
<img src="{{$value.ProductImg | formatImage}}"></a>
                </div>
                <div class="secondkill"><a href="">{{$value.Title}}</a>
</div>
                <div class="product">{{$value.Price}}元</div>
                <div class="comment">372人評價</div>
                <div class="floatitem">
                    <a href="">
                        <span>{{substr $value.SubTitle 0 20}}</span>

                    </a>
                </div>
            </div>
        {{end}}
        </div>
    </div>
</div>

<!-- 電視 -->
<div class="category_item w">
```

```
    <div class="title center">電視</div>
    <div class="main center">
        <div class="category_item_left">
            <img src="static/frontend/image/peijian1.jpg" alt="手機">
        </div>
        <div class="category_item_right">
        {{range $key,$value := .tvList}}
            <div class="hot fl">
                <div class="newproduct">
<span style="background:#fff"></span></div>
                <div class="tu"><a
href="item_{{$value.Id}}.html"><img
src="{{$value.ProductImg | formatImage}}"></a>
                </div>
                <div class="secondkill"><a href="">{{$value.Title}}</a>
</div>
                <div class="product">{{$value.Price}}元</div>
                <div class="comment">372人評價</div>
                <div class="floatitem">
                    <a href="">
                        <span>{{$value.SubTitle}}</span>
                    </a>
                </div>
            </div>
        {{end}}
        </div>
    </div>
</div>
{{template "../public/page_footer.html" .}}
```

在範本開發完成後，在專案根目錄下透過 "bee run" 命令啟動專案。在瀏覽器中輸入 http://127.0.0.1:8080，返回的首頁效果如圖 9-5 所示。

圖 9-5

9.6.2 註冊登入模組開發

1. 註冊模組程式編寫

註冊模組的流程分為 3 步：

（1）透過輸入手機號和圖形驗證碼，透過後點擊進入下一步。

（2）發送簡訊驗證碼，輸入正確驗證碼後進入下一步。

（3）填寫註冊密碼，兩次輸入必須一致。如果在前端驗證碼符合輸入要求後點擊「註冊」按鈕，則會將使用者資料保存到使用者表中。

由於篇幅限制，這裡只列出有代表性的幾個區塊。包括輸入驗證、驗證碼驗證、簡訊驗證這 3 個部分。

註冊模組第 1 步的頁面如圖 9-6 所示。

圖 9-6

（1）創建範本檔案。

首先創建範本檔案。該範本主要包括登錄檔單、DIV 標籤、JS 驗證輸入這 3 部分。創建範本檔案一共分為 3 步：

第 1 步：創建 register_step1.html 範本檔案；

第 2 步：創建 register_step2.html 範本檔案；

第 3 步：創建 register_step3.html 範本檔案。

其中 register_step1.html 的核心程式如下。

程式 LeastMall/views/frontend/auth/register_step1.html　register_step1.html的核心程式

```
<div class="regist">
    <div class="regist_center">
        <div class="logo">
            <img src="/static/frontend/image/logo_top.png" alt="My Go Mall">
        </div>
        <div class="regist_top">
            <h2>註冊LeastMall帳戶</h2>
        </div>
        <div class="regist_main center">
            <input class="form_input" type="text" name="phone"
id="phone" placeholder="請填寫正確的手機號"/>
            <div class="yzm">
                <input type="text" id="phone_code" name="phone_code"
placeholder="請輸入圖形驗證碼"/>
            {{create_captcha}}
            </div>
            <div class="error"></div>
            <div class="regist_submit">
                <button class="submit" id="registerButton">
                    立即註冊
                </button>
            </div>
            <br>
            <br>
            <div class="privacy_box">
                <div class="msg">
                    <label class="n_checked now select-privacy">
                        <input type="checkbox" checked="true"/>
註冊帳號即表示您同意並願意遵守LeastMall商場
<a href=
"https://www.shirdon.com/leastmall/agreement/account/cn.html"
                        class="inspect_link"
title="使用者協定" target="_blank">使用者協定</a>和<a
                            href=
"https://www.shirdon.com/about/privacy/" class="inspect_link privacy link"
                           title=" 隱私政策 " target="_blank"> 隱私政策 </a>
                    </label>
                </div>
```

```
            </div>
        </div>
    </div>
</div>
```

register_step1.html 檔案中 JS 部分的核心程式如下。

程式 LeastMall/views/frontend/auth/register_step1.html　register_step1.html檔案中JS部分的核心程式

```
$(function () {
    //發送驗證碼
    $("#registerButton").click(function () {
        //驗證驗證碼是否正確
        var phone = $('#phone').val();
        var phone_code = $('#phone_code').val();
        var phoneCodeId = $("input[name='captcha_id']").val();

        var reg = /^[\d]{11}$/;
        if (!reg.test(phone)) {
            $(".error").html("Error：手機號輸入錯誤");
            return false;
        }
        if (phone_code.length < 4) {
            $(".error").html("Error：圖形驗證碼長度非法")
            return false;
        }

        $.get('/auth/sendCode', {
            phone: phone,
            phone_code: phone_code,
            phoneCodeId: phoneCodeId
        }, function (response) {
            console.log(response)
            if (response.success == true) {
                //跳躍到下一個頁面
                location.href
= "/auth/registerStep2?sign=" + response.sign + "&phone_code=" +
phone_code;
            } else {
```

```
                //改變驗證碼
                $(".error").html("Error：" + response.msg + ",請重新輸入!")

                //改變驗證碼
                var captchaImgSrc = $(".captcha-img").attr("src")
                $("#phone_code").val("")
                $(".captcha-img").
attr("src", captchaImgSrc + "?reload=" + (new Date()).getTime())
            }
        })
    })
})
```

由於第 2 步、第 3 步的程式和第 1 步差別不大，這裡不再贅述，讀者可以在本書原始程式碼的 "LeastMall/views/frontend/auth" 目錄下查看。

（2）控制器程式編寫。

註冊控制器的程式在檔案 AuthController.go 中，其中關於註冊部分的內容如下。

① 載入範本。

載入範本的方法很簡單：直接將範本檔案的相對路徑設定值即可。載入範本控制器的核心程式如下。

程式 LeastMall/controllers/frontend/AuthController.go　載入範本控制器的核心程式

```
//註冊第1步
func (c *AuthController) RegisterStep1() {
    c.TplName = "frontend/auth/register_step1.html"
}

//註冊第2步
func (c *AuthController) RegisterStep2() {
    sign := c.GetString("sign")
    phone_code := c.GetString("phone_code")
    //驗證圖形驗證碼是否正確
    sessionPhotoCode := c.GetSession("phone_code")
    if phone_code != sessionPhotoCode {
        c.Redirect("/auth/registerStep1", 302)
```

```
        return
    }
    userTemp := []models.UserSms{}
    models.DB.Where("sign=?", sign).Find(&userTemp)
    if len(userTemp) > 0 {
        c.Data["sign"] = sign
        c.Data["phone_code"] = phone_code
        c.Data["phone"] = userTemp[0].Phone
        c.TplName = "frontend/auth/register_step2.html"
    } else {
        c.Redirect("/auth/registerStep1", 302)
        return
    }
}

//註冊第3步
func (c *AuthController) RegisterStep3() {
    sign := c.GetString("sign")
    sms_code := c.GetString("sms_code")
    sessionSmsCode := c.GetSession("sms_code")
    if sms_code != sessionSmsCode && sms_code != "5259" {
        c.Redirect("/auth/registerStep1", 302)
        return
    }
    userTemp := []models.UserSms{}
    models.DB.Where("sign=?", sign).Find(&userTemp)
    if len(userTemp) > 0 {
        c.Data["sign"] = sign
        c.Data["sms_code"] = sms_code
        c.TplName = "frontend/auth/register_step3.html"
    } else {
        c.Redirect("/auth/registerStep1", 302)
        return
    }
}
```

② 發送簡訊驗證碼。

因為真實發送驗證碼需要單獨購買簡訊套餐，所以如果讀者想測試發送驗證碼，則需自行去相關平台購買。

發送簡訊驗證碼的核心部分，包括以下兩步：①對接第三方簡訊介面；②限制簡訊發送的筆數和頻率。

發送簡訊驗證碼的核心程式如下。

程式 LeastMall/controllers/frontend/AuthController.go　發送簡訊驗證碼的核心程式

```
//發送驗證碼
func (c *AuthController) SendCode() {
    phone := c.GetString("phone")
    phone_code := c.GetString("phone_code")
    phoneCodeId := c.GetString("phoneCodeId")
    if phoneCodeId == "resend" {
        //判斷session中的驗證碼是否合法
        sessionPhotoCode := c.GetSession("phone_code")
        if sessionPhotoCode != phone_code {
            c.Data["json"] = map[string]interface{}{
                "success": false,
                "msg":     "輸入的圖形驗證碼不正確,非法請求",
            }
            c.ServeJSON()
            return
        }
    }
    if !models.Cpt.Verify(phoneCodeId, phone_code) {
        c.Data["json"] = map[string]interface{}{
            "success": false,
            "msg":     "輸入的圖形驗證碼不正確",
        }
        c.ServeJSON()
        return
    }

    c.SetSession("phone_code", phone_code)
    pattern := `^[\d]{11}$`
    reg := regexp.MustCompile(pattern)
    if !reg.MatchString(phone) {
        c.Data["json"] = map[string]interface{}{
            "success": false,
            "msg":     "手機號格式不正確",
```

```
        }
        c.ServeJSON()
        return
    }
    user := []models.User{}
    models.DB.Where("phone=?", phone).Find(&user)
    if len(user) > 0 {
        c.Data["json"] = map[string]interface{}{
            "success": false,
            "msg":     "此使用者已存在",
        }
        c.ServeJSON()
        return
    }

    add_day := common.FormatDay()
    ip := strings.Split(c.Ctx.Request.RemoteAddr, ":")[0]
    sign := common.Md5(phone + add_day) //簽名
    sms_code := common.GetRandomNum()
    userTemp := []models.UserSms{}
    models.DB.Where("add_day=? AND phone=?", add_day, phone).Find(&userTemp)
    var sendCount int
    models.DB.Where("add_day=? AND ip=?",
add_day, ip).Table("user_temp").Count(&sendCount)
    //驗證當前IP位址今天發送的次數是否符合要求
    if sendCount <= 10 {
        if len(userTemp) > 0 {
            //驗證當前手機號今天發送的次數是否符合要求
            if userTemp[0].SendCount < 5 {
                common.SendMsg(sms_code)
                c.SetSession("sms_code", sms_code)
                oneUserSms := models.UserSms{}
                models.DB.Where("id=?", userTemp[0].Id).Find(&oneUserSms)
                oneUserSms.SendCount += 1
                models.DB.Save(&oneUserSms)
                c.Data["json"] = map[string]interface{}{
                    "success":  true,
                    "msg":      "簡訊發送成功",
                    "sign":     sign,
```

```
                "sms_code": sms_code,
            }
            c.ServeJSON()
            return
        } else {
            c.Data["json"] = map[string]interface{}{
                "success": false,
                "msg":       "當前手機號今天發送簡訊數已達上限",
            }
            c.ServeJSON()
            return
        }

    } else {
        common.SendMsg(sms_code)
        c.SetSession("sms_code", sms_code)
        //發送驗證碼，並向userTemp寫入資料
        oneUserSms := models.UserSms{
            Ip:        ip,
            Phone:     phone,
            SendCount: 1,
            AddDay:    add_day,
            AddTime:   int(common.GetUnix()),
            Sign:      sign,
        }
        models.DB.Create(&oneUserSms)
        c.Data["json"] = map[string]interface{}{
            "success":  true,
            "msg":      "簡訊發送成功",
            "sign":     sign,
            "sms_code": sms_code,
        }
        c.ServeJSON()
        return
    }
} else {
    c.Data["json"] = map[string]interface{}{
        "success": false,
        "msg":      "此IP位址今天發送次數已經達到上限，明天再試",
```

```
        }
        c.ServeJSON()
        return
    }
}
```

③ 驗證簡訊驗證碼。

在發送驗證碼後，如果使用者收到簡訊驗證碼，且將收到的驗證碼輸入 form 表單輸入框，則 Go 語言後端控制器會將使用者輸入的驗證碼與之前發送的驗證碼進行比較。如果一致，則驗證通過，否則不通過。驗證簡訊驗證碼的核心程式如下。

程式 LeastMall/controllers/frontend/AuthController.go 驗證簡訊驗證碼的核心程式

```
//驗證驗證碼
func (c *AuthController) ValidateSmsCode() {
    sign := c.GetString("sign")
    sms_code := c.GetString("sms_code")

    userTemp := []models.UserSms{}
    models.DB.Where("sign=?", sign).Find(&userTemp)
    if len(userTemp) == 0 {
        c.Data["json"] = map[string]interface{}{
            "success": false,
            "msg":      "參數錯誤",
        }
        c.ServeJSON()
        return
    }

    sessionSmsCode := c.GetSession("sms_code")
    if sessionSmsCode != sms_code && sms_code != "5259" {
        c.Data["json"] = map[string]interface{}{
            "success": false,
            "msg":      "輸入的簡訊驗證碼錯誤",
        }
        c.ServeJSON()
        return
    }
```

```
    nowTime := common.GetUnix()
    if (nowTime-int64(userTemp[0].AddTime))/1000/60 > 15 {
        c.Data["json"] = map[string]interface{}{
            "success": false,
            "msg":     "驗證碼已過期",
        }
        c.ServeJSON()
        return
    }

    c.Data["json"] = map[string]interface{}{
        "success": true,
        "msg":     "驗證成功",
    }
    c.ServeJSON()
}
```

④ 執行註冊操作。

如果之前的 3 步都驗證通過，則可以點擊第③步的「完成註冊」按鈕。當使用者點擊「完成註冊」按鈕時，系統會呼叫 JS 的 submit 提交事件，透過 ajax 執行註冊操作。執行註冊方法的核心程式如下。

程式 LeastMall/controllers/frontend/AuthController.go　執行註冊方法的核心程式

```
//執行註冊操作
func (c *AuthController) GoRegister() {
    sign := c.GetString("sign")
    sms_code := c.GetString("sms_code")
    password := c.GetString("password")
    rpassword := c.GetString("rpassword")
    sessionSmsCode := c.GetSession("sms_code")
    if sms_code != sessionSmsCode && sms_code != "5259" {
        c.Redirect("/auth/registerStep1", 302)
        return
    }
    if len(password) < 6 {
        c.Redirect("/auth/registerStep1", 302)
    }
    if password != rpassword {
```

```
        c.Redirect("/auth/registerStep1", 302)
    }
    userTemp := []models.UserSms{}
    models.DB.Where("sign=?", sign).Find(&userTemp)
    ip := strings.Split(c.Ctx.Request.RemoteAddr, ":")[0]
    if len(userTemp) > 0 {
        user := models.User{
            Phone:    userTemp[0].Phone,
            Password: common.Md5(password),
            LastIp:   ip,
        }
        models.DB.Create(&user)

        models.Cookie.Set(c.Ctx, "userinfo", user)
        c.Redirect("/", 302)
    } else {
        c.Redirect("/auth/registerStep1", 302)
    }
}
```

2. 登入模組程式編寫

使用者登入頁面如圖 9-7 所示。

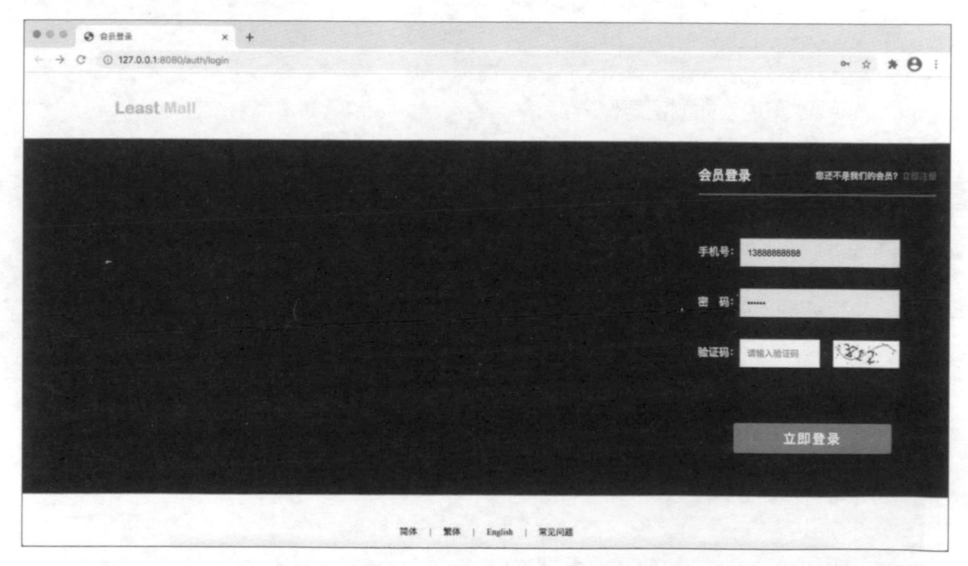

圖 9-7

使用者登入頁面的開發過程如下。

（1）範本程式編寫。

和註冊一樣，登入也是前台 HTML 範本透過 ajax 方式發送登入請求來實現登入。登入頁面範本的核心程式如下。

程式 LeastMall/views/frontend/auth/login.html　登入頁面範本的核心程式

```
<div class="login">
    <div class="login_center">
        <div class="login_top">
            <div class="left fl">會員登入</div>
            <div class="right fr">您還不是我們的會員？
<a href="/auth/registerStep1" target="_self">立即註冊</a></div>
            <div class="clear"></div>
            <div class="xian center"></div>
        </div>
        <div class="login_main center">
            <input type="hidden" id="prevPage" value="{{.prevPage}}">
            <div class="username">
手機號：<input class="inputclass" id="phone" type="text" name="phone"
placeholder="請輸入你的用戶名"/></div>
            <div class="username">
密　碼：<input class="inputclass"
id="password" type="password" name="password"
placeholder="請輸入你的密碼"/></div>
            <div class="username">
                <div class="left fl">
驗證碼：<input class="verificode" id="phone_code" type="text"
name="phone_code" placeholder="請輸入驗證碼"/></div>
                <div class="right fl">
                {{create_captcha}}
                </div>
                <div class="clear"></div>
            </div>
        </div>
        <div class="error">
        </div>
        <div class="login_submit">
```

```
            <input class="submit" type="button" id="goLogin" value="立即
登入">
        </div>
    </div>
</div>
```

寫好 HTML 部分後，需要透過 JS 驗證前台使用者輸入，同時發送 ajax 登入請求。登入頁面的核心 JS 程式如下。

程式 LeastMall/views/frontend/auth/login.html　登入頁面的核心JS程式

```
$("#goLogin").click(function (e) {
    var phone = $('#phone').val();
    var password = $('#password').val();
    var phone_code = $('#phone_code').val();
    var phoneCodeId = $("input[name='captcha_id']").val();
    var prevPage = $("#prevPage").val();
    var reg = /^[\d]{11}$/;
    if (!reg.test(phone)) {
        alert('手機號輸入錯誤');
        return false;
    }
    if (password.length < 6) {
        alert('密碼長度非法');
        return false;
    }
    if (phone_code.length < 4) {
        alert('驗證碼長度非法');
        return false;
    }
    //ajax請求
    $.post('/auth/goLogin', {
        phone: phone,
        password: password,
        phone_code: phone_code,
        phoneCodeId: phoneCodeId
    }, function (response) {
        console.log(response);
        if (response.success == true) {
```

```
            if (prevPage) {
                location.href = prevPage;
            } else {
                location.href = "/";
            }
        } else {
            //改變驗證碼
            $(".error").html("Error：" + response.msg + ",請重新輸入!")
            //改變驗證碼
            var captchaImgSrc = $(".captcha-img").attr("src")
            $(".phone_code").val("")
            $(".captcha-img").attr("src", captchaImgSrc +
"?reload=" + (new Date()).getTime())
        }
    })
})
```

（2）控制器程式編寫。

① 執行登入。

前台範本發送登入後，Go 控制器會接收登入的表單資料，執行登入操作。登入頁面控制器執行登入的程式如下。

程式 LeastMall/controllers/frontend/AuthController.go　登入頁面控制器執行登入的程式

```
//登入
func (c *AuthController) GoLogin() {
    phone := c.GetString("phone")
    password := c.GetString("password")
    photo_code := c.GetString("photo_code")
    photoCodeId := c.GetString("photoCodeId")
    identifyFlag := models.Cpt.Verify(photoCodeId, photo_code)
    if !identifyFlag {
        c.Data["json"] = map[string]interface{}{
            "success": false,
            "msg":      "輸入的圖形驗證碼不正確",
        }
        c.ServeJSON()
        return
    }
```

```
    password = common.Md5(password)
    user := []models.User{}
    models.DB.Where("phone=? AND password=?", phone, password).Find(&user)
    if len(user) > 0 {
        models.Cookie.Set(c.Ctx, "userinfo", user[0])
        c.Data["json"] = map[string]interface{}{
            "success": true,
            "msg":     "使用者登入成功",
        }
        c.ServeJSON()
        return
    } else {
        c.Data["json"] = map[string]interface{}{
            "success": false,
            "msg":     "用戶名或密碼不正確",
        }
        c.ServeJSON()
        return
    }
}
```

② 退出登入。

退出登入需要先清除本地 cookie 快取，然後重新導向到該頁面的 referer 頁面。登入頁面控制器退出登入程式如下。

程式 LeastMall/controllers/frontend/AuthController.go 登入頁面控制器退出登入的程式

```
//退出登入
func (c *AuthController) LoginOut() {
    models.Cookie.Remove(c.Ctx, "userinfo", "")
    c.Redirect(c.Ctx.Request.Referer(), 302)
}
```

9.6.3 使用者中心模組開發

使用者中心模組分為「歡迎頁面」、「我的訂單」、「使用者資訊」、「我的收藏」、「我的評論」5 個頁面。其中「我的訂單」頁面的難度最大，具有代表性。接下來就以「我的訂單」頁面作為代表進行講解，由於篇幅的原因，其他頁面不再贅述。

「我的訂單」頁面如圖 9-8 所示。

圖 9-8

1.「我的訂單」頁面編寫

（1）範本檔案編寫

如圖 9-8 所示，在使用者中心頁面中點擊左邊的導覽，右邊會出現「我的訂單」頁面。訂單分為「全部有效訂單」、「待支付」、「已支付」、「待收貨」、「已關閉」5 種狀態。

每個訂單右下角有 2 個按鈕，分別是「去支付」、「訂單詳情」。如果該訂單是沒有支付的，則可以點擊「去支付」按鈕。點擊後會透過 <a> 標籤請求跳躍到支付頁面，支付頁面會在 9.6.7 節進行講解。點擊「訂單詳情」按鈕，也會透過 <a> 標籤跳躍到「訂單詳情」頁面。

「我的訂單」頁面的範本檔案的核心程式如下。

程式 LeastMall/views/frontend/user/order.html 「我的訂單」頁面的範本檔案的核心程式

```
 <div class="rtcont fr">
    <h1>我的訂單</h1>
    <div class="uc-content-box">
        <div class="box-hd">
            <div class="more clearfix">
                <ul class="filter-list J_orderType">
                    <li class="first active"><a href="/user/order">
全部有效訂單</a></li>
                    <li><a href="/user/order?order_status=0">待支付</a></li>
                    <li><a href="/user/order?order_status=1">已支付</a></li>
                    <li><a href="/user/order?order_status=3">待收貨</a></li>
                    <li><a href="/user/order?order_status=6">已關閉</a></li>
                </ul>
                <form id="J_orderSearchForm"
class="search-form clearfix" action="/user/order" method="get">
                    <input class="search-text" type="search"
id="J_orderSearchKeywords" name="keywords"
                           autocomplete="off" placeholder="輸入商品名稱">
                    <input type="submit" class="search-btn iconfont"
value="搜索">
                </form>
            </div>
        </div>
    {{if .order}}
        <div class="box-bd">
            <table class="table">
            {{range $key,$value := .order}}
                <tr>
                    <td colspan="2">
                        <div class="order-summary">
                            <h2>
                            {{if eq $value.OrderStatus 0}}
                                已下單 未支付
                            {{else if eq $value.OrderStatus 1}}
                                已付款
                            {{else if eq $value.OrderStatus 2}}
                                已配貨
                            {{else if eq $value.OrderStatus 3}}
```

```
                                已發貨
                            {{else if eq $value.OrderStatus 4}}
                                交易成功
                            {{else if eq $value.OrderStatus 5}}
                                已退貨
                            {{else if eq $value.OrderStatus 6}}
                                無效 已取消
                            {{end}}
                            </h2>
                        {{$value.AddTime | timestampToDate}} | {{$value.
Name}} |
訂單號：{{$value.OrderId}} | 線上支付
                            實付金額：{{$value.AllPrice}} 元
                        </div>
                    {{range $k,$v := $value.OrderItem}}
                        <div class="order-info clearfix">
                            <div class="col_pic">
                                <img src="/{{$v.ProductImg}}"/>
                            </div>
                            <div class="col_title">
                                <p>{{$v.ProductTitle}}</p>
                                <p>{{$v.ProductPrice}}元 × {{$v.
ProductNum}} </p>
                                <p>合計：{{mul $v.ProductPrice
$v.ProductNum}}元</p>
                            </div>
                        </div>
                    {{end}}
                    </td>
                    <td>
                    {{if eq $value.OrderStatus 1}}
                        <span>
                        <a class="btn"
href="/user/orderinfo?id={{$value.Id}}">訂單詳情</a>
                            <br>
                            <br>
                            <a class="btn" href="#">申請售後</a>
                        </span>
                    {{else}}
                        <span>
```

```
                            <a class="delete btn btn-primary" href=
"/buy/confirm?id={{$value.Id}}">去支付</a>
                                <br>
                                <br>
                                <a class="delete btn" href=
"/user/orderinfo?id={{$value.Id}}">訂單詳情</a>
                            </span>
                        {{end}}
                        </td>
                    </tr>
            {{end}}
            </table>
            <div id="page" class="pagination fr"></div>
        </div>
    {{else}}
        <p style="text-align:center; padding-top:100px;">沒有尋找到訂單</p>
    {{end}}
    </div>
</div>
```

（2）控制器程式編寫。

「我的訂單」頁面主要用於展示訂單清單，其控制器的邏輯如下：① 獲取當前使用者；② 獲取當前使用者下面的訂單資訊並分頁；③ 獲取搜索關鍵字；④ 獲取篩選條件；⑤ 計算總數量。

「我的訂單」頁面控制器的核心程式如下。

程式 LeastMall/controllers/frontend/UserController.go 「我的訂單」頁面控制器的核心程式

```
func (c *UserController) OrderList() {
    c.BaseInit()
    //1.獲取當前使用者
    user := models.User{}
    models.Cookie.Get(c.Ctx, "userinfo", &user)
    //2.獲取當前使用者的訂單資訊並分頁
    page, _ := c.GetInt("page")
    if page == 0 {
        page = 1
    }
```

```
    pageSize := 2
    //3.獲取搜索關鍵字
    where := "uid=?"
    keywords := c.GetString("keywords")
    if keywords != "" {
        orderitem := []models.OrderItem{}
        models.DB.Where("product_title like ?", "%"+keywords+"%").
Find(&orderitem)
        var str string
        for i := 0; i < len(orderitem); i++ {
            if i == 0 {
                str += strconv.Itoa(orderitem[i].OrderId)
            } else {
                str += "," + strconv.Itoa(orderitem[i].OrderId)
            }
        }
        where += " AND id in (" + str + ")"
    }
    //4.獲取篩選條件
    orderStatus, err := c.GetInt("order_status")
    if err == nil {
        where += " AND order_status=" + strconv.Itoa(orderStatus)
        c.Data["orderStatus"] = orderStatus
    } else {
        c.Data["orderStatus"] = "nil"
    }
    //5.計算總數量
    var count int
    models.DB.Where(where, user.Id).Table("order").Count(&count)
    order := []models.Order{}
    models.DB.Where(where, user.Id).Offset((page - 1) * pageSize).Limit
(pageSize).Preload("OrderItem").Order("add_time desc").Find(&order)

    c.Data["order"] = order
    c.Data["totalPages"] = math.Ceil(float64(count) / float64(pageSize))
    c.Data["page"] = page
    c.Data["keywords"] = keywords
    c.TplName = "frontend/user/order.html"
}
```

2.「訂單詳情」頁面編寫

（1）範本檔案編寫

使用者中心「訂單詳情」頁面如圖 9-9 所示。

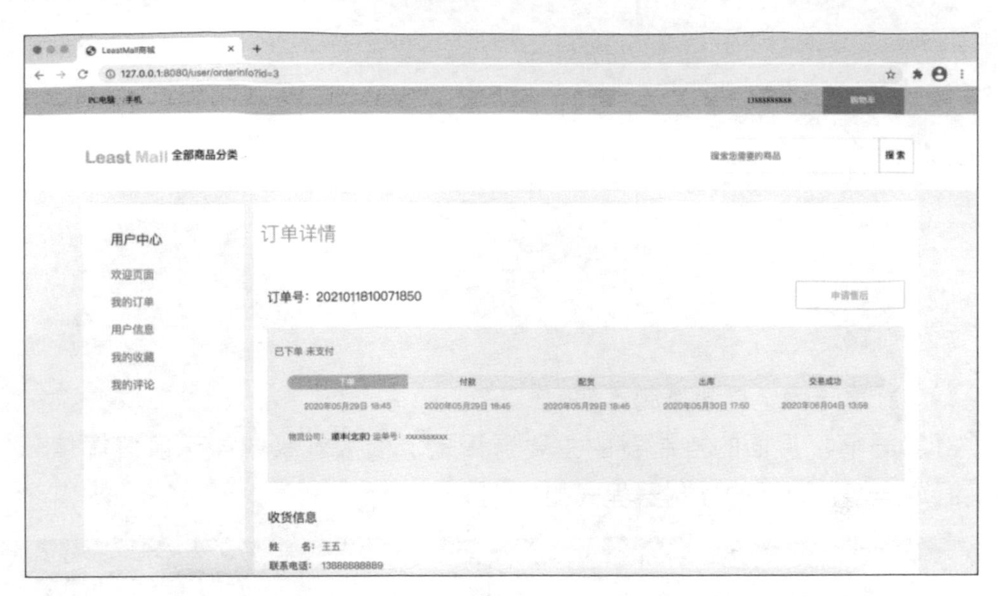

圖 9-9

「訂單詳情」頁面的範本檔案的核心程式如下。

程式 LeastMall/views/frontend/user/order_info.html　「訂單詳情」頁面的範本檔案的核心程式

```
<div class="box-bd">
   <div class="uc-order-item uc-order-item-finish">
       <div class="order-detail">
           <div class="order-summary">
               <div class="order-status">
               {{if eq .order.OrderStatus 0}}
                   已下單 未支付
               {{else if eq .order.OrderStatus 1}}
                   已付款
               {{else if eq .order.OrderStatus 2}}
                   已配貨
               {{else if eq .order.OrderStatus 3}}
```

```
                    已發貨
                {{else if eq .order.OrderStatus 4}}
                    交易成功
                {{else if eq .order.OrderStatus 5}}
                    已退貨
                {{else if eq .order.OrderStatus 6}}
                    無效 已取消
                {{end}}
                //...此處省略許多程式
                </div>
            </div>
        </div>
    </div>
</div>
```

(2)「訂單詳情」頁面控制器編寫

「訂單詳情」頁面的控制器的主要邏輯是，根據訂單號展示訂單詳情。「訂單詳情」頁面的控制器程式如下。

程式 LeastMall/controllers/frontend/UserController.go　「訂單詳情」頁面的控制器程式

```
func (c *UserController) OrderInfo() {
    c.BaseInit()
    id, _ := c.GetInt("id")
    user := models.User{}
    models.Cookie.Get(c.Ctx, "userinfo", &user)
    order := models.Order{}
    models.DB.
Where("id=? AND uid=?", id, user.Id).Preload("OrderItem").Find(&order)
    c.Data["order"] = order
    if order.OrderId == "" {
        c.Redirect("/", 302)
    }
    c.TplName = "frontend/user/order_info.html"
}
```

9.6.4 商品展示模組開發

1. 範本程式編寫

商品展示模組包括「商品清單展示」頁面、「商品詳情展示」頁面、「商品分類展示」頁面等。限於篇幅，這裡只介紹「商品清單展示」頁面。「商品清單展示」頁面的程式如下。

程式 LeastMall/views/frontend/product/list.html　「商品清單展示」頁面的程式

```
{{template "../public/page_header.html" .}}
{{template "../public/banner.html" .}}
<script type="text/javascript" src=
"/static/backend/js/jqPaginator.js"></script>
<link rel="stylesheet" href="/static/backend/bootstrap/css/bootstrap.css">
<!-- start 單品 -->
<div class="singleproduct center">
    <div class="search-filter center">
        <ul class="item show-less" id="list_item_class">
            <span> 分類： </span>
        {{$currentId := .curretProductCate.Id}}
        {{range $key,$value := .subProductCate}}
        {{if eq $value.Id $currentId}}
        {{if eq $value.Link ""}}
            <li><a class="active" href=
"category_{{$value.Id}}.html">{{$value.Title}}</a></li>
        {{end}}
        {{else}}
        {{if eq $value.Link ""}}
            <li><a href="category_{{$value.Id}}.html">{{$value.Title}}
</a></li>
        {{end}}
        {{end}}
        {{end}}
        </ul>
    </div>
    <div class="main center mb20">
    {{range $key,$value := .productList}}
        <div class="star fl mb20"
```

```
style="border:2px solid #fff;width:230px;cursor:pointer;"
            onmouseout="this.style.border=
'2px solid #fff'" onmousemove="this.style.border='2px solid red'">
            <div class="sub_star">
                <a href="item_{{$value.Id}}.html" target="_blank">
                    <img src=
"{{$value.ProductImg | formatImage}}" alt="{{$value.Title}}"/>
                </a>
            </div>
            <div class="brand"><a href=
"item_{{$value.Id}}.html" target="_blank">{{$value.Title}}</a></div>
            <div class="product">{{$value.Price}}元</div>
        </div>
    {{end}}
        <div class="clear"></div>
        <div id="pagination" class="pagination fr">
        </div>
    </div>
    <div class="clear"></div>
</div>

<!-- end 單品 -->
<script>
    $(function () {
        $('#pagination').jqPaginator({
            totalPages: {{.totalPages}},
            visiblePages: 10,
            currentPage: {{.page}},
            onPageChange: function (num, type) {
                console.log(num, type)
                if (type == "change") {
                    location.href
= "/category_{{.curretProductCate.Id}}.html?page=" + num;
                }
            }
        });
    })
</script>
{{template "../public/page_footer.html" .}}
```

```
</body>
</html>
```

2. 控制器程式編寫

「商品展示」模組控制器的程式主要用於控制「商品清單展示」頁面、「商品詳情展示」頁面、「商品分類展示」頁面的展示。「商品清單展示」頁面的控制器的核心程式如下。

程式 LeastMall/controllers/frontend/ProductController.go 「商品清單展示」頁面的控制器的核心程式

```
type ProductController struct {
    BaseController
}

func (c *ProductController) CategoryList() {
    //呼叫公共方法
    c.SuperInit()

    id := c.Ctx.Input.Param(":id")
    cateId, _ := strconv.Atoi(id)
    curretProductCate := models.ProductCate{}
    subProductCate := []models.ProductCate{}
    models.DB.Where("id=?", cateId).Find(&curretProductCate)

    //當前頁
    page, _ := c.GetInt("page")
    if page == 0 {
        page = 1
    }
    //每一頁顯示的數量
    pageSize := 5

    var tempSlice []int
    if curretProductCate.Pid == 0 {    //頂級分類
        //二級分類
        models.DB.Where("pid=?", curretProductCate.Id).Find
(&subProductCate)
```

```
        for i := 0; i < len(subProductCate); i++ {
            tempSlice = append(tempSlice, subProductCate[i].Id)
        }
    } else {
        //獲取當前二級分類對應的同級分類
        models.DB.Where("pid=?", curretProductCate.Pid).Find
(&subProductCate)
    }
    tempSlice = append(tempSlice, cateId)
    where := "cate_id in (?)"
    product := []models.Product{}
    models.DB.Where(where, tempSlice).
Select("id,title,price,product_img,sub_title").
Offset((page - 1) * pageSize).
Limit(pageSize).
Order("sort desc").
Find(&product)
    //查詢product表裡面的數量
    var count int
    models.DB.Where(where, tempSlice).Table("product").Count(&count)

    c.Data["productList"] = product
    c.Data["subProductCate"] = subProductCate
    c.Data["curretProductCate"] = curretProductCate
    c.Data["totalPages"] = math.Ceil(float64(count) / float64(pageSize))
    c.Data["page"] = page

    //指定分類別樣板
    tpl := curretProductCate.Template
    if tpl == "" {
        tpl = "frontend/product/list.html"
    }

    c.TplName = tpl
}

func (c *ProductController) Collect() {
    productId, err := c.GetInt("product_id")
    if err != nil {
```

```
        c.Data["json"] = map[string]interface{}{
            "success": false,
            "msg":      "傳參錯誤",
        }
        c.ServeJSON()
        return
    }
    user := models.User{}
    ok := models.Cookie.Get(c.Ctx, "userinfo", &user)
    if ok != true {
        c.Data["json"] = map[string]interface{}{
            "success": false,
            "msg":      "請先登入",
        }
        c.ServeJSON()
        return
    }
    isExist := models.DB.First(&user)
    if isExist.RowsAffected == 0 {
        c.Data["json"] = map[string]interface{}{
            "success": false,
            "msg":      "非法使用者",
        }
        c.ServeJSON()
        return
    }

    goodCollect := models.ProductCollect{}
    isExist = models.DB.
Where("user_id=? AND product_id=?", user.Id, productId).
First(&goodCollect)
    if isExist.RowsAffected == 0 {
        goodCollect.UserId = user.Id
        goodCollect.ProductId = productId
        goodCollect.AddTime = common.FormatDay()
        models.DB.Create(&goodCollect)
        c.Data["json"] = map[string]interface{}{
            "success": true,
            "msg":      "收藏成功",
```

```
        }
        c.ServeJSON()
    } else {
        models.DB.Delete(&goodCollect)
        c.Data["json"] = map[string]interface{}{
            "success": true,
            "msg":     "取消收藏成功",
        }
        c.ServeJSON()
    }
}
```

9.6.5 購物車模組開發

購物車模組的主要邏輯是：在使用者點擊「加入購物車」按鈕後，判斷購物車中有沒有資料；如果有當前商品資料，則會將購物車商品數量加1；如果沒有任何資料，則直接把當前資料寫入 Cookie。「商品詳情」頁面如圖 9-10 所示。

圖 9-10

1. 加入購物車的開發

當使用者點擊「加入購物車」按鈕時，會請求加入購物車的方法。加入購物車的核心程式如下。

程式 LeastMall/controllers/frontend/CartController.go　加入購物車的核心程式

```
func (c *CartController) AddCart() {
    c.BaseInit()

    colorId, err1 := c.GetInt("color_id")
    productId, err2 := c.GetInt("product_id")

    product := models.Product{}
    productColor := models.ProductColor{}
    err3 := models.DB.Where("id=?", productId).Find(&product).Error
    err4 := models.DB.Where("id=?", colorId).Find(&productColor).Error

    if err1 != nil || err2 != nil || err3 != nil || err4 != nil {

        c.Ctx.Redirect(302, "/item_"+strconv.Itoa(product.Id)+".html")
        return
    }
    // 1.獲取增加購物車的商品資料
    currentData := models.Cart{
        Id:             productId,
        Title:          product.Title,
        Price:          product.Price,
        ProductVersion: product.ProductVersion,
        Num:            1,
        ProductColor:   productColor.ColorName,
        ProductImg:     product.ProductImg,
        ProductGift:    product.ProductGift, //贈品
        ProductAttr:    "",                  //根據自己的需求拓展
        Checked:        true,                //預設選中
    }

    //2.判斷購物車中有沒有資料（cookie）
    cartList := []models.Cart{}
    models.Cookie.Get(c.Ctx, "cartList", &cartList)
```

```
    if len(cartList) > 0 { //購物車有資料
        //判斷購物車中有沒有當前資料
        if models.CartHasData(cartList, currentData) {
            for i := 0; i < len(cartList); i++ {
                if cartList[i].Id == currentData.Id &&
cartList[i].ProductColor == currentData.ProductColor &&
cartList[i].ProductAttr == currentData.ProductAttr {
                    cartList[i].Num = cartList[i].Num + 1
                }
            }
        } else {
            cartList = append(cartList, currentData)
        }
        models.Cookie.Set(c.Ctx, "cartList", cartList)

    } else {
        //3.如果購物車中沒有任何資料，則直接把當前資料寫入cookie
        cartList = append(cartList, currentData)
        models.Cookie.Set(c.Ctx, "cartList", cartList)
    }

    c.Data["product"] = product
    c.TplName = "frontend/cart/addcart_success.html"
}
```

成功加入購物車的頁面如圖 9-11 所示。

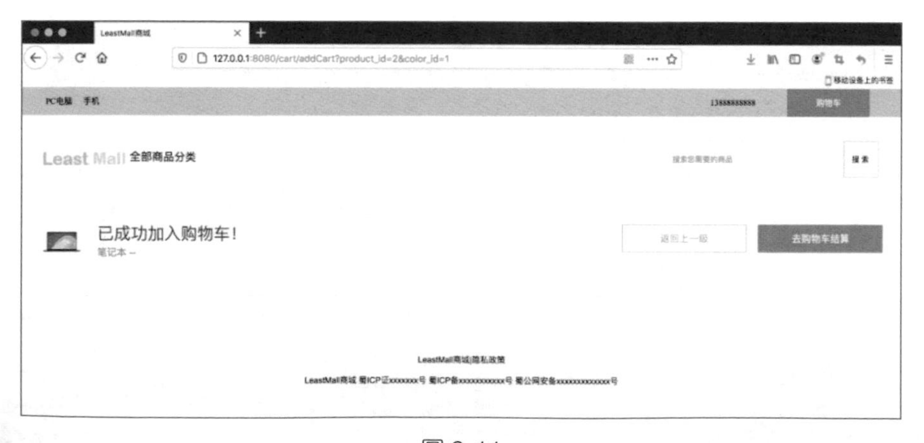

圖 9-11

2.「我的購物車」頁面的開發

「我的購物車」頁面如圖 9-12 所示。

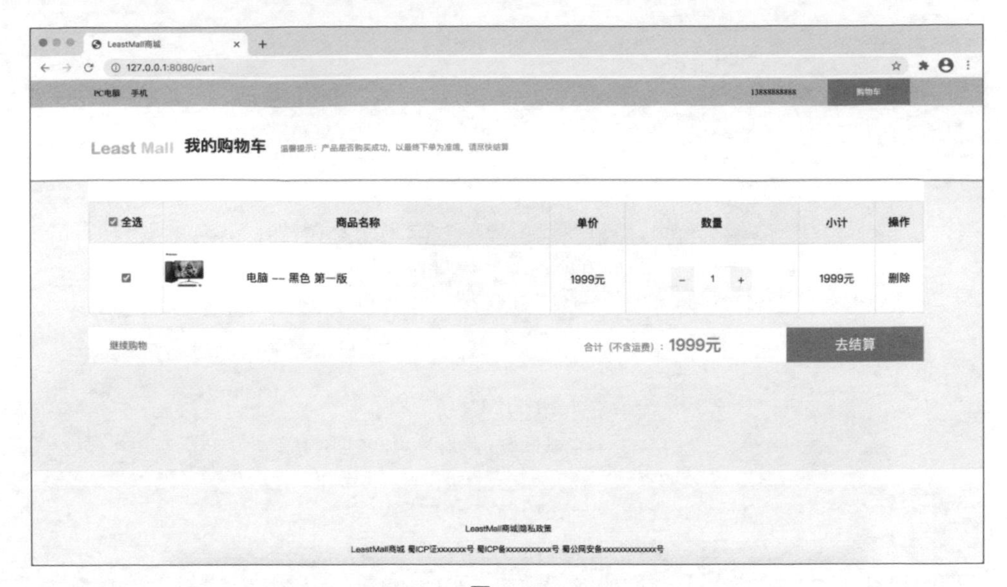

圖 9-12

（1）創建範本檔案。

如圖 9-12 所示，「我的購物車」頁面的主要功能是：①將加入購物車的商品展示出來，②對商品的數量進行修改、刪除等操作。「我的購物車」頁面的核心程式如下。

程式 LeastMall/views/frontend/cart/cart.html　「我的購物車」頁面的核心程式

```
<div class="cartdetail">
    <div class="cartdetail_sub center clearfix">
        <table class="table">
            <tr class="th">
                <th>
                    <input type="checkbox" id="checkAll"/>
                    全選
                </th>
                <th>
                    商品名稱
```

```
                </th>
                <th>單價</th>
                <th>數量</th>
                <th>小計</th>
                <th>操作</th>
            </tr>
        {{range $key,$value := .cartList}}
            <tr class="cart_list">
                <td>
                    <input type="checkbox" product_id="{{$value.Id}}"
                           product_color="{{$value.ProductColor}}"
                    {{if eq $value.Checked true}} checked {{end}} />
                </td>
                <td>
                    <div class="col_pic">
                        <img src="{{$value.ProductImg | formatImage}}"/>
                    </div>
                    <div class="col_title">
                    {{$value.Title}} --
{{$value.ProductColor}} {{$value.ProductVersion}}
                    </div>
                </td>
                <td class="price">
                {{$value.Price}}元
                </td>
                <td>
                    <div class="cart_number">
                        <div class="input_left decCart" product_id=
"{{$value.Id}}"
                             product_color="{{$value.ProductColor}}">-
                        </div>
                        <div class="input_center">
                            <input id="num" name="num" readonly="readonly"
                                   type="text" value="{{$value.Num}}"/>
                        </div>
                        <div class="input_right incCart" product_id=
"{{$value.Id}}"
                             product_color="{{$value.ProductColor}}">+
```

```
                        </div>
                    </div>
                </td>
                <td class="totalPrice">
                {{mul $value.Price $value.Num}}元
                </td>
                <td>
                    <span><a href="/cart/delCart?product_id={{$value.Id}}
                    &product_color={{$value.ProductColor}}"
                             class="delete"> 刪除</a></span>
                </td>
            </tr>
        {{end}}
        </table>
    </div>
    <div class="checkoutpage mt20 center">
        <div class="tishi fl ml20">
            <ul>
                <li><a href="./liebiao.html">繼續購物</a></li>
            </ul>
        </div>
        <div class="checkout fr">
            <div class="checkoutproduct fl">合計（不含運費）：
<span id="allPrice">{{.allPrice}}元</span></div>
            <div class="gocheckout fr"><input class="jsan"
type="submit" name="checkout" id="checkout" value="去結算"/></div>
            <div class="clear"></div>
        </div>
        <div class="clear"></div>
    </div>
</div>
```

（2）控制器程式編寫。

①「我的購物車」頁面控制器的程式編寫。

「我的購物車」頁面的控制器用於展示購物車中的商品，並動態計算商品總價。「我的購物車」頁面的核心程式如下：

程式 LeastMall/controllers/frontend/CartController.go 「我的購物車」頁面的核心程式

```
//購物車展示
func (c *CartController) Get() {
    c.BaseInit()
    cartList := []models.Cart{}
    models.Cookie.Get(c.Ctx, "cartList", &cartList)

    var allPrice float64
    //執行計算總價
    for i := 0; i < len(cartList); i++ {
        if cartList[i].Checked {
            allPrice += cartList[i].Price * float64(cartList[i].Num)
        }
    }
    c.Data["cartList"] = cartList
    c.Data["allPrice"] = allPrice
    c.TplName = "frontend/cart/cart.html"
}
```

② 修改購物車控制器的程式。

當使用者點擊「修改購物車」按鈕時，會透過 ajax 請求存取 Go 語言對應的控制器方法。當使用者點擊增加某個商品的數量時，會存取 IncCart() 方法。當使用者點擊減少某個商品的數量時，會存取 DecCart() 方法。

DecCart() 方法和 IncCart() 方法幾乎一樣，這裡只展示 IncCart() 方法的核心程式，該方法會將購物車資訊先保存到 Cookie 快取中。修改購物車控制器的核心程式如下。

程式 LeastMall/controllers/frontend/CartController.go 修改購物車控制器的核心程式

```
func (c *CartController) IncCart() {
    var flag bool
    var allPrice float64
    var currentAllPrice float64
    var num int

    productId, _ := c.GetInt("product_id")
```

```
    productColor := c.GetString("product_color")
    productAttr := ""

    cartList := []models.Cart{}
    models.Cookie.Get(c.Ctx, "cartList", &cartList)
    for i := 0; i < len(cartList); i++ {
        if cartList[i].Id == productId &&
cartList[i].ProductColor == productColor &&
cartList[i].ProductAttr == productAttr {
            cartList[i].Num = cartList[i].Num + 1
            flag = true
            num = cartList[i].Num
            currentAllPrice = cartList[i].Price * float64(cartList[i].Num)
        }
        if cartList[i].Checked {
            allPrice += cartList[i].Price * float64(cartList[i].Num)
        }
    }

    if flag {
        models.Cookie.Set(c.Ctx, "cartList", cartList)
        c.Data["json"] = map[string]interface{}{
            "success":         true,
            "message":         "修改數量成功",
            "allPrice":        allPrice,
            "currentAllPrice": currentAllPrice,
            "num":             num,
        }

    } else {
        c.Data["json"] = map[string]interface{}{
            "success": false,
            "message": "傳入參數錯誤",
        }
    }
    c.ServeJSON()
}
```

③ 刪除購物車控制器的程式編寫。

當使用者選擇某個商品後，點擊「刪除」按鈕，就會將該商品從 Cookie 快取中刪除。刪除購物車控制器的核心程式如下。

程式 LeastMall/controllers/frontend/CartController.go　刪除購物車控制器的核心程式

```
func (c *CartController) DelCart() {
    productId, _ := c.GetInt("product_id")
    productColor := c.GetString("product_color")
    productAttr := ""

    cartList := []models.Cart{}
    models.Cookie.Get(c.Ctx, "cartList", &cartList)
    for i := 0; i < len(cartList); i++ {
        if cartList[i].Id == productId &&
cartList[i].ProductColor == productColor &&
cartList[i].ProductAttr == productAttr {
            //執行刪除
            cartList = append(cartList[:i], cartList[(i + 1):]...)
        }
    }
    models.Cookie.Set(c.Ctx, "cartList", cartList)

    c.Redirect("/cart", 302)
}
```

9.6.6 收銀台模組開發

當使用者加入購物車完畢後，點擊「去結算」按鈕，會跳躍到「確認訂單」頁面，如圖 9-13 所示，其中包括收貨地址管理、商品資訊整理展示、配送方式選擇、是否開發票等。

圖 9-13

1. 收貨地址管理

(1) 範本程式編寫。

範本檔案中關於收貨地址管理的核心程式如下。

程式 LeastMall/views/frontend/buy/checkout.html 收貨地址管理的核心程式

```
<div class="section section-address">
    <div class="section-header clearfix">
        <h3 class="title">收貨地址</h3>
        <div class="more">
        </div>
        <div class="mitv-tips hide" style=
"margin-left: 0;border: none;" id="J_bigproPostTip"></div>
    </div>
```

```
    <div class="section-body clearfix" id="J_addressList">
        <!-- addresslist begin -->
        <div id="addressList">
        {{range $key,$value := .addressList}}
            <div class="address-item J_addressItem
{{if eq $value.DefaultAddress 1}}selected{{end}}"
                 data-id="{{$value.Id}}">
                <dl>
                    <dt><em class="uname">{{$value.Name}}</em></dt>
                    <dd class="utel">{{$value.Phone}}</dd>
                    <dd class="uaddress">{{$value.Address}} </dd>
                </dl>
                <div class="actions">
                    <a href="javascript:void(0);"
data-id="{{$value.Id}}" class="modify addressModify">修改</a>
                </div>
            </div>
        {{end}}
        </div>
        <!-- addresslist end -->
        <div class="address-item address-item-new"
id="J_newAddress" data-toggle="modal"
             data-target="#addModal">
            <i class="iconfont">+</i> 增加新地址
        </div>
    </div>
</div>
```

（2）控制器程式編寫。

收貨地址管理模組包括「地址清單展示」、「地址的增加、刪除、修改 4 個操作」。由於篇幅的原因，這裡只展示增加地址的操作。增加收貨地址的控制器的程式如下。

程式位置：LeastMall/controllers/frontend/AddressController.go 增加收貨地址的控制器的程式

```
func (c *AddressController) AddAddress() {
    user := models.User{}
    models.Cookie.Get(c.Ctx, "userinfo", &user)
```

```
    name := c.GetString("name")
    phone := c.GetString("phone")
    address := c.GetString("address")
    zipcode := c.GetString("zipcode")
    var addressCount int
    models.DB.Where("uid=?", user.Id).Table("address").Count(&addressCount)
    if addressCount > 10 {
        c.Data["json"] = map[string]interface{}{
            "success": false,
            "message": "增加收貨地址失敗，收貨地址數量超過限制",
        }
        c.ServeJSON()
        return
    }
    models.DB.Table("address").Where("uid=?", user.Id).
Updates(map[string]interface{}{"default_address": 0})
    addressResult := models.Address{
        Uid:            user.Id,
        Name:           name,
        Phone:          phone,
        Address:        address,
        Zipcode:        zipcode,
        DefaultAddress: 1,
    }
    models.DB.Create(&addressResult)
    allAddressResult := []models.Address{}
    models.DB.Where("uid=?", user.Id).Find(&allAddressResult)
    c.Data["json"] = map[string]interface{}{
        "success": true,
        "result":  allAddressResult,
    }
    c.ServeJSON()
}
```

2. 訂單商品展示

(1) 範本檔案。

訂單商品展示範本檔案的核心程式如下。

程式 LeastMall/views/frontend/buy/checkout.html　訂單商品展示範本檔案的核心程式

```
<div class="section section-product">
    <div class="section-header clearfix">
        <h3 class="title">商品及優惠券</h3>
        <div class="more">
            <a href="/cart" data-stat-id="4b8666e26639b521">
返回購物車<i class="iconfont">></i></a>
        </div>
    </div>
    <div class="section-body">
        <ul class="product-list" id="J_productList">
        {{range $key,$value := .orderList}}
            <li class="clearfix">
                <div class="col col-img">
                    <img src="{{$value.ProductImg | formatImage}}"
width="30" height="30"/>
                </div>
                <div class="col col-name">
                    <a href="#" target="_blank">
                    {{$value.Title}}--
{{$value.ProductColor}} {{$value.ProductVersion}}
                    </a>
                </div>
                <div class="col col-price">
                {{$value.Price}}元 x {{$value.Num}} </div>
                <div class="col col-status">
                </div>
                <div class="col col-total">
                {{mul $value.Price $value.Num}}元
                </div>
            </li>
        {{end}}
        </ul>
    </div>
</div>
```

（2）控制器的程式編寫。

訂單商品清單的核心邏輯如下：① 獲取要結算的商品；② 計算總價；③

判斷結算頁面中有沒有要結算的商品；④ 獲取收貨地址；⑤ 防止重複提交訂單，生成簽名。

訂單商品清單控制器的核心程式如下。

程式 LeastMall/controllers/frontend/CheckoutController.go　訂單商品清單控制器的核心程式

```
func (c *CheckoutController) Checkout() {
    c.BaseInit()
    //1.獲取要結算的商品
    cartList := []models.Cart{}
    orderList := []models.Cart{} //要結算的商品
    models.Cookie.Get(c.Ctx, "cartList", &cartList)

    var allPrice float64
    //2.計算總價
    for i := 0; i < len(cartList); i++ {
        if cartList[i].Checked {
            allPrice += cartList[i].Price * float64(cartList[i].Num)
            orderList = append(orderList, cartList[i])
        }
    }
    //3.判斷結算頁面中有沒有要結算的商品
    if len(orderList) == 0 {
        c.Redirect("/", 302)
        return
    }

    c.Data["orderList"] = orderList
    c.Data["allPrice"] = allPrice

    //4.獲取收貨地址
    user := models.User{}
    models.Cookie.Get(c.Ctx, "userinfo", &user)
    addressList := []models.Address{}
    models.DB.Where("uid=?", user.Id).
Order("default_address desc").Find(&addressList)
    c.Data["addressList"] = addressList
```

```
    //5.防止重複提交訂單，生成簽名
    orderSign := common.Md5(common.GetRandomNum())
    c.SetSession("orderSign", orderSign)
    c.Data["orderSign"] = orderSign

    c.TplName = "frontend/buy/checkout.html"
}
```

3. 支付確認頁面

如果使用者點擊「支付」按鈕，則會跳躍一個支付確認頁面，讓使用者選擇支付方式。支付方式包括微信支付和支付寶支付兩種，如圖 9-14 所示。

圖 9-14

（1）範本檔案的編寫。

支付確認頁面範本檔案的核心程式如下。

程式 LeastMall/views/frontend/buy/confirm.html　支付確認頁面範本檔案的核心程式

```
<div class="page-main">
    <div class="checkout-box">
        <div class="section section-order">
            <div class="order-info clearfix">
                <div class="fl">
                    <h2 class="title">訂單提交成功！請繼續付款~</h2>
                    <p class="order-time" id="J_deliverDesc"></p>
                    <p class="order-time">請在<span class="pay-time-tip">
23小時59分</span>內完成支付，逾時後將取消訂單</p>
                    <p class="post-info" id="J_postInfo">
                        收貨資訊：
{{.order.Name}} {{.order.Phone}}    {{.order.Address}} </p>
                </div>
                <div class="fr">
                    <p class="total">
                        應付總額：
<span class="money"><em>{{.order.AllPrice}}</em>元</span>
                    </p>
                    <br>
                    <br>
                    <a href="javascript:void(0);"
class="show-detail" id="J_showDetail"
                        data-stat-id="db85b2885a2fdc53">訂單詳情</a>
                </div>
            </div>
            <i class="iconfont icon-right">√</i>
            <div class="order-detail">
                <ul>
                    <li class="clearfix">
                        <div class="content">
                            <strong>訂單號：
</strong> <span class="order-num">{{.order.OrderId}}</span>
                        </div>
                    </li>
                    <li class="clearfix">
                        <div class="content">
                            <strong>收貨資訊：
</strong>{{.order.Name}} {{.order.Phone}}    {{.order.Address}}
```

```
                        </div>
                    </li>
                    <li class="clearfix">
                        <div class="content">
                            <strong>商品名稱：</strong>
                        {{range $key,$value:=.orderItem}}
                            <p>{{$value.ProductTitle}}
{{$value.ProductVersion}} {{$value.ProductColor}}
                                數量：{{$value.ProductNum}}
價格：{{$value.ProductPrice}}</p>
                        {{end}}
                        </div>
                    </li>
                    <li class="clearfix hide">
                        <div class="label">配送時間：</div>
                        <div class="content">
                            不限送貨時間
                        </div>
                    </li>
                </ul>
            </div>
        </div>

        <div class="section section-payment">
            <div class="cash-title" id="J_cashTitle">
                選擇以下支付方式付款
            </div>
            <div class="payment-box ">
                <div class="payment-body">
                    <ul class=
"clearfix payment-list J_paymentList J_linksign-customize">
                        <li id="weixinPay">
                            <img src="/static/frontend/image/weixinpay.png"
alt="微信支付"/>
                        </li>
                        <li id="alipay">
                            <a href="/alipay?id={{.order.Id}}" target="
_blank"><img
                                    src="/static/frontend/image/alipay.png"
```

```
alt="支付寶"/></a>
                                </li>
                            </ul>
                        </div>
                    </div>
                </div>
            </div>
        </div>
```

（2）控制器的程式編寫。

支付確認頁面的控制器的主要邏輯如下：① 獲取使用者資訊；② 獲取主訂單資訊；③ 判斷當前資料是否合法；④ 獲取主訂單下面的商品資訊。

支付確認頁面控制器的核心程式如下。

程式 LeastMall/controllers/frontend/CheckoutController.go 支付確認頁面控制器的核心程式

```
func (c *CheckoutController) Confirm() {
    c.BaseInit()
    id, err := c.GetInt("id")
    if err != nil {
        c.Redirect("/", 302)
        return
    }
    //1.獲取使用者資訊
    user := models.User{}
    models.Cookie.Get(c.Ctx, "userinfo", &user)

    //2.獲取主訂單資訊
    order := models.Order{}
    models.DB.Where("id=?", id).Find(&order)
    c.Data["order"] = order
    //3.判斷當前資料是否合法
    if user.Id != order.Uid {
        c.Redirect("/", 302)
        return
    }

    //4.獲取主訂單下面的商品資訊
```

```
    orderItem := []models.OrderItem{}
    models.DB.Where("order_id=?", id).Find(&orderItem)
    c.Data["orderItem"] = orderItem

    c.TplName = "frontend/buy/confirm.html"
}
```

9.6.7 支付模組開發

在支付確認頁面中提供了「微信支付」、「支付寶支付」兩種支付方式。兩種方式均採用二維碼方式。這兩種支付方式均需要使用者提供申請，申請方式請存取對應的官網諮詢。本文只提供對應的 Go 語言程式開發範例。

1. 微信支付開發

微信支付的範本主要是生成支付二維碼，需要確保微信支付各項設定正確才能正常顯示，本書只提供範例，並沒有設定相關真實參數，所以沒有正常顯示。讀者自行設定申請好的設定資訊即可正常顯示。在支付確認頁面，點擊「微信支付」會彈出二維碼彈框頁面，如圖 9-15 所示。

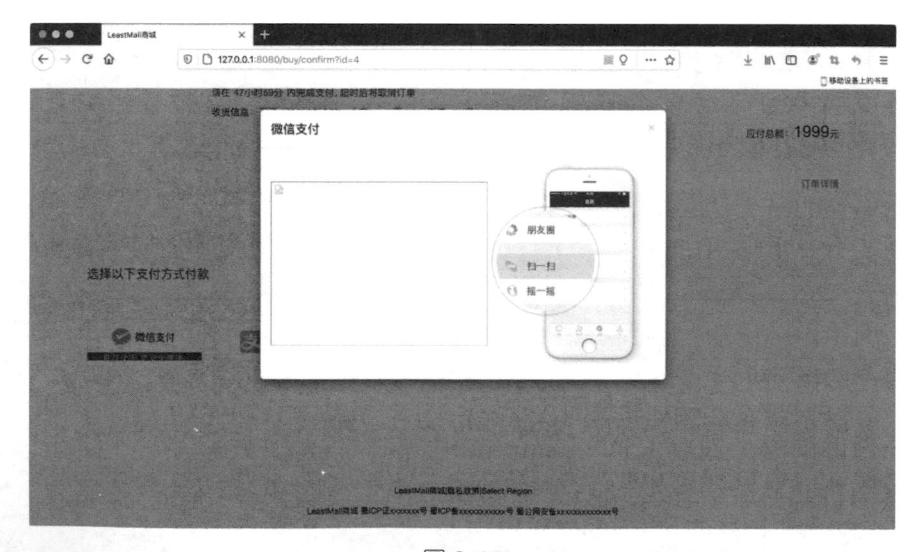

圖 9-15

生成微信二維碼的 Go 語言核心程式如下。

程式：LeastMall/controllers/frontend/PayController.go　生成微信二維碼的Go語言核心程式

```
func (c *PayController) WxPay() {
    WxId, err := c.GetInt("id")
    if err != nil {
        c.Redirect(c.Ctx.Request.Referer(), 302)
    }
    orderitem := []models.OrderItem{}
    models.DB.Where("order_id=?", WxId).Find(&orderitem)
    //1.設定基本資訊
    account := wxpay.NewAccount(
        "xxxxxxxx",//AppID
        "xxxxxxxx",//商戶號
        "xxxxxxxx",//Appkey
        false,
    )
    client := wxpay.NewClient(account)
    var price int64
    for i := 0; i < len(orderitem); i++ {
        price = 1
    }
    //2.獲取IP位址、訂單號等資訊
    ip := strings.Split(c.Ctx.Request.RemoteAddr, ":")[0]
    template := "202001021504"
    tradeNo := time.Now().Format(template)
    //3.呼叫微信統一下單介面
    params := make(wxpay.Params)
    params.SetString("body", "order——"+time.Now().Format(template)).
        SetString("out_trade_no", tradeNo+"_"+strconv.Itoa(WxId)).
        SetInt64("total_fee", price).
        SetString("spbill_create_ip", ip).
        SetString("notify_url", "http://xxxxxx/wxpay/notify").//設定的回呼
位址
        // SetString("trade_type", "APP")  //App端支付
        SetString("trade_type", "NATIVE")  //網站支付需要改為NATIVE

    p, err1 := client.UnifiedOrder(params)
```

```
    beego.Info(p)
    if err1 != nil {
        beego.Error(err1)
        c.Redirect(c.Ctx.Request.Referer(), 302)
    }
    //4.獲取code_url生成支付二維碼
    var pngObj []byte
    beego.Info(p)
    pngObj, _ = qrcode.Encode(p["code_url"], qrcode.Medium, 256)
    c.Ctx.WriteString(string(pngObj))
}
```

如果使用者完成支付，則微信會向回呼位址發送 XML 格式訊息，可能是支付成功或是失敗的訊息。微信支付回呼方法的程式如下。

程式 LeastMall/controllers/frontend/PayController.go　微信支付回呼方法的程式

```
func (c *PayController) WxPayNotify() {
    //1.獲取表單傳過來的XML資料，在設定檔裡設定 copyrequestbody = true
    xmlStr := string(c.Ctx.Input.RequestBody)
    postParams := wxpay.XmlToMap(xmlStr)
    beego.Info(postParams)

    //2.驗證簽名
    account := wxpay.NewAccount(
        "xxxxxxxx",
        "xxxxxxxx",
        "xxxxxxxx",
        false,
    )
    client := wxpay.NewClient(account)
    isValidate := client.ValidSign(postParams)

    //3.XML解析
    params := wxpay.XmlToMap(xmlStr)
    beego.Info(params)
    if isValidate == true {
        if params["return_code"] == "SUCCESS" {
            idStr := strings.Split(params["out_trade_no"], "_")[1]
            id, _ := strconv.Atoi(idStr)
```

```
            order := models.Order{}
            models.DB.Where("id=?", id).Find(&order)
            order.PayStatus = 1
            order.PayType = 1
            order.OrderStatus = 1
            models.DB.Save(&order)
        }
    } else {
        c.Redirect(c.Ctx.Request.Referer(), 302)
    }
}
```

2. 支付寶支付的開發

支付寶支付，透過直接跳躍到支付寶支付位址進行支付，需要確保支付寶支付的各項設定正確才能支付成功。本書只提供範例，如果要進行支付測試，則需要到支付寶官方設定對應的沙盒環境。在支付確認頁面，點擊「支付寶支付」，則會跳躍到支付寶支付 API。支付寶支付控制器的核心程式如下。

程式 LeastMall/controllers/frontend/PayController.go　支付寶支付控制器的核心程式

```
func (c *PayController) Alipay() {
    AliId, err1 := c.GetInt("id")
    if err1 != nil {
        c.Redirect(c.Ctx.Request.Referer(), 302)
    }
    orderitem := []models.OrderItem{}
    models.DB.Where("order_id=?", AliId).Find(&orderitem)
    // 使用 RSA簽名驗簽工具生成的私密金鑰
    var privateKey = "xxxxxxx"
    var client, err = alipay.New("2021001186696588", privateKey, true)
    // 載入應用公開金鑰證書
    client.LoadAppPublicCertFromFile("certfile/certPublicKey.certfile")
    // 載入支付寶根證書
    client.LoadAliPayRootCertFromFile("certfile/alipayCert.certfile")
    // 載入支付寶公開金鑰證書
        client.LoadAliPayPublicCertFromFile("certfile/alipayPubKey.
certfile")
```

```
    // 將 key 的驗證調整到初始化階段
    if err != nil {
        fmt.Println(err)
        return
    }

    //計算總價格
    var TotalAmount float64
    for i := 0; i < len(orderitem); i++ {
        TotalAmount = TotalAmount + orderitem[i].ProductPrice
    }
    var p = alipay.TradePagePay{}
    p.NotifyURL = "xxxxxxx"
    p.ReturnURL = "xxxxxxx"
    p.TotalAmount = "0.01"
    p.Subject = "訂單order——" + time.Now().Format("200601021504")
    p.OutTradeNo = "WF" +
time.Now().Format("200601021504") + "_" + strconv.Itoa(AliId)
    p.ProductCode = "FAST_INSTANT_TRADE_PAY"

    var url, err4 = client.TradePagePay(p)
    if err4 != nil {
        fmt.Println(err4)
    }
    var payURL = url.String()
    c.Redirect(payURL, 302)
}
```

9.7 後台模組開發

後台主要包括「登入模組」、「許可權管理」、「導覽管理」、「商品管理」等模組。除「登入模組」和「許可權模組」外，其他模組的技術原理差別不大，基本是對資料庫資料的增刪改查。

由於篇幅限制，只講解代表性的「登入模組」、「商品管理」模組。其他模組讀者可以查看本商場專案的原始程式碼學習。

9.7.1 登入模組開發

後台的登入頁面需要使用者輸入管理員姓名和管理員密碼，同時還要使用者輸入驗證碼，如圖 9-16 所示，都正確後才能成功登入。

圖 9-16

1. 範本程式編寫

後台登入頁面的主要功能是接收使用者登入的表單輸入。後台登入頁面的範本程式如下。

程式 LeastMall/views/backend/login/login.html　後台登入頁面的範本程式

```
<!DOCTYPE HTML PUBLIC "-//W3C//DTD HTML 4.01 Transitional//EN"
        "http://www.w3.org/TR/html4/loose.dtd">
<html>
<head>
    <title>使用者登入</title>
    <link rel="stylesheet" href="/static/backend/css/login.css">
</head>
<body>
```

```
<div class="container">
    <div id="login">
        <form action="/{{config "String" "adminPath" ""}}/login/gologin"
method="post" id="myform">
            <input type="hidden" name="ajaxlogin" id="ajaxlogin">
            <input type="hidden" name="ajaxcode" id="ajaxcode">
            <div class="l_title">LeastMall商場後台管理</div>
            <dl>
                <dd>管理員姓名：<input class="text"
type="text" name="username" id="username"></dd>
                <dd>管理員密碼：<input class="text"
type="password" name="password" id="password"></dd>
                <dd>驗  證  碼：<input id="verify" type="text" name=
"captcha">
                {{create_captcha}}
                </dd>
                <dd><input type="submit" class="submit" name="dosubmit"
value=""></dd>
            </dl>
        </form>
    </div>
</div>
</body>
</html>
```

2. 控制器程式編寫

後台登入控制器的程式如下。

程式 LeastMall/controllers/backend/LoginController.go 後台登入控制器的程式

```
package backend

import (
    "gitee.com/shirdonl/LeastMall/common"
    "gitee.com/shirdonl/LeastMall/models"
    "strings"
)

type LoginController struct {
```

```
    BaseController
}

func (c *LoginController) Get() {
    c.TplName = "backend/login/login.html"
}

func (c *LoginController) GoLogin() {
    var flag = models.Cpt.VerifyReq(c.Ctx.Request)
    if flag {
        username := strings.Trim(c.GetString("username"), "")
        password := common.Md5(strings.Trim(c.GetString("password"), ""))
        administrator := []models.Administrator{}
        models.DB.
Where("username=? AND password=? AND status=1", username, password).
Find(&administrator)
        if len(administrator) == 1 {
            c.SetSession("userinfo", administrator[0])
            c.Success("登入成功", "/")
        } else {
            c.Error("無登入許可權或用戶名密碼錯誤", "/login")
        }
    } else {
        c.Error("驗證碼錯誤", "/login")
    }
}

func (c *LoginController) LoginOut() {
    c.DelSession("userinfo")
    c.Success("退出登入成功,將返回登入頁面！", "/login")
}
```

9.7.2 商品模組開發

商品模組包括「商品列表」、「商品分類」、「商品類型」頁面。「商品清單」頁面如圖 9-17 所示。

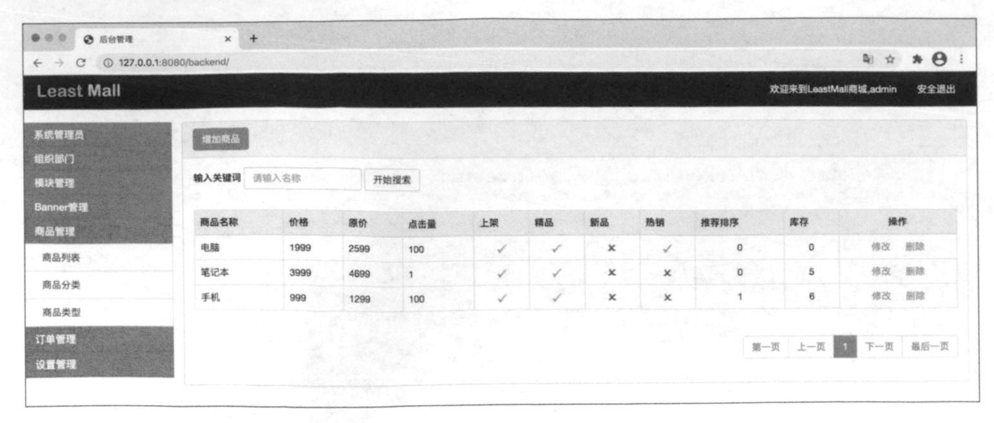

圖 9-17

1.「商品清單」頁面開發

（1）範本程式編寫。

「商品清單」頁面的範本檔案的主要工作是，遍歷控制器中返回的 productList 物件，並透過範本引擎將其繪製成 HTML 程式。「商品清單」頁面的範本檔案的核心程式如下。

程式 LeastMall/views/backend/product/index.html 「商品清單」頁面的範本檔案的核心程式

```
<tbody>
{{range $key,$value := .productList}}
<tr>
    <td>{{$value.Title}}</td>
    <td>{{$value.Price}}</td>
    <td>{{$value.MarketPrice}}</td>
    <td>{{$value.ClickCount}}</td>
    <td class="text-center">
    {{if eq $value.Status 1}}
        <img class="chStatus"
src="/static/backend/images/yes.gif" data-id="{{$value.Id}}"
            data-table="product" data-field="status"/>
    {{else}}
        <img class="chStatus"
src="/static/backend/images/no.gif" data-id="{{$value.Id}}"
```

```
                data-table="product" data-field="status"/>
        {{end}}
        </td>
        <td class="text-center">
        {{if eq $value.IsBest 1}}
            <img class="chStatus"
src="/static/backend/images/yes.gif" data-id="{{$value.Id}}"
                data-table="product" data-field="is_best"/>
        {{else}}
            <img class="chStatus"
src="/static/backend/images/no.gif" data-id="{{$value.Id}}"
                data-table="product" data-field="is_best"/>
        {{end}}
        </td>
        <td class="text-center">
        {{if eq $value.IsNew 1}}
            <img class="chStatus"
src="/static/backend/images/yes.gif" data-id="{{$value.Id}}"
                data-table="product" data-field="is_new"/>
        {{else}}
            <img class="chStatus"
src="/static/backend/images/no.gif" data-id="{{$value.Id}}"
                data-table="product" data-field="is_new"/>
        {{end}}
        </td>
        <td class="text-center">
        {{if eq $value.IsHot 1}}
            <img class="chStatus"
src="/static/backend/images/yes.gif" data-id="{{$value.Id}}"
                data-table="product" data-field="is_hot"/>
        {{else}}
            <img class="chStatus"
src="/static/backend/images/no.gif" data-id="{{$value.Id}}"
                data-table="product" data-field="is_hot"/>
        {{end}}
        </td>
        <td class="text-center">
        <span class="chSpanNum" data-id="{{$value.Id}}" data-table="product"
            data-field="sort">{{$value.Sort}}</span>
```

```
    </td>
    <td class="text-center">
    <span class="chSpanNum" data-id="{{$value.Id}}" data-table="product"
          data-field="product_number">{{$value.ProductNumber}}</span>
    </td>
    <td class="text-center">
        <a href="/{{config "String" "adminPath" ""}}/product/edit?id=
{{$value.Id}}"/>修改</a>
        <a class="delete"
           href=
"/{{config "String" "adminPath" ""}}/product/delete?id={{$value.Id}}"/>
刪除</a>
    </td>
</tr>
{{end}}
</tbody>
```

（2）控制器程式編寫。

「商品清單」頁面的控制器程式主要邏輯是：從請求中獲取 page 頁數和 keyword 關鍵字的參數值，然後將其傳遞給 Product 模型，透過 Product 模型從資料庫中讀取商品相關資料。「商品清單」頁面的控制器的程式如下。

程式 LeastMall/controllers/backend/ProductController.go　「商品清單」頁面的控制器的程式

```
func (c *ProductController) Get() {
    page, _ := c.GetInt("page")
    if page == 0 {
        page = 1
    }
    pageSize := 5
    keyword := c.GetString("keyword")
    where := "1=1"
    if len(keyword) > 0 {
        where += " AND title like \"%" + keyword + "%\""
    }
    productList := []models.Product{}
    models.DB.Where(where).
```

```
Offset((page - 1) * pageSize).Limit(pageSize).Find(&productList)
    var count int
    models.DB.Where(where).Table("product").Count(&count)
    c.Data["productList"] = productList
    c.Data["totalPages"] = math.Ceil(float64(count) / float64(pageSize))
    c.Data["page"] = page
    c.TplName = "backend/product/index.html"
}
```

2.「增加商品」頁面的開發

「增加商品」頁面主要用來完成商品基本資訊、商品屬性、規格和包裝、商品相簿等資訊的輸入，並將商品圖片上傳到伺服器中，將資料儲存在資料庫中。

基本資訊包括商品標題、所屬分類、商品圖片、商品價格等屬性。

(1) 範本程式編寫。

「增加商品」頁面的範本程式主要是接收表單輸入，比較核心的部分是使用豐富文字編輯器對文字進行處理。「增加商品」頁面的核心程式如下。

程式 LeastMall/views/backend/product/add.html　「增加商品」頁面的核心程式

```
//設定豐富文字編輯器
new FroalaEditor('#content', {
    height: 200,
    language: 'zh_cn',
    imageUploadURL: '/{{config "String" "adminPath" ""}}/product/goUpload'
});
```

批次上傳圖片，是透過呼叫後端 "product/goUpload" 介面進行上傳。「增加商品」頁面批次上傳圖片的核心程式如下。

程式 LeastMall/views/backend/product/add.html　「增加商品」頁面批次上傳圖片的核心程式

```
$(function () {
    $('#photoUploader').diyUpload({
        url: '/{{config "String" "adminPath" ""}}/product/goUpload',
        success: function (response) {
```

```
            console.info(response);
            var photoStr = '<input type="hidden" ' +
                'name="product_image_list" value=' +
                response.link + ' />';
            $("#photoList").append(photoStr)
        },
        error: function (err) {
            console.info(err);
        }
    });
})
```

「商品分類」和「商品類型」頁面主要是對資料庫進行增刪改查操作，其原理和商品列表類似，在此不再贅述。讀者可以透過查看原始程式碼的方式進行學習。

9.8 小結

本章實戰開發了一個 B2C 電子商務系統，包括「需求分析」、「系統設計」、「設計軟體架構」、「設計資料庫與資料表」、「架設系統基礎架構」、「前台模組開發」、「後台模組開發」這 7 節，系統地講解了一個電子商務系統從零開始到開發完成的全過程。希望本章能真正幫助讀者向「精通」邁進。

第 10 章將講解如何用 Docker 對開發好的專案進行部署。

Chapter 10

用 Docker 部署 Go Web 應用

虛假的學問比無知更糟糕。無知好比一塊空地，可以耕耘和播種；虛假的學問就像一塊長滿雜草的荒地，幾乎無法把草拔盡。——康因

我撲在書上，就像饑餓的人撲在麵包上一樣。——高爾基

本章將系統講解如何進行 Web 應用的實戰部署。希望透過本章能夠幫助讀者進行專案實戰部署，對「從開發到部署」有更深刻的瞭解。

10.1 了解 Docker 元件及原理

毫無疑問，Docker 是近些年來最紅，甚至最具顛覆性的技術之一。國際上泛雲端運算相關的公司幾乎都在某種程度上宣佈支持並整合 Docker。

當前，許多泛雲端運算公司、網際網路公司，甚至相對傳統的 IT 廠商，也廣泛使用了 Docker。這是為什麼呢？讓我們一起來探尋 Docker 的奧秘吧。

10.1.1 什麼是 Docker

Docker 是一個開放原始碼專案，誕生於 2013 年初，最初是 dotCloud 公司內部的業餘專案。它基於 Google 公司推出的 Go 語言實現。專案後來加入了 Linux 基金會，遵從了 Apache 2.0 協定，專案程式在 GitHub 上進行維護。

Docker 自開放原始碼後受到廣泛的關注和討論，以至於 dotCloud 公司後來都改名為 Docker Inc。Redhat 已經在其 RHEL6.5 中集中支持 Docker；Google 也在其 PaaS 產品中廣泛應用 Docker。

Docker 專案的目標是實現羽量級的作業系統虛擬化。Docker 的基礎是 Linux 容器（LXC）等技術。Docker 在 LXC 的基礎上進行了進一步的封裝，讓使用者不需要去關心容器的管理，使得操作更為簡便。使用者操作 Docker 的容器就像操作一個快速、羽量級的虛擬機器一樣簡單。

容器與虛擬機器具有類似的資源隔離和分配的優點，但它們擁有不同的架構方法，容器架構更加便攜、高效。

1. 虛擬機器架構

每個虛擬機器都包括應用程式、必要的二進位檔案和函數庫，以及一個完整的客戶作業系統（Guest OS），儘管它們被分離，但它們仍共用並利用主機的硬體資源，共需要將近十幾個 GB 的大小。虛擬機器架構與容器架構的特性比較見表 10-1。

表 10-1 虛擬機器架構與容器架構的特性比較

特　性	虛擬機器架構	容器架構
啟動	分鐘級	秒級
性能	弱於原生	接近原生
硬碟使用	一般為 GB	一般為 MB
系統支援量	一般幾十個	單機上千個容器

Docker 容器方式和傳統虛擬機器方式的不同之處：容器是在作業系統層面上實現虛擬化，直接重複使用本地主機的作業系統；而傳統虛擬機器方式則是在硬體層面實現虛擬化。

虛擬機器架構簡圖如圖 10-1 所示。

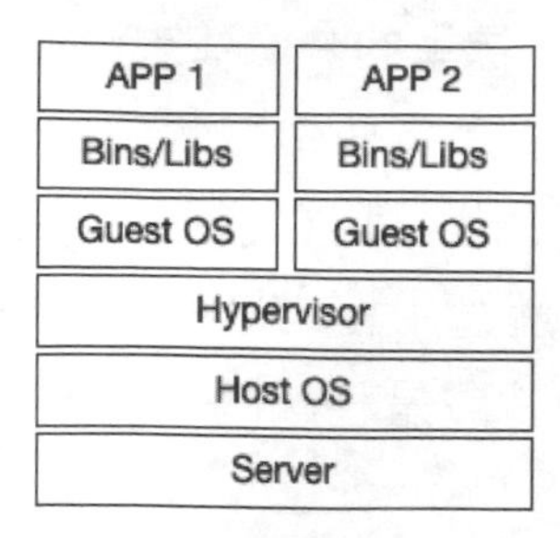

圖 10-1

2. 容器架構

Docker 容器包括應用程式及其所有的依賴，但容器間共用核心，它們以獨立的使用者空間處理程序形式執行在主機作業系統上。Docker 容器不依賴任何特定的基礎設施，可以執行在任何電腦、基礎設施和雲端上。

Docker 的架構簡圖如圖 10-2 所示。

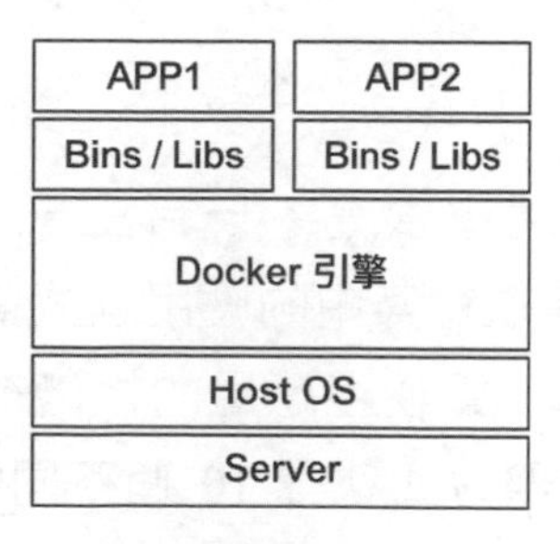

圖 10-2

10.1.2 為什麼用 Docker

跟傳統的虛擬機器方式相比，Docker 容器方式在以下幾個方面具有較大的優勢。

1. 更快速的發表和部署

Docker 在整個開發週期中都可以完美地輔助開發者實現快速發表。Docker 允許開發者在裝有應用和服務本地容器做開發。Docker 可以融入具體的開發流程中。

例如：開發者可以使用一個標準的映像檔來建構一套開發容器；在開發完成之後，運行維護人員可以直接使用這個容器來部署程式。利用 Docker 可以快速創建容器，快速疊代應用程式，並讓整個過程全程可見，使團隊中的其他成員更容易瞭解應用程式是如何創建和工作的。Docker 容器很輕、很快。容器的啟動時間是秒級的，能大量節省開發、測試、部署的時間。

2. 高效的部署和擴充

Docker 容器幾乎可以在任意的平台上執行，包括物理機、虛擬機器、公有雲、私有雲、個人電腦、伺服器等。這種相容性可以讓使用者把一個應用程式從一個平台直接遷移到另外一個平台。

Docker 的相容性和輕量特性，可以很輕鬆地實現負載的動態管理，可以快速地擴充和方便地下線應用和服務。

3. 更高的資源使用率

Docker 對系統資源的使用率很高，一台主機上可以同時執行數千個 Docker 容器。一個容器除執行其中的應用程式需要消耗系統資源外，其他基本不消耗系統的資源。這使得應用的性能很高，同時系統的負擔儘量小。如果用傳統虛擬機器方式執行 10 個不同的應用則需要啟動 10 個虛擬機器，而 Docker 只需要啟動 10 個隔離的應用即可。

4. 更簡單的管理

使用 Docker，只需要小小的修改，就可以替代未使用 Docker 時的大量更新工作。所有的修改都以增量的方式被分發和更新，從而實現自動化和高效管理。

10.1.3 Docker 引擎

Docker 引擎是 C/S 結構，主要元件如圖 10-3 所示。

- Server：一個常駐處理程序。
- REST API：用戶端和伺服器端之間的互動協定。
- Client（Docker CLI）：用於管理容器和映像檔，提供給使用者統一的操作介面。

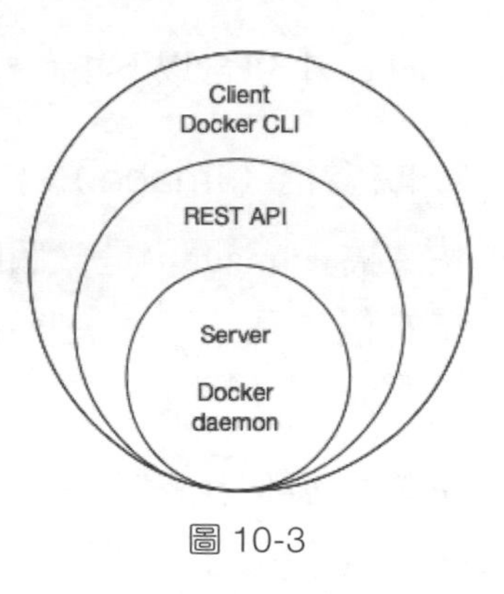

圖 10-3

10.1.4 Docker 架構

Docker 用戶端透過介面與伺服器端處理程序通訊，實現容器的建構、執行和發佈。用戶端和伺服器端可以執行在同一台叢集，也可以透過跨主機實現遠端通訊。Docker 的架構如 10-4 所示。

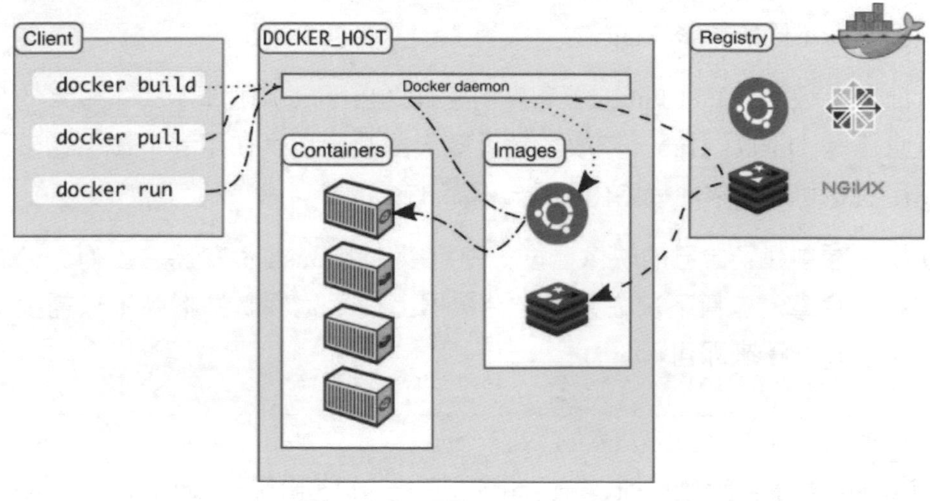

圖 10-4

10.1.5 Docker 核心概念

Docker 中包含以下核心概念。

1. 映像檔（Image）

映像檔（Image）是一個唯讀的範本。例如：一個映像檔可以包含一個完整的作業系統環境，其中僅安裝了 MySQL 或使用者需要的其他應用程式。

映像檔可以用來創建 Docker 容器，一個映像檔可以創建很多容器。Docker 提供了一個很簡單的機制來創建映像檔，或更新現有的映像檔。使用者可以直接從其他人那裡下載一個已經做好的映像檔來直接使用。

2. 倉庫（Repository）

倉庫（Repository）是集中存放映像檔檔案的場所。容易把倉庫和倉庫註冊伺服器（Registry）混為一談，不能嚴格區分它們。實際上，倉庫註冊伺服器上往往存放著多個倉庫，每個倉庫中又包含了多個映像檔，每個映像檔有不同的標籤（tag）。

倉庫分為公開倉庫（Public）和私有倉庫（Private）兩種形式。最大的公開倉庫是 Docker Hub，存放了數量龐大的映像檔供使用者下載。當然，使用者也可以在本地網路內創建一個私有倉庫。

使用者在創建了自己的映像檔後，就可以使用 push 命令將它上傳到公有或私有倉庫。這樣下次在另外一台機器上使用這個映像檔時，只需要從倉庫上 pull 下來即可。

> **提示**
> Docker 倉庫的概念跟 Git 類似，註冊伺服器可以被瞭解為 GitHub 這樣的託管伺服器。

3. 容器（Container）

Docker 利用容器（Container）來執行應用程式。容器是從映像檔創建的執行實例。它可以被啟動、開始、停止和刪除。每個容器都是相互隔離的、保證安全的平台。

可以把容器看作是一個簡易版的 Linux 環境（包括 root 使用者許可權、處理程序空間、使用者空間和網路空間等）和執行在其中的應用程式。一個執行態容器被定義為「一個讀寫的統一檔案系統 + 隔離的處理程序空間和包含其中的處理程序」。圖 10-5 展示了一個執行中的容器。

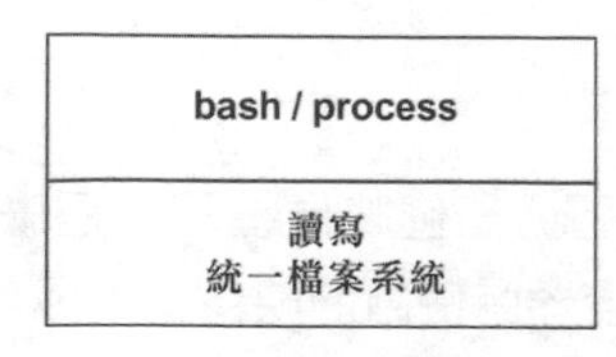

圖 10-5

正是檔案系統隔離技術，使得 Docker 成為了一個非常有潛力的虛擬化技術。一個容器中的處理程序可能會對檔案進行修改、刪除和創建，這些改變都將作用於讀寫層。

10.1.6 Docker 常用命令

1. 獲取映像檔

從倉庫獲取映像檔的命令如下：

```
docker pull
```

舉例來說，從倉庫獲取 centos 8 系統的命令如下：

```
$ docker pull centos:centos8
```

以上命令實際上相當於 "docker pull registry.hub.docker.com/centos:centos8" 命令，即從註冊伺服器 registry.hub.docker.com 中的 centos 倉庫下載標記為 centos8 的映像檔。

> **提示**
> 有時官方倉庫註冊伺服器下載速度較慢，這時可以從其他倉庫下載。在從其他倉庫下載時，需要指定完整的倉庫註冊伺服器位址。

2. 查看映像檔列表

查看映像檔列表的命令如下：

```
docker images
```

以上命令會列出所有頂層（top-level）映像檔。

> **提示**
> 實際上，在這裡沒有辦法區分一個映像檔和一個唯讀層，所以提出了 top-level 映像檔。只有在創建容器時使用的映像檔，或直接 pull 下來的映像檔，才能被稱為「頂層（top-level）映像檔」，並且每一個頂層映像檔下面都隱藏了多個映像檔層。

docker images 的使用範例如下。

在命令列終端中輸入：

```
$ docker images
```

如圖 10-6 所示，終端會輸出本地的所有映像檔資訊。

```
Last login: Tue Nov 17 16:54:52 on ttys001
shirdon:~ mac$ docker images
REPOSITORY                            TAG                                           IMAGE ID       CREATED         SIZE
docker/getting-started                latest                                        67a3629d4d71   2 weeks ago     27.2MB
alpine/git                            latest                                        a8b6c5c0eb62   4 weeks ago     28.4MB
docker/desktop-kubernetes             kubernetes-v1.18.8-cni-v0.8.5-critools-v1.17.0 e777077bd5d8   2 months ago    292MB
k8s.gcr.io/kube-proxy                 v1.18.8                                       0fb7201f92d0   3 months ago    117MB
k8s.gcr.io/kube-apiserver             v1.18.8                                       92d040a0dca7   3 months ago    173MB
k8s.gcr.io/kube-controller-manager    v1.18.8                                       6a979351fe5e   3 months ago    162MB
k8s.gcr.io/kube-scheduler             v1.18.8                                       6f7135fb47e0   3 months ago    95.3MB
centos                                centos8                                       0d120b6ccaa8   3 months ago    215MB
docker/desktop-storage-provisioner    v1.1                                          e704287ce753   7 months ago    41.8MB
docker/desktop-vpnkit-controller      v1.0                                          79da37e5a3aa   8 months ago    36.6MB
k8s.gcr.io/pause                      3.2                                           80d28bedfe5d   9 months ago    683kB
k8s.gcr.io/coredns                    1.6.7                                         67da37a9a360   9 months ago    43.8MB
k8s.gcr.io/etcd                       3.4.3-0                                       303ce5db0e90   12 months ago   288MB
shirdon:~ mac$
```

圖 10-6

在圖 10-6 列出的資訊中，單獨看 centos 映像檔，可以看到一行資訊包含以下幾個欄位資訊：

- 來自哪個倉庫（REPOSITORY），比如 centos。
- 映像檔的標記（TAG），比如 centos8。
- 映像檔 ID 號（IMAGE ID），比如 0d120b6ccaa8。
- 創建時間（CREATED），比如 3 months ago。
- 映像檔大小（SIZE），比如 215MB。

3. 利用 Dockerfile 來創建映像檔

利用 Dockerfile 創建映像檔的命令如下：

```
docker build [OPTIONS] PATH | URL | -
```

使用 "docker commit" 命令來擴充一個映像檔比較簡單，但不方便在一個團隊中分享。可以使用 "docker build" 命令來創建一個新的映像檔。

為此，首先需要創建一個 Dockerfile，包含一些如何創建映像檔的指令。舉例來說，新建一個名為 Dockerfile 的檔案，其內容如下：

```
FROM nginx
RUN echo '這是一個nginx映像檔' > /usr/share/nginx/html/index.html
```

編寫完成 Dockerfile 後，可以使用 "docker build" 命令來生成映像檔：

```
$ docker build -t httpd:1.0 .
```

其中，-t 標記用來增加 tag，指定新的映像檔的使用者資訊；"." 是 Dockerfile 所在的路徑（目前的目錄），也可以替換為一個具體的 Dockerfile 的路徑。注意，一個映像檔不能超過 127 層。

在以上命令完成後，會生成一個名為 "httpd:1.0" 的映像檔。可以用 "docker images" 命令查看該映像檔資訊，如圖 10-7 所示。

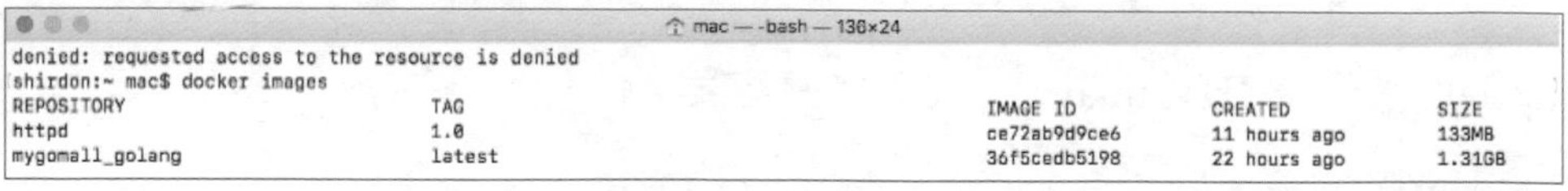

```
mac — -bash — 136×24
denied: requested access to the resource is denied
shirdon:~ mac$ docker images
REPOSITORY          TAG        IMAGE ID       CREATED         SIZE
httpd               1.0        ce72ab9d9ce6   11 hours ago    133MB
mygomall_golang     latest     36f5cedb5198   22 hours ago    1.31GB
```

圖 10-7

4. 上傳映像檔

使用者可以透過 "docker push" 命令，把自己創建的映像檔上傳到倉庫中來共用。

需要先登入到映像檔倉庫。其語法格式如下：

```
docker push [OPTIONS] NAME[:TAG]
```

舉例來說，使用者在 Docker Hub 上完成註冊並登入後，可以推送自己的映像檔到倉庫中（該內容會在 10.1.5 節中進行詳細講解）。

上傳映像檔的範例如下：

```
$ docker push httpd:1.0
```

5. 創建容器

創建一個新的容器但不啟動它，使用 "docker create" 命令，其語法格式如下：

```
docker create [OPTIONS] IMAGE [COMMAND] [ARG...]
```

"docker create" 命令為指定的映像檔（image）增加了一個讀寫層，組成了一個新的容器。注意，這個容器並沒有執行。"docker create" 命令提供了許多參數選項，可以指定名字、硬體資源、網路設定等。

接下來自定義創建一個名為 httpd 的容器，可以使用「倉庫＋標籤名稱」指定映像檔，也可以使用映像檔 ID 指定映像檔，返回容器 ID。範例如下：

（1）用「倉庫＋標籤名稱」創建容器：

```
$ docker create -it --name test_create httpd:1.0
```

（2）用映像檔 ID（image － id）創建容器：

```
$ docker create -it --name test_httpd ce72ab9d9ce6 bash
```

使用 "docker ps" 命令可以查看存在的容器列表，如不加參數則預設只顯示當前執行的容器：

```
$ docker ps -a
```

這個功能在測試時十分方便。比如，使用者可以放置一些程式到本地目錄下，來查看容器是否正常執行（如果目錄不存在，則 Docker 會自動創建它）。本地目錄的路徑必須是絕對路徑。

6. 啟動容器

用 "docker start" 命令為容器檔案系統創建一個處理程序隔離空間：

```
docker start <container-id>
```

> **提示**
> 每一個容器只能有一個處理程序隔離空間。

其使用範例如下：

（1）透過名字啟動容器：

```
$ docker start -i test_create
```

（2）透過容器 ID 啟動容器：

```
$ start -i 1418db5f7688
```

7. 進入容器

進入容器的命令格式如下：

```
docker exec <container-id>
```

進入容器的命令格式，如果增加 "–it" 參數執行 bash 命令，則和登入到一個 Linux 系統類似，可以和容器進行 bash 命令列互動。

```
docker exec -it httpd bash
```

8. 停止容器

停止容器的命令格式如下：

```
docker stop <container-id>
```

9. 刪除容器

刪除容器的命令格式如下：

```
docker rm <container-id>
```

10. 執行容器。

執行容器的命令格式如下：

```
docker run <image-id>
```

舉例來說，"docker run" 命令就是 "docker create" 和 "docker start" 兩個命令的組合，支援的參數也是一致的。可以增加 "--rm" 參數，實現在容器退出時自動刪除該容器的資料。

其使用範例如下：

```
docker create -it --rm --name test_httpd httpd
```

11. 查看容器列表

查看容器列表的命令格式如下：

```
docker ps
```

該命令會列出所有執行中的容器。這隱藏了非執行態的容器，如果要找出這些容器，則需要增加 "-a" 參數。

12. 刪除映像檔

刪除映像檔的命令格式如下：

```
docker rmi <image-id>
```

13. 提交容器

提交容器的命令格式如下：

```
docker commit <container-id>
```

將容器的讀寫層轉為唯讀層，這樣就把一個容器轉換成了不可變的映像檔。

14. 映像檔保存

映像檔保存的命令格式如下：

```
docker save <image-id>
```

創建一個映像檔的壓縮檔，這個檔案能夠在另外一個主機的 Docker 上使用。和 export 命令不同，這個命令會為每一個層都保存它們的中繼資料。這個命令只能對映像檔生效。其使用範例如下：

保存 centos 映像檔到 centos_images.tar 檔案：

```
$ docker save -o centos_images.tar centos:centos8
```

或直接重新導向：

```
$ docker save -o centos_images.tar centos:centos8 > centos_images.tar
```

15. 容器匯出

容器匯出的命令格式如下：

```
docker export <container-id>
```

"docker export" 命令會創建一個 tar 檔案，並且移除中繼資料和不必要的層，將多個層整合成了一個層，只保存當前統一角度看到的內容。

16. 獲取容器 / 映像檔的中繼資料

獲取容器 / 映像檔的中繼資料的命令格式如下：

```
docker inspect <container-id> or <image-id>
```

該命令會提取出容器 / 映像檔最頂層的中繼資料。

10.2 安裝 Docker

可以在 Linux、Windows、Mac OS X 中安裝 Docker。

10.2.1 Linux Docker 安裝

在 get.docker.com 和 test.docker.com 上提供了 Docker 的便捷指令稿，用於快速安裝 Docker Engine-Community 的邊緣版本和測試版本。指令稿的原始程式碼在 docker-install 倉庫中。不建議在生產環境中使用這些指令稿，在使用它們之前，應該了解潛在的風險：

- 指令稿需要執行 root 或具有 sudo 特權。因此，在執行指令稿之前，應仔細檢查和審核指令稿。這些指令稿嘗試檢測 Linux 發行版本和版本，並為我們設定軟體套件管理系統。此外，指令稿不允許自訂任何安裝參數。
- 這些指令稿會安裝軟體套件管理器的所有依賴項和建議，而無須進行確認。這可能會安裝大量軟體套件，具體取決於主機的當前設定。
- 該指令稿未提供 Docker 版本的選擇項，而是預設安裝在 edge 通道中發佈的最新版本。
- 如果已使用其他機制將 Docker 安裝在主機上，則不需要使用便捷指令稿。

下面使用 get.docker.com 上的指令稿在 Linux 上安裝最新版本的 Docker Engine-Community。下載 Docker 的命令如下：

```
$ curl -fsSL https://get.docker.com -o get-docker.sh
$ sudo sh get-docker.sh
```

如果要讓非 root 使用者使用 Docker，則應考慮使用類似以下方式將使用者增加到 docker 組：

```
$ sudo usermod -aG docker your-user
```

安裝命令如下：

```
$ curl -fsSL https://get.docker.com | bash -s docker --mirror Aliyun
```

也可以使用 daocloud 的一鍵安裝命令：

```
$ curl -sSL https://get.daocloud.io/docker | sh
```

10.2.2 Windows Docker 安裝

Docker 並非一個通用的容器工具，它依賴已存在並執行的 Linux 核心環境。Docker 實質上是在已經執行的 Linux 上製造了一個隔離的檔案環境，因此它執行的效率幾乎等於所部署的 Linux 主機。

因此，Docker 必須部署在 Linux 核心的系統上。如果想在其他系統上部署 Docker，則必須安裝一個虛擬 Linux 環境。在 Windows 上部署 Docker 的方法是：先安裝一個虛擬機器，然後在虛擬機器中安裝 Linux 系統執行 Docker，如圖 10-8 所示。

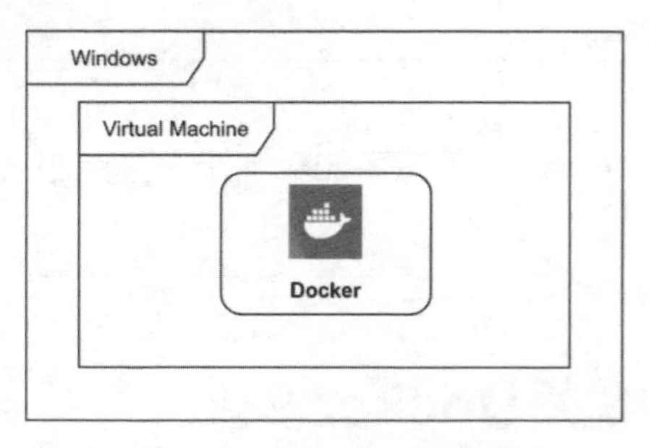

圖 10-8

Docker Desktop 是 Docker 在 Windows 10 和 Mac OS X 作業系統上的官方安裝版本，該版本依然採用「先在虛擬機器中安裝 Linux，然後安裝 Docke」的方法。

進入 Docker Desktop 官方下載網址頁面，點擊右下方的 "Get Docker" 按鈕下載安裝套件，如圖 10-9 所示。下載完成後，打開安裝套件，按照提示進行安裝即可。

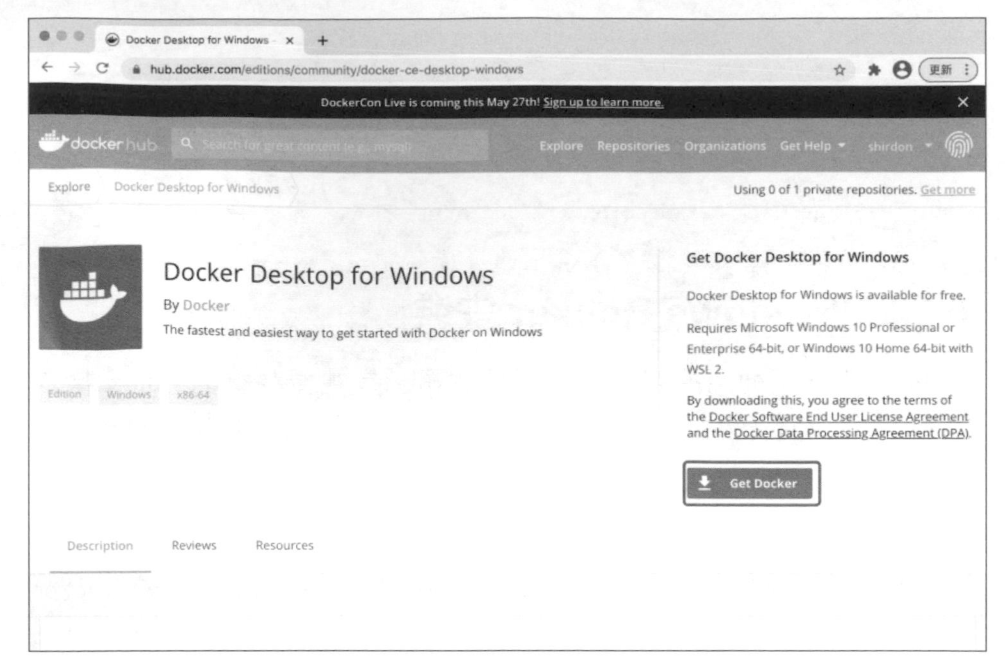

圖 10-9

> **提示**
> 此方法僅適用於 Windows 10 作業系統專業版、企業版、教育版和部分家庭版。

10.2.3 Mac OS X Docker 安裝

和 Windows 10 類似，直接進入 Docker Desktop 官方下載頁面，選擇 Mac OS X 版本安裝套件進行下載安裝。

在 Mac OS X 系統中也可以使用 Homebrew 來安裝 Docker。Homebrew 的 Cask 已經支持 Docker for Mac，因此可以很方便地使用 "Homebrew Cask" 工具進行安裝。

要正常使用以下命令，請確保已經安裝了 Homebrew。打開一個命令列終端，輸入以下命令：

```
$ brew cask install docker
Updating Homebrew...
==> Auto-updated Homebrew!
Updated 1 tap (homebrew/services).
No changes to formulae.
==> Downloading https://desktop.docker.com/mac/stable/48506/Docker.dmg
########################################################################
100.0%
==> Verifying SHA-256 checksum for Cask 'docker'.
==> Installing Cask docker
==> Moving App 'Docker.app' to '/Applications/Docker.app'.
docker was successfully installed!
```

在載入 Docker App 後，點擊 "Next" 按鈕，可能會詢問你的 macOS 登入密碼，輸入即可。安裝完成後在命令列終端中輸入：

```
$ docker -v
Docker version 19.03.13, build 4484c46d9d
```

如果執行 "docker -v" 命令後能顯示類似如上的版本資訊，則說明已經安裝成功，可以開始 Docker 之旅了。

10.3【實戰】用 Docker 執行一個 Go Web 應用程式

10.3.1 為什麼使用 Docker 執行 Go Web 應用程式

大多數情況下，Go 應用程式會被編譯成單一二進位檔案。一個 Web 應用程式會包括範本和設定檔。當一個專案中有很多檔案時，如果很多檔案沒有同步，則可能導致錯誤的發生。

Docker 可以為應用程式創建一個單獨的可部署單元。這個單元被稱為「容器」。容器包含該應用程式需要的所有東西：程式（或二進位檔案）、執行環境和系統工具盒系統庫。

將所有必需的資源打包成一個單元，可以確保無論應用程式被部署到哪裡都有完全相同的環境。這也有助維護一個完全相同的開發和生產設定。Docker 可以避免檔案沒有同步（或開發和生產環境之間存在差異）而導致的很多問題。

Go 應用程式被編譯完成後是簡單的二進位檔案，直接執行即可。那麼為什麼還要用 Docker 執行一個 Go 應用程式呢？以下是一些理由：

- Web 應用程式通常都有範本和設定檔，Docker 有助保持這些檔案與二進位檔案的同步。
- Docker 可以確保在開發環境和生產環境中具有完全相同的設定。很多時候，應用程式可以在開發環境中正常執行，但在生產環境中卻無法正常執行。使用 Docker，則會把你從對這些問題的擔心中解放出來。
- 在一個大型的團隊中，主機、作業系統和所安裝的軟體可能存在很大的不同。Docker 提供了一種機制來確保一致的開發環境設定。將會提升團隊的生產力，並且在開發階段減少衝突和可避免問題的發生。

10.3.2 創建 Go Web 應用程式

在部署前，首先要創建好 Web 應用程式。在這裡，為了簡單只創建擁有兩個檔案的 Web 專案，創建好後的目錄結構如下：

```
docker
├── Dockerfile --------------- Dockerfile檔案
├── main.go    ---------------- Go Web 啟動檔案
```

用 Go 語言架設的簡單伺服器端程式如下。

程式 chapter10/docker/main.go　用 Go 語言架設的簡單的伺服器端

```
package main

import (
    "fmt"
    "log"
    "net/http"
)

func hi(w http.ResponseWriter, r *http.Request) {
    fmt.Fprintf(w, "Hi, This server is built by Docker!")
}

func main() {
    http.HandleFunc("/", hi)
    if err := http.ListenAndServe(":8080", nil); err != nil {
        log.Fatal(err)
    }
}
```

Dockerfile 檔案的內容會在 10.3.3 節詳解。

10.3.3 用 Docker 執行一個 Go Web 應用程式

1. 創建 Dockerfile

在前面的講解中，在專案的根目錄創建了一個名為 Dockerfile 的檔案。Dockerfile 檔案的程式如下。

程式 chapter10/docker/Dockerfile　Dockerfile檔案的程式

```
# 獲取golang
FROM golang:1.15

# 為映像檔設定必要的環境變數
ENV GO115MODULE=on \
    CGO_ENABLED=0 \
    GOOS=linux \
```

```
    GOARCH=amd64 \
    GOPROXY="https://goproxy.cn,direct"

# 這個目錄是專案程式，放在Linux上
WORKDIR /Users/mac/go/src/gitee.com/shirdonl/goWebActualCombat/chapter10/
docker

# 將程式複製到容器中
COPY . .

# 將程式編譯成二進位可執行檔，可執行檔名為 app
RUN go build -o app .

# 宣告伺服器通訊埠
EXPOSE 8080

# 啟動容器時執行的命令
CMD ["./app"]
```

以上程式將 Go 語言程式編譯成二進位可執行檔，生成可執行檔名為 "app" 的容器，並啟動容器。

2. 創建映像檔

在創建了 Dockerfile 檔案後，在 Dockerfile 檔案所在目錄下打開命令列終端，執行以下的命令來創建映像檔：

```
$ docker build -t web:v1 .
```

執行以上的命令將創建倉庫名為 "web"、標籤名為 "v1" 的映像檔。

> **提示**
> 在團隊開發中，該映像檔可以供任何獲取並執行該映像檔的人使用。將會確保團隊能夠使用一個統一的開發環境。

執行 "docker images" 命令來查看創建好的映像檔列表，如圖 10-10 所示。

```
$ docker images
```

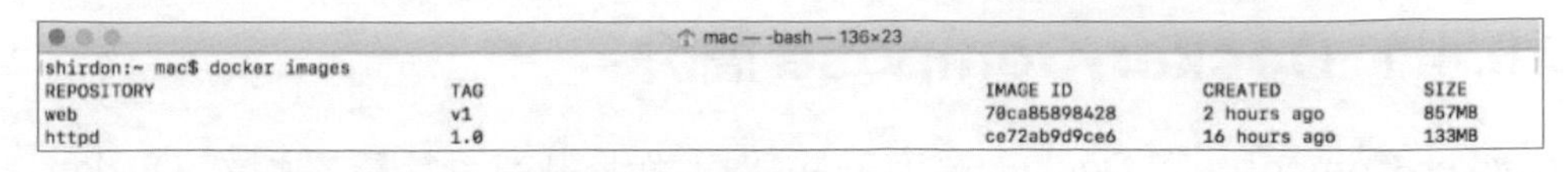

圖 10-10

3. 執行容器

在映像檔創建好後，可以使用以下的命令啟動容器：

```
$ docker run -it --rm --name myweb web:v1
```

執行以上的命令將啟動 Docker 容器。如果啟動成功，直接在瀏覽器中輸入 "http://127.0.0.1:8080"，則執行效果如圖 10-11 所示。

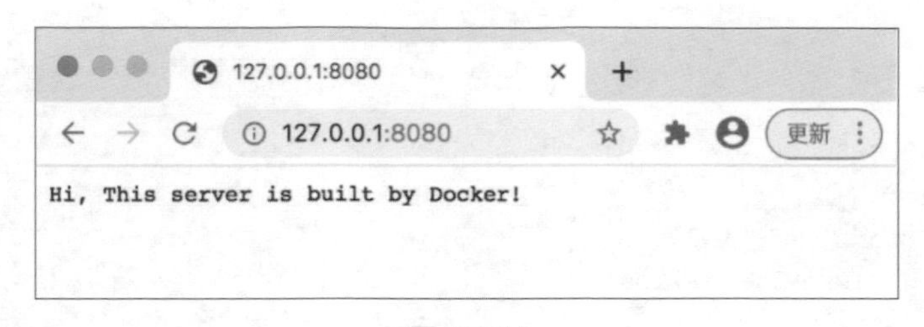

圖 10-11

至此我們已經學習了在 Docker 中透過 Dockerfile 檔案創建映像檔並執行容器的全部流程。10.4 節將進一步學習如何透過 Docker-Compose 來進行多個映像檔的一次性部署。

10.4【實戰】透過 Docker-Compose 快速部署

在 10.3 中，講解了 Docker 透過 Dockerfile 檔案創建映像檔並執行容器的全部流程。但是在實戰開發中，Web 專案一般包含了多個服務，比如 MySQL、Redis 等，如何進行快速部署呢？可以透過 Docker-Compose 來實現。

10.4.1 Docker-Compose 簡介

Docker-Compose 是 Docker 官方的開放原始碼專案，負責實現對 Docker 容器叢集的快速編排。Docker-Compose 的專案設定檔是預設名為 docker-compose.yml 的檔案。在整個檔案中，可以透過環境變數 COMPOSE_FILE 或 –f 參數對設定進行定義。

以下是一個透過設定 docker-compose.yml 檔案實現 Redis 在 Docker 中執行的範例。

```
version: "3.9"
services:
  web:
    build: .
    ports:
      - "5000:5000"
    volumes:
      - .:/code
      - logvolume01:/var/log
    links:
      - redis
  redis:
    image: redis
volumes:
  logvolume01: {}
```

因為 Docker-Compose 是用 Python 語言編寫的，所以可以透過 pip 命令安裝 Docker-Compose。安裝完成後，可以呼叫 Docker 服務提供的 API 來對容器進行管理。因此，只要操作平台支持 Docker API，就可以在其上利用 Docker-Compose 來進行編排管理。

> **提示**
> 由於篇幅的關係，關於 Docker-Compose 的安裝方法及常用命令不再舉例。
> 感興趣的讀者可以透過存取 Docker-Compose 官網的文件進行學習。
> 值得注意的是，在 Windows 中使用時，一定要保證 Windows 是可以安裝 Docker 的。

10.4.2 透過 Docker-Compose 實戰部署

下面講解如何把在第 9 章開發的 B2C 電子商務系統透過 Docker-Compose 進行實戰部署。

為了完成部署，需要在 B2C 電子商務系統的基礎上創建 docker-compose.yml、Dockerfile 兩個設定檔。最終該專案的目錄結構如下：

```
LeastMall
├── certfile ------------------支付相關設定檔目錄
├── common --------------------公共檔案目錄
├── conf ----------------------設定檔目錄
|   └── app.conf ---------------設定檔
├── controllers ---------------控制器目錄
├── models --------------------模型目錄
├── routers -------------------路由目錄
├── static --------------------靜態檔案目錄
├── tests----------------------測試檔案目錄
├── vendor --------------------函數庫檔案目錄
├── views ---------------------視圖檔案目錄
├── docker-compose.yml --------docker-compose.yml設定檔
├── Dockerfile ----------------Dockerfile設定檔
├── go.mod --------------------go mod套件管理檔案
├── go.sum --------------------go.sum檔案
├── LICENSE -------------------開放原始碼宣告檔案
├── main.go -------------------專案入口檔案
├── README.md -----------------專案介紹檔案
├── test_send.txt -------------測試驗證碼檔案
```

1. 創建 Dockerfile 檔案

在商場專案的基礎上新建一個名為 "Dockerfile" 的檔案，用於生成 Go 語言專案的映像檔。其檔案內容如下：

```
# 獲取golang
FROM golang:1.15 as go

# 為映像檔設定必要的環境變數
ENV GO115MODULE=on \
```

```
    CGO_ENABLED=0 \
    GOOS=linux \
    GOARCH=amd64 \
    GOPROXY="https://goproxy.cn,direct"

# 移動到工作目錄：/Users/mac/go/src/gitee.com/shirdonl/LeastMall
# 這個目錄是專案程式
WORKDIR /Users/mac/go/src/gitee.com/shirdonl/LeastMall

# 將程式複製到容器中
COPY . .

# 將的程式編譯成二進位可執行檔，可執行檔名為app
RUN go build -o app .

# 宣告伺服器通訊埠
EXPOSE 8080

# 啟動容器時執行的命令
CMD ["./app"]
```

2. 創建 docker-compose.yml 檔案

除 Dockerfile 設定檔外，還需要新建一個名為 "docker-compose.yml" 的檔案來設定多個容器。該檔案的內容如下：

```
version: '3'
services:
  mysql:
    image: mysql:5.7
    command: --default-authentication-plugin=mysql_native_password
    container_name: mysql
    hostname: mysqlServiceHost
    network_mode: bridge
    ports:
    - "3306:3306"
    #restart: always
    restart: on-failure
    volumes:
    - ./mysql:/var/lib/mysql
```

```
    - ./my.cnf:/etc/mysql/conf.d/my.cnf
    - ./mysql/init:/docker-entrypoint-initdb.d/
    - ./shop.sql:/docker-entrypoint-initdb.d/shop.sql
    environment:
    - MYSQL_ROOT_PASSWORD=a123456
    - MYSQL_USER=root
    - MYSQL_PASSWORD=a123456
    - MYSQL_DATABASE=shop
  redis:
    image: redis:3
    container_name: redis
    hostname: redisServiceHost
    network_mode: bridge
    restart: on-failure
    ports:
    - "6379:6379"

  golang:
    build: .
    restart: on-failure
    network_mode: bridge
    ports:
    - "8080:8080"
    links:
    - mysql
    - redis
    volumes:
    - /Users/mac/go/src/gitee.com/shirdonl/LeastMall:/go
    tty: true
```

3. 建構容器

進入商場專案的根目錄，執行 "docker-compose up -d" 命令建構容器，如圖 10-12 所示。

```
LeastMall — -bash — 80×24
Last login: Tue Jan 19 16:12:52 on ttys004
shirdon:LeastMall mac$ docker-compose up -d
Creating mysql ... done
Creating redis ... done
Creating leastmall_golang_1 ... done
shirdon:LeastMall mac$
```

圖 10-12

在商場專案建構完成後，可以透過 "docker-compose ps" 命令查看是否建構成。如果 State 狀態是 Up，則建構成功。透過 "docker-compose ps" 命令查看建構好的容器列表，如圖 10-13 所示。

```
shirdon:MyGoMall mac$ docker-compose ps
      Name                   Command                State              Ports
---------------------------------------------------------------------------------------------
mygomall_golang_1   ./app                           Up      0.0.0.0:8080->8080/tcp
mysql-dev           docker-entrypoint.sh --def ...  Up      0.0.0.0:3306->3306/tcp, 33060/tcp
redis-dev           docker-entrypoint.sh redis ...  Up      0.0.0.0:6379->6379/tcp
shirdon:MyGoMall mac$
```

圖 10-13

在建構成功後，就可以透過瀏覽器存取的商場專案了，如圖 10-14 所示。

圖 10-14

提示

由於網路的原因，"docker-compose up -d" 命令可能會很慢，請自行透過查閱相關資料進行加速設定。

10.5【實戰】將 Docker 容器推送至伺服器

10.5.1 到 Docker Hub 官網註冊帳號

在映像檔建構成功後，只要有 Docker 環境就可以使用映像檔了。但如果要快速將映像檔整體發佈到伺服器，則可以將其推送到 Docker Hub 上去。如果是私有倉庫，則需要付費才能開通倉庫。公有倉庫和私有倉庫的使用方法是一樣的。

為了方便讀者查看作者的範例映像檔，這裡使用 Docker Hub 免費版的公有倉庫。創建的映像檔要符合 Docker Hub 的對於標籤（tag）的要求，最後利用 "docker push" 命令推送映像檔到公共倉庫。不管是公有倉庫還是私有倉庫，都需要到 Docker Hub 官網上註冊帳號。

> **提示**
> 其他的使用者也能直接獲取公有倉庫發佈的映像檔。如果專案涉及私有敏感性資料，則最好自行付費使用私有倉庫。

註冊成功後可在本地進行登入：在本地 Linux 登入 Docker，然後輸入註冊好的用戶名密碼進行登入。

```
$ docker login
Login with your Docker ID to push and pull images from Docker Hub. If you
don't have a Docker ID, head over to https://hub.docker.com to create one.
Username: shirdon
Password:
Login Succeeded
```

10.5.2 同步本地和 Docker Hub 的標籤（tag）

直接採用 10.1.3 節中創建好的映像檔名，重新透過標籤（tag）命令將其修改為規範的映像檔：

```
$ docker tag web:v1 shirdon/httpd
```

查看修改後的規範映像檔，結果如圖 10-15 所示。

```
$ docker images
```

```
shirdon:~ mac$ docker images
REPOSITORY          TAG       IMAGE ID       CREATED       SIZE
shirdon/httpd       latest    70ca85898428   5 days ago    857MB
web                 v1        70ca85898428   5 days ago    857MB
```

圖 10-15

10.5.3 推送映像檔到 Docker Hub

推送映像檔的規範是：

```
docker push 註冊用戶名/映像檔名
```

將剛才創建的 shirdon/httpd 映像檔透過命令列推送，範例如下，結果如圖 10-16 所示。

```
$ docker push shirdon/httpd:latest
```

```
shirdon:~ mac$ docker push shirdon/httpd:latest
The push refers to repository [docker.io/shirdon/httpd]
09855df11fb2: Pushing [==================================================>]  18.3MB
f6f3d91905ee: Pushed
c893ef4f1f4f: Pushed
e58f7d4fbb5a: Mounted from library/golang
e688cd34e046: Mounted from library/golang
f8c12e32a9e6: Mounted from library/golang
712264374d24: Waiting
475b4eb79695: Waiting
f3be340a54b9: Waiting
114ca5b7280f: Waiting
```

圖 10-16

> **提示** 有時推送到 Docker Hub 的速度很慢，需要耐心等待。

如果上傳完畢，則會返回以 "latest" 開頭的長字串，如圖 10-17 所示。

```
shirdon:~ mac$ docker push shirdon/httpd:latest
The push refers to repository [docker.io/shirdon/httpd]
09855df11fb2: Pushed
f6f3d91905ee: Pushed
c893ef4f1f4f: Pushed
e58f7d4fbb5a: Mounted from library/golang
e688cd34e046: Mounted from library/golang
f8c12e32a9e6: Mounted from library/golang
712264374d24: Pushed
475b4eb79695: Mounted from library/golang
f3be340a54b9: Mounted from library/golang
114ca5b7280f: Mounted from library/golang
latest: digest: sha256:829162e1851c91738b0048939e88077b69fa6c8223d42c64fcb6f2b7ed7417be size: 2421
shirdon:~ mac$
```

圖 10-17

10.5.4 存取 Docker Hub 映像檔

在推送成功後，就可以存取推送到 Docker Hub 的倉庫位址了，如圖 10-18 所示，這樣其他的使用者也可以使用我們推送的映像檔了。

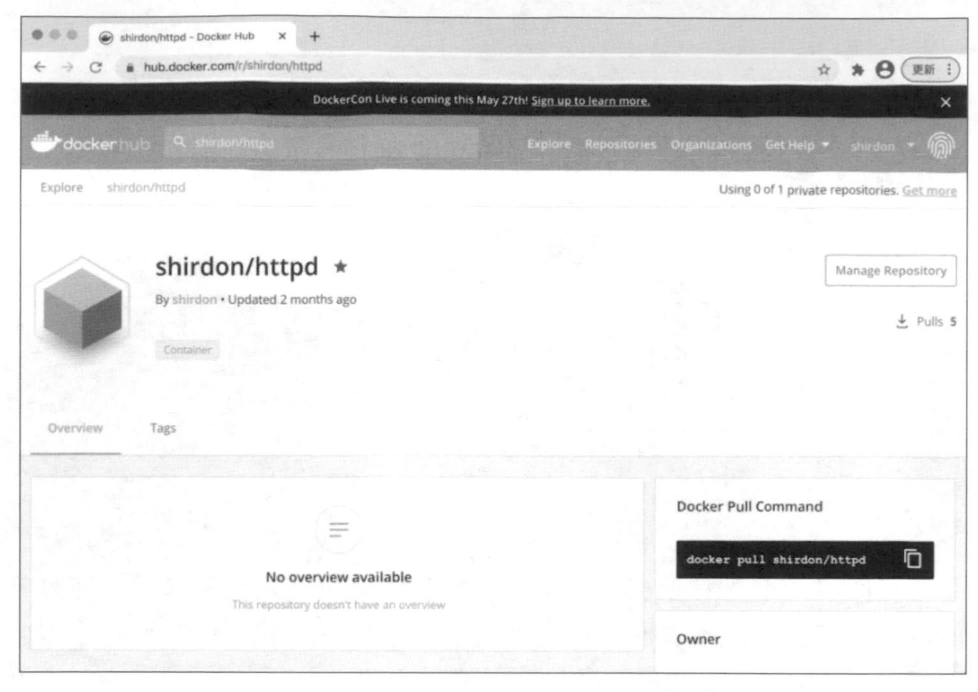

圖 10-18

到此已經將創建的映像檔發佈到 Docker Hub 倉庫中。接下來就是拉取映像檔並發佈到伺服器。

10.5.5 使用發佈的 Docker Hub 映像檔

可以直接使用 "docker pull" 命令拉取映像檔到對應的 Docker 環境伺服器中，如圖 10-19 所示。

```
$ docker pull shirdon/httpd
```

```
shirdon:~ mac$ docker pull shirdon/httpd
Using default tag: latest
latest: Pulling from shirdon/httpd
Digest: sha256:829162e1851c91738b0048939e88077b69fa6c8223d42c64fcb6f2b7ed7417be
Status: Downloaded newer image for shirdon/httpd:latest
docker.io/shirdon/httpd:latest
shirdon:~ mac$
```

圖 10-19

在獲得映像檔後，就可以透過 "docker run" 命令啟動映像檔了：

```
$ docker run -it -d -p 8080:8080 shirdon/httpd
485da37c816e2e24c4976a17588a4e2841fed9fddc12550a7ccc1f83827bc3ed
```

以上表示啟動映像檔成功。透過 "curl -i" 命令測試，會返回以下值：

```
$ curl -i http://127.0.0.1:8080/
HTTP/1.1 200 OK
Date: Tue, 15 Dec 2020 07:29:26 GMT
Content-Length: 35
Content-Type: text/plain; charset=utf-8

Hi, This server is built by Docker
```

至此，Docker 將映像檔發佈到伺服器的整個流程就完美結束了。在實際的雲端服務器線上部署時，使用者透過命令列終端登入到對應的遠端伺服器，執行上述發佈流程即可。

10.6 小結

本章透過「了解 Docker 元件及原理」、「安裝 Docker」、「〔實戰〕用 Docker 執行一個 Go Web 應用」、「用 Docker-Compose 部署」、「〔實戰〕將 Docker 容器推送至伺服器」這 5 節的逐步深入講解，讓讀者掌握 Docker 容器的部署方法。